高职高专土建施工与规划园林
系列『十二五』规划教材

园林树木识别与应用

◎ 主　编　陈秀波　张百川

◎ 副主编　朱德全　孙　华　刘艳秋

华中科技大学出版社
http://www.hustp.com
中国·武汉

内 容 提 要

本书旨在培养高等职业技术院校园林相关专业高端技能型人才,依据岗位工作任务的需要,全面介绍园林树木识别与应用知识。

全书内容共分为七个项目,有十八个任务;主要介绍园林树木识别与应用基础,行道树种和庭荫树种的识别与应用,园景树种的识别与应用,绿篱树种和垂直绿化树种、地被树种的识别与应用,园林树木的冬态和室内树种的识别与应用,园林树木应用调查与配植设计及园林树木的栽植与养护。

本书有很强的教学适用性,既可供高职高专农业技术类(如园艺技术、观光农业、植物保护等)、林业技术类(如园林技术、林业技术、森林资源保护、森林生态旅游等)、建筑设计类(如园林工程技术、环境艺术设计等)专业学生及教师使用,也可供从事相关园林绿化的技术人员参考。

图书在版编目(CIP)数据

园林树木识别与应用/陈秀波　张百川　主编．—武汉:华中科技大学出版社,2012.9 (2024.1重印)
ISBN 978-7-5609-8077-5

Ⅰ．园…　Ⅱ．①陈…　②张…　Ⅲ．①园林树木-识别-高等职业教育-教材　②园林树木-应用-高考职业教育-教材　Ⅳ.S68

中国版本图书馆 CIP 数据核字(2012)第 135254 号

园林树木识别与应用　　　　　　　　　　　陈秀波　张百川　主编

策划编辑:袁　冲	
责任编辑:胡凤娇	
封面设计:刘　卉	
责任校对:张　琳	
责任监印:张正林	
出版发行:华中科技大学出版社(中国·武汉)	电话:(027)81321913
武汉市东湖新技术开发区华工科技园	邮编:430223
录　　排:武汉正风天下文化发展有限公司	
印　　刷:武汉邮科印务有限公司	
开　　本:787mm×1092mm　1/16	
印　　张:19　插页:4	
字　　数:480千字	
版　　次:2024年1月第1版第13次印刷	
定　　价:43.00元	

华中出版

本书若有印装质量问题,请向出版社营销中心调换
全国免费服务热线:400-6679-118　竭诚为您服务

编 委 会

主　　编：陈秀波（黑龙江农业职业技术学院）

　　　　　张百川（河北旅游职业学院）

副 主 编：朱德全（佳木斯大学）

　　　　　孙　华（湖北生态工程职业技术学院）

　　　　　刘艳秋（江西环境工程职业学院）

编写成员：（按姓氏笔画为序）

　　　　　石　娜（周口职业技术学院）

　　　　　孙　华（湖北生态工程职业技术学院）

　　　　　刘艳秋（江西环境工程职业学院）

　　　　　朱德全（佳木斯大学）

　　　　　张术丽（黑龙江农业职业技术学院）

　　　　　张百川（河北旅游职业学院）

　　　　　陈秀波（黑龙江农业职业技术学院）

　　　　　张洪燕（保定职业技术学院）

　　　　　林乐静（宁波城市职业技术学院）

　　　　　程殿昌（黑龙江省兰西县农业技术推广中心）

主　　审：张玉泉（黑龙江农业职业技术学院）

前　言

　　根据教高〔2006〕16 号文件《关于全面提高高等职业教育教学质量的若干意见》的要求，教学要加大课程建设与改革的力度，增强学生的职业能力。本书在编写的过程中结合职业教育现状，充分考虑高职人才培养目标，结合学生认知特点来构建教学内容体系，根据岗位需求有针对性地选取、整合、优化教学内容，立足园林树木应用实践，以工作任务为教学单元，以园林树木识别和园林树木应用两项能力的培养为目标，将教学内容整合为七个项目十八个工作任务。

　　本书内容采用"学习任务—任务分析—任务实施—知识链接—复习提高"的体例结构。在书中坚持"以职业能力为本位，以任务目标为驱动，理论实践一体化"的理念，除重视培养园林树木识别和应用的技能外，兼顾园林树木栽植与养护的知识和能力，充分体现内容体系的完整性和实用性。

　　本书由陈秀波、张百川主编，并负责彩图的提供、整理及全书的统稿工作。本书编写具体分工如下：程殿昌、张百川编写项目一的任务 1；林乐静编写项目一的任务 2；张术丽编写项目二的任务 1；张术丽、刘艳秋项目二的任务 2；张百川编写项目三的任务 1、任务 2 和项目六；陈秀波编写项目三的任务 3、项目七的任务 1；张洪燕编写项目三的任务 4、项目四的任务 1；孙华编写项目四的任务 2、任务 3；石娜编写项目五；朱德全编写项目七的任务 2；程殿昌整理附录部分。全书由黑龙江农业职业技术学院园艺学院张玉泉副教授主审。

　　在编写本书的过程中，编者参阅了有关教材、专著等图文资料，在此对其作者表示感谢。在编写过程中还得到了有关专家、同事的大力支持和帮助，在此也向他们表示衷心感谢！

　　由于编者水平有限，书中难免存在不足之处，恳请广大读者批评指正，以便及时修改，使其完善。

编　者

2012 年 4 月

前　言

目　　录

项目一　园林树木识别与应用基础 ……………………………………………………… (1)

　　任务 1　园林树木形态识别基础 ………………………………………………… (1)

　　任务 2　园林树木观赏和应用基础 ……………………………………………… (23)

项目二　行道树种和庭荫树种的识别与应用 ……………………………………… (35)

　　任务 1　行道树种的识别与应用 ………………………………………………… (35)

　　任务 2　庭荫树种的识别与应用 ………………………………………………… (55)

项目三　园景树种的识别与应用 …………………………………………………… (68)

　　任务 1　观花树种的识别与应用 ………………………………………………… (68)

　　任务 2　观果树种的识别与应用 ………………………………………………… (105)

　　任务 3　观形树种的识别与应用 ………………………………………………… (121)

　　任务 4　彩色树种的识别与应用 ………………………………………………… (137)

项目四　绿篱树种、垂直绿化树种、地被树种的识别与应用 …………………… (157)

　　任务 1　绿篱树种的识别与应用 ………………………………………………… (157)

　　任务 2　垂直绿化树种的识别与应用 …………………………………………… (169)

　　任务 3　地被树种的识别与应用 ………………………………………………… (180)

项目五　园林树木的冬态和室内树种的识别与应用 …………………………… (189)

　　任务 1　园林树木冬态的识别与应用 …………………………………………… (189)

　　任务 2　室内树种的识别与应用 ………………………………………………… (194)

项目六　园林树木应用调查与配植设计 ………………………………………… (222)

　　任务 1　街道绿化树木应用调查与配植设计 ………………………………… (222)

　　任务 2　居住区绿化树木应用调查与配植设计 ……………………………… (226)

　　任务 3　小游园绿化树木应用调查与配植设计 ……………………………… (228)

项目七　园林树木的栽植与养护 …………………………………………………… (232)

　　任务 1　园林树木的栽植 ………………………………………………………… (232)

　　任务 2　园林树木的养护 ………………………………………………………… (257)

参考文献 ……………………………………………………………………………… (294)

项目一 园林树木识别与应用基础

园林植物是园林要素之一,具有不可替代的特殊地位和作用,而园林树木在园林植物中具有骨干作用,其特殊的观赏特性与强大的生态作用也是其他园林植物无法取代的。随着社会经济的不断发展和城市化进程的加快,人们对园林绿化的依赖已成必然。可以说,园林绿化离不开树木,没有树木就没有园林。园林树种多少、优劣对城市绿化的质量和水平有着举足轻重的作用。据不完全统计,我国园林树种有 8 000 种以上,虽然现在我国很多大中城市绿化树种不过几百种,但实际上,具有良好的观赏特性与应用价值的可利用园林树种在1 000种以上。如此丰富的园林树种,在地理分布、形态特征、主要习性和观赏应用特点等方面千差万别,在各地园林绿化的实际工作中,如何针对区域气候特点和不同的造景要求,科学合理地选择和应用园林树木进行绿化,以及更好地挖掘和利用园林树木资源,是每一位园林工作者都应该掌握的实践技能。本项目的学习为后续树木分类、识别和应用的具体项目任务的实施奠定基础,对园林树木分类和形态描述术语知识,以及园林树木观赏特点分析、应用等必须先行理解和掌握,这样才可真正掌握园林树木识别和应用的方法。本项目有两个任务:一是园林树木形态识别基础;二是园林树木观赏和应用基础。

知识目标

(1) 了解园林树木的相关概念和我国园林树木资源概况。

(2) 了解并掌握园林树木分类方法,特别是在园林建设中的分类方法。

(3) 理解并掌握园林树木分类识别所涉及的形态术语。

(4) 了解并掌握园林树木的观赏特性,理解并掌握园林树木的配植原则和方式。

技能目标

(1) 能够准确对园林树木进行分类。

(2) 能够正确应用园林树木形态术语描述树木形态。

(3) 能够准确表达和分析园林树木的观赏特性。

(4) 能够根据园林树木的基本特点合理选择配植方式。

任务 1 园林树木形态识别基础

能力目标

(1) 能够对园林树木进行园林建设中的合理分类。

(2) 能够运用形态术语正确描述园林树木各器官的形态特点。

知识目标

(1) 了解园林树木的有关概念和我国园林树木资源概况。

（2）掌握园林树木的分类方法。

（3）理解树木形态分类相关术语的内涵。

素质目标

（1）通过对园林树木器官形态反复观察、比较与总结,培养学生分析和解决实际问题的能力。

（2）以学习小组为单位,通过训练,培养学生的动手能力和团队沟通协作能力。

基本知识

一、园林树木的有关概念

1.园林

对于园林的概念,可以从两个方面来界定。一方面,从传统园林的角度来看,园林是指在一定的地域范围内,利用并改造天然山水地貌,或进行人工开辟,配以花草树木的栽植及建筑设施的构建,从而构成一个供游人游赏、休憩为主的环境。另一方面,从现代园林发展的角度来看,园林涵盖各类公园、城镇绿化景观及自然保护区域在内的、自然与人工为一体的,供社会公众游憩、娱乐的环境。也就是说,狭义的园林是指一般的公园、花园、庭院等;广义的园林除此之外,还包括风景区、旅游区、植物园、城市绿化(如园林城市等)、公路绿化,以及机关、学校、工矿区的建设和绿化,甚至自然保护区、疗养院等。

2.树木

树木是指木本植物的总称,包括乔木、灌木和木质藤本植物。

3.园林树木

在城乡各类园林绿地及风景名胜区等地栽植的各种木本植物。即凡适合城乡各类园林绿地、风景名胜区、休疗养胜地、森林公园等建设中应用的,能够起到绿化美化、改善环境、保护环境作用的木本植物统称为园林树木。

很多园林树木是花、果、叶、枝或树形美丽的观赏树木。其实,园林树木也包括一些虽不以美观见长,但在城市与工矿区绿化及风景区建设中能起卫生防护和改善环境作用的树种。因此,园林树木所包括的范围要比观赏树木更为宽广。

二、园林树木的作用

（一）园林树木的美化作用

具有一定观赏价值的园林树木,一年四季呈现各种奇丽的色彩和独特的香味,表现出各种体形,通过精心选择,在美化环境、美化市容和衬托建筑,以及园林风景构图等方面具有突出的作用。园林树木的美化作用,主要表现为园林树木的色彩美、形态美、芳香美和意境美等个体美和树木自然成丛、成林的群体美。

1.园林树木的色彩美

园林树木的色彩作用是多方面的,它可以使人激动或镇定、使人温暖或凉爽,进而影响人对环境的反应。例如:浅绿色、嫩绿色给人生气勃勃的感觉;深绿色给人幽静安定的感觉;

红叶、黄叶及各种颜色的鲜花给人轻松的感觉。在风景园林设计中,色彩还是联系过去与将来的桥梁,使园林春夏秋冬四季有景、时时变化,如四季中,落叶树种从嫩绿的新叶、鲜艳的花朵,到深绿的老叶、果实的成熟,反映出季节的更替,给人以惊奇、兴奋等心理感受。根据需要,色彩还会使园林景物的体量和空间产生变大或缩小的视觉效果,突出景物美感和层次变化。园林树木的色彩美主要体现在园林树木叶色、花色、果色和枝干颜色上。各种颜色的花、叶、果实和枝干,以及不同季节的表现,是园林树木美化作用的重要体现。园林树木的色彩运用,要与环境气氛协调统一。

2. 园林树木的形态美

园林树木种类繁多,体形各异,各有独特之美,这就是造型美。园林树木的冠形、干形、叶形、花形、果形,以及毛、刺、卷须等树体附属物等,都具有极其丰富的形态,凸显着园林树木个体的形态美。在园林作品中,有时为了突出主题和树木某一方面的美学特征,采取孤植的方法,观赏者能得到强烈的美学感受。

例如,园林树木的冠形有圆柱形、尖塔形、伞形、球形等;干形有直立干、并生干、丛生干、匍匐干等;叶形更为复杂,如鹅掌楸的叶形如中国传统马褂;花形既表现在单花上,也表现在花序上,十分丰富;果形有佛手形、罗汉形等。总之,园林树木各器官的形态、大小千变万化,可充分表现绿化、美化环境的观赏价值。

3. 园林树木的芳香美

园林树木的花、叶等器官释放的芳香气味,通过人的嗅觉器官,传达独特的心理感受。有的香花树种虽不引人注目,但它散发出的芳香气味使人心旷神怡,如桂花、九里香、白兰花、玫瑰、丁香、沙枣、茉莉、刺槐等。很多香花树种的芳香美为园林增添了令人清爽的特色景观。

4. 园林树木的意境美

园林树木的意境美是指园林树木色彩美、形态美之外的抽象美、联想美,体现的是一种"凝固的诗,立体的画"的意境。它与各国的历史文化、风俗习惯等有关。我国的诗词、神话与风俗习惯中,往往会以某个树种为对象而成为一种事物的象征,从而使树木"人格化"。如松柏,四季常青,象征长寿、坚贞不屈的革命精神;珙桐独特的和平鸽花形,象征和平;翠竹以其虚怀若谷、淡泊宁静、刚劲挺拔、洁身自好的品格,备受世人推崇,在园林设计中是渲染诗情画意的佳品。

(二) 园林树木的防护作用

园林树木一般形体高大、枝叶茂密、根系发达,具有改善环境和保护环境的作用。

1. 改善环境作用

改善环境主要表现在园林树木可以制造氧气、吸收二氧化碳及吸附粉尘和吸收有害气体,从而起到净化空气,提高空气湿度,调节气温的作用。植物一般由光合作用吸收的二氧化碳要比呼吸作用排出的二氧化碳多20多倍,因此,园林树木能减少空气中的二氧化碳而增加空气中的氧气,特别是二氧化碳排放日趋严重的现代城市,园林树木的广泛栽培十分有益。有数据表明,树木表面凹凸不平的枝叶及一些附属结构能大量阻滞和吸附空气中的粉尘,城市工业生产中产生的二氧化硫、氟化氢等有毒气体也可通过一些抗性强和吸收能力强的树种来有效降低污染,比如臭椿、榆树、桑树、皂荚等对二氧化硫吸收能力很强;大叶黄杨、

女贞、梧桐等对氟的吸收能力很强。树木生长过程要蒸腾掉根系吸收水分的99.8%,通过树木绿化可提高空气湿度,同时,还通过树木的遮挡等发挥在夏季降温和冬春防风的作用。

2. 保护环境作用

保护环境主要表现在降低噪声、保持水土、杀灭细菌和监测环境的作用。茂密的树木能吸收和阻挡噪声,据测算,10 m宽的林带可以降低噪声10~20 dB;树冠吸收和截留降雨,根系阻滞泥土流失,枯枝落叶吸收雨水等都可起到明显的水土保持作用;有些树种具有杀灭细菌的保健作用,如10 000 m² 的圆柏每天能分泌30 kg的杀菌素,杀灭白喉、肺结核、伤寒等病菌;有些树种对环境污染非常敏感,可以作为检测环境的信号。

(三)园林树木的生产作用

园林树木的生产作用包括直接生产作用和结合生产作用。直接生产作用指苗木、大树、桩景、木材等直接出售的商品价值,还包括为风景区、旅游区等产生的风景旅游收入等。结合生产作用指树木发挥绿化作用的同时提供适当的林副产品,如核桃、梨、杏、葡萄、银杏、板栗等果树类产生的果实;月季、玫瑰等香料树种提供的香精原料;桑叶养蚕、漆树割漆等。当然,绿化工作中首先考虑的是园林树木的美化作用和防护作用,园林树木的生产作用是次要的,有时为突出绿化特色可以适当应用。

三、我国园林树木资源概况

(一)我国园林树木资源的特点

我国有"世界园林之母"、"花卉王国"的美称,园林树木资源十分丰富。我国园林树木资源的特点有以下四点。一是种类繁多,原产我国的树种有8 000多种,其中乔木树种有2 500多种,而原产欧洲的乔木树种仅有250多种,原产北美的乔木树种也只有600多种。二是分布集中,尤其是华西地区是世界著名的园林树木分布中心之一。很多著名的花木,如山茶、杜鹃、丁香、海棠、绣线菊等都是以我国为世界的分布中心。三是丰富多彩,我国地域广阔,环境多变,经长期影响形成许多变种类型。四是特点突出,我国有许多如珙桐、梅花、桂花、牡丹、鹅掌楸等特产树种和栽培培育出的品种。

(二)我国园林树木资源利用现状、存在问题及发展趋势

目前,我国城市园林绿地中应用的树种数量有限,一般大城市为200~400种,而中小城市在100种左右,尤其是优良品种应用不够,这与我国丰富的树木资源是不相称的。一方面,我国园林树木资源虽然丰富,但大量可供观赏的树种仍处于野生状态而未得到开发利用;另一方面,园林绿化中树种应用种类相对贫乏,大大影响了植物造景的效果。现在,各类彩色的树种、垂枝等造型奇特的树种越来越受到重视,可进一步丰富园林的色彩、形体和线条。因此,园林树木野生种类资源的有效开发利用和具有特色的新品种培育,是丰富我国城市园林树木资源的必然途径。

学习任务

调查所在学校或学校所在城市绿化树种的人为分类类型及器官形态特点,内容包括调查地点自然条件、树种名称、人为分类类型、叶形特点、单花或花序类型、果实类型、分枝类型、树形及附属物等其他特点,完成树种分类与形态认知调查报告。

任务分析

　　园林树木的分类在园林绿化生产实践应用普遍,学习的目标是能够根据不同的分类依据对各种形态特点的树种进行准确判定。园林树木的形态识别基础是学好园林树木的关键,必须紧密结合实践,深入理解,打牢基础,才能顺利完成后续具体树种的形态识别与分类任务。在任务实施的过程中,要结合区域树种特点、季节特点和具体任务内容,采用多种形式,合理安排与分配学习任务,注重条理性、科学性和实效性。

任务实施

一、材料与用具

本地区生长正常的各类树种、照相机、手持放大镜、解剖镜、剪枝剪、记录夹等。

二、任务步骤

(一)认识园林建设中的树木分类及园林树木各器官的形态

1. 园林树木的分类

　　人们对植物认识的漫长过程中,为了方便识别、交流和利用,出现过很多分类方法,逐渐发展为一门科学,即植物分类学。园林树木的分类主要从两个方面进行:一是自然分类法,反映植物的亲缘关系和由低级到高级的演化关系,此法多用于理论科学;二是人为分类法,按照园林建设的要求,以树木在园林中应用和利用为目的,提高园林建设水平为主要任务的分类方法。

　　1)自然分类法

　　分类学家根据自然形成的亲缘关系,将生物进行分类,这种分类方法就是自然分类法。界、门、纲、目、科、属、种是各级分类单位,有时还加设亚门、亚纲、亚目、亚科、亚属、亚种、变种、变型或栽培品种等次级单位。

　　种是分类的基本单位,集相近的种成属,由类似的属成科,科并为目,目集成纲,纲汇成门,最后由门合成界,这样循序定级,构成了植物界的自然分类单位。

　　物种简称种,具有相对稳定的特征,是指在一定的自然分布区域中,形态特征相似,能相互交配、正常繁衍后代的类群。但种不是绝对不变的,它在长期的种族延续中是不断地产生变化的,所以,同种间又会出现差异的集团。分类学家按照这种差异的大小,将生物种又分为亚种(sub.)、变种(var.)和变型(f.)。亚种指除了在形态构造上具有与原种显著变化的特点外,在地理分布上有较大范围的地带性分布区域;变种仅在形态结构上有显著变化,没有明显的地带性分布区域;变型没有一定的分布区,仅零星存在于种群中,是形态特征上变异较小的类型,如花色等。品种也称栽培变种、园艺变种,是人为选育出的,不在自然分类系统中排序,但与自然分类系统有着千丝万缕的联系。一般来说,品种都来自自然分类系统的种,在树木分类实践中,最常用的是变种。

　　2)人为分类法

　　人为分类法是以植物系统分类法中的"种"为基础,根据树木的主要习性、观赏特性、园林用途等方面的差异及其综合特性,将各种园林树木主观地划为不同的类型。此分类法具

有简单实用的优点,在园林实践中被普遍采用。

(1)园林树木按树木的生长习性分类,可分为乔木类、灌木类、藤本类及匍地类四种。

① 乔木类 树体高大,一般在6 m以上,有明显主干,分枝点距地面较高的树木。乔木类可依据冬季或旱季落叶与否分为:常绿乔木,如雪松、广玉兰等;落叶乔木,如垂柳、银杏、悬铃木等。乔木类又可依据高度分为伟乔(31 m以上)、大乔(21~30 m)、中乔(11~20 m)及小乔(6~10 m)四级。

② 灌木类 树体矮小(通常6 m以下),主干低矮或无明显主干,多数呈丛生状或分枝接近地面。灌木类可依据冬季或旱季落叶与否分为:落叶灌木,如水蜡、黄刺玫等;常绿灌木,如小叶黄杨、山茶等。

③ 藤本类 地上部分不能直立生长,须攀附于其他支持物向上生长的木本植物,如紫藤、木香、金银花、凌霄等。藤本类可依据冬季或旱季落叶与否分为:常绿藤本,如常春藤等;落叶藤本,如紫藤、爬山虎等。藤本类还可依据生长特点分为:缠绕类藤本,如紫藤、金银花等;吸附类藤本,如爬山虎、凌霄等;卷须类,如葡萄等;钩刺类,如藤本月季等。

④ 匍地类 干枝均匍地而生,与地面接触部分长出不定根从而扩大占地范围,如铺地柏等。

(2)园林树木按树木的观赏特性分类,可分为观形树木类、观枝干树木类、观叶树木类、观花树木类、观果树木类及观根树木类六种。

① 观形树木类 观形树木类主要指树冠的形体和姿态有较高观赏价值的树木,如苏铁、雪松、龙柏等。

② 观枝干树木类 观枝干树木类主要指枝干具有独特风姿或有奇特色泽、附属物等的一类树木,如梧桐、悬铃木、白皮松、白桦、榔榆、红瑞木等。

③ 观叶树木类 观叶树木类主要指叶色、叶形或叶大小、着生方式等有独特观赏之处的树木,如银杏、鹅掌楸、黄栌、红叶李、八角金盘、日本五针松等。

④ 观花树木类 观花树木类主要指在花色、花形、花香上有突出观赏价值的树木,如白玉兰、含笑、米兰、牡丹、蜡梅、珙桐、梅花、月季、山茶、杜鹃花等。

⑤ 观果树木类 观果树木类主要指果实显著,或果形奇特,或色彩艳丽,或果实巨大等果实具有较高观赏价值的树木,如罗汉松、南天竹、火棘、金橘、石榴、柿子、木瓜、山楂、杨梅等。

⑥ 观根树木类 观根树木类主要指根具有较高观赏价值的树木,如榕树的气生根、落羽杉的曲膝根等。

(3)园林树木按园林绿化用途分类,可分为独赏树类、行道树类、庭荫树类、垂直绿化类、绿篱类、木本地被类、防护树类、室内装饰类、造型类及树桩盆景、盆栽类。

① 独赏树类 独赏树类又称孤植树、标本树或孤赏树,主要展现的是树木的个体美,通常作为庭院或园林局部的中心景物,可供独立观赏。以单株或2~3株合栽的形式布置在花坛、广场、草地中央、道路交叉点、河流曲线转折处外侧、水池岸边、缓坡山冈、庭院角落、假山旁、登山道及园林建筑等处,定植地点以大草坪为最佳位置,起主景、局部点缀或遮阴作用。一般以树木形体高大雄伟,树冠宽阔,风姿独特,具有美丽的花、果、干和叶色特点,抗逆性强,较长寿的落叶或常绿乔木较为适宜,如圆柏、雪松、白玉兰、悬铃木、樟树、枫香、龙爪槐等。

② 行道树类 行道树类是指栽植在道路系统,如公路、街道、园路、铁路等两侧,整齐排列,以遮阴、美化为目的的乔木树种,主要功能是为车辆、行人遮阴,减少路面辐射热和反射光,同时发挥降温、防尘、降低噪音和美化街景的作用。行道树要求树冠整齐、冠幅大,树姿

优美,树干下部及根部不萌生新枝,抗逆性强,根系发达,抗倒伏,生长迅速,寿命长,耐修剪,落叶整齐,无恶臭或其他凋落物污染环境,种苗来源容易,大苗栽种容易成活的种类。常见的行道树类有水杉、樟树、桉树、重阳木、银杏、国槐、鹅掌楸、栾树、梓树、悬铃木、七叶树等。

③　庭荫树类　庭荫树也称绿荫树、遮阴树,是指以形成绿荫为主要目的,在庭院、公园、广场及风景名胜区等各类园林绿地供游人纳凉和装饰环境而栽植的树木。庭荫树一般选择树木高大、冠幅宽阔、枝繁叶茂、有一定观赏效果的阔叶树种,如梧桐、樟树、枫杨、合欢等,还要注意不宜选用易于污染衣物的树种。

④　垂直绿化类　垂直绿化类也称藤本类,形式灵活多样,用于各种棚架、栅栏、围篱、墙体、拱门、假山、枯树等绿化的藤本树种。垂直绿化类树种对于丰富园林特色、美化建筑立面和提高绿化质量等方面具有独特的作用。常见的垂直绿化类有紫藤、爬山虎、葡萄、山葡萄、凌霄、金银花、铁线莲、络石、常春藤等。

⑤　花灌木类　花灌木类是指具有观花、观果、观叶或其他观赏价值的灌木或小乔木。这类树木种类繁多,观赏效果显著,在园林中应用广泛。常见的花灌木类有桃花、榆叶梅、海棠、樱花、梅花、丁香、夹竹桃、紫荆、紫薇、木槿、含笑等。

⑥　绿篱类　绿篱类是指园林中用树木的密集列植代替篱笆、栏杆、围墙等起隔离、防护和美化作用的一类树种,主要起到分隔空间、屏蔽视线、衬托景物等作用。通常以耐密植、耐修剪、枝叶细密、生长慢、养护管理简便,还有一定观赏价值的种类为主。常见的绿篱类有大叶黄杨、小叶黄杨、紫叶小檗、水蜡、圆柏、女贞、金叶榆等。绿篱类可依据绿篱的高度分为高篱类(2 m左右)、中篱类(1 m左右)及矮篱类(低于50 cm)三类;绿篱类又可依据功能和观赏要求分为常绿篱、花篱、果篱、刺篱、落叶篱、蔓篱及编篱等;绿篱类还可依据形状分为整形篱和自然篱。

⑦　木本地被类　木本地被类是指高度在50 cm以内,铺展力强,处于园林绿地底层的一类树木。木本地被植物的应用,可以避免地表裸露,防止尘土飞扬和水土流失,调节小气候,丰富园林景观。木本地被类以耐阴、耐践踏、适应能力强的常绿类为主,如铺地柏、平枝栒子、扶芳藤或金焰绣线菊等。

⑧　防护树类　防护树类是指能从空气中吸收有毒气体、阻滞尘埃、削弱噪音、防风固沙、保持水土的一类树木。防护树类多植为片林或林带,形式有风景林、防护林带、休憩或疗养性的片林、水土保持林等,可形成柏树林、枫树林、杨树林、竹林等。

⑨　室内装饰类　室内装饰类主要指那些耐阴性强、观赏价值高,常栽植于室内观赏的一类树木,如会场、门厅、商场等室内摆放的散尾葵、发财树、鹅掌柴、鱼尾葵、垂叶榕之类的树种。

⑩　造型类及树桩盆景、盆栽类　造型类及树桩盆景、盆栽类主要是指经过人工整形制成的各种盆景、盆栽。树桩盆景是在盆中再现大自然风貌或表达特定意境的艺术品,对树种的选用要求与盆栽类有相似之处,均以适应性强,根系分布浅,耐干旱瘠薄,可粗放管理,生长速度适中,能耐阴,寿命长,花、果、叶有较高观赏价值的种类为宜。比较常见的盆景、盆栽类有银杏、金钱松、短叶罗汉松、椰榆、朴树、六月雪、紫藤、南天竹、紫薇等。

(4)　园林树木按树木对环境因子的适应能力分类,可分为如下几类。

①　依据气温因子分类　这种分类主要是依据树木最适应的气温带分类,园林树木可分为热带树种、亚热带树种、温带树种及寒带树种等。在生产实践中,依据树木的耐寒性不同,园林树木还可分为耐寒树种及不耐寒树种及半耐寒树种等,但不同地域的划分标准不一样。

②　依据水分因子分类　依据不同树木对水分的要求不一样,园林树木可分为湿生树

种、旱生树种和中生树种。有的树种适应水分变动幅度较大,如旱柳既耐干旱也耐水湿。

③ 依据光照因子分类 园林树木依据光照因子分类,可以分为阳性树种(喜光树种)、阴性树种(耐阴树种)和中性树种。

④ 依据空气因子分类 园林树木依据空气因子可以分为多类,如抗风树种、抗污染树种、抗氟化氢树种、抗二氧化硫树种、防尘类树种、卫生保健树种等。

⑤ 依据土壤因子分类 根据对土壤酸碱度的适应性,园林树木可以分为酸性土树种、碱性土树种和中性土树种;根据对土壤肥力的适应,园林树木可以分为瘠土树种和喜肥树种等。

图 1-1 叶的组成

2. 木本植物常用形态术语

1) 叶

(1) 叶的组成 叶一般由叶片、叶柄和托叶三部分组成(见图 1-1)。具有叶片、叶柄和托叶三部分的叶,称为完全叶,如豆科、蔷薇科等植物的叶。不具有这三部分中任何一部分或两部分的叶,称为不完全叶。例如,泡桐的叶缺少托叶,金银花的叶缺少叶柄,这些都是不完全叶。

叶片:叶柄顶端的宽扁部分。

叶柄:叶片与枝条连接的部分。

托叶:叶片或叶柄基部两侧小型的叶状体。

叶腋:指叶柄与枝间夹角内的部位,常具腋芽。

单叶:叶柄具有一个叶片的叶,叶片与叶柄间不具有关节。

复叶:总叶柄具有两片以上分离的叶片。

总叶柄:复叶的叶柄,或者指着生小叶以下的部分。

叶轴:总叶柄以上着生小叶的部分。

小叶:复叶中的每个小叶,其各部分分别称为小叶片、小叶柄及小托叶等,小叶的叶腋不具腋芽。

(2) 叶脉及脉序 叶脉及脉序分类如下(见图 1-2)。

脉序:叶脉在叶片上排列的方式。

主脉:叶片中部较粗的叶脉,又称中脉。

侧脉:由主脉向两侧分出的次级脉。

细脉:由侧脉分出,并联络各侧脉的细小脉,又称小脉。

网状脉:网状脉是指叶脉数回分枝变细,并互相联结为网状的脉序。

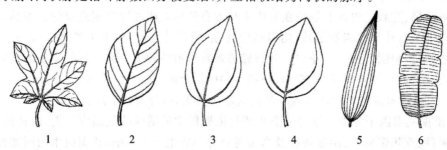

图 1-2 叶脉及脉序

1—网状脉;2—羽状脉;3—三出脉;4—离基三出脉;5—掌状脉;6—平行脉

羽状脉:羽状脉具有一条主脉,侧脉排列成羽状,如榆树等。

三出脉:由叶基伸出三条主脉,如肉桂、枣树等。

离基三出脉:羽状脉中最下面一对较粗的侧脉离开基部一段距离才生出,如檫树、浙江桂等。

掌状脉:几条近乎等粗的主脉由叶柄顶端生出,如葡萄、紫荆、法桐等。

平行脉:平行脉为多数次脉紧密平行排列的叶脉,如竹类等。

(3)叶序　叶在枝上着生的方式(见图1-3)。

互生:每节着生一叶,节间有距离,叶片在枝条上交错排列,如杨、柳、碧桃等。

螺旋状着生:每节着生一叶,成螺旋状排列,如杉木、云杉、冷杉等。

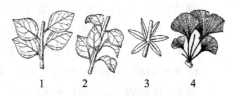

图1-3　叶在枝上着生的方式
1—互生;2—对生;3—轮生;4—簇生

对生:每节相对两面各生一叶,如桂花、紫丁香、毛泡桐等。

轮生:每节有规则地着生3个以上的叶子,如夹竹桃等。

簇生:多数叶片成簇生于短枝上,如银杏、落叶松、雪松等。

(4)叶形　叶形指叶片的形态(见图1-4)。树木叶片的形态多种多样,但同一种树木叶片的形态是比较稳定的,可作为识别树木和分类的依据。叶片的形态通常是从叶形、叶尖、叶基、叶缘、叶裂和叶脉等方面来描述。

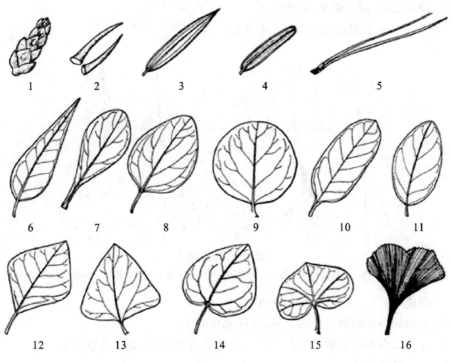

图1-4　叶形
1—鳞形;2—锥形;3—刺形;4—条形;5—针形;6—披针形;7—匙形;8—卵形;9—圆形;
10—长圆形;11—椭圆形;12—菱形;13—三角形;14—心形;15—肾形;16—扇形

鳞形:叶细小,呈鳞片状,如侧柏、柽柳、木麻黄等。

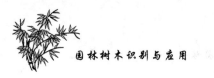

锥形:叶短而先端尖,基部略宽,又称钻形,如柳杉等。

刺形:叶扁平狭长,先端锐尖或渐尖,如刺柏等。

条形:叶扁平狭长,两侧边缘近平行,又称线形,如冷杉、水杉等。

针形:叶细长而先端尖如针状,如马尾松、油松、华山松等。

披针形:叶窄长,最宽处在中部或中部以下,先端渐长尖,长为宽的 4～5 倍,如柠檬桉等。

倒披针形:颠倒的披针形,最宽处在上部,如海桐等。

匙形:状如汤匙,先端宽而圆,向基部渐狭,如紫叶小檗等。

卵形:状如鸡蛋,中部以下最宽,长为宽的 1.5～2 倍,如毛白杨等。

倒卵形:颠倒的卵形,最宽处在上端,如白玉兰等。

圆形:状如圆形,如圆叶乌桕、黄栌等。

长圆形:长方状椭圆形,长约为宽的 3 倍,两侧边缘近平行,又称矩圆形,如苦槠等。

椭圆形:近于长圆形,但中部最宽,边缘自中部起向上、下两端渐窄,长为宽的 1.5～2 倍,如杜仲、君迁子等。

菱形:近于斜方形,如小叶杨、乌桕、丝棉木等。

三角形:状如三角形,如加杨等。

心形:状如心脏,先端尖或渐尖,基部内凹具有二圆形浅裂及一弯缺,如紫丁香、紫荆等。

肾形:状如肾形,先端宽钝,基部凹陷,横径较长,如连香树等。

扇形:顶端宽圆,向下渐狭,如银杏等。

(5) 叶先端   叶先端的分类如下(见图 1-5)。

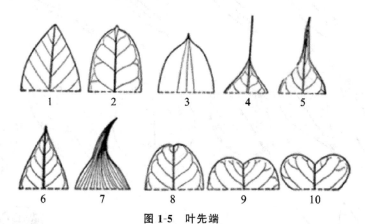

图 1-5   叶先端

1—尖;2—微凸;3—凸尖;4—芒尖;5—尾尖;6—渐尖;7—骤尖;8—微凹;9—凹缺;10—二裂

尖:先端成一锐角,又称急尖,如女贞等。

微凸:中脉的顶端略伸出先端之外,又称具小短尖头。

凸尖:叶先端由中脉延伸于外而形成一短突尖或短尖头,又称具短尖头。

芒尖:凸尖延长成芒状。

尾尖:先端呈尾状,如菩提树等。

渐尖:先端渐狭呈长尖头,如夹竹桃等。

骤尖:先端逐渐尖削成一个坚硬的尖头,有时也用于表示突然渐尖头,又称骤凸。

钝:先端钝或窄圆。

截形:先端钝或窄圆。

微凹:先端圆,顶端中间稍凹,如黄檀等。

凹缺:先端凹缺稍深,如黄杨,又称微缺。

倒心形:先端深凹,呈倒心形。

二裂:先端具有二浅裂,如银杏等。

(6)叶基　叶基的分类如下(见图1-6)。

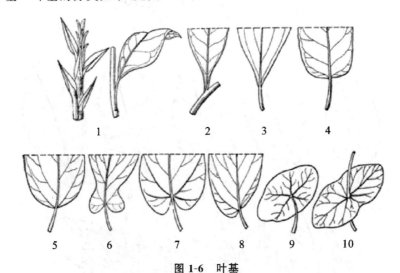

图1-6　叶基

1—下延;2—渐狭;3—楔形;4—截形;5—圆形;6—耳形;7—心形;8—偏斜;9—盾形;10—合生穿茎

下延:叶基自着生处起贴生于枝上,如杉木、柳杉等。

渐狭:叶基两侧向内渐缩形成翅状叶柄的叶基。

楔形:叶下部两侧渐狭成楔子形,如八角等。

截形:叶基部平截,如元宝枫等。

圆形:叶基部渐圆,如山杨、圆叶乌桕等。

耳形:基部两侧各有一耳形裂片,如辽东栎等。

心形:叶基部呈心脏形,如紫荆、山桐子等。

偏斜:基部两侧不对称,如椴树、小叶朴等。

鞘状:基部伸展形成鞘状,如沙拐枣等。

盾状:叶柄着生于叶背部的一点,如柠檬桉幼苗、蝙蝠葛等。

合生穿茎:两个对生无柄叶的基部合生成一体,如盘叶忍冬、金松等。

(7)叶缘　叶缘的分类如下(见图1-7)。

全缘:叶缘无锯齿和缺裂,如丁香、紫荆等。

波状:边缘波浪状起伏,如樟树、毛白杨等。

浅波状:边缘波状较浅,如白栎等。

深波状:边缘波状较深,如蒙古栎等。

皱波状:边缘波状皱曲,如北京杨等。

锯齿:边缘有尖锐的锯齿,齿端向前,如白榆、油茶等。

细锯齿:边缘锯齿细密,如垂柳等。

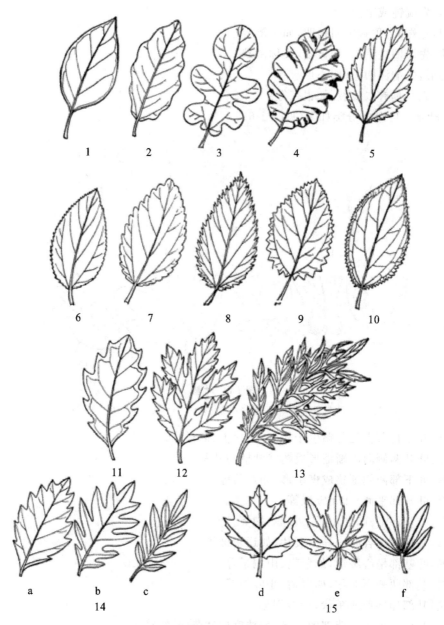

图1-7　叶缘

1—全缘;2—波状;3—深波状;4—皱波状;5—锯齿;6—细锯齿;7—钝齿;8—重锯齿;9—齿牙;10—小齿牙;

11—浅裂;12—深裂;13—全裂;14—羽状分裂(a.羽状浅裂,b.羽状深裂,c.羽状全裂);

15.掌状分裂(d.掌状浅裂,e.掌状深裂,f.掌状全裂)

钝齿:边缘锯齿先端钝,如加拿大杨等。

重锯齿:锯齿之间又有小锯齿,如樱花等。

齿牙:边缘有尖锐的齿牙,齿端向外,齿的两边近相等,又称牙齿状,如苎麻等。

小齿牙:边缘有较小的齿牙,又称小牙齿状,如荚迷等。

缺刻:边缘有不整齐的、较深的裂片。

条裂:边缘分裂为狭条。

浅裂:边缘浅裂至中脉的1/3左右,如辽东栎等。

深裂:叶片深裂至离中脉或叶基部不远处,如鸡爪槭等。

全裂:叶片分裂深至中脉或叶柄顶端,裂片彼此完全分开,如银桦等。

羽状分裂:裂片排列成羽状,并具有羽状脉,因分裂深浅程度不同,又可分为羽状浅裂、羽状深裂、羽状全裂等。

掌状分裂:裂片排列成掌状,并具有掌状脉,因分裂深浅程度不同,又可分为掌状浅裂、掌状深裂、掌状全裂等。

（8）复叶　复叶的分类如下（见图1-8）。

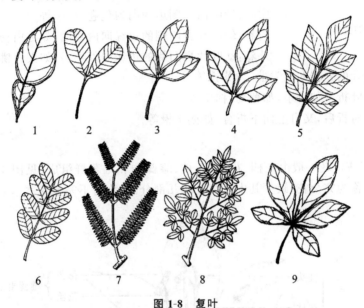

图 1-8　复叶

1—单身复叶;2—二出复叶;3—三出复叶;4—羽状三出复叶;5—奇数羽状复叶;
6—偶数羽状复叶;7—二回羽状复叶;8—三回羽状复叶;9—掌状复叶

单身复叶:外形似单叶,但小叶片与叶柄间具有关节,又称单小叶复叶,如柑橘等。

二出复叶:总叶柄上仅具有两个小叶,又称两小叶复叶,如歪头菜等。

三出复叶:总叶柄上具有三个小叶,如迎春等。

羽状三出复叶:顶生小叶着生在总叶轴的顶端,其小叶柄较两个侧生小叶的小叶柄长,如胡枝子等。

掌状三出复叶:三个小叶都着生在总叶柄顶端的一点上,小叶柄近等长,如橡胶树等。

羽状复叶:复叶的小叶排列成羽状,生于总叶轴的两侧。

奇数羽状复叶:羽状复叶的顶端有一个小叶,小叶的总数为单数,如槐树等。

偶数羽状复叶:羽状复叶的顶端有两个小叶,小叶的总数为双数,如皂荚等。

二回羽状复叶:总叶柄两侧有羽状排列的一回羽状复叶,总叶柄的末次分枝连同其上小叶称为羽片,羽的轴称为羽片轴或小羽轴,如合欢等。

三回羽状复叶:总叶柄两侧有羽状排列的二回羽状复叶,如南天竹、苦楝等。

掌状复叶:几个小叶着生在总叶柄顶端,如荆条、七叶树等。

（9）叶的变态　叶的变态分类如下（见图1-9）。

除冬芽的芽鳞、花的各部分、苞片及竹箨外,还有下列几种。

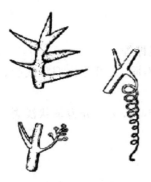

图 1-9　叶的变态

托叶刺:由托叶变成的刺,如刺槐、枣树等。

卷须:由叶片(或托叶)变为纤弱细长的卷须,如爬山虎、五叶地锦、菝葜的卷须。

叶状柄:小叶退化,叶柄呈扁平的叶状体,如相思树等。

叶鞘:由数枚芽鳞组成,包围针叶基部,如松属树木。

托叶鞘:由托叶延伸而成,如木蓼等。

(10)幼叶在芽内的卷叠式　幼叶在芽内的卷叠式分类如下。

对折:幼叶片的左右两半沿中脉向内折合,如桃、白玉兰等。

席卷:幼叶由一侧边缘向内包卷,如李等。

内卷:幼叶片自两侧的边缘向内卷曲,如毛白杨等。

外卷:幼叶片自两侧的边缘向外卷曲,如夹竹桃等。

拳卷:自叶片的先端向内卷曲,如苏铁等。

折扇状:幼叶折叠如折扇,如葡萄、棕榈等。

内折:幼叶对折后,又自上向下折合,如鹅掌楸等。

2)花

(1)花的组成　花一般由花柄、花托、花被、雌蕊群和雄蕊群组成(见图1-10)。具备以上五部分的花,称为完全花;缺少其中一部分或几部分的,称为不完全花。

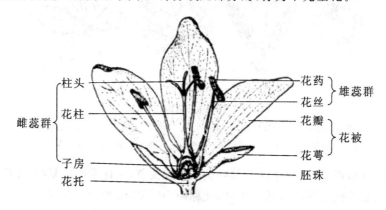

图 1-10　花的组成

花柄是着生花的小枝,用以支撑花朵,输送花发育所需的各种营养物质和水分,其内部结构与茎相似,并且与茎连通。花柄的长短因植物的不同而异。有些植物的花柄很短,甚至没有,花朵直接生长在枝条上。

花柄顶端膨大的部分,其上着生有花萼、花冠、雄蕊群和雌蕊群。花托的形状在不同植物中变化较大,形态多样,有圆柱形,如玉兰等,也有凹陷的,如桃、梅等。

花萼位于花的最外轮,由若干萼片组成,通常为绿色,包在花蕾外面,起保护花蕾和幼果的作用,并能进行光合作用,为子房发育提供营养物质。根据花萼的离合程度,花萼可分为离萼和合萼。各萼片之间完全分离的称离萼,如山茶等;各萼片彼此联合的称合萼,如月季等。

花冠位于花萼内侧,由若干片花瓣组成,排成一轮或多轮。花冠通常具有鲜艳的色彩,但也有许多植物的花冠呈白色。有些植物的花瓣内有芳香腺,能散发出芳香气味。花冠的彩色与芳香适应于昆虫传粉,此外花冠还有保护雄蕊、雌蕊的作用。组成花冠的花瓣有分离和联合之分,花瓣彼此分离的称为离瓣花,如李、杏、桃等的花瓣;花瓣之间部分或全部合生的称合瓣花,如桂花、连翘等的花瓣。合瓣花冠的下部联合的部分称花冠筒;合瓣花冠上部分离的部分称花冠裂片;花瓣上部扩大部分称瓣片;花瓣基部细窄如爪状称瓣爪。根据花冠或花瓣的形状、大小、数目不同,花瓣之间离合程度等,通常把花冠分为蝶形、唇形、钟形、高脚碟形等。

雄蕊群是种子植物的雄性繁殖器官,位于花冠内侧,是一朵花内所有雄蕊的总称。每个雄蕊由花药和花丝组成。花丝通常细长呈丝状,基部着生在花托上或贴在花冠上;花药是花丝顶端膨大呈囊状的部分,花药中有四个花粉囊,成熟后花粉囊自行破裂,花粉由裂口散出。雄蕊的类型因植物种类不同而不同。根据药丝分离联合的情况,雄蕊分为离生雄蕊、单体雄蕊、二体雄蕊、多体雄蕊等几种(见图1-11)。

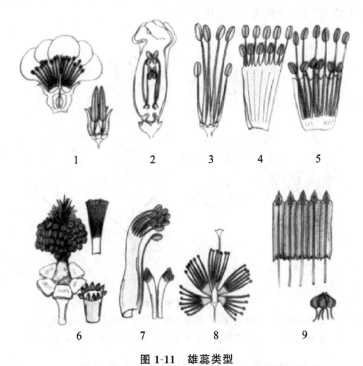

图1-11 雄蕊类型

1—离生雄蕊;2—二强雄蕊;3—四强雄蕊;4—五强雄蕊;5—六强雄蕊;

6—单体雄蕊;7—二体雄蕊;8—多体雄蕊;9—聚药雄蕊

雌蕊群是种子植物的雌性繁殖器官,位于花的中央部分,由一至多个具有繁殖功能的心皮卷合而成。雌蕊呈长瓶状,由子房、花柱及柱头三部分组成。柱头是接受花粉的部分,位于雌蕊顶端,通常膨大呈球状、圆盘状或分枝羽状。柱头常具有乳头状突起或短毛,有利于接受花粉。花柱是柱头和子房之间的连接部分,一般的花柱细长,是花粉管进入子房的通道,其长度因植物种类而不同。子房是雌蕊基部的膨大部分,内有一至多室,每室含一至多个胚珠。经传粉受精后,子房发育成果实,胚珠发育成种子。按照组成雌蕊的心皮数目和结合情况不同,雌蕊常可分为单雌蕊、复雌蕊和离生心皮雌蕊三种。由一个心皮构成的雌蕊称为单雌蕊,如桃花;复雌蕊,又称为合生心皮雌蕊,由两个或两个以上的心皮构成的雌蕊,它们相互结合,形成一个共同的子房,但花柱、柱头可以结合,也可以分离;在一些植物的花中,

也有两个或两个以上的心皮,但它们彼此分离,每个心皮都构成一个雄蕊,具有各自的子房、花柱和柱头,这称为离生心皮雄蕊,如白玉兰。

（2）花序的类型　花在总花柄上有规律的排列方式,称为花序,总花柄称为花序轴。大多数植物的花都是按一定排列顺序着生在花序轴上,但也有的是单独一朵生在茎枝顶上或叶腋部位,称为单顶花或单生花,如玉兰、牡丹、桃等。花序的形态变化很大,主要表现在花序轴的长短、分枝或不分枝、有无花柄及花朵开放的顺序等方面。

按花开放顺序的先后可分为无限花序、有限花序和混合花序。无限花序是指花序下部的花先开,依次向上开放,或由花序外围向中心依次开放,如梨树。有限花序是指花序最顶点或最中心的花先开,外侧或下部的花后开,如苹果。混合花序是指有限花序和无限花序混生的花序,即主轴可无限延长,生长无限花序,而侧枝为有限花序。例如:泡桐、滇楸的花序是由聚伞花序排成圆锥花序状;云南山楂的花序是由聚伞花序排成伞房花序状。

常见的花序主要有以下几种类型(见图 1-12)。

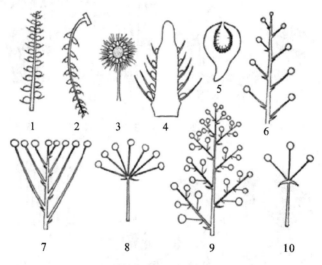

图 1-12　花序类型

1—穗状花序;2—柔荑花序;3—头状花序;4—肉穗花序;5—隐头花序;
6—总状花序;7—伞房花序;8—伞形花序;9—圆锥花序;10—聚伞花序

穗状花序:花多数无梗,排列于不分枝的主轴上,如水青树等。

柔荑花序:由单性花组成的穗状花芽,通常花轴细软下垂,开花后(雄花序)或果熟后(果序)整个脱落,如杨柳科树种。

头状花序:花轴短缩,顶端膨大,上面着生许多无梗花,全形呈圆球形,如悬铃木、枫香等。

肉穗花序:肉穗花序为一种穗状花序,总轴肉质肥厚,分枝或不分枝,且为一佛焰苞所包被,如棕榈科的花序。

隐头花序:花聚生于凹陷、中空、肉质的总花托内,如无花果、榕树等。

总状花序:总状花序与穗状花序相似,但花有梗,近等长,如刺槐等。

伞房花序:伞房花序与总状花序相似,但花梗不等长,最下的花梗最大,渐上渐短,将整个花序顶成一平头状,如梨、苹果等。

伞形花序:花集生于花轴的顶端,花梗近等长,如有些五加科类。

圆锥花序：花轴上每一个分枝是一个总状花序，又称复总状花序；有时花轴分枝，分枝上着生两花以上，外形呈圆锥状的花丛，如珍珠梅、槐树等。

聚伞花序：聚伞花序为一有限花序，最内或中央的花先开，两侧的花后开。

复聚伞花序：花轴顶端着生一花，其两侧各有一分枝，每分枝上着生聚伞花序，或重复连续二歧分枝的花序，如卫矛等。

3）果实

果实是植物开花受精后的子房发育形成的。包围果实的壁称果皮，一般可分为三层，最外的一层称外果皮，中间的一层称中果皮，最内的一层称内果皮。果实的类型多种多样，依据形成一个果实的花的数目多少或一朵花中雄蕊数目的多少，可以分为单果、聚花果和聚合果；依据果皮的质地不同，可分为肉果和干果；依据果皮的开裂与否，可分为裂果和闭果。以下是一些主要的果实简介。

（1）单果类型　单果类型是由一花中的一个子房或一个心皮形成的单个果实（见图1-13）。

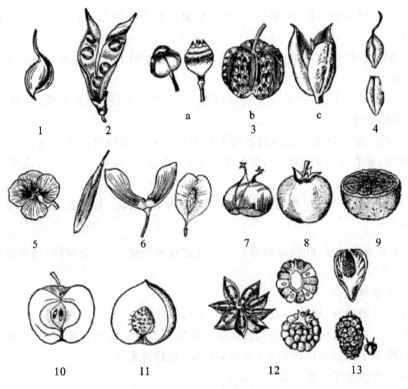

图1-13　果实类型

1—蓇葖果；2—荚果；3—蒴果（a.瓣裂，b.室背开裂，c.室间开裂）；4—颖果；5—胞果；
6—翅果；7—坚果；8—浆果；9—柑果；10—梨果；11—核果；12—聚合果；13—聚花果

蓇葖果：蓇葖果为开裂的干果，成熟时心皮沿背缝线或腹缝线开裂，如银桦、白玉兰等。

荚果：荚果是由单心皮的上位子房形成的干果，成熟时通常沿背、腹两缝线开裂或不裂，如蝶形花科、含羞草科等。

蒴果：蒴果是由两个以上合生心皮的子房形成，开裂方式有以下几种。

①室背开裂，即沿心皮的背缝线开裂，如橡胶树等。②室间开裂，即沿室之间的隔膜开裂，如杜鹃等。③室轴开裂，即室背或室间开裂的裂瓣与隔膜同时分离，但心皮间的隔膜保

持联合，如乌桕等。④孔裂，即果实成熟时种子由小孔散出。⑤瓣裂，即以瓣片的方式开裂，如窿缘桉等。

瘦果：瘦果为一不开裂的小干果，仅具一心皮一种子，如铁线莲等；有时亦有多于一个心皮的，如菊科植物的果实等。

颖果：颖果与瘦果相似，但果皮和种皮愈合，不易分离，有时还包有颖片，如多数竹类等。

胞果：胞果具有一颗种子，由合生心皮的上位子房形成，果皮薄而膨胀，疏松地包围种子，且与种子极易分离，如梭树等。

翅果：翅果为瘦果状带翅的干果，由合生心皮的上位子房形成，如榆树、槭树、杜仲、臭椿等。

坚果：坚果为具有一颗种子的干果，果皮坚硬，由合生心皮的下位子房形成，如板栗、榛子等，并常有总苞包围。

浆果：浆果由合生心皮的子房形成，外果皮薄，中果皮和内果皮肉质，含浆汁，如葡萄、荔枝等。

柑果：柑果是浆果的一种，外果皮软而厚，中果皮和内果皮多汁，由合生心皮上位子房形成，如柑橘类。

梨果：梨果具有软骨质内果皮的肉质果，由合生心皮的下位子房参与花托形成，内有数室，如梨、苹果等。

核果：核果的外果皮薄，中果皮肉质或纤维质，内果皮坚硬，称为果核，一室一种子或数室数种子，如桃、李等。

(2) 聚合果　聚合果由一花内的各离生心皮形成的小果聚合而成。聚合果依据小果类型不同，可分为：聚合蓇葖果，如八角属及木兰属；聚合核果，如悬钩子；聚合浆果，如五味子；聚合瘦果，如铁线莲等。

(3) 聚花果　聚花果由一整个花序形成的合生果，如桑葚、无花果、菠萝蜜等。

4) 芽

芽是指尚未萌发的枝、叶和花的雏形。其外部包被的鳞片，称为芽鳞，通常是叶的变态。

(1) 芽的类型如下。

顶芽：生于枝顶的芽。

腋芽：生于叶腋的芽，形体一般较顶芽小，又称侧芽。

假顶芽：顶芽退化或枯死后，能代替顶芽生长发育的最靠近枝顶的腋芽，如柳、板栗等。

柄下芽：隐藏于叶柄基部内的芽，又称为隐芽，如悬铃木等。

单生芽：单个独生于一处的芽。

并生芽：数个并生在一起的芽，如桃、杏等；位于外侧的芽称为副芽，当中的芽称为主芽。

叠生芽：数个上下重叠在一起的芽，如枫杨、皂荚等；位于上部的芽称为副芽，最下的芽称为主芽。

花芽：将发育成花或花序的芽。

叶芽：将发育成枝、叶的芽。

混合芽：将同时发育成枝、叶、花混合的芽。

裸芽：没有芽鳞的芽，如枫杨、山核桃等。

鳞芽：有芽鳞的芽，如樟树、加杨等。

(2) 芽的形状如下。

圆球形:其状如圆球,如白榆花芽等。

卵形:其状如卵,狭端在上,如青冈栎等。

椭圆形:其纵截面为椭圆形,如青檀等。

圆锥形:渐上渐狭,横截面为圆形,如云杉、青杨等。

纺锤形:渐上渐狭,状如纺锤,如水青冈等。

扁三角形:其纵截面为三角形,横切面为扁圆形,如柿树等。

5)枝条　着生叶、花、果等器官的轴。

(1)枝条形态如下(见图1-14)。

节间:两节之间的部分,节间较长的枝条称为长枝;节间极短的称为短枝,又称为叶距,一般生长极为缓慢。

叶痕:叶脱落后,叶柄基部在小枝上留下的痕迹。

维管束痕:叶脱落后,维管束在叶痕中留下的痕迹,又称为叶迹,其形状不一,散生或聚生。

托叶痕:托叶脱落后,留下的痕迹,常呈条状、三角状或围绕着枝条呈环状。

芽鳞痕:芽开放后,顶芽芽鳞脱落留下的痕迹,其数目与芽鳞数相同。

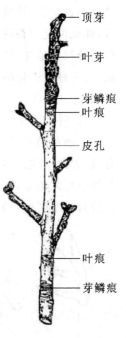

图 1-14　枝条形状

皮孔:枝条上的表皮破裂所形成的小裂口,根据树种的不同,其形状、大小、颜色、疏密等各有不同。

髓:枝条的中心部分,髓按小枝内部形状可分为空心髓(如连翘等)、片状髓(如核桃等)、实心髓(如蒙古栎等)。

(2)分枝类型如下。

分枝是植物生长的普遍现象,是顶芽和腋芽活动的结果。每种植物都有一定的分枝方式,树木分枝类型主要有以下三种(见图1-15)。

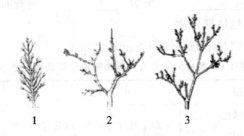

图 1-15　分枝类型

1—单轴分枝;2—合轴分枝;3—假二叉分枝

①　单轴分枝　从幼苗期开始,主茎不断向上生长,形成直立而明显的主干,主茎上的腋芽形成侧枝,侧枝再分枝,如此形成各级分枝,各级分枝的生长均不超过主茎,主茎的顶芽活动始终占优势,这种分枝方式称为单轴分枝,又称总状分枝。大多数裸子植物和部分被子植物具有这种分枝方式,如银杏、雪松、水杉、塔柏等,被子植物中的杨树、桉树、山毛榉等也是单轴分枝植物。

②　合轴分枝　茎在生长中,顶芽生长迟缓,或者很早枯萎,或者形成花芽,顶芽下面的

腋芽迅速生长,代替顶芽形成侧枝,以后侧枝的顶芽又停止生长,再由它下方的一个腋芽发育,如此反复交替进行,成为主干。这种主干是由许多腋芽发育的侧枝组成,称为合轴分枝。合轴分枝的植株,树冠开阔,枝叶茂盛,有利于通风透光,扩大光合作用面积,促进花芽的形成,是一种较进化的分枝类型,是有利于果树丰产的分枝方式,大多见于被子植物,如桃、李、苹果、无花果等。

③ 假二叉分枝　具有对生叶序的植物,其顶芽很早停止生长或分化为花芽后,由它下面两个腋芽同时迅速发育成两个侧枝,很像是两个叉状的分枝,每个分枝又经同样的方式再分枝,如此形成许多二叉状分枝,但它和由顶端分生组织一分为二而成的二叉分枝不同,只是外形与之相似,因而称为假二叉分枝。这种分枝实际上是合轴分枝的变型,与真正的二叉分枝有根本区别。假二叉分枝多见于被子植物木樨科、玄参科,如丁香、茉莉、泡桐等。

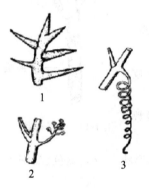

图 1-16　枝的变态

1—枝刺;2—吸盘;3—卷须

（3）枝的变态如下（见图 1-16）。

枝刺:枝条变成硬刺,刺分枝或不分枝,如皂荚、山楂、石榴、刺榆等。

卷须:许多攀缘植物的一部分分枝变为卷曲的细丝,用以缠绕其他物体,使植物得以攀缘生长,称为茎卷须,如葡萄、五叶地锦等。

吸盘:位于卷须的末端呈盘状,能分泌黏质以黏附他物,如爬墙虎等。

（二）完成某绿地园林树木的人为分类调查报告

完成某绿地园林树木人为分类与形态认知调查报告(Word 格式和 PPT 格式),要求调查树种 20 种以上。

1. 参考格式

＿＿＿＿＿＿＿＿＿＿园林树木人为分类与形态认知调查报告

姓名:＿＿＿＿＿　　班级:＿＿＿＿＿　　调查时间:＿＿年＿＿月＿＿日

（1）调查区范围及自然地理条件。

（2）园林树木人为分类与形态认识调查记录表如表 1-1 所示。

表 1-1　园林树木人为分类与形态认识调查记录表

序号	树种	人为分类依据			叶形特点						单花或花序类型	果实类型	分枝类型	其他特点
		主要习性	观赏特性	绿化用途	叶的类型	叶形	叶序	叶缘	叶先端	叶基				
1														
2														
⋮														

附树种图片(编号)如 1.1.1、1.1.2⋯⋯

2. 任务考核

考核内容及评分标准如表 1-2 所示。

表 1-2　考核内容及评分标准

序号	考核内容	考核标准	分值	得分
1	树种调查准备	材料准备充分	10	
2	调查报告形式	符合要求,内容全面,条理清晰,图文并茂	10	
3	树种调查水平	分类准确,特征描述准确、恰当	70	
4	树种调查态度	积极主动,注重方法,工作创新,团队意识强	10	

 知识链接

植物标本的采集与制作

植物标本因保存方式的不同可分为蜡叶标本、液浸标本、浇制标本、玻片标本、果实和种子标本等。下面介绍最常用的蜡叶标本的制作方法。

将植物全株或部分(通常带有花或果等繁殖器官)干燥后并装订在台纸上予以永久保存的标本称为蜡叶标本。这种标本制作方法最早于 16 世纪初由意大利人卢卡·吉尼(Luca Ghini)发明的。世界上第一个植物标本室建于 1545 年的意大利帕多瓦大学。一份合格的标本要求包括:第一,种子植物标本要带有花或果(种子),蕨类植物要有孢子囊群,以及其他有重要形态鉴别特征的部分,如竹类植物要有几片箨叶、一段竹竿及地下茎;第二,标本上挂有号牌,号牌上写明采集人、采集号码、采集地点和采集时间四项内容,据此可以按号码查到采集记录;第三,附有一份详细的采集记录,记录内容包括采集日期、采集地点、植物的生长环境、植物的性状等,并有与号牌相对应的采集人和采集号。

1. 标本的采集用具

标本的采集用具主要有以下几种。

(1)标本夹　标本夹是压制标本的主要用具之一。它的作用是将吸湿草纸和标本置于标本夹内压紧,可使花叶不致皱缩凋落,使枝叶平坦,容易装订于台纸上。标本夹以坚韧的木材为材料,一般长约 43 cm,宽 30 cm,以宽 3 cm,厚 5～7 mm 的小木条,横直每隔 3～4 cm,用小钉钉牢,四周用较厚的木条(约 2 cm)嵌实。

(2)枝剪或剪刀　用于剪断木本或有刺植物。

(3)高枝剪　用于采集徒手不能采的乔木上的枝条或陡险处的植物。

(4)采集箱、采集袋或背篓　用于临时收藏采集品。

(5)小锄头　用于挖掘草本及矮小植物的地下部分。

(6)吸湿草纸　普通草纸,用于吸收水分,使标本易干,最好买大张的,对折后用订书机订好,其装订后的尺寸大小为长约 42 cm,宽约 29 cm。

(7)记录簿、号牌　用于野外记录。

(8)便携式植物标本干燥器　用于烘干标本,代替频繁更换吸湿草纸。

(9)其他　如果是大范围的深山里采集标本,还要准备海拔仪、地球卫星定位仪(GPS)、照相机、钢卷尺、放大镜、铅笔等用品。

植物标本夹、采集箱和枝剪,如图 1-18 所示。

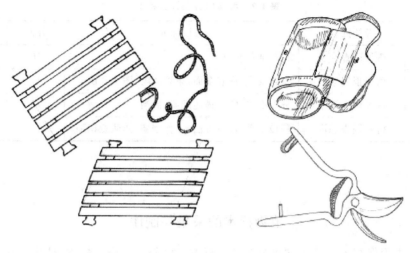

图 1-18　植物标本夹、采集箱和枝剪

2. 标本的采集

标本的采集应选择以最小的面积,且能表示最完整的部分,即选取植物有代表性特征的各部分器官,一般除采枝叶外,最好采带花或果的。如果有用部分是根和地下茎或树皮,也必须同时选取少许枝叶压制。每种植物要采两份以上作为复份,要用枝剪采取标本,不能用手折,因为手折容易伤树,压成的标本也不美观。不同的植物标本应用不同的采集方法。

对树木标本而言,应采典型、有代表性特征、带花或果的枝条。对先花后叶的植物,应先采花后采枝叶,还应采同一植株上的。对雌雄异株或同株的植物,雌雄花应分别采取。一般应采两年生的枝条,因为两年生的枝条较一年生的枝条常常有许多不同的特征,同时还可见该树种的芽鳞有无和多少,如果是乔木或灌木,标本的先端不能剪去,以便区别于藤本类植物。

3. 野外记录

不少植物压制后与原来的颜色、气味等差别很大,如果所采回的标本没有详细记录,就不可能对这种植物完全了解,鉴定植物时也会有更大的困难。因此,记录工作在野外采集是极重要的,而且采集和记录的工作是紧密联系的。所以,我们到野外前必须准备足够的采集记录纸,必须随采随记。记录时,一般应掌握的两条基本原则:一是在野外能看得见,而制成标本后无法带回的内容;二是标本压干后会消失或改变的特征。例如,有关植物的产地、生长环境、习性、叶(花、果)的颜色、有无香气和浆汁,采集日期及采集人和采集号等必须记录。记录时应注意观察,在同一株植物上往往有两种叶形,如果采集时只能采到一种叶形,那么就要靠记录工作来帮助。

采集标本填好后,必须立即用带有采集号的小标签挂在植物标本上,同时要注意检查采集记录上的采集号数与小标签上的号数是否相符。同一采集人、采集号要连续不重复,同种植物的复份标本要编同一号。如果发生错误,应立即更正以免影响标本鉴定工作。

4. 标本的压制

1) 整形

对采到的标本根据有代表性、面积要小的原则进行适当的修理和整形,剪去多余的枝叶,以免遮盖花果影响效果。如果叶片太大不能在标本夹上压制,可沿着中脉的一侧剪去全叶的百分之四十,保留叶尖;若是羽状复叶,可以将叶轴一侧的小叶剪短,保留小叶的基部及小叶片的着生位置,保留羽状复叶的顶端小叶。

2)压制

整形、修饰过的标本应及时挂上小标签。压制标本时,首先将有绳子的一块木夹板做底板,上置吸湿草纸 4~5 张,然后将标本逐个与吸湿草纸相互间隔地平铺在平板上,平铺时须将标本的首尾不时调换位置,在一张吸湿草纸上放一种或同一种植物,若枝叶拥挤、卷曲时要拉开伸展,叶要正反面都有,过长的藤本植物可做 N 形、V 形或 W 形的弯折,最后将另一块木夹板盖上,用绳子缚紧。

3)换纸干燥

标本压制头两天要勤换吸湿草纸,每天早晚两次换出的吸湿草纸应晒干或烘干,是否勤换纸和纸是否干燥,对压制标本的质量影响很大,要特别注意,如果两天内不换干纸,标本颜色会转暗,花、果及叶会脱落,甚至发霉腐烂。标本在第二、三次换纸时,对标本要注意整形,使枝叶展开。易脱落的果实、种子和花,要用小纸袋装好,放在标本旁边,以免翻压时丢失。

5. 标本的装订

把干燥的标本放在台纸(一般用 250 g 或 350 g 白板纸)上,台纸大小通常为 42 cm×29 cm,但市场上纸张规格为 109 cm×78 cm,照此只能裁 5 开,浪费较大,为经济着想,可裁 8 开,大小为 39 cm×27 cm。一张台纸上只能订一种植物标本,标本的大小、形状、位置要适当的修剪和安排,然后用棉线或纸条订好,也可用胶水粘贴。在台纸的右下角和右上角要留出适当的空白,以分别贴上鉴定名签和野外采集记录。脱落的花、果、叶等,装入小纸袋,粘贴于台纸上。

6. 标本的保存

装订好的标本,经定名后,都应放入标本柜中保存,标本柜应放入专门的标本室,注意干燥、防蛀(放入樟脑丸等除虫剂)。标本柜中的标本应按一定的顺序排列,科通常按分类系统排列,也有按地区排列或按科名拉丁字母的顺序排列;属、种一般按学名首字母的拉丁字母顺序排列。

✿ 复习提高

(1)结合树种实例,讨论园林树木在园林建设中的各分类类型。
(2)讨论与总结园林树木的叶形特点。
(3)讨论园林树木的附属物种类及特点。

任务 2 园林树木观赏和应用基础

✿ 能力目标

(1)能够恰当描述并合理分析园林树木的观赏特点。
(2)能够正确判断园林绿地应用树种采用的配植方式。
(3)能够根据园林树木基本特点合理选择配植方式进行种植设计。

知识目标

（1）了解园林树木的观赏特点，及其所涵盖的内容与表现的形式。

（2）理解并掌握园林树木配植的原则。

（3）理解并掌握园林树木的各种应用方式。

素质目标

（1）学生通过对园林树木观赏特点和方式的认识来提高园林艺术的审美能力。

（2）通过对园林树木方式的实践学习，培养学生分析和解决实际问题的能力。

（3）以学习小组为单位组织学习任务，强化学习沟通能力。

基本知识

一、园林树木的观赏性

园林树木的重要特性之一是给人以美的享受，这也是树木观赏应用的前提之一。园林树木的观赏特性主要表现在形态、色彩等方面，以个体美或群体美的形式构成园林美景的主体，给人以现实的直观美感。

（一）树形的观赏性

在美化中，树形是构景的基本因素之一，它对园林的创作起着巨大的作用。树形由树冠及树干组成，树冠由一部分主干、主枝、侧枝及叶组成。不同的树种各有其独特的树形，主要由树种的遗传性而决定，但人工养护管理等外界环境因数仍能起决定作用。

一般某种树的树形，均指在正常的生长环境下，其成年树的外貌而言。通常，各种园林树木的树形可分为球形、塔形、伞形、圆柱形、平顶形、卵形、圆锥形、棕榈形等（见图1-19）。

总的来说，各种树形的美化效果并非机械不变的：具有尖塔形及圆锥形树冠者，多有严肃端庄的效果；具有圆柱形狭窄树冠者，多有高耸静谧的效果；具有圆盾、钟形树冠者，多有雄伟浑厚的效果。

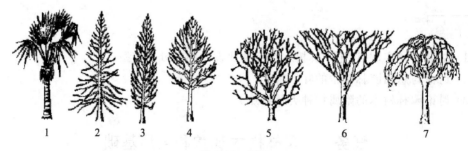

图 1-19　树形

1—棕榈形；2—尖塔形；3—圆柱形；4—卵形；5—圆球形；6—平顶形；7—伞形

（二）叶的观赏性

园林树木的叶具有极其丰富多彩的外貌。对叶的观赏特性来讲，一般着重在以下几个方面。

1. 叶的大小、形状

树木的叶形,变化万千,各有不同。按照树叶的大小和形态,可将叶形划分为大型叶类、中型叶类及小型叶类三大类。大型叶类叶片巨大,但整个树上的叶片数量不多,如巴西棕,其叶片长可达 20 m 以上;小型叶类叶片狭窄,细小或细长,叶片长度大大超过宽度,如麻黄、柽柳、侧柏等的鳞片叶仅长几毫米;中型叶类叶片宽阔,大小介于小型叶类与大型叶类之间,形态多种多样,有圆形、卵形、椭圆形、心脏形、三角形、扇形、马褂形、匙形等类别。一般而言,产于热带湿润气候的植物,大抵叶片较大,如芭蕉、椰子、棕榈等;产于寒冷干燥地区的植物,叶片多较小,如榆、槐等。

不同的形状和大小,具有不同的观赏特性。例如:棕榈、蒲葵、椰子、龟背竹等均具有热带情调,但是大型的掌状叶给人以朴素的感觉,大型的羽状叶却给人以轻快、洒脱的感觉;产于温带的鸡爪槭的叶形会形成轻快的气氛,但产于温带的合欢与产于亚热带及热带的凤凰木,都因叶形的相似而产生轻盈秀丽的效果。

2. 叶的质地

叶的质地不同,产生的质感不同,观赏效果也就大为不同。革质的叶片,具有较强的反光能力,由于叶片较厚、颜色较暗,故有光影闪烁的效果。纸质、膜质叶片,常呈半透明状,给人以恬静之感;而粗糙多毛的叶片,则多富有野趣。

由于叶片的质地不同,再与叶形联系起来,整个树冠就会产生不同的质感。例如,绒柏的整个树冠有柔软秀美的效果;而枸骨则具有坚硬多刺、剑拔弩张的效果。通常人们注意叶形、叶色等的观赏装饰性,但常常忽略质感方面的运用,这是特别值得注意的。

3. 叶的色彩

叶的色彩变化丰富,在叶的观赏特性中,叶色的观赏价值最高,它决定了树木色彩的类型和基调,被认为是园林色彩的主要创造者。根据叶色的特点可分为以下几类。

(1)基本叶色类   绿色是叶子的基本颜色,仔细观察则有嫩绿、鲜绿、黄绿、褐绿、蓝绿、墨绿、亮绿、暗绿等复杂差异。从大类上看,各类树叶绿色的深浅由深至浅的顺序,大致为常绿针叶树、常绿阔叶树及落叶树。

(2)春色叶类及新叶有色类   树木的叶色常因季节的不同而发生变化,春季新发的嫩叶有显著不同叶色,统称为春色叶树,如臭椿、七叶树的春叶呈紫红色等。有些常绿树的新叶不限于春季发生,一般称为新叶有色类。对许多常绿的春色叶树种而言,新叶初展时,如美丽的花朵一样艳丽,能产生类似开花的观赏效果。

(3)秋色叶类   凡在秋季叶色比较均匀一致,持续时间长,观赏价值高的树种,均称为秋色叶树。秋季叶色的变化,体现出独特的秋色美景,在园林树种的色彩美学中具有重要地位。秋叶呈红色或紫红色类的,如鸡爪槭、五角枫、茶条槭、糖槭、枫香、地锦、五叶地锦、黄栌等;秋叶呈黄色或黄褐色的,如银杏、白蜡、鹅掌楸、复叶槭、金钱松等。

在园林实践中,秋色期较长,故秋色叶类早为各国人民所重视。例如,在我国北方每年深秋观赏黄栌红叶,而南方则以枫香、乌桕的红叶著称;在欧美的秋色叶中,红木、桦类等最为夺目;在日本,则以槭树最为普通。

(4)双色叶类   一些树种其叶背与叶表的颜色显著不同,这类树种称为双色叶树,如胡颓子、栓皮栎、红背桂等。

(5)斑色叶类   一些树种叶上具有两种以上颜色,以一种颜色为底色,叶上有斑点或花

纹,这类树种称为斑色叶树种,如洒金桃叶珊瑚、金边大叶黄杨、变叶木、花叶络石等。

（三）花的观赏性

以花朵为主要观赏部位的植物,多以其花形、花色、花香、花大而多取胜。园林树木的花朵各式各样,在色彩上更是层出不穷。单朵的花又排列聚合成大小不同、式样各异的花序。

由于上述这些复杂的变化,花朵形成不同的观赏效果。例如:艳红色的石榴花如火如荼,会形成热情兴奋的气氛;白色的丁香花赋有悠闲淡雅的气质;雪青色的繁密小花如六月雪、薄皮木等,则构成一幅恬静自然的图画。

此外,由花的观赏特性而言,开放的季节及开放时期的长短,以及开放期内花色的转变等,均有不同的观赏意义。

（四）果实的观赏性

许多树木的果实,大多在草木枯萎、景色单调的秋冬季节成熟,此时,果实累累,满挂枝头,为园林景观增添色彩。许多果实既有很高的经济价值,又有突出的美化作用。园林中为了观赏目的而选择观果树种时,大抵须注意形与色两个方面。一般果实的形状以奇、巨、丰为准。果实的颜色则丰富多彩,有的鲜艳夺目,有的平淡清秀,有的玲珑剔透,有的带有花纹。此外,由于光泽、透明度等的不同,果实又有许多细微的变化。在选用观果树种时,最好选择果实不易脱落且浆汁较少的,以便长期观赏。

（五）枝干的观赏性

树木的枝条、树皮、树干,以及刺毛的颜色、类型都具有一定的观赏价值。这类树木的枝干或具有独特的风姿,或具有奇特的色彩,或具有奇异的附属物等。

1. 枝

树木的枝条,除因其生态习性而直接影响树形外,它的颜色亦具有一定的观赏意义。尤其是当深秋叶落后,枝干的颜色更为醒目。枝条具有美丽色彩的树木被称为观枝树种。常见的可供观赏的红色枝条有红瑞木、野蔷薇、杏、山杏等;可供观赏的古铜色枝条有山桃等。冬季欲观赏青翠碧绿色枝条时则可种植梧桐、棠棣、青榨槭等。

2. 干皮

乔木干皮的形色也很有观赏价值。以树皮的外形而言,大抵可分为如下几个类型。

1）树皮形态

光滑树皮:表面平滑无裂纹,许多青年期树木的树皮大抵均呈平滑状,典型的有胡桃幼树、柠檬桉等。

横纹树皮:表面呈浅而细的横纹状,如山桃、桃、樱花等。

片裂树皮:表面呈不规则的片状剥落,如白皮松、悬铃木、木瓜、榔榆等。

丝裂树皮:表面呈纵而薄的丝状脱落,如青年期的柏类等。

纵裂树皮:表面呈不规则的纵条状或近似于人字状的浅裂,多数树种均属于此类。

纵沟树皮:表面纵纹较深,呈纵条或近似于人字状的深沟,如老年的胡桃、板栗等。

长方裂纹树皮:表面呈长方形的裂纹,如柿、君迁子等。

粗糙树皮:表面既不平滑,又无较深沟纹,而呈不规则脱落的粗糙状,如云杉、硕桦等。

2）干皮色彩

树干的皮色对美化起着很大的作用。例如,在街道上选用白色树干的树种,可产生极好的美化效果。在进行丛植配景时,也要注意树干颜色之间的关系。

（六）刺、毛的观赏性

很多树木的刺、毛等附属物，也有一定的观赏价值，如皂荚树干的分枝刺、江南槐小枝的刚毛、刺楸干上的皮刺等。

二、园林树木配植的原则

园林树木的千变万化，在不同地区，由于不同的目的、要求，可有多种多样的组合与种植方式，同时又能产生各种各样的效果。因此，园林工作是一个相当复杂的工作，只有具有多方面广博的学识，才能胜任工作。园林工作虽然涉及面广、变化多样，但亦有基本原则可循。

（一）满足生态适应性原则

各种园林树种在生长发育过程中，对光照、温度、水分、空气等环境因素都有不同的要求。在进行园林树木配植时，只有满足园林树木的这些生态要求，才能使其正常生长，才能充分地表现设计意图。

要满足园林树木的生态要求，一是要适地适树，即根据园林绿地的生态环境条件，选择与之相适应的园林树木种类，使园林树木所要求的生态习性与栽植地点的环境条件一致或基本一致。只有做到适地适树，才能创造出相对稳定的人工植被群落，才不会因环境不适应而造成经济损失。二是要合理配植，从树木的生态习性、观赏价值及周围环境的协调性等方面来考虑。在平面设计上要有合理的种植密度，使树木有足够的营养空间和生长空间，从而形成较为稳定的群体结构。在空间设计上也要考虑树种的生物特性，注意将喜光与耐阴、速生与慢生、深根性与浅根性等不同类型的树种合理地搭配，在满足树木生态条件下创造出稳定的植物景观。

（二）满足功能性原则

首先要从园林的主题、立意和功能出发，选择适当的树种和方式来表现主题，体现设计意境，满足园林的功能要求。各种各样的园林绿地，因其设计目的的不同，主要功能要求也不一样。例如：以提供绿荫为主的行道树地段，应选择冠大荫浓、生长快的树种，并按列植方式配植在行道两侧，形成林荫路；以美化为主的路段，应选择树形、叶、花或果实具有较高观赏价值的树种，以丛植或列植方式在行道两侧形成观赏带，同时还要注意季相的变化，尽量做到四季有花、四季有绿。城市综合性公园，应从其多种功能出发，应选择浓荫蔽日、姿态优美的孤植树和色彩艳丽的花冠丛，还要有供集体活动的大草坪，以及为满足安静休息需要的疏林草地和密林等。总之，园林中的树木花草都要最大限度地满足园林绿地的实用功能和防护功能的要求。

（1）选择树种时要注意满足其主要功能。树木具有改善、防护、美化环境等功能，但在园林树木中应特别突出该树种所发挥的主要功能。如行道树，当然也要考虑树形美观，但树冠高大整齐、叶密荫浓、生长迅速、根系发达、抗性强、耐土壤板结、抗污染、病虫害少、耐修剪、发枝力强、寿命长则是其主要的功能要求，具有这些特性的树种是行道树的首选树种。

（2）选择园林树木时，需要注意与发挥主要功能有直接关系的生物学特性，并切实了解其影响因素。以庭荫树为例，不同树木遮阴效果的好坏与其荫质优劣和荫幅的大小成正比，荫质的优劣又与树冠的疏密、叶片的大小、质地和叶片不透明度的强弱成正比。其中树冠的疏密度和叶片的大小起主要作用。如银杏、悬铃木等树种荫质好，而垂柳、国槐等树种荫质差，前两者的遮阴效果为后两者的两倍以上。因此，在选择庭荫树时，一般不选择垂柳和国槐。

（3）树木的卫生防护功能除树种之间有差异外，还和树种的搭配方式及林带的结构有关。如防风林带以半透风结构效果为最好，而滞尘带则以紧密结构最为有效。

（三）满足美观原则

园林树木不论在园林中用于何目的，均应因地制宜，合理布局，强调整体的协调一致，考虑平面和立面构图、色彩、季相的变化，以及与水体、建筑等其他园林构成要素的配合，并注意不同形式之间的过渡。如群植以高大乔木居中为主体和背景，以小乔木为外缘，外围和树下配以花灌木，林冠线和林缘线宜曲折丰富，栽植宜疏密有致。

（四）满足统一性原则

观赏树种要与园林的地形、地貌结合起来，取得景象的统一性。通过树种的选择，可以改变地形或突出地形，如在起伏地形处的观赏树木，高处栽大乔木，低处配矮灌木，可突出地形的起伏感，反之则有平缓的感觉。在起伏地形处的观赏树木，还应考虑衬托或加强原地形的协调关系。

（五）满足经济原则

在发挥园林树木主要功能的前提下，要尽量降低树木的成本。降低树木成本的途径主要有：①节约并合理使用名贵树种，多用乡土树种；②可能时尽量用小苗；③适地适树。园林结合生产，主要是指种植有食用、药用价值及可提供工业原料的经济树木，如花繁果多、易采收、供药用的有凌霄、七叶树、紫藤等，结果多而病害少的果树有荔枝、枣、柿、山楂等。

以上所述，园林树木的总体配植原则是因景制宜，以便创造园林空间的置景题材的变化、空间形体的变化、色彩季相的变化和意境上的诗情画意；力求符合功能上的综合性，生态上的科学性，经济上的合理性等要求；在实际工作中，要综合考虑，先进行总体规划，再进行局部设计，并力求体现具有特色的地方风格。

🌸 学习任务

调查所在学校或学校所在城市绿化树种的人为分类类型及器官形态特点，内容包括调查地点自然条件、树种名称、人为分类类型、叶形特点、单花或花序类型、果实类型、分枝类型、树形及附属物等其他特点，完成树种分类与形态认知调查报告。

🌸 任务分析

园林树木的观赏性是园林树木进行绿化应用的重要依据。树木的观赏性涉及树木各部器官的形态、色彩、大小等内容，在认识、理解和挖掘树木观赏特性的实践中，如何全面、客观、准确地把握和描述美学特点，需要树种特征识别的基础知识、树种的物候特点知识和美学理论素养。在充分认识树木的特征和观赏特性后，关键是在园林绿化中如何应用，这需要理解和掌握园林树木的基本原则，恰当运用发挥树木美学特性的方式，而方式又是灵活多样的，总之，园林树木的观赏性理解和方式的科学合理运用是需要不断实践的。本任务为后面具体树种的学习奠定入门基础，在学习过程中注意紧密结合实践，运用讨论总结的方法，深入理解和认识。

🌸 任务实施

一、材料与用具

本地区生长正常的各类树种、照相机、记录夹等。

二、任务步骤

（一）认识树木的观赏特性

认识树木的观赏特性包括以下几点。

1. 树形的观赏性

不同形状的树木经合理的应用，可以产生韵律感、层次感等艺术效果。类型不同的树木，往往具有不同特色的树形。常见的树形有圆柱形、尖塔形、圆锥形、卵圆形、伞形、圆球形、馒头形、倒卵形、拱枝形、匍匐形、垂枝形等，还有经人工修剪的各种造型，如圆柏的葫芦形、螺旋形等。

2. 叶的观赏性

叶的观赏性主要体现在叶形、叶色、叶的大小、叶的质地等各个方面。有的叶形非常奇特，如银杏、鹅掌楸、七叶树等。

3. 花的观赏性

花的观赏性主要体现在花的类型、花形、花色、花的大小等各个方面，如各种色系的观花树种。

4. 果实的观赏性

果实的观赏性主要体现在果实的形状、大小、颜色等各个方面，如罗汉松、红豆杉、石榴、金银木、天目琼花、花椒树等。

5. 枝干的观赏性

枝干的观赏性主要体现在枝干的形态、颜色、质地等各个方面，如白皮松、榔榆、青榨槭、悬铃木、曲枝刺槐、龙爪槐等。

6. 刺毛

刺毛主要体现在刺或毛等附属物的大小、颜色、形状和类型等各个方面，如毛刺槐、皂荚等。

（二）认识园林树木的配植方式

1. 规则式

园林树木规则式的配植方式（见图 1-20）是指植株的株行距和角度按照一定的规律进行种植。

1）对植

对植常用在建筑物前、大门入口处，利用两株树形整齐美观的树种，左右相对地配植。

2）列植

树木呈行列式种植。列植有单列、双列、多列等方式，其株距与行距可以相同亦可以不同，多用于道路上行道树、植篱、防护林带、整形式园林的透视线、果园、造林地。这种方式有利于通风透光，便于机械化管理。

3）三角形种植

三角形种植有等边三角形种植或等腰三角形种植等方式。实际上在大片种植后仍形成变体的行列式。等边三角形方式有利于树冠和根系对空间的充分利用。

4）中心种植

中心种植包括单株及单丛种植。

5）圆形种植

圆形种植包括环形、半圆形、弧形，以及双环、多环、多弧等富于变化的方式。

6）多角形种植

多角形种植包括单星、复星、多角星、非连续多角形等。

7）多边形种植

多边形种植包括各种连续和非连续的多边形。

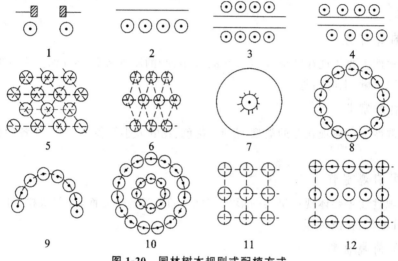

图 1-20　园林树木规则式配植方式

1—对植；2—单行列植；3—双行列植；4—双行交错列植；5—等边三角形种植；6—等腰三角形种植；
7—中心种植；8—单环种植；9—半环种植；10—双环种植；11—正方形种植；12—长方形种植

2. 自然式

园林树木自然式的配植方式亦称不规则式。

1）孤植

为突出显示树木的个体美，常采用孤植。采用孤植的树种通常为体形高大雄伟或姿态奇异的树种，或花、果的观赏效果显著的树种。一般为单株树种，西方庭院中称为标本树，在中国习称孤赏树（独赏树、孤植树）（见图 1-21），对某些种类则呈单丛种植。孤植的目的为充分表现其个体美，所以种植的地点不能孤立地只注意树种本身，还必须考虑其与环境间的对比及烘托关系。一般应选择开阔空旷的地点，如大片草坪上、花坛中心、道路交叉点、道路转折点、缓坡、平阔的湖池岸边等处。用做孤植的树种有雪松、白皮松、油松、圆柏、黄山松、侧柏、冷杉、云杉、银杏、南洋杉、悬铃木、七叶树、臭椿、枫香、槐、柠檬桉、金钱松、凤凰木、南洋楹、樟树、广玉兰、玉兰、榕树、海棠、樱花、梅花、山楂、白兰、木棉等。

图 1-21　孤植树的配植效果

2）对植

对植即对称种植大致相等数量的树木,多应用于园门、建筑物入口、广场或桥头的两旁。在自然式种植中,对植不要求绝对对称,但应保持形态的均衡。

3）丛植

丛植是指由二三株至一二十株同种类的树种较紧密地种植在一起,其树冠线彼此密接而形成一个整体外轮廓线。树木前后、左右呼应,前树不挡后树,是园林中普遍应用的方式,可用做主景或配景,也可以做背景或隔离措施。丛植配植宜自然,符合艺术构图规律,既能表现植物的群体美,也能表现树种的个体美(见图1-22)。丛植的目的主要在于发挥集体的作用,它对环境有较强的抗逆性,在艺术上强调整体美。

4）群植

群植是指由二三十株至数百株的乔、灌木成群地种植(见图1-23),这个群体称为树群。一般可由单一树种或多个树种组成,占地较大,在园林中可做背景、伴景用,在自然风景区中亦可做主景。两组树群相邻时又可起到透景、框景的作用。树群不但有形成景观的艺术效果,还有改善环境的效果。在群植时应注意树群的林冠线及色相、季相效果,更应注意树木间的生态习性关系,以保持较长时间的相对稳定性。

图1-22　丛植的配植效果

图1-23　群植的配植效果

5）林植

林植是指由较大面积、多株相同种类或不同种类的树种成林地种植。这是将森林学、造林学的概念和技术措施按照园林的要求引入自然风景区和城市绿化建设中的方式。工矿区的防护带,城市外围的绿化带及自然风景区中的风景林等,常采用此种方式。除防护带应以防护功能为主外,一般要特别注意群体的生态关系及养护上的要求。林植通常有纯林、混交林等结构。在自然风景游览区中进行林植时,应以营造风景林为主,应注意林冠线的变化、疏林和密林的变化、群体内及群体与环境间的关系,以及按照园林休憩游览的要求留有一定大小的林间空地等措施。

6）散点植

散点植是指以单株在一定面积上进行有韵律、节奏的散点种植,有时也可以双株或三株的丛植作为一个点来进行疏密有致的扩展。对每个点不是如独赏树地予以强调,而是着重

点与点间有呼应的动态联系。散点植的方式既能表现个体的特性又处于无形的联系之中,好似许多音色优美的音符组成一个动人的旋律一样,令人心旷神怡。

3. 混合式

在一定单位面积上采用规则式与不规则式相结合的方式称为混合式。此种方式目前较为普遍,因为自然式与规则式各有利弊,相互结合,取长补短,更能突出园林的景观特点,但实践中应根据需要和具体情况合理确定方式。

(三)园林树木的观赏特性和配植方式的调查报告

完成某绿地园林树木观赏特性与配植方式的调查报告(Word 格式和 PPT 格式),要求调查主要树种 20 种以上。

1. 参考格式

_____园林树木观赏特性与配植方式调查报告

姓名:_____ 班级:_____ 调查时间:___年___月___日

(1)调查区范围及自然地理条件。

(2)园林树木观赏特性与配植方式调查记录表如表 1-3 所示。

表 1-3 园林树木观赏特性与配植方式调查记录表

序号	树种	观赏部位	观赏特性	方式	备注
1					
2					
⋮					

附树种图片(编号)如 1.2.1、1.2.2……

2. 任务考核

考核内容及评分标准如表 1-4 所示。

表 1-4 考核内容及评分标准

序号	考核内容	考核标准	分值	得分
1	树种调查准备	材料准备充分	5	
2	调查报告形式	符合要求,内容全面,条理清晰,图文并茂	15	
3	树种调查水平	观赏特性描述准确、恰当,方式判定科学合理	70	
4	树种调查态度	积极主动,注重方法,工作创新,团队意识强	10	

园林植物的相关介绍

一、园林植物造景

1. 植物景观的作用

植物是构成造园作品的最主要、最重要的材料要素之一,植物又是所有造园材料要素中最为特殊的要素,因为它是有生命的、能生长的、相对稳定又始终处于不断变化之中。随着自身的生长和环境气候的变化,不断在大小、色彩和形态等各方面改变其形体外貌,因此,比任何其他造园材料都具有生动的、变化的特性,使环境呈现生机盎然的景象,给人以赏心悦目的审美感受。

植物大小的运用,是构筑造园作品的最重要因素,它是造园作品中的骨架。植物有大、中、小乔木,高、低灌木,地被植物,以及草本花卉等,它们合理地相互组合种植,能构造出层次丰富、画面深邃的空间环境。例如,全部选用低矮的植物,则形成开放型的空间环境,这种空间在人的视线内无遮蔽物,给人以宽广、自由、欢快的感觉。大小不等的植物(乔、灌、草等)相互配植,能形成封闭型空间和方向型空间。封闭型空间,是四周和顶部均被植物遮蔽,具有相当的隔离性和隐蔽性,给人神秘、幽深的感觉;方向型空间,是半敞开的空间,一面或多面被植物遮蔽,使人的视线朝向敞面,既能满足一定的隐私性,又能保证人们需要的阳光。同时,在开放型空间、封闭型空间和方向型空间中,植物具有隔景、障景、夹景、漏景和框景等作用。

除了植物的大小之外,植物自身的形态、质地、颜色等,也具有独特的审美价值。植物与其他景物的相互配合,会具有独特的审美效果,如植物与雕塑、植物与楼宇等的配合。

在造园作品中,植物造景不仅要综合各种植物不同的视觉特色,还要结合植物功能上的审美特性,包括植物在其他外在因素的影响下所产生的美学特征。例如,在嗅觉上,某些植物具有独特的、沁人心脾的香味,能愉悦人的心情,从而产生美感。

无疑,园林植物在造园中有着不可取代的地位和作用,但就整个造园作品而言,植物只有充分地与其他各材料要素紧密配合,构成和谐统一的景物景观,才能完全显示出植物造景的美学特性,也才能构成比较完美和人们喜欢的空间环境。

2. 乔、灌木造景

乔木在园林中起到骨架作用,称为主景。在造景中可造成郁郁葱葱的林海、优美的树丛、千姿百态的独赏树。乔木还可借助盘扎、修剪等整形措施创造出各种造型,如动物造型、建筑模型和树桩盆景等。

灌木的形体和姿态也有很多变化。在造景上,可以增加树木在高低层次上的变化,可以作为乔木的陪衬,尤其是耐阴的灌木,与乔木配合起来可成为主体绿化的重要组成部分。灌木还可以突出表现在花、果、叶等方面的观赏效果。灌木也可以组织和分隔较小的空间,阻挡较低的视线。在造景中常利用灌木的组合,做成各种绿篱、模纹图案、彩带等。

二、园林树木的艺术效果

各种不同植物的组合,能形成千变万化的景观,给人以丰富多彩的艺术感受。树木的艺术效果是多方面的、复杂的。

1. 对比和衬托

造景时,树形、色彩、线条、质地及比例都要有一定的差异和变化,在形态上形成的对比,可表现美的景色。在形成对比的同时又要使植物之间保持一定的相似性,加强统一感,形成既生动活泼又和谐统一的场景。

2. 动势和均衡

各树种除具有不同的姿态外,还具有生长速度、季相、体量、质地的变化,因此,既要注意

植物之间的和谐统一,又要考虑植物的生长和季相问题,以免产生不平衡的问题。如色彩浓重、体量庞大、数量繁多、质地粗厚、枝叶茂密的树种,给人厚重感;相反,色彩素淡、体量小巧、数量稀少、质地轻柔、枝叶疏朗的树种,则给人以轻盈感。

3. 起伏和韵律

树木除了重视自身的形态外,还要注意与其他植物形成整体的立体轮廓和空间变换,要高低搭配得当,有起有伏,形成一定的节奏韵律。

4. 层次和背景

为保持景观的丰富多彩,宜采用乔木、灌木、花草、地被植物等进行多层次、不同花色、花期的植物相间栽植。用做背景的植物宜采用高大的乔木,且栽植密度大,形成一个绿色屏障,在色调上要与前景在色度上形成差异,以加强衬托效果。

5. 色相与季相

植物的枝、叶、花、果等有着丰富的色彩,既可以单色表现,亦可以多色配合、对比处理等。此外,还要注意植物在春、夏、秋、冬四季的季相变化,使不同花期的植物或季相变化分层栽植,或者用草本植物弥补树木花期较短的缺陷,以延长植物景观的观赏期。

此外,根据园林树木和造景环境的特点,在树木上还要注意树种应用的丰富感、稳定感,以及强调与缓解、严肃与轻快、韵味与联想等美学原理。

复习提高

(1)结合 5 个体现不同观赏特点的树种实例,总结园林树木的观赏特点。

(2)讨论园林树木应用的原则。

(3)结合树种实例,讨论园林树木应用方式的灵活性。

项目二　行道树种和庭荫树种的识别与应用

行道树、庭荫树是城乡园林绿化的骨干树种。行道树的应用对城市绿化具有十分重要的意义。道路系统绿化,不仅能够充分利用土地,改善道路本身及其附近的环境条件,也是城市环境保护的要素。行道树可使整个城市生机勃勃,装饰市景,不仅能减轻街道炎风烈日和尘土飞扬的问题,还可以减轻车辆的噪音和行人的喧闹。因此,每座城市都应当注意行道树的栽植应用,发挥其应有的功能和效益。庭荫树主要利用树木高大的树冠、茂密的枝叶,在庭院、公园、广场、林荫道栽植,绿荫如盖,以供人们休息,避免炎日灼晒。本项目分为两个任务:一是行道树种的识别与应用;二是庭荫树种的识别与应用。

知识目标

(1) 掌握常见行道树种和庭荫树种的识别要点,了解主要树种的典型变种及观赏特性。

(2) 掌握常见行道树种和庭荫树种的习性及园林应用特点。

(3) 理解并掌握常见行道树种和庭荫树种的观赏特点和典型树种的养护要点。

技能目标

(1) 能识别行道树种和庭荫树种 40 种以上。

(2) 能根据行道树种和庭荫树种的观赏特点和习性合理地应用。

(3) 能根据具体绿地性质进行行道树种和庭荫树种的合理配植。

任务 1　行道树种的识别与应用

能力目标

(1) 能够准确识别常见的行道树种 20 种以上。

(2) 能够根据园林设计和绿化的不同要求选择典型的行道树种。

知识目标

(1) 了解常见行道树种在园林景观设计中的作用。

(2) 了解常见行道树种的主要习性,掌握行道树种的观赏特性及园林应用特色。

素质目标

(1) 通过对形态相似或相近的行道树种进行比较、鉴别和总结,培养学生独立思考问题和认真分析、解决实际问题的能力。

(2) 通过学生收集、整理、总结和应用有关信息资料,培养学生自主学习的能力。

(3) 以学习小组为单位组织学习任务,培养学生团结协作意识和沟通表达能力。

(4) 通过对行道树种不断深入的学习和认识,提高学生的园林艺术欣赏水平和珍爱植物的品行。

基本知识

图 2-1 行道树种 绦柳(张百川 摄)

一、行道树种

行道树是指以美化、遮阴和防护为目的,在人行道、分车道、公园或广场、滨河路、城乡公路两侧成行栽植的树木。行道树种代表着一个区域或一个城市的气候特点及文化内涵。任何植物的生长都与周围环境条件有着密切的联系,因此,选择行道树种时一定要考虑本地区的环境特点与植物的适应性,这样可避免行道树种栽植的盲目性。行道树种绦柳如图2-1所示。

二、行道树种配植要求

在城市行道树种中,常绿树种与落叶树种要有一定比例,用不同的树种进行隔离,以防虫、防老化,保持生态平衡。在有条件的城市,最好是一街一树,构成一街一景的独特风景,这样不仅能体现大自然的季节变化,美化城市道路,还能起到城市交通向导作用。

三、行道树种选择要求

行道树种选择要求如下:
(1) 树形整齐,枝叶茂盛,树冠优美,夏季荫浓;
(2) 树干通直,无臭味,无毒,无刺激;
(3) 繁殖容易,生长迅速,移栽成活率高;
(4) 对有害气体的抗性强,病虫害少;
(5) 能够适应当地环境条件,耐修剪,养护管理容易。

四、行道树种对城市绿化的作用

行道树种对城市景观很重要,其作用主要体现在保护城市环境和对道路的直接作用上。

行道树种在保护城市环境和改善卫生条件上的作用显著,主要表现在遮阴降温、吸滞粉尘、制造氧气、减弱噪音、杀菌、防风等方面。

行道树种在城市环境中起到遮阴降温的作用,行道树种的树冠能吸收和反射部分阳光,阳光不能透过树冠,由此形成了绿荫,绿荫处的辐射热较少,温度自然有所降低。此外,植物的蒸腾作用向空气释放了大量的水汽,同时也散发了热量,并增加了空气的湿度。衡量遮阴降温效果主要看遮光率和降温率。当然,降温率的数值越高表示降温效果越好。

树木对粉尘有明显的阻挡、过滤和吸附作用。每一株树木的树冠,都相当于一个大型的空气过滤器。每一树种的滞尘作用的大小,主要与其枝叶的表面特征有关,如枝叶表面的粗糙程度、表面是否有毛、枝叶浓密和繁茂程度,以及叶片的质地和大小等都能影响树木的滞尘量。有数据显示,城市绿地中的含尘量一般比街道少30%~60%,其中常绿树种比落叶树种减尘作用大,如松柏类因有树脂而滞尘能力相当大。总之,绿色植树的减尘作用是明显的,有计划地在道路两侧种植行道树种,对由季风和车辆行驶产生的尘埃的防除是非常有益的。在滞尘的同时,制造氧气也是行道树种一个不可忽视的作用。

在城镇道路上,机动车辆不断增加所导致的噪音问题日益严重。合理种植行道树种,能减小噪音。绿化减噪,利用的是植物对声波的反射与吸收作用。枝叶细密的减噪效果比枝叶稀疏的减噪效果好;常绿树种的减噪效果比落叶树种的减噪效果好;混合种植的减噪效果比单一品种的减噪效果好。应当因地制宜,针对不同的路况,选择适宜的树木种类和高度,以及合理的种植密度和位置。显而易见,行道树种具有一定的防风作用,特别是在风沙较大的西北地区,结合道路两旁的防护林,合理建设防风林带,对于城市及周边环境都会产生良好的防护与改善作用。

各类道路虽然功能和重点不同,但都需要一个安全和赏心悦目的环境。这样,既可提高运输效率,又对各城镇特别是道路沿线居民的工作和生活有非常重要的意义。在道路两侧种植种类适宜的行道树种,对组织交通、保障行车安全、美化市容、装饰街景、烘托城市建筑等方面均具有一定作用。行道树种具有遮阴降温的作用,可以降低路面温度,减小昼夜温差,减少路面的热胀冷缩程度,从而延长了路面的使用寿命。种植在路旁的行道树种,好似打入路基的木桩,能保持水土、稳固路基。较大的树冠还可以留住部分积雪,在冬季降雪量较大的地区可以在一定程度上防止积雪覆盖路面影响交通,从而起到保护道路的作用。

行道树种可以自然地将道路划分为快、慢车道及行人道,使车辆与行人各行其道。在重要的路口或车辆行人比较集中的地区,也可以用行道树种来诱导行车方向。这样,不但提高了道路的美观程度与绿化面积,也提高了道路的利用效率,且能有效地减少甚至防止交通事故的发生。

在路况特殊的情况下,行道树种组织交通的作用更为明显。行道树种还可以指示前方道路的线形变化,在小转弯、陡坡或狭窄等险要路段,可配合路标起到提示和护栏的作用,在雾大时效果更为显著。又如分道行驶的道路,在中间的隔离带种植行道树种可防止夜间对面车辆的灯光太耀眼而模糊视线,同时还美化了道路。

如果城市道路上只有灰黑的柏油马路和来来往往的车辆,那将会多么沉闷,这也间接反映这个城市的道路综合水平较低。所以,行道树种的美化作用尤为重要,它也是展示城市形象的一个"窗口"。绿色给人以平和、宁静、舒适之感,无论是驾驶员还是行人,在绿色环境之中都会感到舒适和安全,且不易疲劳。合理布局行道树种,适当选择非绿色的树种,可把道路映衬得生动而艳丽。尤其对一些有地方特色的城市,行道树种可以起到突出城市的个性或民族特色的作用。

学习任务

调查所在学校或学校所在城市主要街道广场、居住区和城市公园的行道树种,内容包括调查地点自然条件,行道树种名录、主要特征、习性及其观赏特点、配植方式及配植应用特点等,完成行道树种调查报告。

任务分析

行道树种较多,应用广泛,不同树种有着不同的形态特征和园林绿化特点,因此在园林应用中,除了考虑自身的形态特征外,还应考虑各树种的生物学和生态学特性,考虑经济价

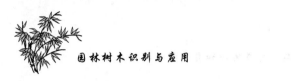
值和景观效果,考虑周围环境的特点。完成该学习任务,首先要能准确识别行道树种;其次要能全面分析和准确描述行道树种的主要习性、观赏特点和园林应用特点等;再次还要善于观察行道树种与其他树种的搭配效果,并分析行道树种对其周围生态环境的要求,另有一些行道树种同时具有其他方面突出的观赏价值,将在其他项目或任务中进行介绍,如白榆、元宝枫、侧柏等。在完成该学习任务时,要注意选择观赏效果较好的绿地,并依据树种的形态特征、主要习性、配植效果等要素,准确地识别该景点的行道树种,完成任务总结。

一、材料与用具

本地区生长正常的常见行道树种、调查绿地自然环境资料、照相机、测高器、铁锹、皮尺、pH 试纸、海拔仪、记录夹等。

二、任务步骤

(一) 认识下列行道树种

1. 银杏(白果,公孙树,鸭脚树)*Ginkgo biloba* L.

【科属】银杏科,银杏属

【识别要点】①落叶乔木,高达 40 m,树干端直,树冠呈广卵形。幼树树皮较平滑,浅灰色,大树树皮灰褐色,不规则纵裂,有长枝与生长缓慢的距状短枝。②叶为扇形,互生,具长柄,在长枝上螺旋状互生,在短枝上 3～5 枚呈簇生状,入秋为金黄色。③雌雄异株,稀同株,球花单生于短枝的叶腋。④种子呈核果状,椭圆形或圆球形,外种皮皮肉质,黄色,具白粉。花期 4—5 月,果期 9—10 月。

【分布范围】银杏(见图 2-2)是我国特有树种,是现存种子植物中最古老的植物,为国家重点保护植物之一,一般垂直分布在海拔 1 000 m 以下,在云南可达海拔 2 000 m。全国最大的银杏培育基地是山东省郯城县。

【变种与品种】银杏的主要变种有三种。① 黄叶银杏 f. *aurea* Beiss. ,叶鲜黄色。② 塔状银杏 var. *fastigiata* Rehd. ,呈窄尖塔形或圆柱形。③ 裂叶银杏 var. *laciniata*. ,叶较大,有深缺刻或分裂。

图 2-2 银杏

【主要习性】银杏喜光,耐寒,喜生于温凉湿润,土层深厚、肥沃,排水良好的沙质土壤,酸性、中性、钙质土壤(pH 4.5～8.0)均能适应;抗旱性较强,不耐水涝,根深,萌蘖力强,寿命长,对大气污染有一定的抗性。

【养护要点】栽植银杏应选择向阳避风,土层深厚、肥沃,排水良好的地段;移栽时间宜在落叶后至萌芽前进行,施放基肥,小苗可裸根栽植,大苗宜带土球,栽活后需加强肥水管理,注意防病虫害,以促进生长。

【观赏与应用】银杏树姿雄伟,极为壮观,是园林绿化的珍贵树种,宜列植于甬道、广场和街道两侧做行道树、庇荫树或配植于庭院,大型建筑物四周,前庭入口处。老根枯干是制作盆景的好材料。

2. 油松（短叶松、红皮松、东北黑松）*Pinus tabulaeformis* Carr.

【科属】松科，松属

【识别要点】①针叶常绿乔木，高达 30 m，胸径可达 1 m。树冠在壮年期呈塔形或广卵形，老年期呈盘状或伞形。②树皮下部灰褐色，裂成不规则的鳞块。大枝轮生，平展或斜向上，老树平顶；小枝粗壮，黄褐色，有光泽，无白粉。针叶二针一束，暗绿色。③球果呈卵圆形，有短柄，与枝几乎成直角，熟时淡褐黄色，常宿存数年不落。④花期 5 月，种子有翅，第二年 10 月中上旬成熟。

图 2-3　油松

【分布范围】油松（见图 2-3）是我国特有树种，天然分布甚广，辽宁、吉林、陕西、山东、甘肃、宁夏等地都有分布，华北为其分布中心。

【变种与品种】油松常见的变种有两种。①黑皮油松 var. *mukdensis* Uyeki，乔木，树皮深灰色，两年生以上小枝灰褐色或深灰色，产于河北承德以东至辽宁沈阳、鞍山等地。②扫帚油松 var. *umbraculifera* Liou et Wang，小乔木，树冠呈扫帚形，主干上部的大枝向上斜伸，树高 8～15 m，产于辽宁千山慈祥观附近，宜供观赏用。

【主要习性】油松是温带树种，强阳性，喜光，幼苗稍需庇荫，抗寒，耐干旱、瘠薄，深根性，不耐水涝、盐碱，在深厚肥沃的棕壤及淋溶褐土上生长最好。油松的寿命长，在泰山上有 3 株"五大夫松"，在北京北海团城上的遮荫侯及潭柘寺、戒台寺均有非常著名的油松古树，如戒台寺内的"活动松"牵一枝而动全身，已成为园林中奇景。

【养护要点】油松可播种繁殖，可春播、秋播，一般进行春播，春播前先进行催芽处理。

【观赏与应用】油松树干苍劲挺拔，枝繁叶茂，四季常青，树冠青翠浓郁，庄严肃穆，雄伟宏博，特别是百年至千年的古树，姿态奇特，枝干斜展婆娑，千姿百态；躯干盘曲，鳞甲灼灼，独具特色；成片栽植，每当微风吹拂，有如大海波涛之声，俗称松涛，与槭树、栎树、侧柏等混植，景色更为丰富。油松还适合孤植、丛植，可做主景，亦可做配景或背景，是公园、庭院绿化的重要观赏树种。

3. 毛白杨（白杨、笨白杨、独摇）*Populus tomentosa* Carr.

【科属】杨柳科，杨属

【识别要点】①落叶乔木，高 30～40 m，树冠呈卵圆形或卵形。树皮灰绿色至灰白色，老树灰褐色，纵裂，皮孔菱形。②长枝叶阔卵形或三角形状卵形，先端短渐尖，基部心形或平截，边缘具波状牙齿。③花单生，雌雄异株，柔荑花序下垂，花药红色，花期 3—4 月，叶前开花。④蒴果 2 裂，果期 4—5 月。

图 2-4　毛白杨

【分布范围】毛白杨（见图 2-4）原产于中国，分布广，北起中国辽宁南部、内蒙古，南至长江流域，以黄河中下游为适生区，垂直分布在海拔 1 200 m 以下。

【变种与品种】毛白杨的主要变种有两种。①抱头毛白杨 var. *fastigiata* Y. H. Wang，

本变种主干明显,树冠狭长,侧枝紧抱主干。②截叶毛白杨 var. *truncata* Y. C. Fu et C. H. Wang,树冠浓密,树皮灰绿色、光滑,皮孔菱形、小,多为两个以上横向连生,呈线形;短枝叶基部通常为截形,发叶较早,生长较原变种快。

【主要习性】毛白杨喜光及温凉湿润气候,较耐寒,在暖热多雨时易受病害;对土壤要求不严,喜深厚肥沃、沙质土壤,不耐过度干旱瘠薄,稍耐碱;大树耐湿,耐烟尘,抗污染;深根性,根系发达,萌芽力强,生长较快,寿命是杨属中最长的树种,长达 200 年。

【养护要点】毛白杨的移植和定植宜在早春和晚秋进行,稍深栽,管理中应及时摘除侧芽,保护顶芽,促其高生长;常见的病虫害有毛白杨锈病、破腹病、根癌病、杨树透翅蛾、天牛、蚜虫、介壳虫等,要注意及早防治。

【观赏与应用】毛白杨树干灰白、端直,树形高大挺拔,姿态雄伟,叶大荫浓,生长较快,适应性强,寿降,是城乡及工矿区优良的绿化树种。毛白杨常用做行道树、园路树、庭荫树或营造防本造防护林;可孤植、丛植、群植于建筑周围、草坪、广场、水滨;在街道、公路、学校运动场、工厂、牧场周围列植、群植。

4. 新疆杨 *Populus alba* L. var. *pyramidalis* Bge.

【科属】杨柳科,杨属

【识别要点】①落叶乔木,高达 30 m。树冠呈圆柱形,侧枝向上集拢,树皮灰褐色。枝直立向上,形成圆柱形树冠;干皮灰绿色,老时灰白色,光滑,很少开裂;短枝之叶近圆形,有缺刻状粗齿。②单叶互生。③雌雄异株,柔荑花序,花药紫红色。④蒴果 2 裂。

【分布范围】新疆杨(见图 2-5)主要分布在我国新疆,以南疆地区较多。近年来,在陕西、甘肃、宁夏、青海、辽宁等省(区)大量引种栽植,生长良好,有的省(区)将其列为重点推广的优良树种。

【主要习性】新疆杨喜光,耐严寒;耐干热、不耐湿热、耐干旱、耐盐碱;生长快,深根性,萌芽力强;喜温暖湿润气候或肥沃的中性或微酸性土,对烟尘有一定的抗性。

图 2-5 新疆杨

【养护要点】新疆杨常见的病害有灰斑病(灰霉病)、黑斑病(别名褐斑病)、锈病(黄粉病、叶锈病),应注意及早防治。

【观赏与应用】新疆杨树形及叶形优美,是城市绿化或道路两旁栽植的良好树种。在草坪、庭前孤植、丛植,或于路旁植、点缀山石都很合适,也可用做绿篱及基础种植材料,还可以做防风固沙树种。

5. 加杨(加拿大杨)*Populus canadensis* Moench.

【科属】杨柳科,杨属

【识别要点】①落叶乔木,高 30 m,胸径 1 m,侧枝分枝角较大,树冠呈卵圆形。②树皮粗厚,深沟裂,下部暗灰色,上部褐灰色。芽大,先端反曲,初为绿色,后变为褐绿色,富有黏质,冬芽先端不贴紧枝条。③叶为三角形或三角状卵形,先端渐尖,基部截形,边缘半透明,具有钝齿,两面无毛。④花期 4 月,果期 5 月。

【分布范围】加杨(见图 2-6)广植于欧洲、亚洲和美洲,我国各地普遍栽培,以华北、东北及长江流域最多。

【变种与品种】加杨的变种有两种。①沙兰杨 cv. *Sacrou* 79,树冠呈圆锥形、卵圆形,树干不直,树皮平滑带白色。侧枝轮生,小枝灰绿色至黄褐色;叶两面有黄色胶质,先端长渐尖,基部平截。②意214杨(cv. I -214),树干通直,树皮初光滑后变厚,纵裂,灰褐色。侧枝密集,不轮生,嫩枝红褐色;叶为三角形,无胶质,先端长渐尖或短渐尖,基部两侧偏斜。

【主要习性】加杨喜光,颇耐寒,喜湿润而排水良好的冲积土壤,对水涝、盐碱和瘠薄土壤均有一定耐性,能适应暖热气候,对二氧化硫抗性强,并有吸收能力。萌芽力、萌蘖力均较强,但寿命较短。

【养护要点】加杨适合用种子或扦插繁殖,以扦插为主,扦插育苗成活率高,可裸根移植。

图 2-6　加杨

【观赏与应用】加杨树冠宽阔,叶片大而有光泽,宜做行道树、庭荫树、公路树、防护林等。加杨孤植、列植均可,是华北及江淮平原常见的绿化树种,适合工矿区绿化及"四旁"绿化用。

6. 旱柳(柳树、河柳、江柳)*Salix matsudana* Koidz.

【科属】杨柳科,柳属

图 2-7　旱柳

【识别要点】①落叶乔木,高达 20 m,胸径 80 cm。树冠呈广卵形至倒卵形。树皮暗灰黑色,具浅裂沟。②小枝纤细,浅褐黄色,无毛;幼枝有时有毛。大枝斜展,嫩枝有毛后脱落,淡黄色或绿色。叶为披针形或条状披针形。③柔荑花序小,花序轴有毛;苞片卵形,基部常有毛;花期3—4月,果期4—5月。

【分布范围】旱柳(见图 2-7)原产于我国,以我国黄河流域为栽培中心,东北、东北平原、黄土高原皆有栽培,是我国北方平原地区最常见的乡土树种之一。

【变种与品种】旱柳的变种主要有三种。①龙爪柳 cv. *Tortuosa*,枝条自然扭曲,生长势较弱,树体小,寿命短。②馒头柳 cv. *Umbraculifera*,分枝密,树冠呈半球形,状如馒头,北京园林常有栽培。③绦柳 cv. *Pendula*,又名旱垂柳,枝条自然下垂,似垂柳外形,幼枝黄色,叶无毛。

【主要习性】旱柳喜光,较耐寒,耐干旱,喜湿润,排水、通气良好的沙质土壤,河滩、河谷、低湿地都能生长成林,忌黏土及低洼积水,在干旱沙丘生长不良;稍耐盐碱,对病虫害及大气污染的抗性较强;深根性,萌芽力强,根系发达,生长快,多虫害,寿命长达 50～70 年。

【观赏与应用】旱柳枝条柔软,树冠丰满,是我国北方常用的庭荫树、行道树。旱柳常栽培在河湖岸边或孤植于草坪、对植于建筑两旁,亦用做公路树、防护林及沙荒造林,农村"四旁"绿化等,是早春树种。

7. 枫杨(枰柳、元宝树)*Pterocarya stenoptera* C. DC.

【科属】胡桃科,枫杨属

图 2-8 枫杨

【识别要点】①落叶乔木,高达 30 m,枝条横展,树冠呈广卵形。树皮光滑,红褐色,后深纵裂,黑灰色。②叶多为偶数或稀奇数羽状复叶,互生,叶轴有翅,小叶 10～16 枚,长椭圆形,缘有细锯齿,无小叶柄。③花单性,雌雄同株,雄性荑黄花序单独生于去年生枝条上叶痕腋内,花序轴常有稀疏的星芒状毛。花期 4—5 月。④坚果近圆形,果序下垂,果序轴常被有宿存的毛,基部常有宿存的星芒状毛;果期 8—9 月。

【分布范围】枫杨(见图 2-8)广泛分布于华北、华中、华南和西南各省,以长江流域和淮河流域最为常见。

【主要习性】枫杨为喜光性树种,对土壤要求不严,较喜疏松、肥沃的沙质土壤耐水湿、耐寒、耐旱;深根性,主、侧根均发达,以深厚肥沃的河床两岸生长良好;萌蘖力强,对二氧化硫、氯气等抗性强,叶片有毒,鱼池附近不宜栽植。

【养护要点】枫杨适宜播种繁殖,当年播种出芽率较高,长枝力强,做行道树、庭荫树时应注意修剪干部侧枝。

【观赏与应用】枫杨树冠广展,枝叶茂密,生长快速,根系发达,为河床两岸低洼湿地的良好绿化树种,常做庭荫树,既可以为行道树,也可成片种植或孤植于草坪及坡地,均可形成一定景观。

8. 榉树(大叶榉)*Zelkova schneideriana* Hand.-Mazz.

【科属】榆科,榉树属

【识别要点】①落叶乔木,高达 30 m。树冠呈倒卵状伞形,树干通直,一年生枝密生茸毛。树皮棕褐色,平滑,老时薄片状脱落。②小枝细,红褐色密被白茸毛。③单叶互生,长椭圆状卵形或椭圆状披针形,先端渐尖,基部宽楔形近圆,边缘有钝锯齿。④花单性(少杂性)同株,雄花簇生于新枝下部叶腋或苞腋,雌花单生于枝上部叶腋。⑤核果,上部歪斜,花期 3—4 月,果期 10—11 月。

图 2-9 榉树

【分布范围】榉树(见图 2-9)产于淮河及秦岭以南,长江中下游至华南、西南各省区,垂直分布多在海拔 500 m 以下之山地、平原,在云南海拔可达 100 m,是上海的乡土树种之一;西南、华北、华东、华中、华南等地区均有栽培,江南园林中较为常见。

【变种与品种】榉树在我国主要有三种。①大叶榉 *Z. schneideriana* Hand.-Mazz.,叶片较大,表面粗糙,叶缘具锐尖锯齿,背面密生茸毛,小枝密布茸毛,适宜于用材和观赏等。②光叶榉 *Z. serrate*(Thunb.)Makino.,叶背面光滑,叶缘具钝尖锯齿,小枝无毛,适宜于用材和观赏等。③小叶榉 *Z. sinica Schneider.*,叶片特小,坚果大,又称大果榉,适宜于用材和观赏等。

【主要习性】榉树为阳性树种,喜光,喜温暖环境,适生于深厚、肥沃、湿润的土壤,对土壤的适应性强;深根性,侧根广展,抗风力强,忌积水,不耐干旱和贫瘠,生长慢,寿命长,耐烟尘,抗污染。

【养护要点】榉树的苗根细长而韧,起苗时应用利铲先将周围根切断方可挖取,以免撕裂根皮。

【观赏与应用】榉树的树姿端庄,姿态优美,夏季绿荫浓密,入秋叶变成褐红色,是观赏秋叶的优良树种,常种植于绿地中的路旁、墙边,宜孤植、丛植配植做行道树。

9. 广玉兰(洋玉兰、荷花玉兰)*Magnolia grandiflora* L.

【科属】木兰科,木兰属

【识别要点】①常绿乔木,树皮灰褐色,树冠呈卵状圆锥形。②小枝和芽与叶柄、叶背面密生锈色茸毛。③叶片厚革质,倒卵状椭圆形或长椭圆形,先端短尖或钝尖,基部楔形,上表面深绿色,具光泽。④花单生于枝顶,荷花状,有芳香。白色,倒卵形,花期6月,果期7—8月。

图2-10 广玉兰

【分布范围】广玉兰(见图2-10)原产于北美东南部,我国长江流域及以南,北方如北京、兰州等地,已有人工引种栽培。广玉兰是江苏省常州市、南通市,安徽省合肥市的市树,在长江流域的上海、南京、杭州也比较多见。

【主要习性】广玉兰喜光,耐阴,喜温暖湿润气候,亦有一定的耐寒力,适生于深厚、肥沃、湿润而排水良好的酸性或中性土壤,具有较强的抗毒能力,在碱性土壤中种植易发生黄化,忌积水和排水不良,也不耐修剪;对烟尘及二氧化硫气体有较强的抗性,病虫害少;根系深广,抗风力强,特别是播种苗树干挺拔,树势雄伟,适应性强。

【养护要点】广玉兰最好是种子随采随播,或者沙藏后春播;嫁接应以木兰为砧木,不耐移植,通常在4月下旬至5月,或者9月移植,并要适当疏枝。

【观赏与应用】广玉兰树姿雄伟壮丽,四季常青,绿荫浓密,花芳香馥郁,叶厚而有光泽,花大芳香,抗污染能力较强,是很好的城市绿化树种之一;最宜单植在宽广开旷的草坪上或配植成观花的树丛,亦可于建筑物前对植,庭院及街头绿地丛植、散植和列植。

图2-11 鹅掌楸

10. 鹅掌楸(马褂木,双飘树)*Liriodendron chinense* (Hemsl.)Sarg.

【科属】木兰科,鹅掌楸属

【识别要点】①落叶乔木,树高达40 m,胸径1 m以上,树冠呈圆锥形。②单叶互生,叶形似马褂,先端平截或微凹。③花两性,单生枝顶,黄绿色,花期5—6月。④聚合果呈纺锤形,由具翅小坚果组成。果期10月。

【分布范围】鹅掌楸(见图2-11)主产于华东、华中等地。

【变种与品种】全世界鹅掌楸变种有两种。①分布于中国中部、北亚热带地区的鹅掌楸和美国东部的北美鹅掌楸。北美鹅掌楸*L. tulipifera* L.,树姿挺秀,花、叶俱美,老枝平展或微

下垂。17世纪从北美引种到英国,其黄色花朵形似杯状的郁金香,故欧洲人称之为"郁金香树",鹅掌楸对二氧化硫和氯气抗性较强,广泛用于园林绿化。②杂交鹅掌楸 *L. tulipifera*,叶如母本,背面白粉小点,绿色,无早落叶现象,9月间尚保持满树翠绿。长势比父母本旺盛,适应平原条件的能力显著增强。

【主要习性】鹅掌楸喜光,幼树稍耐阴,喜温凉湿润气候,速生,通常用种子繁殖,有一定的耐寒性,在-17~-15 ℃低温而完全不受伤害;喜深厚、肥沃、适湿而排水良好的酸性或微酸性土壤(pH 4.5~6.5),在干旱土地上生长不良,也忌低湿水涝,生长迅速,寿命长。

【养护要点】鹅掌楸以播种繁殖为主,扦插次之;因自然授粉不良,种子多瘪粒,应进行人工授粉,发芽率较高,扦插繁殖在3月中上旬进行,移植在落叶后或早春萌芽前;其主要病虫害有日烧病、卷叶蛾、蚕及大袋蛾危害等,应注意及早防治。

【观赏与应用】鹅掌楸树干端直,树姿雄伟,叶形奇特,花如金盏,秋叶金黄,为著名的秋色叶树种,也是优良的庭荫树种;宜丛植、列植、片植于草坪、公园入口两侧和街坊绿地,若以此为上木,配以常绿花木于其下,效果更好。

11. 香樟(樟树、乌樟、小叶樟)*Cinnamomum camphora* (L.)Presl.

【科属】樟科,樟属

图2-12 香樟

【识别要点】①常绿乔木,树皮黄褐色或灰褐色,纵裂,幼时绿色,平滑。②枝叶浓密,呈樟脑状,小枝无毛。③叶片薄革质,卵形或椭圆状卵形,顶端短尖或近尾尖,基部圆形。④核果呈球形,熟时紫黑色。花期4—5月,果期10—11月。

【分布范围】香樟(见图2-12)分布于长江流域以南各地,栽培区域较广,尤以江西、浙江、台湾、福建等省较多,广东、广西、湖南、湖北、云南等省区也有分布,是我国亚热带常绿阔叶林的重要树种。

【主要习性】香樟喜光,稍耐阴,喜温暖湿润气候,耐寒性不强,以深厚、肥沃、湿润的微酸性黏质土壤最好,较耐水湿,不耐干旱、瘠薄和盐碱;主根发达,深根性,能抗风,萌芽力强,耐修剪,生长速度中等,树形巨大如伞,能遮阴避凉,有很强的吸烟滞尘、涵养水源、固土防沙和美化环境的能力。

【养护要点】香樟幼苗怕冻,苗期应移植培育侧根生长;绿化应用2 m以上大苗,移植时须带土球,可修枝疏叶,用草绳卷干保湿,要充分灌水或喷洒枝叶,时间以芽萌动后为好。

【观赏与应用】香樟枝叶茂密,冠大荫浓,树姿雄伟,是城市绿化的优良树种,广泛用做庭荫树、行道树、防护林及风景林。若孤植于空旷地,让树冠充分发展,浓阴覆地,效果更佳,在草地中丛植、群植或做背景树都很合适。

12. 悬铃木(二球悬铃木、英国梧桐)*Platanus acerifolia* (Ait.)Willd.

【科属】悬铃木科,悬铃木属

【识别要点】①落叶乔木,高达35 m。枝条开展,树冠广阔,呈长椭圆形。②树皮灰绿或灰白色,片状脱落,剥落后呈粉绿色,光滑。幼枝及叶被淡褐色星状毛。③单叶互生,掌状3~5裂,边缘疏生齿牙,中裂片长宽近于相等。④花单性同株,头状花序,球形,花期5月。⑤具花果呈球形,常二球一串,偶有单生或三个一串的,小坚果基部有长刺毛,果期9—10月。

【养护要点】悬铃木(见图 2-13)播种、扦插繁殖均可，以扦插为主，播种多于 3 月上旬进行，播后约 20 天可出苗，扦插多行春季硬枝扦插，成活率 90％以上。悬铃木根系浅，移植易成活，但在有大风或台风地区，要注意支撑加固。

【观赏与应用】悬铃木叶大荫浓，树冠雄伟，枝叶茂密，抗污染能力强，是较理想的行道树种和工厂绿化树种，也是良好的庭荫树。

13. 紫羊蹄甲(羊蹄甲、白紫荆)Bauhinia purpurea L.

【科属】苏木科,羊蹄甲属

【识别要点】①常绿乔木,高 10 m。②叶为阔椭圆形至近圆形,先端圆,2 裂,两面无毛。③伞房花序,顶生或腋生,分枝呈圆锥状;外面密生短茸毛;花瓣倒披针形,淡红色。④荚果长带状,扁平。花期 9—11 月,果期 2—3 月。

图 2-13　悬铃木

【分布范围】紫羊蹄甲(见图 2-14)产于我国的台湾、福建、广东、海南、广西及云南南部。中南半岛、印度及斯里兰卡也有分布,世界亚热带地区广泛栽培。

图 2-14　紫羊蹄甲

【变种与品种】紫羊蹄甲同属植物种类很多,常见栽培观赏的有红花羊蹄甲 B. variegata、白花羊蹄甲 B. acuminata、黄花羊蹄甲 B. tomentosa 等。

【主要习性】紫羊蹄甲为热带树种,不耐寒,且速生,实生苗两年生即可开花结果;喜光,耐水湿,但不耐干旱,对土壤要求不严,以土层深厚、肥沃、排水良好的土壤为宜;抗污染,生长迅速,易移植。

【养护要点】紫羊蹄甲常见的害虫有白蛾蜡蝉、蜡彩袋蛾、茶蓑蛾、棉蚜等,要注意及早防治。

【观赏与应用】紫羊蹄甲树冠开展,叶形奇特,花大而美丽,观赏价值高,做行道树及庭院风景树用,北方可于温室栽培,供观赏。

14. 国槐(槐树、细叶槐、家槐)Sophora japonica L.

【科属】蝶形花科,槐树属

【识别要点】①落叶乔木,高 15～25 m,树冠呈圆形。干皮暗灰色,小枝绿色,皮孔明显。②奇数羽状复叶互生,叶先端尖锐,卵形至卵状披针叶。③花冠呈蝶形,浅黄绿色,花期 6—8 月。④荚果串珠状,肉质,熟后不开裂或延迟开裂,果期 9—10 月。

【分布范围】国槐(见图 2-15)原产于我国北部,北至辽宁,南至广东、台湾,东至山东,西至甘肃、四川、云南均有栽植。

【变种与品种】国槐栽培的变种有三种。①龙爪槐 cv. pendula Loud,又称垂槐。小枝弯曲下垂,树冠呈伞状,姿态别致,园林中多有栽植。②紫花槐 var. pubescens Bosse,小叶 15～17 枚,叶背有蓝灰色丝状短茸毛,花的翼瓣和龙骨瓣常带紫色,花

图 2-15　国槐

期较迟。③五叶槐 f. *oligophylla* Franch,又称蝴蝶槐。小叶 3～5 簇生,顶生小叶常 3 裂,侧生小叶下部常有大裂片,叶背有毛。

【主要习性】国槐为温带树种,喜阳光,稍耐阴,性耐寒,喜生于土层深厚、湿润、肥沃而排水良好的沙质土壤,在中性土壤、石灰质土壤及微酸性土壤中均可生长,但低洼积水处生长不良;深根,根系发达,抗风力强,萌芽力亦强,寿命长。

【养护要点】国槐的适应性强,大树移植需重剪,成活率高,采种后沙藏或干藏,行春播;病虫害主要有苗木腐烂病、槐尺蛾(又名槐尺蠖)等,均应及早防治。

【观赏与应用】国槐树冠宽广,枝叶茂密,姿态优美,绿荫如盖,是城乡良好的遮阴树种和行道树种;也可对植门前、庭前两旁或孤植于亭台山石一隅,是中国庭院绿化中的传统树种之一,富于民族情调。

15. 臭椿(臭椿皮)*Ailanthus altissima*(Mill)Swingle

【科属】苦木科,臭椿属

图 2-16 臭椿

【识别要点】①落叶乔木,高可达 30 m,胸径 1 m 以上,树冠呈扁球形或伞形。②树皮灰色,平滑,稍有浅裂纹。小枝粗壮,无顶芽。奇数羽状复叶,互生,小叶对生,纸质。③雌雄同株或雌雄异株。圆锥花序顶生,杂性,淡绿色,花瓣有 5～6 瓣,柱头 5 裂。④翅果,熟时褐黄色或淡红褐色,长椭圆形。⑤种子位于中央,扁平、圆形、倒卵形。花期 5—6 月,果期 9—10 月。

【分布范围】臭椿(见图 2-16)主产于亚洲东南部。在我国,南至广东、广西、云南,北至辽宁南部,共跨 22 个省区,而以黄河流域为分布中心,垂直分布在海拔 100～2 000 m 范围内。

【变种与品种】臭椿在全球的变种约 10 种,主要分布于于热带至温带;中国的变种有 5 种,主要分布于北部和西南部。

①红叶椿 *Hongye chun*,叶常年红色,炎热夏季红色变淡,观赏价值极高。②红果椿 *Hongguo chun*,果实红色。③千头臭椿 cv. *Qiantou*,树冠呈圆球形,整齐美观,冠大荫浓,分枝多,腺齿不明显,特别适合做行道树和庭荫树,是近年发现并推广应用的品种。

【主要习性】臭椿喜光,不耐阴,适应性强,除黏土外,各种土壤和中性、酸性及钙质土壤都能生长,适生于深厚、肥沃、湿润的沙质土壤;耐寒,耐旱,不耐水湿,长期积水会烂根死亡,深根性。

【养护要点】臭椿一般播种繁殖,分蘖或插根繁殖成活率也很高。

【观赏与应用】臭椿树干通直高大,树冠开阔,叶大荫浓,春季嫩叶紫红色,秋季红果满树,是良好的观赏树种和行道树种;可孤植、丛植或与其他树种混栽;它因具有较强的抗烟能力,适宜于工矿区的绿化。

16. 元宝枫(平基槭、元宝树、元宝枫)*Acer truncatum* Bunge.

【科属】槭树科、槭树属

【识别要点】①落叶乔木,高 8～12 m,胸径可达 60 cm,树冠呈伞形或倒广卵形。②树皮黄褐色或深灰色。一年生的嫩枝绿色,后渐变为红褐色或灰棕色,无毛。③花杂性同株,黄绿色,成顶生的伞房花序;长圆形;花瓣黄色或白色。④双翅果,两果翅开张成直角或钝角,长约为果核的 2 倍。花期 4—5 月,果期 8—10 月。

【分布范围】元宝槭(见图 2-17)主要分布在东北南部、华北、西北一带,山东、江苏、安徽亦有分布,朝鲜、日本也有分布。

【主要习性】元宝槭稍耐阴,耐寒,耐旱,忌水涝,忌瘠薄,喜温凉气候及肥沃、湿润、排水良好的土壤;深根系,萌芽力强,抗风力强;幼树生长速度较快,后渐变慢;能耐烟尘及有害气体,对城市环境适应性强。

【养护要点】元宝槭可播种繁殖。

【观赏与应用】元宝槭树冠大,树形优美,叶形秀丽,嫩叶为红色,秋叶变为黄色或红色,且持续时间长,是我国北方著名的秋色叶树种,宜做庭荫树、行道树或营造风景林,也可修剪造型。元宝槭亦可孤植、群植、对植、列植,是园林绿化观赏多效益集于一体的优良经济树种。

图 2-17 元宝槭

17. 七叶树(梭椤树、开心果)*Aesculus chinensis* Bunge.

【科属】七叶树科,七叶树属

【识别要点】①落叶乔木,高达 25 m,树皮深褐色或灰褐色,呈片状剥落,有圆形或椭圆形淡黄色的皮孔。②掌状复叶,小叶 5～7 枚,倒卵状长椭圆形至长椭圆状倒披针形,先端渐尖,基部楔形,叶缘具细锯齿,仅背面脉上疏生茸毛。③花杂性同株,顶生圆锥花序,长而直立,近圆柱形,花白色,边缘有毛,花期 5 月。④种子深褐色,种脐大,果期 9～10 月。

【分布范围】七叶树(见图 2-18)在我国黄河流域及东部各省均有栽培,仅秦岭有野生。

【变种与品种】七叶树的主要变种有浙江七叶树 var. *zhekiangensis*(Hu et Fang)Fang,小叶较薄,叶柄无毛,圆锥花序较长而狭。

图 2-18 七叶树

【主要习性】七叶树喜光,稍耐阴;喜温暖气候,也能耐寒,畏干热;喜深厚、肥沃、湿润而排水良好的土壤;深根性,萌芽力不强,生长速度中等偏慢,寿命长。

【养护要点】七叶树主要用播种繁殖,扦插、高空压条也可。七叶树在炎热的夏季叶子易遭日灼。

【观赏与应用】七叶树树形优美,花大秀丽,果形奇特,是观叶、观花、观果不可多得的树种,为世界著名的观赏树种之一,最宜做庭荫树和行道树。七叶树是优良的行道树和园林观赏植物,可做人行道、公园、广场绿化树种,可孤植、群植,或与常绿树和阔叶树混种。

18. 栾树(灯笼花、大夫树)*Koelreuteria paniculata* Laxm.

【科属】无患子科,栾树属

【识别要点】①落叶乔木,高 10～30 m。树皮暗褐色,具纵裂纹。②小枝暗褐色或灰褐色被茸毛,密生突起与皮孔。小叶 7～15 枚,小叶片纸质,卵形或卵状披针形,先端尖,基部

近楔形或近圆形。③圆锥花序,顶生,被茸毛,花黄色,中心紫色,花期5—7月。④蒴果呈卵形,顶端钝圆,具尖头,边缘具膜质翅;种子圆形或近椭圆形,黑色,果期8—9月。

【分布范围】栾树(见图2-19)在我国东北、华北、西北、中南及西南各省区均有分布;多生长于山坡沟边或杂木林中。

【变种与品种】栾树有五种,我国有四种,北方常见的一种栾树,亦称北方栾树,华北分布居多。常见的栾树变种主要有三种。①黄山栾树 var. *intergrifola*,又称山膀胱、全缘叶栾树,落叶乔木,小枝棕红色,密生皮孔;花黄色;蒴果膨大,入秋变为红色。黄山栾树有较强的抗烟尘能力,其耐寒性不及栾树,近年来黄山栾树在园林上广泛应用。②复羽叶栾树 *Koelreuteria bipinnata*,分布于我国中南、西南部,落叶乔木,高达20 m,花黄色,果紫红色,二回羽状复叶;8月开花,蒴果大,秋果呈红色,观赏效果佳。③秋花栾树 *Koelreuteria paniculata* September,落叶乔木,高达15 m左右,是地地道道的北京乡土树种,叶片多为一回复叶,每个小叶片较大,花期8—9月,易于与栾树区分;枝叶繁茂,晚秋叶黄,是北京理想的观赏庭荫树和行道树,也可作为水土保持及荒山造林树种。

图2-19 栾树

【主要习性】栾树喜光,稍耐半阴,耐寒,耐干旱、瘠薄,适应性强,对土壤要求不严,在微酸与微碱性的土壤上都能生长,喜欢生长于石灰质土壤中,也能耐盐渍及短期水涝;深根性,萌蘖力强,生长速度中等,对二氧化硫有较强的抗性。

【养护要点】栾树栽后管理工作较为简便,树冠具有自然整枝性能,不必多加修剪,任其自然生长,仅于秋后将枯叶、病枝及干枯果穗剪除即可。

【观赏与应用】栾树树形端正,枝叶茂密而秀丽,春季嫩叶多为红叶,夏季黄花满树;栾树适应性强,季相明显,是理想的绿化、观叶树种;宜做庭荫树、行道树及园景树,也可做防护林、水土保持及荒山绿化树种。

19. 木棉(攀枝花、英雄树、木棉树、红棉)*Bombax malabaricum* DC.

【科属】木棉科,木棉属

【识别要点】①落叶乔木,高达40 m。树干端直,树皮灰白色。枝干均具短粗的圆锥形大刺,后渐平缓成突起。枝近轮生,平展,幼树树干及枝具圆锥形皮刺。②掌状复叶互生,小叶5～7枚,长椭圆形,两端尖,全缘,无毛。③花大,红色,聚生近枝顶。④蒴果大,近木质,外被茸毛,成熟时5裂,内壁有白色长茸毛。花期2—3月,果期7—8月。

【分布范围】木棉(见图2-20)现今在我国的分布广泛,四川西南攀枝花金沙江、安宁河、雅砻江河谷、云南金沙江河谷、云南南部、贵州南部、两广、福建南部、海南、台湾地区均有栽培。

【主要习性】木棉喜温暖干燥和阳光充足的环境,不耐寒,稍耐湿,忌积水;耐旱、抗污染、抗风力强,深根性,速生,萌芽力强;生长适温20～30 ℃,冬季温度不低于5 ℃,以深厚、肥沃、排水良好的沙质土壤为宜。

图2-20 木棉

园林树木识别与应用

【观赏与应用】木棉树形高大雄伟,春季红花盛开,是优良的行道树、庭荫树和风景树。

20. 白千层(脱皮树、千层皮、玉树)*Melaleuca leucadendra* L.

【科属】桃金娘科,白千层属

【识别要点】①常绿乔木,树皮灰白色,厚而疏松,多呈纸状脱落。②单叶互生,长椭圆状披针形,长 5～15 cm,全缘,平行纵脉。③花乳白色,雄蕊合生成 5 束,每束有花丝 5～8 个,顶生穗状花序。④果呈碗形,径 3～5 mm。花期 1—2 月。

图 2-21　白千层

【分布范围】白千层(见图 2-21)原产于澳大利亚,福建、广东、广西等南部省区有栽培。

【主要习性】白千层喜光,喜暖热气候,不耐寒;喜生长于土层肥厚、潮湿的地方,也能生长在较干燥的沙地,生长快。

【变种与品种】常见的白千层变种有两种。①互叶白千层 *Melaleuca ahemifolia*,高达 6 m,树干突瘤状弯曲,树皮多层、柔软,具弹性,似海绵;叶互生,呈披针形,酷似相思树叶,互叶白千层还是经济价值很高的经济作物。② 五脉白千层 *Melaleuca quinquenervia*,是澳大利亚、新几内亚、新科里多尼亚(岛)的本地树种,树皮剥下时呈白色,故俗称纸皮树。

【养护要点】白千层可播种繁殖,种子随采随播,亦可晒干袋藏备用。高温多雨季节易发根腐病,可用 50%退菌特 1 000 倍液喷射。

【观赏与应用】白千层树形优美,树皮、花序呈白色,常用于庭园绿化的配景树种。

21. 绒毛白蜡(津白蜡)*Fraxinus velutina* Torr.

【科属】木樨科,白蜡树属

【识别要点】①落叶乔木,高 18 m;树冠呈伞形,树皮灰褐色,浅纵裂。幼枝、冬芽上均生茸毛。②小叶 3～7 枚,通常 5 枚,顶生小叶较大,狭卵形,先端尖,基部宽楔形,叶缘有锯齿,下面有茸毛。③圆锥花序生于两年生枝上;花萼 4～5 齿裂;无花瓣。④翅果呈长圆形,花期 4 月;果期 10 月。

【分布范围】绒毛白蜡原产于北美,我国内蒙古南部、辽宁南部、长江下游均有栽培;山东省栽培普遍,多见于河滩、地堰及平原沙地。

【主要习性】绒毛白蜡喜光,对气候和土壤要求不严,耐寒,耐干旱,耐水湿,耐盐碱;深根树种,侧根发达;生长较迅速,少病虫害,抗风,抗烟尘,材质优良。

【养护要点】绒毛白蜡可播种繁殖,秋季采种后即可播种。

【观赏与应用】绒毛白蜡枝叶繁茂,树体高大,对城市适应性较强,是城市绿化的优良树种;对土壤含盐量较高的沿海城市更为适用,目前已成为天津、连云港等城市的重要绿化树种之一;可营造防护林,可供沙荒、盐碱地造林,也是北方"四旁"绿化的主要树种之一。

22. 白蜡树(青榔木、白荆树)*Fraxinus chinensis* Roxb.

【科属】木樨科,白蜡树属

【识别要点】①落叶乔木,高达 15 m,树冠呈卵圆形,树皮黄褐色。小枝光滑无毛。②奇数羽状复叶,对生。小叶通常 7 枚,卵圆形或卵状椭圆形,长 3～10 cm,先端渐尖,基部狭,不对称,缘有齿及波状齿,表面无毛,背面沿脉有短茸毛。③花两性,圆锥花序侧生或顶生于当

年生枝上,大而疏松。④翅果呈倒披针形,长 3～4 cm。花期 3—5 月;果期 10 月。

【分布范围】白蜡树(见图 2-22)北起我国东北中南部,经黄河流域、长江流域,南达广东、广西,东南至福建,西至甘肃均有分布。

【品种与变种】常见的白蜡树变种有大叶白蜡树 var. *rhynchophylla*(Hance)Hemsl,又称花曲柳,小叶通常 5 枚,宽卵形或倒卵形,顶生小叶特宽大,锯齿钝粗或近全缘。

【主要习性】白蜡树喜光,稍耐阴,喜温暖湿润气候,颇耐寒,多分布于山洞溪流旁,生长快;喜湿耐涝,也耐干旱,对土壤要求不严,碱性、中性、酸性土壤中均可生长;抗烟尘,对二氧化硫、氯气、氟化氢有较强抗性;萌芽力、萌蘖力均强,耐修剪,生长较快,寿命长,可达 200 年。

图 2-22 白蜡树

【养护要点】白蜡树可播种或扦插繁殖,主要病害有煤烟病和牛藓病,害虫有水曲柳巢蛾、白蜡梢距甲、灰盔蜡蚧、四点象天牛、花海小蠹等,应注意及早防治。

【观赏与应用】白蜡树树干通直,枝叶繁茂而鲜绿,秋叶橙黄,是优良的行道树和庭荫树;耐水湿,抗烟尘,可用于湖岸绿化和工矿区绿化。

23. 水曲柳(满洲白蜡)*Fraxinus mandshurica* Rupr.

【科属】木樨科,白蜡树属

【识别要点】①落叶乔木,高达 30 m,树干通直,树皮灰褐色,浅纵裂。小枝略呈四棱形。②小叶 7～13 枚,无柄,叶轴具狭翅,叶为椭圆状披针形或卵状披针形,长 8～16 cm,锯齿细尖,端长渐尖,基部连叶轴处密生黄褐色茸毛。③圆锥形花序侧生于去年生小枝上;花单性异株,无花被。④翅果扭曲,呈矩圆状披针形。花期 5—6 月;果期 10 月。

【分布范围】水曲柳(见图 2-23)分布于我国东北、华北,以小兴安岭最多,朝鲜、日本、俄罗斯也有。

【主要习性】水曲柳喜光,幼时稍能耐阴;喜潮湿但不耐水涝;喜肥,稍耐盐碱;主根浅、侧根发达,萌蘖力强,生长较快,寿命较长。

【养护要点】水曲柳可用播种、扦插、萌蘖等方法繁殖。

图 2-23 水曲柳

【观赏与应用】水曲柳的应用同白蜡树;其材质较好,是经济价值较高的优良用材树种。

24. 洋白蜡(毛白蜡)*Fraxinus pennsylvanica* Marsh.

【科属】木樨科,白蜡属

【识别要点】①落叶乔木,高 20 m,树皮灰褐色,深纵裂。②小枝、叶轴密生短茸毛,小叶常 7 枚,卵状长椭圆形至披针形,先端渐尖,基部阔楔形,缘具钝锯齿或近全缘。③圆锥花序生去年生小枝;花单性,雌雄异株,无花瓣。④翅果呈倒披针形,长 3～7 cm。

【分布范围】洋白蜡(见图 2-24)原产于加拿大东南边境至美国东部,我国东北、西北、华北至长江下游以北多有引种栽培。

【主要习性】洋白蜡喜光,耐寒,耐水湿也干旱,对土壤要求不严格,对城市环境适应性强;生长快,根浅,发叶晚而落叶早。

【观赏与应用】洋白蜡树干通直,枝叶繁茂,叶色深绿而有光泽,秋叶金黄,是城市绿化的优良树种,常用做行道树及防护林,也是工矿区绿化的良好树种。

25. 泡桐(白花泡桐)*Paulownia fortunei*(Seem.)Hemsl.

【科属】玄参科,泡桐属

【识别要点】①落叶乔木,高达 27 m。树冠宽阔,树皮灰色、灰褐色或灰黑色,幼时平滑,老时纵裂。②单叶,对生,叶大,心状卵圆形至心状长卵形,全缘或有浅裂,具长柄,柄上有毛。③花大,淡紫色或白色,顶生圆锥花序。④蒴果呈卵形或椭圆形,熟后背缝开裂,果皮木质较厚。⑤种子多数为长圆形,小而轻,两侧具有条纹的翅。花期 4—5 月,果期 9—11 月。

图 2-24 洋白蜡

图 2-25 泡桐

【分布范围】泡桐(见图 2-25)原产于我国黄河流域以南各地,现辽宁以南各地广泛栽培。

【变种与品种】常见的泡桐变种有两种。①兰考泡桐(河南桐)*Paulownia elongata* S. Y. Hu,树干通直,树冠宽阔,树皮灰褐色,小枝节间长;叶为卵形或宽卵形,先端钝或尖,全缘或分裂,上面绿色或黄绿色,有光泽;集中分布在河南省东部平原地区、山东省西南部及安徽北部,河北、山西、陕西、四川、湖北等省均有引种栽培。②楸叶泡桐(紫花泡桐、小叶桐)*Paulownia catalpifolia* Gong Tong,树干通直,树冠呈圆锥状;叶似楸树叶,长卵形,叶片下垂,先端长尖,全缘,上面深绿色;蒴果较小,椭圆形;以山东胶东一带及河南省伏牛山以北和太行山的浅山丘陵地区为主要产区,平原地区较少,河北、山西、陕西等省也有分布。

【主要习性】泡桐喜光,喜温暖气候,深根性,适于疏松、深厚、排水良好的沙质土壤和黏质土壤,较耐寒,耐旱,耐盐碱,耐风沙,萌蘖力强。

【养护要点】泡桐可埋根、埋干、留根、播种繁殖,栽培中易受丛枝病害。

【观赏与应用】泡桐是城镇绿化及营造防护林的优良树种,常做庭荫树、行道树,也是平原地区桐粮兼作和"四旁"绿化树种。

園林树木识别与应用

26. 梓树（河楸、臭梧桐，木角豆）*Catalpa ovata* D. Don

【科属】紫葳科，梓树属

图 2-26 梓树

【识别要点】①落叶乔木，高达 10～20 m。树冠开展呈伞形。②树皮灰褐色，纵裂。③叶对生或近于对生，有时轮生，广卵形或近圆形，顶端渐尖，基部心形，叶片上面及下面均粗糙，微被茸毛或近于无毛。④顶生圆锥花序；花序梗微被茸毛。花期 5—6 月，果期 7—9 月。

【分布范围】梓树（见图 2-26）分布广，东北、华北、中南北部均有分布，以黄河中下游为分布中心。

【变种与品种】世界上梓树约有 13 种，分布于亚洲东部及美洲；中国的梓树约有 5 种，主要分布于长江流域和黄河流域。我国梓树的变种主要有两种。①楸树 *C. bungei* C. A. Mey，落叶乔木，高 30 m，小枝无毛，叶为三角状卵形或长卵形，两面无毛，顶生伞房状总状花序，具 3～20 朵花，花冠白色，内有紫色斑点，蒴果长 25～50 cm，主产于黄河流域和长江流域。②黄金树 *C. speciosaward*，落叶乔木，单叶对生，或 3 叶轮生，宽卵形或卵圆形，全缘或少有 1～2 浅裂，叶背密被茸毛，基部脉腋有绿色腺斑。圆锥花序，花白色，具黄色条纹及紫斑，果较粗。

【主要习性】梓树喜光，喜温暖湿润气候，稍耐阴，颇耐寒，在暖热气候下生长不良；喜深厚、肥沃、湿润土壤，不耐干旱、瘠薄，能耐轻盐碱土壤，对氯气、二氧化硫和烟尘的抗性均强。

【养护要点】梓树可播种繁殖，于 11 月采种干藏，翌年春天 4 月条播，于 6—7 月扦插繁殖，采当年半木质化枝条做插穗，插后保温保湿，并遮阴，约 20 天即可生根，移栽定植宜在早春萌芽前进行。梓树易受吉丁虫及天牛危害，应注意及时防治。

【观赏与应用】梓树树冠宽大，春、夏黄花满树，秋冬荚果悬挂如箸，十分美丽，适用做行道树和庭荫树，为庭院、宅旁常用绿化树种，常与桑树配植。

27. 椰子（椰树）*Cocos nucifera* L.

【科属】棕榈科，椰子属

【识别要点】①常绿乔木，树干挺直，高 15～30 m，树干上有明显的环状叶痕和叶鞘残基。②叶羽状全裂，簇生茎顶，革质，线状披针形。③花单性，同序，由叶丛中抽出。④坚果呈倒卵形或近球形，几乎全年开花，果期 7—9 月。

【分布范围】椰子（见图 2-27）产于全球热带地区。我国海南及云南南部在 2 000 多年前就有栽培，目前广东、广西、福建均有栽培。

【变种与品种】椰子是在长期自然选择和人工选择中，形成许多类型和变种，椰子主要有绿椰、黄椰和红椰三种。

图 2-27 椰子

【主要习性】椰子是典型喜光树种，在高温、湿润、阳光充足的海边生长发育良好；要求年平均温度 24～25 ℃以上；要求年雨量 1 500～2 000 mm，且分布均匀，不耐干旱，一次干旱可影响2～3 年的产量；喜海滨和河岸的深厚冲积土壤，其次为沙质土壤，要求排水良好，抗风力强。

【养护要点】椰子播种繁殖要选良种，苗期管理要合理施肥（对钾需求量最大，氮次之，磷最小），7 年开始结果，15～80 年生为盛果期，每年株产 40～80 个。

· 52 ·

【观赏与应用】椰子苍翠挺拔，在热带和南亚热带地区的风景区，可做行道树，或丛植、片植。椰子全身是宝，有"宝树"之称。

（二）完成行道树种调查报告

完成行道树种的调查报告（Word 格式和 PPT 格式），要求调查树种 20 种以上。

1. 参考格式

＿＿＿＿＿＿＿＿＿＿行道树种调查报告

姓名：＿＿＿＿　　班级：＿＿＿＿　　调查时间：＿＿年＿＿月＿＿日

（1）调查区范围及自然地理条件。

（2）行道树种调查记录表如表 2-1 所示。

表 2-1　＿＿＿＿行道树种调查记录表

调查时间：	调查地点：	树龄或估计年龄：	
植物中名：	学名：	科属：	别名：
生长特性：		栽培位置：	
规格：　树高：	树皮：	树干：	树形：
枝：			
叶形：		叶序：	
其他：			
生态条件　光照:强、中、弱	温度：	坡向:东、西、南、北	
配植方式：	地形：	海拔：	
土壤水分：	土壤肥力:好、中、差	土壤质地:沙土、壤土、黏土	
土壤 pH 值：	病虫害程度：	伴生树种：	
园林用途：			
其他用途：			
备注：			

附树种图片（编号）如 2.1.1、2.1.2……

（3）调查区行道树种应用分析。

2. 任务考核

考核内容及评分标准如表 2-2 所示。

表 2-2　考核内容及评分标准

序号	考核内容	考核标准	分值	得分
1	树种调查准备	材料准备是否充分（根据完成情况酌情扣分）	10	
2	材料的汇总	材料分析准确，整理迅速，是否按规定时间完成	10	
3	调查报告形式	内容全面，条理清晰，图文并茂	10	
4	树种调查水平	树种识别正确，特征描述准确，观赏和应用分析合理	50	
5	树种调查态度	积极主动，注重方法，有团队意识，注重工作创新	20	

世界五大行道树种

1. 欧 洲 椴

欧洲椴又称捷克椴,是捷克的国树,是欧洲北部常见的温带植物种类。欧洲椴属于乔木,树形优美,茎皮富含纤维。目前在世界各地广泛栽培,特别是用做行道树,被称为"行道树之王"。欧洲椴适应性强,抗污染,但在我国的种植不是很广泛,主要分布在南方地区,北京也有栽培。

2. 银 杏

银杏又称白果、公孙树,落叶乔木,高达 40 m,胸径达 4 m。树皮灰褐色,有不规则的纵裂。树叶形状像扇子,两面均为淡绿色。银杏生长较慢,寿命极长,从栽种到结果要 20 多年,40 年后才能大量结果,寿命达到千余岁。我国现存的 3 000 余年的大银杏树仍枝叶繁茂、果实累累,堪称树中的寿星。

银杏最早出现于 3.5 亿年前的石炭纪,曾广泛分布于北半球的欧洲、亚洲、北美洲。50 万年前地球发生冰川运动,气温急剧下降,银杏差点灭绝,却在我国奇迹般地保存下来,所以科学家称它为"活化石"、"植物界的熊猫"。目前,浙江天目山,湖北大别山、神农架等地都有野生、半野牛状态的银杏群落。

3. 北美鹅掌楸

北美鹅掌楸与原产我国的鹅掌楸为近缘植物。落叶乔木,株高达 60 m,胸径达 3 m,小枝褐色,叶为鹅掌形。树体端正雄伟,树叶形状奇特典雅,花大而美丽,为世界珍贵树种之一。17 世纪从北美引种到英国,其黄色花朵形似杯状的郁金香,故欧洲人称之为"郁金香树",是城市中级佳的行道树种,无论丛植、列植或片植于草坪、公园入口处,均有独特的景观效果。该树种对有害气体的抗性较强,也是工矿区绿化的优良树种之一。早在 20 世纪 30 年代,我国就曾引进北美鹅掌楸,目前主要分布在南京、昆明、青岛、杭州、上海等地。

4. 悬 铃 木

悬铃木主要指英桐、法桐和美桐,叶稠枝翠,婆娑多姿,多用做行道树。盛夏酷暑,法桐浓郁的树冠恰似遮阳伞,蔽翳骄阳,蒸发水汽、增湿减热、降温祛暑,使环境变得阴凉雅静。有些地方称为"祛汗树",可谓名副其实。

据文献记载,悬铃木在我国晋代时即从陆路传入,被称为祛汗树、净土树。相传印度高僧鸠摩罗什到我国宣扬佛法时携入栽植,虽然传入我国较早,但长时间未能继续推广。近代悬铃木大量传入我国是在 20 世纪初,主要由法国人种植于上海的法租界内,故称之为"法国梧桐"。

5. 欧 洲 七 叶 树

欧洲七叶树别名马栗树,落叶乔木。幼枝有棕色长茸毛,后脱落。冬芽呈卵圆形,有丰富树脂。小叶 5～7 枚,无柄,倒卵状。树干耸直,树冠开阔,姿态雄伟,叶大而形美,遮阴效果好,初夏繁花满树,蔚为可观,是世界著名的观赏树种。

欧洲七叶树原产于希腊北部和阿尔巴尼亚山区。寿命较长,喜欢阳光充足、湿润的环境,在肥沃疏松的土壤中生长较快。幼树生长慢,一般三年后开始迅速生长,其根系发达,耐干旱瘠薄,较耐寒。中国黄河流域及东部各省市均有栽培,其中上海、青岛等地较多。

复习提高

(1)当地常见行道树种应具备哪些特征。

(2)讨论当地广泛应用的行道树种有哪些? 配植方式有哪些。

任务 2　庭荫树种的识别与应用

能力目标

(1)能准确识别常见的庭荫树种 20 种以上。

(2)能够熟练的掌握庭荫树种在园林中的配植应用。

(3)能够根据园林绿地的需要选择合适的庭荫树种。

知识目标

(1)了解庭荫树种在园林植物景观设计中的作用。

(2)了解庭荫树种的主要识别特点,掌握庭荫树种的观赏价值和在园林中的应用。

素质目标

(1)通过对形态相似的庭荫树种进行比较、鉴别和总结,培养学生独立思考问题和认真分析、解决实际问题的能力。

(2)通过学生收集、整理、总结和应用有关信息资料,使学生学会思考、归纳、总结,培养学生自主学习的能力。

(3)以学习小组为单位组织学习任务,培养学生团结协作意识和沟通表达能力。

(4)通过对庭荫树种不断深入的学习和认识,提高学生的园林艺术欣赏水平和珍爱植物的品行。

基本知识

一、庭荫树种的概念及选择原则

庭荫树是指栽植于庭院、绿地或公园以遮阴和观赏为目的的树木。庭荫树又称遮阴树、绿荫树。

庭荫树在园林绿化中的作用,主要为人们提供一个荫凉、清新的室外休憩场所,主要为枝繁叶茂、绿荫如盖的落叶树种,其中又以阔叶树种的应用为准,如树干通直、高耸雄伟的梧桐,树皮青绿光滑,树姿高雅脱俗,是我国传统的优良庭荫树种。明代陈继儒有"凡静室需前栽梧桐、后栽翠竹",并谓梧桐之趣"夏秋脚印,以避炎遮烈之威"。几百年来,我国一直有"栽得梧桐树,引来金凤凰"的美好传说,故梧桐树又成为园林绿化树种中颇具传奇色彩的佳木。枝繁叶茂的香椿,树干通直,冠大荫浓,嫩叶红艳,俏丽可人,且幼芽、嫩叶可食,在中性、酸性及钙质土壤中均能生长良好,生长较快,对有毒气体的吸收能力亦较强,为传统的庭荫树种。

在庭荫树的选用上,如能同时具备观叶、赏花或观果效能则更为理想。如主干通直、冠似华盖的元宝槭,夏季枝叶浓密,入秋后,颜色渐变红,红绿相映,甚为美观,是优良的园林绿化树种。著名观花庭荫树种白玉兰,树形高大端直,花朵先叶开放,洁白素丽,盛华时节,犹如雪涛云海,气势壮观,且对二氧化硫、氯气和氯化氢等有害气体有一定的吸收能力,寿命可高达千年以上,为古往今来名园大宅中的庭荫树佳品。更有现代杂交品种二乔玉兰,复色花,大而芳香;红运玉兰,色泽鲜红,馥郁清香;飞黄玉兰,色泽金黄;红元宝玉兰,花若元宝之状,花期延至夏开,均为玉兰属中的新贵。再如,叶形雅致的合欢,枝条婀娜,树冠开张,成荫性好,伞房状或头状花序,花丝粉红色,细长如绒缨,极其秀美;盛夏时节,绿荫如盖,红花如簇,秀雅别致,为优良的观花类庭荫树。还有根系发达、萌芽力强的柿树,枝繁叶茂,广展如伞,秋起叶红,丹实如火,夏可避阴,秋可观色,既赏心悦目,又饱以口福,更对土壤要求不严,寿命较长,是观果类庭荫树栽培的上佳选择。

部分枝疏叶朗、树影婆娑的常绿树种,也可做庭荫树,但在具体配植时要注意与建筑物主要采光部位的距离,考虑树冠大小、树体高矮程度,以免顾此失彼,弄巧成拙。如树形整齐美观、叶大枝疏的枇杷,叶常绿有光泽,并可入药,花为蜜源,果实美味。春日百花盛开,夏日金果满枝,历来为常绿类庭荫树种的传统佳选。再如我国特有树种榉树,羽叶清亮,果味甘美;枝条开展,树冠广圆的竹柏,秀叶光泽,姿形优美,其叶面有白斑的薄雪竹柏,以及叶面有黄色条纹的黄纹竹柏等变种,则更显珍贵。它们均为南方温暖湿润气候环境下常绿类庭荫树的优良选择。

攀缘类藤木树种在庭荫栽植中的应用,对提高绿化质量,增强园林效果,美化庭院空间等具有独到的生态环境效益和观赏效能。但在开阔的庭院空间内设置廊架庭荫,因日照时间长,光照强度高,土壤水分蒸发量大,宜选用喜光、耐旱的紫藤、葡萄等。如苏州拙政园门庭中有一架紫藤,相传为明朝文徵明手植,虬枝龙游,夏荫清凉,景象独特。

二、庭荫树种配植

庭荫树种在园林中占的比重很大,在配植上应细加考究,充分发挥各种庭荫树的观赏特性,主要的配植方法有以下几种:

(1)在庭院或局部小景区景点中,三五株成丛散植,形成自然群落的景观效果;

(2)在规整的有轴线布局的景区栽植,这时庭荫树种的作用与行道树种接近;

(3)作为建筑小区的配景栽植,既丰富了立面景观效果,又能缓解建筑小区的硬线条和其他自然景观软线条之间的矛盾。

在应用中注意:在庭院中最好不要用过多的常绿树种,终年阴暗易导致抑郁感;距建筑物窗前不宜太近,以免室内阴暗。

学习任务

(1)根据当地的气候条件,选择几个典型的地点,制订调查卡。调查卡的制订参照行道树种调查卡的制订,依据庭荫树种的特点,设置合理的调查项目,以便突出庭荫树种的特点及作用,并完成庭荫树种调查分析报告。

(2)在庭荫树种调查统计表的基础上,总结出本市的庭荫树种名录,同时提出庭荫树种应用上存在的不足与问题。

 任务分析

　　庭荫树种从字面理解看似以遮阴为主,但在选择树种上却以观赏效果为主,结合遮阴功能来考虑的。许多观花、观果、观叶的乔木均可作为庭荫树种,因此,在园林景观应用中,除了考虑自身的形态特征外,还应考虑各树种的生物学和生态学特性,考虑经济价值和景观效果及与周围环境的特点。完成该学习任务,首先要能准确识别庭荫树种;其次要能全面分析和准确描述庭荫树种的主要习性、观赏特点和园林应用特点等;再次还要善于观察庭荫树种与其他树种的搭配效果,并分析庭荫树种对其周围植物和生态环境的要求,另有一些行道树种同时具有其他方面突出的观赏价值,在其他项目或任务中进行介绍。在完成该学习任务时,要注意选择观赏效果较好的绿地,并依据树种的形态特征、主要习性、配植效果等要素,准确地识别该城市中典型景点的庭荫树种,完成任务分析报告。

任务实施

一、材料与用具

　　本地区常见庭荫树种、调查绿地自然环境资料、照相机、测高器、铁锹、皮尺、pH试纸、海拔仪、记录夹等。

二、任务步骤

（一）认识下列庭荫树种

1. 青杆（细叶云杉、魏氏云杉）*Picea wilsonii* Mast.

【科属】松科,云杉属

【识别要点】①常绿乔木,高达50 m,胸径1.3 m,树冠呈圆锥形。②一年生小枝淡绿色,淡黄或淡黄灰色,无毛,罕疏生短毛,二、三年生枝淡灰或灰色。芽灰色,无树脂。③叶较短,横断面菱形或扁菱形,各有气孔线4～6条。④球果呈卵状圆柱形或圆柱形长卵形,成熟前绿色,熟时黄褐或淡褐色。⑤花期4月,球果10月成熟。

【分布范围】青杆(见图2-28)分布于河北小五台山、雾灵山,山西五台山,甘肃东南部,陕西南部,湖北西部,青海东部及四川等地区山地海拔1 400～2 800 m地带,北京、太原、西安等地的城市园林中常见栽培。

图2-28　青杆

【主要习性】青杆性强健,适应力强,耐阴性强,喜凉爽湿润气候,喜微酸性土壤,但在微碱性土中亦可生长。

【养护要点】青杆以种子繁殖,生长缓慢。

【观赏与应用】青杆树冠呈塔形,姿态优美,针叶短而细,球果小而丽,树干挺直,叶色碧绿,为园林绿化中一个清秀的良好观赏树种。

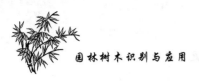

2. 白杆(麦氏云杉、白儿松)*Picea meyeri* Rehd. et Wils.

【科属】松科,云杉属

【识别要点】①常绿乔木,高约 45 m,树冠呈狭圆锥形,树皮灰色,呈鳞片状脱落。②大枝平展,小枝上有毛,一年生枝黄褐色。③叶为四棱状条形,弯曲,呈粉状青绿色,先端尖,四面有气孔线,叶长 1~2 cm,叶在枝上呈螺旋状排列。④花单性,雌雄同株。⑤球果呈圆柱形,初期浓紫色,熟时黄褐色。花期 5 月,球果 10 月成熟。

【分布范围】白杆(见图 2-29)为我国特有树种,以华北山地分布为广,东北的小兴安岭等地也有分布。

图 2-29 白杆

【主要习性】白杆耐阴,耐寒,喜欢凉爽湿润的气候和肥沃、深厚、排水良好的微酸性沙质土壤;浅根性树种,生长缓慢,50 年约长高 10 m。

【养护要点】白杆播种繁殖,幼苗不喜光,应适当密植,苗期注意灌溉;主要病虫害有云杉腮扁叶蜂、贺兰扁叶蜂、云杉小墨天牛等,应及早防治。

【观赏与应用】白杆的树形端正,枝叶茂密,在庭院中既可孤植,也可片植;盆栽可作为室内的观赏树种,多用在庄重肃穆的场合,冬季圣诞节前后,多置放在饭店、宾馆和一些家庭中做圣诞树;叶上有明显粉白气孔线,远眺如白云缭绕,苍翠可爱,做庭院绿化观赏树种,可孤植、丛植,或与桧柏、白皮松配植,或做草坪衬景。

3. 白兰花(黄桷兰、白兰、黄角)*Michelia alba* DC.

【科属】木兰科,白兰属

【识别要点】①常绿乔木,高 17~20 m,盆栽通常高 3~4 m,也有小型植株。②树皮灰白,幼枝常绿。③叶片长圆,单叶互生,青绿色,革质有光泽,长椭圆形。④其花蕾好像毛笔的笔头,花白色或略带黄色,花瓣肥厚,长披针形,有浓香。⑤穗状聚合果,蓇葖革质。花期 4—9 月,开放不绝。

【分布范围】白兰花(见图 2-30)原产于喜马拉雅地区,现北京及黄河流域以南均有栽培。

图 2-30 白兰花

【主要习性】白兰花喜光照充足、暖热湿润和通风良好的环境,不耐寒,不耐阴,也怕高温和强光,宜排水良好、疏松、肥沃的微酸性土壤,最忌烟气、台风和积水;对二氧化硫、氯气等有毒气体比较敏感,抗性差。

【养护要点】白兰花主要病害有黄化病、炭疽病、根腐病,虫害有介壳虫、红蜘蛛、蚜虫、刺蛾等,应注意及早防治。

【观赏与应用】白兰花的株形直立有分枝,落落大方,在南方可露地栽培,北方可盆栽;花色洁白、芳香而清雅,花期长,是华南著名的园林树种,可布置在庭院、厅堂、会议室,中小型植株可陈设于客厅、书房;因其惧怕烟熏,应放在空气流通处,花朵常做襟花佩戴,极受欢迎。

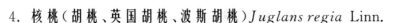

4. 核桃（胡桃、英国胡桃、波斯胡桃）*Juglans regia* Linn.

【科属】胡桃科，胡桃属

【识别要点】①落叶乔木，高达 20～25 m，树皮灰白色，浅纵裂，平滑。②枝条髓部片状，幼枝先端具细茸毛，两年生枝常无毛。③羽状复叶，小叶 5～9 枚，椭圆状卵形至椭圆形，顶生小叶通常较大，全缘或有不明显钝齿，表面深绿色，无毛，背面仅脉腋有微毛，小叶柄极短或无。④雄花，赤红色。花期 3—4 月。⑤果呈球形，灰绿色，果期 8—9 月。

图 2-31 核桃

【分布范围】核桃（见图 2-31）分布于欧洲东南部、喜马拉雅山，以及我国的空旷林地。

【主要习性】核桃喜光，耐寒；耐干冷，不耐湿热；抗旱、抗病能力强，喜深厚、肥沃、湿润而排水良好的微酸性至微碱性土壤；深根系，根肉质，怕水淹。

【养护要点】核桃可播种及嫁接繁殖，落叶后至发芽前不宜剪枝，易产生伤流；主要病害有炭疽病，虫害有蚜虫、天蛾类等，应注意及早防治。

【观赏与应用】核桃树冠雄伟，树干洁白，枝繁叶茂，绿荫盖地，是良好的庭荫树和行道树；因其花、果、叶挥发的气体具有杀菌、杀虫的保健功效，也宜成片栽植于休养、疗养区及医疗卫生单位做庭院绿化树种；果实供生食及榨油，亦可药用。

5. 板栗（栗、中国板栗）*Castanea mollissima* Bl.

【科属】壳斗科，栗属

【识别要点】①落叶乔木，只有少数是灌木，高达 20 m，树冠呈扁球形。②树皮深灰色，交错纵裂。小枝有灰色茸毛。③单叶，椭圆或长椭圆状，长 10～30 cm，宽 4～10 cm，边缘有刺毛状齿。④雌雄同株，雄花为直立柔黄花序，雌花单独或数朵生于总苞内。⑤壳斗球形或扁球形，密被长针刺，内有坚果 2～3 个。花期 6 月，果期 9—10 月。

【分布范围】板栗（见图 2-32）分布于北半球的亚洲、欧洲、美洲和非洲。

【主要习性】板栗喜光，是阳性树种，光照不足易引起枝条枯死或不结果。适应性强，耐寒，耐旱；对土壤要求不严，喜肥沃、温润、排水良好的沙质或黏质土壤；对有害气体抗性强。忌积水，忌土壤黏重。深根性，根系发达，寿命长。生长较快，萌芽力较强，较耐修剪。

图 2-32 板栗

【养护要点】板栗以种子繁殖，随采随播，也可沙藏翌年春播；嫁接繁殖，砧木用 2～3 年的实生苗；亦可分蘖繁殖。板栗可用天敌控制害虫：黑土蜂可控制金龟子；中华长尾蜂、跳小蜂可控制栗瘿蜂；红点唇瓢虫、异色瓢虫可控制栗大蚜等，这种生物防治措施在少害虫数量时，都能有效抑制虫害的蔓延。

【观赏与应用】板栗树冠圆广，枝茂叶大，在公园草坪及坡地孤植或群植均适宜，亦可做山区绿化造林和水土保持树种；木材坚硬耐磨，材质粗，易遭虫蛀；目前主要做干果生产栽培，可提取栲胶，叶可饲养蚕。

6. 白榆（家榆、榆树）*Ulmus pumila* L.

图 2-33 白榆

【科属】榆科,榆属

【识别要点】①落叶乔木,高达 25 m,树干灰褐、纵裂,树冠呈圆球形。②小枝细长,灰白色,幼时呈二列状排列。③叶为卵状椭圆形,长 2～6 cm,叶基不对称,叶缘具不规则单锯齿。④花簇生,早春叶前开花,单被花,紫红色。⑤翅果近圆形,俗称"榆钱",熟时黄白色,无毛。果熟 4—6 月。

【分布范围】白榆(见图 2-33)分布于我国的北部及华东地区,尤以华北及淮北平原地区栽培普遍。

【变种与品种】白榆的主要变种有龙爪榆 var. *pendula* Rehd 小枝卷曲下垂,中华金叶榆 cv. *Jinye* 等。

【主要习性】白榆喜光,喜肥沃、湿润土壤,但不耐水湿;耐寒、耐旱、耐盐碱;抗风,对烟尘和氟化氢有毒气体抗性强;主根深,耐修剪,寿命长,寿命可达百年。

【养护要点】白榆可播种繁殖,种子随采随播,发芽好;榆金花虫是白榆最严重的害虫,应注意及早防治。

【观赏与应用】白榆的树姿高大挺直,树荫浓密,适应性强,生长快,与杨、柳、槐并称为北方四大树种,是城乡绿化常用的行道树、庭荫树,是世界著名的四大行道树之一,亦可做绿篱树种,东北地区常密植用做绿篱,也是防风固沙、水土保持和盐碱地造林的重要树种,木材坚硬,可做家具,也是制作盆景桩景的适宜材料。

7. 小叶朴（黑弹朴）*Celtis bungeana* Bl.

【科属】榆科,朴属

【识别要点】①落叶乔木,高达 20 m,树皮浅灰色,平滑。②树冠呈倒广卵形至扁球形,小枝通常无毛。③叶片为卵形或卵状椭圆形,先端渐尖,基部偏斜,叶缘中部以上具锯齿。④核果近球形,熟时紫黑色,果核白色、光滑或有不明显网纹。花期 6 月,果期 10 月。

图 2-34 小叶朴

【分布范围】小叶朴(见图 2-34)原产于中国,分布于东北南部、华北、西北、长江流域及西南各地。

【主要习性】小叶朴喜光,稍耐阴,耐寒;喜深厚、湿润的中性黏质土壤;深根性,萌蘗力强,生长较慢,对病虫害、烟尘污染等抗性强。

【养护要点】小叶朴可种子繁殖。

【观赏与应用】小叶朴树冠宽广,枝条开展,绿荫浓郁,可孤植、丛植做庭荫树,亦可列植做行道树,又是工矿区绿化树种。

8. 青檀（翼朴、檀树）*Pteroceltis tatarinowii* Maxim.

【科属】榆科,青檀属

【识别要点】①落叶乔木,高达 20 m。树皮淡灰色,不规则长薄片状剥落,内皮淡灰绿色。②小枝暗褐色,细长,无毛。③叶为卵形或椭圆状卵形,先端长尾状渐尖,基部圆形或宽楔形,叶缘具不规则单锯齿,近基部全缘,基部具 3 条主脉,上表面无毛或具短硬毛,背面脉腋间常有簇生的毛;叶柄无毛。④花单性,雌雄同株,生于当年生枝的叶腋。⑤翅果呈扁圆形,种子周围均具膜质的翅,翅果的上下两端均具凹陷,顶端更为明显。花期 5 月,果期 6—7 月。

图 2-35　青檀

【分布范围】青檀(见图 2-35)分布于中国河北、山东、江苏、安徽、浙江、江西、湖南、湖北、广东、四川、青海等省区,河南太行山区、伏牛山区、大别山-桐柏山区均有分布;郑州各山区有野生,多生于石灰岩的低山坡。

【主要习性】青檀喜光,稍耐阴,耐干旱、瘠薄,常生于石灰岩的低山区及河流溪谷两岸,根系发达,萌芽力强,寿命长。

【养护要点】青檀可播种繁殖,播种前需层积沙藏处理。

【观赏与应用】青檀可用于石灰岩山地绿化造林树种,亦可做庭荫树或行道树;其木材坚硬,纹理直,结构细,韧性强,耐磨损,可做家具、车辆、建筑及细木工用材;树皮纤维优良,是制造宣纸的上等原料。

9. 构树(构桃树、沙纸树)*Broussonetia papyrifera*(L.) L'Herit. ex Vent.

【科属】桑科,构属

图 2-36　构树

【识别要点】①落叶乔木,高达 18 m,树冠开张呈卵形至广卵形。②树皮平滑,浅灰色或灰褐色,不易裂,全株含浆汁。小枝密生白色茸毛。③单叶互生,有时近对生,叶为卵圆或阔卵形,先端锐尖,基部圆形或近心形,边缘有粗齿,3～5 个深裂(幼枝上的叶更为明显),两面都有厚茸毛。④聚花果呈球形,熟时橙红色或鲜红色。花期 4—5 月,果期 7—9 月。

【分布范围】构树(见图 2-36)分布于中国黄河流域、长江流域和珠江流域,也见于越南、日本。

【主要习性】构树为强阳性树种,适应性特强,耐干旱、瘠薄,抗逆性强;喜钙质土,可生于酸性和中性土中;根系浅,侧根分布很广,生长快,萌芽力和分蘖力强,耐修剪,抗污染性强。

【观赏与应用】构树枝叶茂密,适应性强,且有抗性、生长快、繁殖容易等许多优点,是城乡绿化的重要树种,尤其适合于工矿区及荒山坡地绿化,亦可选做庭荫树,并可供防护林用;聚花果含大量糖分,脱落后常招引苍蝇,对环境卫生不利,园林绿化最好选择雄株;其树皮是优质造纸及纺织原料,木材可供器具、家具和薪柴用,植株可供药用。

10. 厚朴(厚皮、重皮、川朴)*Magnolia officinalis* Rehd. et Wils.

【科属】木兰科,木兰属

【识别要点】①落叶乔木,高 15～20 m,胸径达 35 cm,树皮厚,紫褐色,有突起圆形皮孔。②幼枝淡黄色,有细毛,后变无毛;顶芽大,密被淡黄褐色绢状毛。③叶革质,倒卵形或椭圆形,上面绿色,无毛,下面有白霜,幼时密被灰色毛。④花与叶同时开放,单生枝顶,白色,芳香;雄蕊多数,花丝红色。⑤聚合果,长椭圆状卵圆形或圆柱状,有鲜红色外种皮。花期 5 月,先叶后花;果期 9 月下旬。

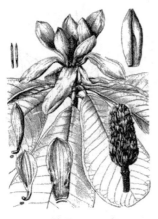

图 2-37　厚朴

【分布范围】厚朴(见图 2-37)分布于我国陕西、甘肃、四川、贵州、湖北、湖南、广西等省区。

【变种及品种】厚朴的变种有凹叶厚朴 var. *biloba* Rehd. et Wils,叶先端有凹口。聚合果基部圆而呈微心形,小果尖头较短。

【主要习性】厚朴喜光,是中性树种,幼龄期需荫蔽;喜凉爽、湿润、多云雾、相对湿度大的气候环境;在土层深厚、肥沃、疏松、腐殖质丰富、排水良好的微酸性或中性土壤上生长较好。

【养护要点】厚朴可用种子、压条和扦插繁殖;病害有叶枯病,虫害有褐天牛,应注意及早防治。

【观赏与应用】厚朴叶大荫浓,花大而美丽,主要做庭荫树和行道树;分布较广,而且是较原始的树种,对研究东亚和北美的植物区系及木兰科分类有科学意义,是我国贵重的药用及用材树种。

11. 合欢(绒花树、夜合花、鸟绒树)*Albizzia julibrissin* Durazz.

【科属】含羞草科,合欢属

【识别要点】①落叶乔木,高达 16 m。树冠呈广伞形,树皮褐灰色。②二回羽状复叶,羽片 4～12 对;小叶 10～30 对,长圆形至线形,两侧极偏斜,长 6～12 mm,宽 1～4 mm。③花序头状,伞房状排列,腋生或顶生;花淡粉红色;花萼 5 裂,钟状;花冠漏斗状,5 裂。④荚果呈线形,扁平,幼时有毛。花期 6 月,果期 9—11 月。

【分布范围】合欢(见图 2-38)原产于我国黄河流域及其以南各地,全国各地广泛栽培。

【主要习性】合欢喜温暖湿润和阳光充足的环境,对气候和土壤适应性强,宜在排水良好、肥沃土壤生长,但也耐瘠薄土壤和干旱气候;具有根瘤菌,有改善土壤之效,但浅根性,萌芽力不强,不耐修剪。

【养护要点】合欢主要病虫害有合欢枯萎病、大叶合欢锈病、双条合欢天牛、合欢巢蛾、梨木虱等,应注意及早防治。

图 2-38　合欢

【观赏与应用】合欢的树形优美,叶形雅致,盛夏绒花满树,有色有香,能形成轻柔舒畅的气氛,宜做庭荫树、行道树,种植于林缘、房前、草坪、山坡等地。合欢也是"四旁"绿化和庭园点缀的观赏佳树,对氯化氢,二氧化硫等有害气体的抗性强。

12. 皂荚(皂角、大皂荚、悬刀)*Gleditsia sinensis* Lam.

【科属】苏木科,皂荚属

【识别要点】①落叶乔木,高 15～30 m,树冠呈扁球形,树干皮灰黑色,浅纵裂。②干及枝条常具刺,刺圆锥状多分枝,粗而硬直,小枝灰绿色,皮孔显著。③一回偶数羽状复叶,有互生小叶 3～7 对,小叶长卵形,先端钝圆,基部圆形,缘有细齿,背面中脉两侧及叶柄被白色短茸毛。④杂性花,腋生,总状花序,花梗密被茸毛,花黄白色。⑤荚果平直肥厚,长 10～30 cm,熟时黑色,被霜粉。花期 5—6 月,果期 9—10 月。

【分布范围】皂荚(见图 2-39)原产于中国长江流域,分布极广,中国自北部到南部及西南均有分布,多生于平原、山谷及丘陵地区。

【主要习性】皂荚喜光而稍耐阴,喜温暖湿润气候及深厚、肥沃、适当湿润的土壤,对土壤要求不严,在石灰质及盐碱甚至黏土或沙土中均能正常生长。皂荚的生长速度慢,寿命很长,可达六七百年。

【观赏与应用】皂荚的冠大荫浓,寿命较长,非常适宜做庭荫树和"四旁"绿化树种。

13. 刺槐(洋槐)*Robinia pseudoacacia* L.

【科属】蝶形花科,刺槐属

【识别要点】①落叶乔木,高10~25 m,树冠呈椭圆状倒卵形。②树皮灰黑褐色,纵裂。枝具托叶性针刺,小枝灰褐色,无毛或幼时具微茸毛。③奇数羽状复叶,互生,具9~19枚小叶;叶柄被茸毛,小叶片卵形或卵状长圆形,叶端钝或微凹,有小尖头。④总状花序腋生,比叶短,花序轴黄褐色,被疏茸毛;花冠白色,芳香。⑤荚果呈长圆形或带状,褐色,扁平,沿腹缝线有狭翅,熟时开裂。⑥种子黑褐色,肾形,扁平。花期4—5月,果期5—9月。

【分布范围】刺槐(见图2-40)原产于北美洲,现被广泛引种到亚洲、欧洲等地,我国从吉林至华南各省区普遍栽培。

图 2-39 皂荚

图 2-40 刺槐

【品种及变种】刺槐的变种主要有三种。①无刺刺槐 f. *inermis*(Mirb)Rehd.,树冠开展,树形呈帚状,枝条硬挺而无托叶刺,用做庭荫树和行道树。②球槐(伞槐)f. *umbraculifera*(DC)Rehd.,树冠呈球状或卵圆形,分枝细密,无托叶刺或托叶刺极少而软;小乔木,不开花或开花极少,基本不结实。③红花刺槐 f. *decaisneana*(Carr.)Voss.,花冠粉红色。

【主要习性】刺槐喜光,喜温暖湿润气候,对土壤要求不严,适应性很强,最喜土层深厚、肥沃、疏松、湿润的粉沙土、沙壤土和壤土,对土壤酸碱度不敏感;浅根性,侧根发达,抗风能力弱,萌蘖力强,一般寿命30~50年。

【养护要点】刺槐以播种为主,也可分蘖、根插繁殖,其主要害虫有白蚁、叶蝉、天牛、蚧、小皱蛾、槐蚜、刺槐尺蛾、刺槐种子小蜂等,应注意及早防治。

【观赏与应用】刺槐树冠高大,叶色鲜绿,每当开花季节绿白相映,素雅而芳香;可做行道树和庭荫树,是工矿区绿化及荒山荒地绿化的先锋树种。

14. 香椿（香椿铃、香铃子、香椿子）*Toona sinensis* A. Juss.

【科属】楝科，香椿属

图 2-41 香椿

【识别要点】①落叶乔木，高达 25 m。②树皮暗褐色，浅纵裂。有顶芽，小枝粗壮。③叶互生，为偶数羽状复叶，小叶 6~10 对，小叶为长椭圆形，叶端锐尖，幼叶紫红色，成年叶绿色，叶背被蜡质，略有涩味，叶柄红色。④圆锥花序顶生，下垂，两性花，白色，有香味，花小，钟状。⑤蒴果，狭椭圆形或近卵形，成熟后呈红褐色。⑥种子呈椭圆形，上端具翅，种粒小。花期 6 月，果期 10—11 月。

【分布范围】香椿（见图 2-41）原产于中国，分布于长江南北的广泛地区。

【主要习性】香椿喜温，喜光，较耐湿；对土壤要求不严，在深厚、肥沃、酸性及钙质土上生长良好，稍耐盐碱；对有害气体抗性强；萌蘖力、萌芽力强，耐修剪；生长中等偏快。

【养护要点】香椿虫害有香椿毛虫、云斑天牛、草履介壳虫等，可用杀螟杆菌等农药防治；病害有叶锈病、白粉病等，可用波尔多液、石硫合剂等药剂防治。

【观赏与应用】香椿树干通直，树冠开阔，枝叶浓密，嫩叶红艳，常用于庭荫树和行道树，是"四旁"绿化树种。香椿是重要的用材树种，有中国桃花心木之称，嫩芽、嫩叶可食，可培育成灌木状以利采摘嫩叶，是重要的经济树种，其木材可供建筑、造船、家具等用；嫩枝叶可食；根皮及果实可入药，有收敛止血、祛湿止痛之效。

15. 糠椴（大叶椴、菩提树）*Tilia mandschurica* Rupr. er Maxim.

【科属】椴树科，椴树属

【识别要点】①落叶乔木，高 20 m，树冠呈广卵形至扁球形。树皮暗灰色，老时浅纵裂。一年生枝条黄绿色，密生灰色星状毛；二年生枝紫褐色，无毛。②叶为广卵形，先端短尖，基部歪心形或斜截形，叶缘锯齿粗而有突出尖头，表面有光泽，近无毛；背面密生灰色星状毛。③脉腋无簇毛，叶柄长，有毛。④花黄色，7~12 朵呈下垂聚伞花序，苞片倒披针形。⑤果近球形，密被黄褐色星状毛，有不明显的 5 纵脊。花期 7—8 月，果期 9—10 月。

【分布范围】糠椴（见图 2-42）原产于我国东北、内蒙古及河北、山东等地，朝鲜、俄罗斯也有分布。

【主要习性】糠椴喜光，较耐阴，喜凉爽湿润气候和深厚、肥沃而排水良好的中性和微酸性土壤；耐寒，抗逆性较差，在干旱瘠薄土壤生长不良，夏季干旱易落叶，不耐盐碱土壤，不耐烟尘污染；深根性，主根发达，耐修剪，病虫害很少。

【养护要点】糠椴可播种繁殖，种子有隔年发芽的特点，须沙藏一年，幼苗须遮阴，培育时应注意温度的管理、光照的管理及肥水的管理。

【观赏与应用】糠椴树冠整齐，枝繁叶茂，遮阴效果良好，花黄色而芳香，是北方优良的庭荫树种和行道树种。

图 2-42 糠椴

16. 糯米椴（糯米树、粉椴、亨利椴树）*Tilia henryana* Szyszyl.

【科属】椴树科,椴树属

【识别要点】①落叶乔木。嫩枝被黄色星状毛,芽被黄毛。②嫩枝及顶芽均无毛或近秃净。③叶下面除脉腋有毛丛外,其余秃净无毛;苞片仅下面有稀疏星状毛。④果呈倒卵形,长 7～9 mm,有棱 5 条,被星状毛。⑤花期 6 月。

【分布范围】糯米椴分布于江苏、浙江、江西、安徽等省。

【观赏与应用】糯米椴常做行道树,材用,花和嫩叶可代茶,蜜源植物。

17. 欧洲大叶椴（欧椴、大叶椴）*Tilia platyphylla*

【科属】椴树科,椴树属

【识别要点】①乔木,树皮灰褐色,浅纵裂;当年生枝,密生茸毛。②叶为卵形或卵圆形,宽与长略等,先端短渐尖。③花序长 8～10 cm,总梗及花梗上有毛。④果近球形,密生灰褐色星状茸毛,有明显 5 纵棱。⑤花期 6 月,果期 8～9 月。

【分布范围】欧洲大叶椴原产于欧洲,我国北部暖温带落叶阔叶林区也有分布。

【主要习性】欧洲大叶椴中性,喜凉爽湿润气候。

【观赏与应用】欧洲大叶椴可做行道树、庭荫树。

18. 梧桐（青桐、桐麻）*Firmiana simplex*（L.）W. F. Wight

【科属】梧桐科,梧桐属

【识别要点】①落叶乔木,高达 16 m;树皮青绿色,平滑。②树干端直,树冠呈卵圆形;干枝翠绿色,平滑。③叶为心形,掌状 3～5 裂,直径 15～30 cm,裂片呈三角形;顶端渐尖,基部心形,两面均无毛或略被短茸毛,基生脉 7 条;叶柄与叶片等长。④圆锥花序顶生,花梗与花几等长;雄花的雌雄蕊柄与萼等长,下半部较粗,无毛。⑤蓇葖果膜质,果皮开裂成叶状,匙形,外被短茸毛或近无毛,有柄。⑥种子 2～4 粒,圆球形。花期 6—7 月,果期 10—11 月。

【分布范围】梧桐(见图 2-43)产于我国南北各省,从广东到华北均有分布,也分布于日本。

【主要习性】梧桐喜光,喜生于温暖湿润的环境;耐严寒,耐干旱及瘠薄;喜肥沃、深厚而排水良好的钙质土壤,在酸性及中性土壤上能生长,忌水湿及盐碱;深根系、直根粗壮,萌芽力弱,不耐涝,不耐修剪;春季萌芽晚,秋季落叶早,故有"梧桐一叶落,天下尽知秋"之说。

【养护要点】梧桐常用播种法,也可扦插或分根繁殖,春秋都可播种,一般三年苗木即可出圃定植;主要害虫有木虱、霜天蛾、刺蛾、疖蝙蛾等,应注意及早防治。

【观赏与应用】梧桐的树冠圆整、端直,干枝青翠,绿荫深浓,叶大而形美,果皮奇特,是具有悠久栽植历史的庭园观赏树种;常孤植或丛植于草坪、庭院、湖畔等地,也可做行道树及庭院绿化观赏树。

图 2-43　梧桐

（二）完成庭荫树种调查报告

完成庭荫树种的调查报告(Word 格式和 PPT 格式),要求调查树种 20 种以上。

1. 参考格式

_____庭荫树种调查报告

姓名：_____ 　　班级：_____ 　　调查时间：____年____月____日

（1）调查区范围及自然地理条件。

（2）庭荫树种调查记录表如表2-3所示。

表2-3　庭荫树种调查记录表

调查时间：	调查地点：	树龄或估计年龄：
植物中名： 　学名：	科属：	别名：
生长特性：	栽培位置：	
规格　树高： 　树皮：	树干：	树形：
枝：		
叶形：	叶序：	
其他：		
生态条件　光照：强、中、弱 　温度：	坡向：东、西、南、北	
配植方式： 　地形：	海拔：	
土壤水分： 　土壤肥力：好、中、差	土壤质地：沙土、壤土、黏土	
土壤pH值： 　病虫害程度：	伴生树种：	
园林用途：		
其他用途：		
备注：		

附树种图片（编号）如2.2.1、2.2.2……

（3）调查区庭荫树种任务分析。

2. 任务考核

考核内容及评分标准如表2-4所示。

表2-4　考核内容及评分标准

序号	考核内容	考核标准	分值	得分
1	树种调查准备	材料准备是否充分（根据完成情况酌情扣分）	10	
2	材料的汇总	材料分析准确，整理迅速，是否按规定时间完成	10	
3	调查报告形式	内容全面，条理清晰，图文并茂	10	
4	树种调查水平	树种识别正确，特征描述准确，观赏和应用分析合理	50	
5	树种调查态度	积极主动，注重方法，有团队意识，注重工作创新	20	

知识链接

庭荫树种的相关介绍

一、庭荫树修剪

一般而言，对庭荫树树冠不加专门的整形工作而多采用自然树形。庭荫树的主干高度

应与周围环境要求相适应,一般无固定的规定,主要视树种的习性及绿化要求而定。庭荫树等独植树木的树冠宜尽可能大些,不仅能发挥其观赏效果,而且对一些树干皮层较薄的树种,如七叶树、白皮松等,可有防止日晒伤害干皮的作用。因此,树冠以占树高的2/3以上为佳,以不小于1/2为宜。

在具体修剪时,除人工式需每年用很多的劳力进行休眠修剪及夏季生长期修剪外,对自然式树冠则每年或隔年应将病枯枝及扰乱树形的枝条剪除,对老弱枝条短剪,给以刺激使之增强长势,对基部的萌蘖及主干上由不定芽长的冗枝,均应——剪除。

二、树木的耐阴力

在实际园林建设工作中,掌握各种树木的耐阴力是非常有用的。

1. 华北常见乔木耐阴能力的顺序

华北常见乔木耐阴能力的顺序(从强到弱排列)冷杉属、云杉属、椴属、红松、裂叶榆、圆柏、槐、水曲柳、胡桃楸、白榆、板栗、华山松、白皮松、油松、蒙古栎、白蜡树、臭椿、刺槐、白桦、杨属、柳属、落叶松属。

2. 判断树木耐阴性的标准

判断树木耐阴性的标准有以下两种。

1)生理指标法

植物的光合作用在一定的光照强度范围内是与光强有密切关系的,当光强减弱到一定程度时,树木由光合作用所合成的物质量恰好与其呼吸作用所消耗的物质量相等,此时的光照强度称为光补偿点。随着光照强度的增加,光合作用的强度也提高,从而产生有机物质的积累,但当光强增加到一定程度后光合作用就达到最大值而不再增加,此时的光照强度称为光饱和点。耐阴性强的树种的光补偿点和光饱和点都较低。因此,可以从测定树种的光饱和点和光补偿点上判断其对光照的需求程度。但光饱和点和光补偿点是随着植物本身的生长状况和不同部位而改变的,温度和湿度的变化也会影响光饱和点和光补偿点的数值。因此,要判断植物的耐阴性,需要综合地考虑各方面的影响因素。

2)形态指标法

有经验的工作者根据树木的外部形态可大致推知树木的耐阴性,方法简便迅速,其标准有以下几个方面。

(1)树冠呈伞形者多为阳性树种,树冠呈圆锥形而枝条紧密者多为耐阴树种。

(2)树干下部侧枝早脱落者多为阳性树种,下枝不易枯落而且繁茂者多为耐阴树种。

(3)树冠的叶幕区稀疏透光,叶片色较淡而质薄,如常绿树种,其叶片寿命较短者为阳性树种;叶幕区浓密,叶片色浓而深且质厚者,如常绿树种,其叶可在树上存活多年者为耐阴树种。

(4)常绿性针叶树的叶呈针状者多为阳性树种,叶呈扁平或呈鳞片状而表、背区别明显者为耐阴树种。

(5)阔叶树种中的常绿树种多为耐阴树种,而落叶树多为阳性树种或中性树种。

复习提高

(1)讨论糠椴、糯米椴、大叶椴的形态差异。

(2)讨论行道树种和庭荫树种的区别。

(3)调查当地常见的庭荫树种。

(4)完成校园内一熟悉的景观植物配植(若老师安排地点,最好是学生都熟悉的)。

项目三　园景树种的识别与应用

园林树木的美化环境作用是园林绿化的主要目的之一。园景树种凭借独特的个体美给人以引人入胜的视觉感受,因而备受园林工作者重视。从园林绿化实践来看,园景树种的景观效应更为显著,应用原则更显灵活,是各种园林绿地类型中规划设计与绿化应用最为常见的园林树种。广义的园景树种包括观形树种、彩色树种、观花树种和观果树种等,呈现出丰富多彩的观赏特点和多种多样的应用方式。根据园林绿化工作实践,以实用为目的,本项目将园景树种的识别与应用设计为四个任务,包括观花树种的识别与应用、观果树种的识别与应用、观形树种的识别与应用和彩色树种的识别与应用。

知识目标

(1) 理解并掌握常见园景树种的识别方法,了解主要树种的典型变种及栽培品种。

(2) 掌握常见园景树种的主要习性和典型树种的养护要点。

(3) 理解并掌握常见园景树种的观赏特点和园林应用特点。

技能目标

(1) 能够正确识别常见的园景树种 120 种以上。

(2) 能够根据常见园景树种的观赏特点和主要习性进行合理应用。

(3) 能够根据园林绿地类型的不同需求合理选用典型的园景树种。

任务 1　观花树种的识别与应用

能力目标

(1) 能够正确识别常见的观花树种 50 种以上。

(2) 能够对常见易混观花树种进行准确鉴别。

(3) 能够根据园林设计和绿化的不同要求选用典型的观花树种。

知识目标

(1) 了解各季节观花树种在园林中的作用。

(2) 掌握观花树种的形态识别方法,理解观花树种形态描述的有关术语。

(3) 了解观花树种的主要习性、观赏特性、园林应用特色。

素质目标

(1) 通过对形态相似的观花树种的比较、鉴别和总结,培养学生独立思考问题及认真分析、解决实际问题的能力。

(2) 通过学生收集、整理、总结和应用有关信息资料,掌握更多的观花树种,培养学生自主学习的能力。

（3）以学习小组为单位组织并开展学习任务,培养学生团结协作意识和沟通表达能力。

（4）通过对观花树种不断深入的学习和实践,提高学生的园林艺术欣赏水平、珍爱植物的品行及吃苦耐劳的精神。

一、观花树种

凡具有美丽的花朵或花序,在花色、花形、花相或芳香等方面呈现特殊观赏价值的乔木、灌木、丛木及藤本植物统称为观花树种。本类树种在园林绿化中可独立成景,而且可以与其他园林植物、园林建筑及设施等产生烘托、陪衬和对比作用,或者植为专类园、芳香园等。图3-1所示为观花树种红丁香。

图 3-1　观花树种　红丁香(张百川 摄)

二、花色

花色是指花冠、花被或苞片的颜色。园林花木种类繁多,花色极其丰富。

花色产生于花青素与花黄素,也与光线密切相关。白、黄、红为花色的三大主色,具有这三种颜色的树种最多,自然界中花色为黑色者极少。

从大类上划分,花色有单色与复色两大类,其中以单色的较普遍,数量多。复色花情况复杂,有的同一株或同一朵花有颜色变化,如碧桃等,多为人工培育;有些树种花色在开花期间会有不断变化,如木芙蓉、圆锥绣球等,观赏价值很高。

一般可将各种花色归纳为四大色系:①红色系花,如玫瑰、贴梗海棠、合欢、山茶等;②黄色系花,如黄刺玫、迎春、连翘、棣棠等;③蓝色系花,如紫藤、紫丁香、泡桐、荆条等;④白色系花,如玉兰、梨、珍珠梅、茉莉等。

三、花形

（一）单花形态

单花形态丰富,如杯形、唇形、钟形等。观花树木中,花瓣数多,重瓣性强,花朵大,形态奇特,一般认为观赏价值高。

（二）花相

花相是指树木植株上花或花冠整体表现出的形貌。某些树种,如桂花、绣线菊、溲疏等,单花较小,形态一般,但开花盛期,满树繁花,观赏价值很高。花均以单花或花序的形式着生在树体上,表现出的花相类型有多种形式。按树木开花时有无叶簇的存在,花相分为纯式花相和衬式花相两种;按花朵或花序在树冠上的分布特点,花相可以分为独生花相、线条花相、星散花相、团簇花相、覆被花相、密满花相和干生花相等。

（1）独生花相　一般花形较大,独生于树冠顶部,如苏铁、凤尾兰等。

（2）线条花相　枝条一般较稀疏,枝条个性突出,花排列于小枝上,形成长形的花枝,如连翘、金钟花、珍珠绣线菊等。

（3）星散花相　花朵或花序散生于树冠的各个部分,花朵或花序数量较少,如珍珠梅、玫瑰、鹅掌楸、白兰花等。

（4）团簇花相　花朵或花序大而多,而且每朵花或花序亦能充分表现其特色,如玉兰、圆锥绣球等。

（5）覆被花相　花或花序着生在树冠的表层,如泡桐、栾树、广玉兰、七叶树、合欢等。

（6）密满花相　花或花序密生于全树各小枝上,花感极强,使树冠形成一个整体的大花团,如榆叶梅、毛樱桃、樱花、梨树、棣棠等。

（7）干生花相　花着生于茎干上,也被称为"老茎生花",种类较少,如鱼尾葵、紫荆等。

四、花香

花的香味来源于花内的油脂类或其他复杂的化学物质,这些成分能随着花朵的开放过程而不断分解为挥发性的芳香油,刺激人的嗅觉,使人感觉到花香。花香通常可分为清香、甜香、浓香、淡香、幽香等。在园林中可以利用释放花香的树种建立芳香园。

常见的香花树种如桂花、栀子、含笑、白兰花、月季、玫瑰、蜡梅、茉莉等。

五、花期

观花树种按开花季节可分为春季观花树种、夏季观花树种、秋季观花树种和冬季观花树种,有的观花树种花期横跨两季或三季。春季开花的树木有探春、迎春、玉兰、海棠、连翘、榆叶梅、紫荆、李、杏、桃、山桃等。春夏开花的有金银木、红瑞木、棣棠、太平花、泡桐、紫藤、黄刺玫、玫瑰、紫丁香、牡丹、锦带、红花槐等。夏秋开花的有丝棉木、合欢、栾树、国槐、金银花、暴马丁香、珍珠梅、绣线菊、藤本月季、紫薇、木槿等。冬季开花的有蜡梅、枇杷、梅花、美人茶、地中海荚蒾等。

六、开花类别

观花树种的开花类别有以下几种。

（1）先花后叶类　花芽萌动不久后即开花,先开花后长叶,大多为春季开花树种。如玉兰、连翘、榆叶梅、山桃、杏、李、紫荆等。

（2）花、叶同放类　开花与展叶同时进行。一些先花后叶类,如榆叶梅、桃等的晚花品种,短枝上会形成混合芽,如苹果、海棠、核桃等均属此类。

（3）先叶后花类　一般夏秋开花的树种多属此类,如接骨木、槐、珍珠梅、荆条、紫薇、木槿等。

学习任务

调查所在学校或学校所在城市主要街道广场、居住区和城市公园的观花树种,内容包括调查地点自然条件、观花树种名录、主要特征、习性、开花特点及其他观赏特点、配植方式及应用特点等,完成观花树种的调查报告。

任务分析

观花树种种类繁多,应用广泛,形态相似或极似树种比例大,往往很难辨别,易出现识别差错;观赏特点丰富,如花期、花色、花形、花相、花香等不同观赏特性都有丰富的表现;观花树种的园林应用除了考虑开花特点之外,还要考虑习性、应用绿地自然条件和周围树种、园林植物、园林建筑等的配植衬托效果等。完成该任务首先要掌握观花树种特征的识别方法、检索方法,准确识别观花树种,在此基础上,全面分析和准确描述观花树种的主要习性、观赏特点和园林应用特点。

**任务实施**

一、材料与用具

本地区生长正常的常见开花的成年树种、调查绿地自然环境资料、照相机、测高器、铁锹、皮尺、pH 试纸、海拔仪、记录夹等。

二、任务步骤

(一)认识观花树种

1. 玉兰(白玉兰、望春花)*Magnolia denudata* Desr.

【科属】木兰科,木兰属

【识别要点】①落叶乔木,高达 15 m,树皮灰褐色,树冠呈卵形或扁球形。②嫩枝及冬芽均被灰褐色茸毛。③单叶互生,长10~15 cm,倒卵状椭圆形,先端突尖。④花顶生,先花后叶,白色芳香,花萼、花瓣相似,共 9 片;北京 3 月下旬至 4 月上旬开花,长江流域 3 月开花。⑤蓇葖果熟时为暗红色,种子具鲜红色假种皮。

【分布范围】玉兰(见图 3-2)产于我国中部山地,秦岭到五岭均有分布,各地庭院常见栽培。

【变种与品种】玉兰的主要变种有三种。①紫玉兰 *magnolia liliflora*. Desr.,花被外面紫红色,里面淡红色。②飞黄玉兰*Feihuang*,花色金黄鲜艳。③红运玉兰 *Hongyun*,花色鲜红,春、夏、秋三季开花。

图 3-2 玉兰

【主要习性】玉兰喜光,稍耐阴;较耐寒,能在 -20 ℃ 条件下安全越冬,北京地区可露地栽培;肉质根,不耐积水;抗二氧化硫,生长慢。

【养护要点】玉兰栽培要求肥沃、湿润、排水良好的土壤;移植玉兰不宜过早,以花落后叶芽尚未打开最好;施肥应多施腐熟的有机肥,以春季花前和伏天两次为好;北方常干旱少雨,要注意浇水。

【观赏与应用】玉兰因其"色白如玉,芬芳似兰"而获此名,是我国著名的早春花木,各地园林常见栽培。中国传统宅院讲究"玉堂春富贵",即玉兰、海棠、迎春、牡丹、桂花五种花木,取吉祥富贵之意。北京长安街中南海南墙外的玉兰与雪松、白皮松等配植,每当盛花之际,与红墙黄瓦相映衬,引来无数游人驻足观赏。玉兰适合孤植或丛植于草坪、针叶树丛前,点缀庭院、列植堂前。

2. 木兰(紫玉兰、辛夷、木笔)*Magnolia liliflora* Desr.

【科属】木兰科,木兰属

图 3-3　木兰

【识别要点】①落叶大灌木,小枝紫褐色。②冬芽大,密被灰色茸毛。③单叶互生,叶为椭圆形或倒卵状椭圆形,先端渐尖。④花紫色,里面近白色,披针形。花期 3—4 月,蓇葖果期 8—9 月。

【分布范围】木兰(见图 3-3)原产于陕西、湖北、四川、云南等地,北京、山东、河南等地也有栽培。

【变种与品种】木兰的变种主要有两种。① 小木兰 *Gracilis*,灌木,枝细叶狭,花瓣细小,外淡紫内白色,开花晚,与叶同放。②红元宝玉兰 *Hongyuanbao*,花瓣较宽,两面均为紫红色,花朵如元宝状,夏季开花。

【主要习性】木兰喜光,耐寒性差,华北栽培需向阳背风处;喜肥沃、湿润、排水良好的土壤;肉质根,怕积水。

【养护要点】北方栽培木兰时,幼苗越冬需加以保护;通常不剪枝,以免剪除花芽,必要时适当疏剪。木兰常丛生,如欲培育乔木树形,必须随时进行整枝、除蘖和抹芽。

【观赏与应用】木兰花大色艳,花蕾形大如笔头,故有"木笔"之称,药用称"辛夷",是栽培历史悠久的著名观赏花木。木兰是上海市的市花,宜配植于庭院、丛植于草地。

3. 二乔玉兰(朱砂玉兰)*Magnolia×soulangeana*

【科属】木兰科,木兰属

【识别要点】①落叶小乔木,高 6～10 m。②叶为倒卵形,先端短急尖,基部楔形,背面多有茸毛。③花大而芳香,外淡紫红内白色,花瓣状,稍短。花期 3 月,叶前开花。④聚合蓇葖果长约 8 cm,卵形或倒卵形,熟时黑色,具白色皮孔,果期 9 月。

【分布范围】二乔玉兰原产于我国,我国华北、华中及江苏、陕西、四川、云南等地均有栽培。

【变种与品种】二乔玉兰的变种主要有六种。①紫二乔玉兰 *Purpurea*,花被 9 片,紫色,北京颐和园有栽培。②常春二乔玉兰 *Semperflorens*,一年能开花 3～4 次。③红运玉兰 *Red Lucky*,花被 6～9 片,花鲜红或紫色,能在春、夏、秋三季开花。④紫霞玉兰 *Chameleon*,叶倒卵状长椭圆形,花蕾长卵形,花被片桃红色。⑤红霞玉兰 *Hongxia*,花被 9 片,近圆形,深红色至淡紫色。⑥丹馨玉兰 *Magnolia* Fragrant Cloud,植株矮壮,叶为倒卵形至近圆形,厚纸质。花蕾卵圆形,较圆短,外面桃红至紫红色,内面近白色,芳香;4 月和 7 月可各开花一次,花朵密集,是庭院及盆栽观赏的好树种。

【主要习性】二乔玉兰耐旱,耐寒,能在 -20 ℃ 条件下安全越冬;移植难;喜肥,但忌大肥;根系肉质根,不耐积水。由于二乔玉兰枝干伤口愈合能力较差,故除十分必要外,多不进行修剪。

【观赏与应用】二乔玉兰为玉兰和木兰的杂变种,形态介于两者之间;花大色艳,观赏价值很高,在北京可开二次花,是城市绿化的极好花木;广泛用于公园、绿地和庭院等孤植观赏;树皮、叶、花均可提取芳香浸膏。

4. 天女花(天女木兰、小花木兰、玉莲、孟兰花)*Magnolia sieboldii* K. Koch

【科属】木兰科,木兰属

【识别要点】①落叶小乔木,高可达 10 m。②小枝及芽有茸毛。③宽椭圆形或倒卵状长圆形,6～15 cm,先端顿,或具小突尖。④花单生,略呈杯形,花柄细长,在新枝上与叶对生;花瓣 6 瓣,白色芳香,淡红色;花期6 月。

【分布范围】天女花(见图 3-4)原产于我国辽宁东部、河北都山、安徽黄山等地,朝鲜、日本亦有分布。

【主要习性】天女花喜凉爽,湿润、肥沃土壤,忌阳光暴晒、碱性土壤。

【养护要点】天女花栽培要求阴湿环境。

【观赏与应用】天女花花柄细长,花开时随风飘摆,芳香扑鼻,犹如仙女散花,可用于园林旁草地栽植,夏季观花,辽宁省丹东市栽培甚多。

图 3-4 天女花

5. 含笑(含笑梅、山节子)Michelia figo

【科属】木兰科,含笑属(白兰花属)

【识别要点】①常绿灌木或小乔木,分枝紧密。②芽、小枝、叶柄及花梗均具锈色茸毛。③叶革质,倒卵状椭圆形,长 4～10 cm,深绿色;叶柄极短。④花单生叶腋,花瓣 6～9 瓣,乳黄色而边缘常具紫红色晕,香气浓郁如香蕉,花开而不全放,故名含笑,完全张开后即凋落;花期 4—5 月。⑤聚合蓇葖果。

【分布范围】含笑(见图 3-5)原产于处于亚热带的两广及福建等地,长江流域及以南地区普遍露地栽培,长江以北地区盆栽观赏。

【主要习性】含笑喜弱阴湿润环境,不耐寒,不耐旱,不耐石灰质土壤,忌积水,忌暴晒,宜 5 ℃以上室内越冬,对氯气有一定抗性。

【养护要点】含笑移植需带泥球,3 月中旬至 4 月上旬进行,大苗移栽必须进行高强度修剪,调整株型,栽植忌积水。

【观赏与应用】含笑的树冠浑圆,绿叶葱茏,本种为著名的芳香花木,适合小游园、花园、公园或街道自然式成丛配植,若在草坪边缘配以成片含笑,意趣尤浓。

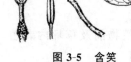

图 3-5 含笑

6. 紫薇(百日红、痒痒树、满堂红)Lagerstroemia indica

【科属】千屈菜科,紫薇属

【识别要点】①落叶灌木或小乔木,树冠不整齐,枝干多扭曲。②树皮绿褐色,薄片状剥落后内皮灰绿或灰褐色且特别光滑;小枝四棱状。③叶为椭圆形至倒卵状椭圆形,全缘,对生或近对生,叶柄极短。④顶生圆锥花序,花红色,通常 6 瓣,圆形且缘皱,基部长爪状;花期 6—9 月。⑤果为蒴果,呈球形至广卵形。

【分布范围】紫薇(见图 3-6)产地很广,我国华东、华中、华南、西南均有分布,河北、北京等地普遍栽培。

【变种与品种】紫薇的品种有 40 多种。紫薇的主要变种有:银薇 f. alba(Nichols.)Rehd.,花白色;翠薇,花紫堇色,叶色暗绿。

图 3-6 紫薇

【主要习性】紫薇喜光,喜温暖湿润气候,耐寒性稍弱,耐旱,怕涝,喜钙质土、沙壤土上生长,宜植背风处,萌发力强,耐修剪;抗污染,长寿。

【养护要点】北方移植紫薇,因萌发较晚,应在4月下旬至5月初进行。栽培紫薇可培育成乔木形、灌木丛生形、编扎形等,培育乔木形应选分枝少且密植,随时修剪下部枝条,对分枝者可截顶促进分枝及萌蘖而形成灌木丛生形。

【观赏与应用】我国唐代已盛栽紫薇做观赏花木,可谓栽培历史悠久的树种,但紫薇大量用于园林绿化是近20年的事。在园林中,紫薇适宜在建筑物前列植、草坪孤植或丛植、庭院点缀,池畔、亭下、路旁、门首、假山旁等均可配植紫薇。

7. 紫荆（兄弟树）Cercis chinensis Bunge.

【科属】苏木科(云实科),紫荆属

图 3-7　紫荆

【识别要点】①落叶乔木,栽培大多为灌木,树皮暗褐色,枝干粗壮直伸。②叶近圆形,基部心形,全缘,表面有光泽,5出脉。③先叶开花,花蝶形,玫瑰红色,4～10朵簇生于2～4年生枝上,有时老干上着花;花期3—4月。④荚果扁而呈带状,10月成熟,灰黑色。

【分布范围】紫荆(见图3-7)为暖地树种,广泛分布,久经栽培,华北地区可露地栽植。

【变种与品种】紫荆的主要变种有白花紫荆 f. alba P. S. Hsu,花白色,耐寒性差。

【主要习性】紫荆喜光而稍耐阴,耐寒,耐旱力较强,不耐积水;一般土壤均能适应,而以肥沃的微酸性沙壤土长势最好,萌芽力强,耐修剪更新,对氯气有一定抗性。

【养护要点】紫荆大苗移植需带土球,花后将枝条轻度修剪,调整株型,栽植忌积水。

【观赏与应用】紫荆干直丛生,繁花满树,嫣红灿烂,可布置在建筑物前及草坪内栽植,或与常绿树种配植,与连翘、迎春等花期相近的黄花树种配植更加夺目。

8. 垂丝海棠 Malus halliana（voss.）Koehne.

【科属】蔷薇科,苹果属

【识别要点】①落叶小乔木,高5 m;枝开展,幼时紫色。②叶为卵形至狭卵形,长4～8 cm;基部楔形或近圆形,锯齿细钝,叶质较厚硬,表面深绿色而有光泽;叶柄常紫红色。③花4～7朵簇生于小枝端,花冠浅玫瑰红色;花柱4～5个,萼片深紫色,先端钝;花梗细长下垂;花期3—4月。④果呈倒卵形,9—10月成熟。

【分布范围】垂丝海棠(见图3-8)产于我国西南部,长江流域至西南各地均有栽培;华北多盆栽。

【变种与品种】垂丝海棠的变种主要有四种。①白花垂丝海棠 var. spontanea Koidz.,叶较小,椭圆形至椭圆状倒卵形;

图 3-8　垂丝海棠

花较小,近白色,花柱 4 个,花梗较短。②重瓣垂丝海棠 *Parkmanii*,花半重瓣至重瓣,鲜粉红色,花梗较短。③垂枝垂丝海棠 *Pendula*,小枝明显下垂。④斑叶垂丝海棠 *Variegata*,叶面有白斑。

【主要习性】垂丝海棠喜光,喜温暖湿润气候,不耐寒冷和干旱;北京在小气候良好处可露地栽培。

【养护要点】垂丝海棠盆栽催花宜提前 25 天置于 15～25 ℃下,注意土壤湿度,可在元旦、春节期间观赏;花后移至 5 ℃以下低湿环境抑制发叶生长。

【观赏与应用】垂丝海棠花繁色艳,朵朵下垂,非常美丽,是著名的庭院观赏花木,也可盆栽观赏。

9. 海棠花 *Malus spectabilis*

【科属】蔷薇科,苹果属

【识别要点】①落叶小乔木,树形峭立,小枝粗壮,枝条红褐色。②叶为椭圆形至卵状长椭圆形,长 5～8 cm,先端尖,基部广楔形或圆形,叶缘具紧贴细锯齿。③花在蕾时深粉红色,开放后淡粉红至近白色;花期 4—5 月。④果黄色,径约 2 cm,基部不凹陷,梗洼隆起;果期 8—9 月。

【分布范围】海棠花(见图 3-9)原产于我国北部地区,华北、华东各地庭院内多有栽培。

【变种与品种】海棠花的变种主要有三种。①重瓣粉海棠(西府海棠),花较大,重瓣,粉红色,叶亦宽大,北京园林绿地中较多栽培。②重瓣红海棠(亮红海棠),花重瓣,鲜玫瑰红色。③重瓣白海棠(梨花海棠),花白色,重瓣。

图 3-9　海棠花

【主要习性】海棠花喜光,耐旱,耐寒,忌水湿;萌蘖力强;对二氧化硫有较强抗性。

【养护要点】海棠花定植后每年秋天可在根际培些肥土;及时防治病虫害,在桧柏较多之处,易发生赤星病,可出叶后喷波尔多液。

【观赏与应用】海棠花的花枝繁茂,丰盈娇艳,是我国北方著名的观花树种,植于门旁厅口、院落角隅、草地、林缘均可;可在观花树丛中做主体树种,其下配植贴梗海棠等,其后以常绿树为背景,或在公园步道两侧丛植,亦显特色。

10. 贴梗海棠(皱皮木瓜)*Chaenomeles cathayensis*（Hemsl.）Schneid.

【科属】蔷薇科,木瓜属

【识别要点】①落叶灌木,高达 2 m,枝开展,光滑,具枝刺。②单叶互生,叶为卵形至椭圆形,长 3～8 cm,叶缘有尖锐锯齿;表面有光泽;托叶大,肾形或半圆形。③花 3～5 朵簇生于两年生枝上;朱红、粉红或白色,径达 3.5 cm,花梗甚短,故名贴梗海棠;花期 3—4 月,先叶开放。④果呈卵形至球形,黄色,有香气;果期 9—10 月。

【分布范围】贴梗海棠(见图 3-10)原产于我国东部、中部及西南部,缅甸也有。

【变种与品种】贴梗海棠的变种主要有白花贴梗海棠 *Alba*、粉花贴梗海棠 *Rosea*、粉花重瓣贴梗海棠 *Rosea Plena* 等。

【主要习性】贴梗海棠喜光,耐瘠薄,有一定耐寒能力,北京小气候良好处可露地越冬;

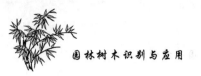

喜排水良好的深厚、肥沃土壤,不耐水湿。

【养护要点】贴梗海棠管理比较简单,一般在花后剪去上年枝条的顶部,只留 30 cm 左右,以促进分枝,增加第二年开花数量。

【观赏与应用】贴梗海棠早春叶前开花,簇生枝间,鲜艳美丽,秋季金黄、芳香的硕果引人注目,是国内外普遍栽培的观花、观果灌木;适于草坪、庭院及花坛内丛植或孤植,也可作为花篱及基础种植材料。

图 3-10 贴梗海棠

11. 山桃 *Prunus davidiana*(Carr.)Franch

【科属】蔷薇科,李属(樱属)

【识别要点】①落叶小乔木,树皮红褐色,有光泽;枝直伸,小枝细而无毛。②叶为披针形至椭圆状披针形,长 5~12 cm,中下部最宽。③花单生,淡粉红色、白色,花萼无毛;早春 3—4 月叶前开花(北京 3 月底即开放)。④核果呈球形,7 月成熟,径小于 2 cm;果核近球形。

【分布范围】山桃(见图 3-11)产于华北、西北及黄河流域,西南地区亦有分布。

【变种与品种】山桃的变种主要有三种:①白花山桃 *Alba*,花白色、单瓣;②红花山桃 *Rubra*,花深粉红色、单瓣;③曲枝山桃 *Tortuosa*,枝近直立而自然扭曲,花淡粉红色,单瓣(北京、锦州等地栽培)。

【主要习性】山桃喜光,耐寒,耐旱,较耐盐碱,不耐水湿;对土壤要求不严,一般土质都能生长;可用做梅、杏、李、樱的砧木。

【观赏与应用】山桃开花特别早,是我国北方园林中早春著名的观花树种,为华北报春花木之一;园林中宜成片植于山坡并以松柏类植物为背景,能充分显示其娇艳美色;亦适于庭院、草坪、建筑物前等地栽植。

图 3-11 山桃

12. 杏 *Armeniaca vulgaris* Lam.

【科属】蔷薇科,李属(樱属)

【识别要点】①落叶乔木,高达 15 m,树冠圆整,树皮黑褐;小枝红褐色,芽单生。②单叶互生,叶为卵圆形或卵状椭圆形,长 5~8 cm;基部圆形或广楔形,先端突尖或突渐尖;缘具钝锯齿;叶柄常带红色且具有 2 腺体。③花通常单生,淡粉红色或近白色,花萼 5 片,花期 3—4 月,先叶开放。④果呈球形,径2~3 cm,黄色而常一侧有红晕,核略扁;果期 6 月。

【分布范围】杏树(见图 3-12)分布于我国东北、华北、西北、西南地区及长江中下游地区。

【变种与品种】杏的变种主要有垂枝杏 *Pendula*、斑叶杏 *Variegata* 等。

【主要习性】杏树喜光,适应性强,耐寒力、耐旱力均强,可

图 3-12 杏

在轻盐碱土上栽植,极不耐涝;最适宜在土层深厚、排水良好的沙壤土或沙质土壤中生长;寿命较长,可达两三百年。

【养护要点】杏树萌芽力及发枝力均较弱,故不宜过分重剪,一般多采用自然型整枝。

【观赏与应用】杏树在我国栽培历史有 2 500 年以上,是华北地区最常见的果树之一;早春叶前繁花满树,美丽壮观,是北方普遍栽培的春季观花树种,有"北梅"之称;在园林绿化中非常适宜成林成片栽植,或植于庭院一隅,呈现"一枝红杏出墙来"的佳景,也可作为荒山造林树种。

13. 桃 *Amygdalus persica* L.

【科属】蔷薇科,李属(樱属)

【识别要点】①落叶乔木,高 3~5 m;小枝绿色或带褐紫色,冬芽有毛,3 枚并生。②叶为广披针形或卵状椭圆形,长 7~15 cm;中部最宽,先端渐尖,基部阔楔形;叶缘有细锯齿,叶柄具腺体。③花单生,常邻近 2~3 朵呈簇生状;花粉红色,3—4 月叶前开花(倒春寒年份与叶同放)。④果近球形,径 5~7 cm,表面密被茸毛,果肉厚而多汁;果期 6—9 月。

图 3-13　桃

【分布范围】桃树(见图 3-13)原产于我国中部及北部,自东北南部至华南,西至甘肃、四川、云南,在平原及丘陵地区普遍栽培。

【变种与品种】我国桃的品种约 1 000 种,根据果实品质及花、叶观赏价值,分为食用桃和观赏桃的两大类。观赏桃的主要品种七类:①白花桃 *Alba*,花白色,单瓣;②红花桃 *Rosea*,花红色,单瓣;③碧桃 *Duplex*,花较小,粉红色,重瓣或半重瓣;④白碧桃 *Albo-plena*,花大,白色,重瓣,密生;⑤绛桃 *Camelliaeflora*,花深红色,复瓣,大而密生;⑥洒金碧桃(鸳鸯桃、跳枝桃)*Versicolor*,花复瓣或近重瓣,白色或粉红色,同株树上花有二色或同朵花有二色;⑦紫叶桃 *Atropurpurea*,嫩叶紫红色,高温期渐变为绿色,花单瓣后重瓣,粉红或大红色,可进一步细分为紫叶桃(单瓣粉红)、紫叶碧桃(重瓣粉红)、紫叶红碧桃(重瓣红花)等。此外,还有垂枝桃、塔形桃、寿星桃等品种。

【主要习性】桃树喜光,较耐旱、耐寒,不耐涝,忌强风;寿命短,30 年左右即衰老。

【养护要点】桃树在寒冷地区宜选背风处栽植;定植后经常进行中耕除草,灌溉施肥,整形修剪;每年花期之后立即修剪,保持花枝紧凑,花朵密集;高温高湿地区易患流胶病,应注意及早防治。此外,还要注意防治蚜虫及红蜘蛛。

【观赏与应用】桃树栽培历史悠久,达 3 000 年。桃树品种繁多,栽培简易,花期烂漫芬芳,妩媚可爱,是南北园林普遍栽培的著名观花树种。观赏桃宜植于山坡、水畔、庭院及草坪等地,以异色树种背景衬托栽植最为相宜;在我国习惯与柳树、李树等配植在一起,形成"桃李芬芳"、"桃红柳绿"的景色。桃树亦是重要的果树之一。

14. 榆叶梅 *Amygdalus triloba* (Lindl.)Ricker

【科属】蔷薇科,李属(樱属)

【识别要点】①落叶乔木,多呈灌木状生长;枝干紫褐色而粗糙,老干薄片状裂,小枝细长。②叶为倒卵状椭圆形,长 2.5~6 cm;先端尖而有时有不明显 3 浅裂,重锯齿。③花 1~2 朵,先叶或与叶同放,粉红至深红色。④核果呈球形,径 1~1.5 cm,黄红色,被茸毛。

图 3-14 榆叶梅

【分布范围】榆叶梅(见图 3-14)原产于中国北部,东北、华北、华东各地普遍栽培。

【变种与品种】榆叶梅有 40 多个品种,变种有:①鸾枝 *Atropurpurea*,小枝紫红色,花稍小而常密集成簇,玫瑰紫红色,半重瓣或重瓣,萼片 5～10 片,有时大枝及老干也能直接开花,北京多栽培;②重瓣榆叶梅 *Plena*,花较大,粉红色至深粉红色,萼片通常有 10 片,花瓣很多,完全重瓣,不见花蕊,花朵密集艳丽,北京常见栽培;③红花重瓣榆叶梅 *Roseo-plena*,花玫瑰红色,重瓣,花径大约 3 cm,花期最晚。

【主要习性】榆叶梅喜光,适应性强,耐寒、耐旱,可在轻盐碱土上栽植,不耐水涝。

【养护要点】榆叶梅栽培管理容易;栽植应在早春进行;花后应剪短,促进重发新枝;雨季注意排水,忌涝。

【观赏与应用】榆叶梅花朵艳丽而繁茂,为北方春季著名的观花灌木,北方园林适宜大量应用,以显春光明媚、花团锦簇的欣欣向荣景象;在园林中最好以苍松、翠柏为背景丛植,或与连翘等异色树种配植,更显映衬之美。

15. 毛樱桃(山豆子)*Cerasus tomentosa* (Thunb.) Wall.

【科属】蔷薇科,李属(樱属)

【识别要点】①落叶灌木,高 2～3 m;幼枝密被茸毛;冬芽 3 枚并生。②叶为椭圆形或倒卵形,长 3～7 cm;叶缘有不整齐尖锯齿,两面具茸毛,上面显皱。③花白色或略带粉红色,径 1.5～2 cm;花梗甚短;4 月与叶同放。④核果红色,近球形,径 0.8～1 cm,无纵沟;果期 6 月。

图 3-15 毛樱桃

【分布范围】毛樱桃(见图 3-15)产于我国东北、华北、西北及西南地区。

【变种与品种】毛樱桃的变种主要有白果 *Leucocarpa*(果较大而发白)、垂枝 *Pendula*、重瓣 *Plena* 等。

【主要习性】毛樱桃喜光,稍耐阴,适应性极强,耐寒力强,耐干旱、瘠薄,根系发达。

【观赏与应用】毛樱桃春天白花满树,红果成熟晶莹剔透,结果早而丰盛,果可食;北方常植于庭院,观花赏果。

16. 梅 *Prunus mume* Sieb. et Zucc.

【科属】蔷薇科,李属(樱属)

【识别要点】①落叶乔木,高达 15 m;小枝细长,绿色光滑。②叶为卵形至椭圆状卵形,长 4～7 cm;先端尾尖或渐尖,基部广楔形或近圆形;锯齿细尖,叶柄有腺体。③花单生或2～3 朵簇生,粉红色、白色或红色,近无梗,芳香;冬春叶前开放。④果近球形,径 2～3 cm,熟时黄色,果核有蜂窝状小孔。

【分布范围】梅树(见图 3-16)原产于我国西南地区,沿秦岭以南至南岭各地都有分布;栽培的梅树在长江流域及以南可露地栽植,经杂交选育的梅树在北京露地栽培亦取得成功,北方多盆栽。

【变种与品种】我国著名的梅花专家陈俊愉院士经长期深入研究建立了完整的梅花分类系统，该系统将 300 多个梅花品种按其种源组成分为真梅、杏梅和樱李梅 3 个种系(branch)，其下按枝态分为若干个类(group)，再按花的特征分为若干个型(form)，主要类型有：①直枝梅类，为梅花的典型变种，枝条直立或斜出，如品字梅(品字梅等)、江梅(江梅、白梅等)、玉蝶(玉蝶等)等；②垂枝梅类，枝条自然下垂或斜垂，开花时花朵向下，如单粉垂枝、白碧垂枝等；③龙游梅类，枝条自然扭曲，品种如"龙游"梅等；④杏梅类，枝条形态介于梅、杏之间，花较似杏，不香或微香，花期较晚，抗寒性极强，如北杏梅、送春等品种；⑤樱李梅类，枝叶似紫叶李，花似梅，淡粉红色，花梗长约 1 cm，花叶同放，能抗−30 ℃的低温，1987 年我国从美国引入，在北京、太原、兰州等地可露地栽培，品种如美人梅、小美人梅等。

图 3-16　梅

【主要习性】梅树喜光，喜温暖湿润气候，耐寒性不强，黄河以北露地越冬困难；较耐干旱，极不耐水涝，不抗风；寿命长，可达千年。

【养护要点】梅树的优良品种多用嫁接繁殖；整形以自然形为原则，但不必过于强调分枝方向和距离而进行重剪；修剪以疏剪为主，短截以轻剪为主，花谢后疏剪病枝、枯枝及弱枝；施肥、灌水以春季开花前后为主，雨季注意排水，切不可受涝。北方植梅，冬前需灌冻水；梅易染煤烟病、白粉病和蚜虫等，须及时防治。

【观赏与应用】梅树早春开花，香色俱佳，品种极多，是我国著名的观赏花木，传统十大名花之一，栽培历史达 2 500 年。以产果为主的常称为果梅，以观赏为主的通常称为花梅。梅花是南京、武汉、无锡和泰州等地的市花；苏州邓尉的香雪海，每当梅花盛开之际，香闻数十里，为一大胜景。在配植上最适宜于庭院、草坪、低山丘陵等地，孤植、丛植、群植均可，还可植为梅园。

17. 樱花 *Prunus serrulata* Lindl.

【科属】蔷薇科，李属(樱属)

【识别要点】①落叶乔木，高可达 20 m 左右；树皮暗栗褐色，光滑有横纹，小枝红褐；冬芽芽鳞密生，黑褐色，有光泽。②叶为卵形或卵状椭圆形，长 4～10 cm；叶缘有刺芒状单或重锯齿，叶端尾尖，叶背苍白色；叶柄长 1.5～3 cm，常有 2～4 个腺体，罕见 1 个。③花白色或淡粉红色，径 2.5～4 cm，无香味；花瓣倒卵状圆形或倒卵状椭圆形，先端有缺凹；3～5 朵成短总状花序；4 月叶前开花或与叶同放。④核果呈球形，径 6～8 mm，先红而后变紫褐色，果期 7 月。

【分布范围】樱花(见图 3-17)产于中国长江流域及东北南部、华北，朝鲜、日本均有分布。

【变种与品种】樱花的变种主要有：①重瓣白樱花 *Albo-plena*，花较大，径 3～4 cm，白色，重瓣；②红白樱花 *Albo-rosea*，花先粉红后变白色，重瓣；③重瓣红樱花 *Roseo*，花粉红色，重

图 3-17　樱花

瓣;④垂枝樱花 *Pendula*,枝下垂,花粉红色,常重瓣;⑤山樱花 var. *spontanea* Wils.,花单瓣而小,径约 2 cm,花瓣白色或浅粉红色,先端凹,花梗和花萼无毛或近无毛,2～3 朵排成总状花序,野生。

【主要习性】樱花喜光,适应性强,有一定耐寒及抗旱能力;对烟尘及有害气体抗性较弱,在干燥和大气污染环境下寿命短,易感染流胶病、枯梢病;喜肥沃深厚而排水良好的土壤;根系浅。

【养护要点】樱花由于是浅根系树种,应选土壤深厚和避风处栽植,另外要选阳光充足处;一般不需修剪,但可剪除枯、老、病枝及徒长枝,以春季花前、花后及停止生长期为好;在北方干旱地区栽培,注意春、秋两季浇水补充土壤湿度,雨季注意防涝。

【观赏与应用】樱花是美丽的庭院观花树种,配植上以群植为佳;在日本栽培很盛,品种很多,是日本樱花的重要亲本之一,樱花为日本国花。河北兴隆县大沟村有一株高 13 m、径 40 cm 的大樱花树。

18. 东京樱花(日本樱花、江户樱花)*Prunus yedoensis* Matsum.

【科属】蔷薇科,李属(樱属)

【识别要点】①落叶乔木,高达 15 m;树皮暗灰色,光滑;嫩枝有毛。②叶为椭圆状卵形或倒卵状椭圆形,长 5～12 cm;叶缘具尖锐重锯齿,叶端急渐尖或尾尖,叶背脉上及叶柄有毛。③花白色至淡粉红色,径 2～3 cm,单瓣,微香,先端有缺凹;4～6 朵成短总状花序;4 月叶前开花或花叶同放。④核果近球形,径约 1 cm,黑色。

【分布范围】东京樱花(见图 3-18)原产于日本,中国多有栽培,以华北及长江流域各城市较多。

【变种与品种】东京樱花的变种主要有:①翠绿东京樱花 var. *Nikaii* Honda,新叶、花柄、萼均为绿色,花为纯白色;②垂枝东京樱花 f. *perpendens* Wilson.。

【主要习性】东京樱花喜光,适应性较强,较耐寒,北京能露地越冬;生长快,开花多,寿命较短。

【观赏与应用】东京樱花的变种及品种甚多,开花时繁花满树,甚是美观,是著名的观花树种,但花期较短,仅 1 周左右即谢尽,适宜山坡、庭院和建筑物前及园路旁栽植。

图 3-18　东京樱花

19. 日本晚樱 *Cerasus serrulata* var. *lannesiana* Makino

【科属】蔷薇科,李属(樱属)

【识别要点】①落叶乔木,高达 10 m;干皮浅灰色;小枝粗壮开展。②单叶互生,叶为倒卵状椭圆形,长 5～15 cm;先端渐尖呈尾状,叶缘重锯齿具长芒;叶柄上部常有一对腺体;新叶略带红褐色。③花 2～5 多聚生,单瓣或重瓣,白色至玫瑰红色;常下垂,具叶状苞片;有香气;4 月中下旬开花,花期长。④果呈卵形,熟时黑色。

【分布范围】日本晚樱(见图 3-19)原产于日本,我国南北引种,华北可露地栽培。

【变种与品种】日本晚樱的变种主要有:①绯红晚樱 var.

图 3-19　日本晚樱

Hatzakura wils.,花半重瓣,白色而染绯红色;②白花晚樱 var. *Albida* wils.,花白色,单瓣;③菊花晚樱 *Chrysanthemoides*,花粉红至红色,花瓣细而多,形似菊花;④大岛晚樱 var. *speciosa*(Koida.)Makino.,花大,径3~4 cm,白色或偶带微红,单瓣,端2裂,有香气,叶缘为重锯齿。

【主要习性】日本晚樱喜光,喜肥沃而排水良好的土壤,有一定的耐寒力;开花晚,花期长,通常不结果实;根系浅,应于避风之处栽植;树龄短。

【观赏与应用】日本晚樱的花期晚但花期为樱花中最长者,有色有香;品种繁多,花色、花形丰富多样,尤其重瓣品种开花之时朵朵下垂,艳丽多姿,吸引游人驻足观赏。日本晚樱是观赏樱花的主要类群,宜群植、孤植建筑物旁或山麓缓坡之处。

20. 李 *Prunus salicina* Lindl.

【科属】蔷薇科,李属(樱属)

【识别要点】①落叶乔木,高达10 m;树冠呈扁球形,树皮黑褐、粗糙;小枝褐色;腋芽单生。②单叶互生,叶多为倒卵状椭圆形,长6~10 cm,先端突尖或渐尖,基部楔形至广楔形,叶缘具不整齐细锯齿。③花白色,常3朵簇生;径1.5~2 cm,具长柄;3—4月叶前开花。④果近球形,径4~7 cm;7月果熟。

【分布范围】李树(见图3-20)原产于我国,广泛分布于辽宁南部、黄河流域至长江流域;南北各地都有栽培。

【主要习性】李树适应性强,喜光,也耐半阴,耐寒性强,能耐－35 ℃低温,不耐干旱和瘠薄,不耐积水;喜温暖湿润、肥沃的土壤,酸性土、钙质土及中性土均能适应;寿命可达50年。

【养护要点】李树在干旱季节适当浇水;整形可按自然开心形,通风透光;因萌芽力强,一年生枝可适当短剪。李树主要由花束状枝结果,修剪时注意保留。

【观赏与应用】我国栽培李树有3 000多年历史。李树花白而繁茂,观赏效果极佳,与桃、杏一起被尊为"春风一家",适合学校绿化,意寓"桃李芬芳",此外可于庭院、村旁、风景区栽培,亦是传统栽培果树,是园林结合生产的树种。

图3-20　李

21. 郁李 *Prunus japonica* Thunb.

【科属】蔷薇科,李属(樱属)

【识别要点】①落叶灌木,高达1.5 m;枝细密;冬芽3枚并生。②单叶互生,叶为卵形或卵状长椭圆形,长4~7 cm,最宽处在下部;先端急尖或渐尖,基部圆形,叶缘有尖锐重锯齿,叶柄长2~3 mm。③花粉红或近白色,径约1.5 cm;花梗无毛,长0.5~1.2 cm;春天与叶同放。④果深红色,广卵形至广椭圆形,径约1 cm;果核两端尖。

【分布范围】郁李(见图3-21)原产于我国东北、华北、华东、华中至华南地区,朝鲜、日本也有分布。

【变种与品种】郁李的主要变种有:①白花郁李 *Alba*,花白色,单瓣;②白花重瓣郁李 *Albo-plena*,花重瓣,白色;③红花郁

图3-21　郁李

李 Rubra,花红色,单瓣;④长梗郁李,花梗有毛,长 1～2 cm,花常 2～3 朵簇生,叶柄长 3～5 mm,枝条纤细,花密集而美丽,产于我国东北各省。

【主要习性】郁李喜光,耐寒,耐旱,也较耐水湿,根系发达。

【观赏与应用】郁李花朵繁茂,果色鲜红,常做庭院中丛植观赏树种,果可食用。

22. 黄刺玫 *Rosa xanthina* Lindl.

【科属】蔷薇科,蔷薇属

图 3-22 黄刺玫

【识别要点】①落叶丛生灌木,高达 3 m;小枝红褐色,具硬直扁刺。②奇数羽状复叶,小叶 7～13 枚,广卵形至近圆形;缘具钝锯齿。③花黄色,径约 4 cm,重瓣或半重瓣,单生;花期 4—5 月。

【分布范围】黄刺玫(见图 3-22)产于我国东北、华北及西北地区。

【变种与品种】黄刺玫的主要变种有单瓣黄刺玫 f. *spontanea* Rehd.,产于我国北部山地及朝鲜、蒙古等地,栽培较少。

【主要习性】黄刺玫喜光,适应性强,耐寒、耐旱、耐瘠薄;少病虫害,管理简单。

【观赏与应用】黄刺玫春天满树黄花,而且花期长,是北方著名的春季观花灌木,宜于草坪、林缘和园路旁丛植或篱植。

23. 玫瑰 *Rosa rugosa* Thunb.

【科属】蔷薇科,蔷薇属

【识别要点】①落叶丛生灌木,高达 2 m;茎枝灰褐色,密生细刺及茸毛。②奇数羽状复叶,小叶 5～9 枚;小叶椭圆形,表面多皱而有光泽,背面密被茸毛,长 2～5 cm,有钝锯齿。③花单生或数朵聚生,紫红色,径 6～8 cm,浓香;花期 5～8 月。④果呈扁球形,具宿存萼片,7～9 月成熟。

【分布范围】玫瑰(见图 3-23)原产于中国、日本和朝鲜,我国各地均有栽培。

图 3-23 玫瑰

【变种与品种】玫瑰的主要变种有:①白玫瑰 Alba,花白色,单瓣;②红玫瑰 Rosea,花粉红色,单瓣;③紫玫瑰 Rubra,花红紫色,单瓣;④重瓣紫玫瑰 Rubro-plena,花重瓣,玫瑰紫红色,香气浓;⑤重瓣白玫瑰 Albo-plena,花重瓣,白色。

【主要习性】玫瑰适应性强,对土壤要求不严;喜光,耐寒、耐旱,不耐阴,不耐积水;萌蘖力强,生长快。

【养护要点】玫瑰栽植以秋季为好,地点以向阳干燥、排水好为佳,栽植后给以适当肥水管理,过于干旱、瘠薄的环境中不易开花;5～7 年生以上的株丛逐年衰老,可于秋季平地之际剪去老枝,促其更新。

【观赏与应用】玫瑰花色艳丽芳香,花期长,盛花期在 4—5 月,以后零星开花到 9 月;在庭院中适宜栽植做花篱,也可丛植于草坪、山坡等地观赏,还可作为专类园树种。

24. 月季 *Rosa chinensis*

【科属】蔷薇科,蔷薇属

【识别要点】①常绿或半常绿灌木,枝梢开张,高达 2 m;通常具钩状皮刺。②奇数羽状复叶,小叶 3~5 枚,长 2.5~6 cm;小叶卵状椭圆形,叶缘有锐锯齿,表面有光泽。③花单生或几朵集生成伞房状,重瓣,有紫、红、粉红等色,径 4~6 cm,芳香;萼片羽裂状;花期 5—10月。④果期 9—11 月。

【分布范围】月季(见图 3-24)原产于我国华中及西南地区,18 世纪中叶传入欧洲,现国内外普遍栽培观赏。

【变种与品种】月季的主要变种有:①月月红 *Semperfloens*,茎较纤细常带紫红晕,叶较薄常带紫晕,花常单生,紫色或深粉红色,花梗细长而常下垂,花期长,我国长期栽培;②小月季 *Minima*,植株矮小,一般低于 25 cm,多分枝,花较小,径约 3 cm,玫瑰红色,单瓣或重瓣,宜做盆栽观赏;③绿月季 *Viridiflora*,花绿色,单瓣;④紫玫瑰 *Rubra*,花红紫色,单瓣;⑤重瓣紫玫瑰 *Rubro-plena*,偶见栽培。

【主要习性】月季喜光,不耐阴;喜温暖湿润气候及肥沃、微酸性土壤,不抗盐,钙质土上生长良好;耐寒性不强,北京可露地越冬;夏季高温对开花不利,以春秋两季开花最多最好。

图 3-24　月季

【养护要点】月季的扦插苗一般超过十年生长衰弱,需要更新,栽培管理较简易,新栽植株要重剪,以后每年初冬也要根据当地气候适当重剪;一般老枝仅留 2~4 芽,弱枝、枯枝、病枝、过密枝应从基部剪除;花后及时修剪,于饱满向外的芽上部剪去残花;华北地区须在初冬先灌冻水,再重剪后封土保护越冬;盆栽者冬季落叶入室后要注意控制浇水,室内温度不要超过 10 ℃,若 15 ℃以上应按正常管理。

【观赏与应用】月季花色艳丽芳香,花期长,生长季节陆续开花,色香俱佳,是美化庭院的优良传统花木,宜做花坛及基础种植用,也可盆栽或做切花;可作为专类园树种。

25. 珍珠梅(华北珍珠梅)*Sorbaria kirilowii* (Regel)Maxim.

【科属】蔷薇科,珍珠梅属

图 3-25　珍珠梅

【识别要点】①落叶丛生灌木,高达 2~3 m;枝皮为灰褐色,黄色皮孔明显。②奇数羽状复叶,小叶 11~21 枚;叶为卵状披针形,叶缘具重锯齿。③顶生圆锥花序;花小而白色,蕾时如珍珠,雄蕊 20 枚;花期 6—8 月。④蓇葖果,果梗直立。

【分布范围】珍珠梅(见图 3-25)产于华北及西北地区,华北各地常见栽培。

【主要习性】珍珠梅喜光,亦耐阴,耐寒,耐旱,对土壤适应性强;萌蘖力强,耐修剪。

【观赏与应用】珍珠梅盛夏开花,正值少花季节,花期极长,花蕾如珍珠,开后似梅花,花叶清丽,引人注目,是北方园林重要的盛夏观花灌木;可丛植于草地边缘、路边、建筑物旁,可做自然式绿篱;庭院背阴处或林下栽植为观赏花木。

26. 棣棠 *Kerria japonica*（L.）DC.

【科属】蔷薇科,棣棠属

【识别要点】①落叶丛生灌木,高达 2 m;小枝绿色光滑,有棱,呈"之"字形弯曲。②单叶互生,卵状椭圆形,长 4～8 cm,先端长尖,缘有尖锐重锯齿。③花金黄色,径 3～4.5 cm,单生于侧枝顶端;花期 4—5 月。④瘦果 5～8 枚,离生。

【分布范围】棣棠(见图 3-26)产于中国、日本,我国黄河流域至华南、西南均有分布。

【变种与品种】棣棠有近 10 个品种,主要的变种有:①重瓣棣棠 *Pleniflora*,花重瓣,各地栽培普遍;②白花棣棠 *Albescens*,花变为白色。

图 3-26 棣棠

【主要习性】棣棠喜光,稍耐阴,耐寒性不强,在华北地区背风向阳处或建筑物前露地栽植。

【养护要点】棣棠因花芽是在新梢上形成,每隔 2～3 年应剪除老枝一次,促发新枝,能多开花。

【观赏与应用】棣棠枝叶青翠,花色金黄,茎秆四季常绿,是美丽的观花和赏茎灌木;宜丛植于篱边、墙侧、林缘和草地,亦可做花径、花篱。

27. 金露梅（金老梅）*Potentilla fruticosa* L.

【科属】蔷薇科,委陵菜属

【识别要点】①落叶灌木,多分枝,高 0.5～1.5 m;树皮碎条状裂,幼枝及叶有丝状长茸毛。②羽状复叶互生;小叶通常 5 枚,狭长椭圆形,长 1～2.5 cm;全缘,边缘反卷,无柄,托叶成鞘状。③单花或数朵呈伞房状生于枝顶;花鲜黄色,径 2～3 cm,萼外有副萼片;花期 5—9 月。④聚合瘦果。

【分布范围】金露梅(见图 3-27)广分布于北半球温带,产于中国东北、华北、西北、西南各地,多生于高山上灌木丛中。

【变种与品种】金露梅的主要变种有很多,如白花 *Mandschurica*、橙花 *Sunset*、橙红 *Red ace*、橙黄 *Tangerine*、大花 *Gold Finger* 等。

【主要习性】金露梅喜光,耐寒性强,耐旱,忌积水,对土壤的要求不严,很少有病虫害。

【养护要点】金露梅栽培管理忌积水,干旱季节应适当浇水保持湿润。

【观赏与应用】金露梅夏季开金黄色花朵,非常美丽,为良好的观花树种;宜做岩石园种植材料,也可丛植于草地、林缘、屋基;因花期长,也可栽植做矮花篱。

图 3-27 金露梅

28. 银露梅 *Potentilla glabra* Lodd.

【科属】蔷薇科,委陵菜属

【识别要点】①落叶灌木,高 1～2 m;幼枝被丝状毛。②小叶 3～5 枚,倒卵状长圆形至长椭圆状披针形,长 3～10 cm,全缘;叶缘平坦或微向下反卷,两面疏生茸毛或近无毛。③花单生枝顶,白色;具副萼;花期6—8月。④果期9—10月。

【分布范围】银露梅产于我国北部至西南部。

【主要习性】银露梅喜光,稍耐阴,耐寒性强,较耐干旱。

【观赏与应用】银露梅宜做花篱,或丛植于庭院,若与金露梅搭配栽植,观赏效果更佳。

29. 白娟梅 *Exochorda racemosa*（Lindl.）Rehd

【科属】蔷薇科,白娟梅属

【识别要点】①落叶灌木,高3～5 m;全株无毛。②单叶互生,叶为椭圆形或倒卵状椭圆形,长3.5～6.5 cm,全缘或上部有疏齿,先端钝或具短尖;背面粉蓝色。③花白色,径3～4 cm,花瓣较宽,基部突然收缩成爪;雄蕊15～25个,花梗长3～5 mm;6～10朵成顶生总状花序;花期4～5月与叶同放。④蒴果呈倒卵形,具5棱脊,果期9月。

【分布范围】白娟梅(见图3-28)产于河南、江苏南部、安徽、浙江、江西等地。

【主要习性】白娟梅喜光,耐半阴,适应性强,有一定耐寒性,在北京可露地栽培,耐干旱、瘠薄,喜肥沃、湿润土壤。

【养护要点】白娟梅有刺蛾、蚜虫等为害枝叶,应注意及早防治。

图3-28　白娟梅

【观赏与应用】白娟梅枝叶秀丽,春日白花满树,是美丽的春季观花树种;可于草地边缘、林缘等地丛植,亦可做基础种植。

30. 华北绣线菊 *Spiraea fritschiana* Schneid.

【科属】蔷薇科,绣线菊属

【识别要点】①落叶灌木,高1～2 m;枝条粗壮,小枝具明显棱角,有光泽,紫褐色。②单叶互生,叶为卵形、椭圆状卵形或椭圆状矩圆形,长3～8 cm;先端急尖或渐尖,边缘具不整齐重锯齿或单锯齿。③复伞房花序顶生于当年生枝上,花白色,径5～6 mm;花期6月。④蓇葖果近直立,开张。

【分布范围】华北绣线菊(见图3-29)在河北、山西、河南及华东、西北地区均有分布。

【主要习性】华北绣线菊喜光,耐寒,耐旱,对土壤要求不严。

【养护要点】华北绣线菊有刺蛾、蚜虫等为害枝叶,应注意及早防治。

图3-29　华北绣线菊

【观赏与应用】华北绣线菊夏季开花,花色洁白,花朵虽不大但很繁盛,宜丛植于草地、园路旁点缀栽培。

31. 粉花绣线菊(日本绣线菊)*Spiraea japonica* L.f.

【科属】蔷薇科,绣线菊属

【识别要点】①落叶直立灌木,高达1.5 m。②叶为单卵状椭圆形,长3～8 cm;先端急尖或渐尖,基部楔形,缘具重锯齿或单锯齿;背面灰白色。③花粉红色;复伞房花序,生于当

年生枝端;花期 6—7 月。

【分布范围】粉花绣线菊(见图 3-30)原产于日本、朝鲜,我国各地均有栽培。

【变种与品种】粉花绣线菊的品种及变种甚多,主要有:①大粉花绣线菊(光叶粉花绣线菊)var. *fortunei*(Planch.)Rehd.,植株较高大,叶较长且大,长 5~10 cm,表面较皱,背面灰白色,两面无毛,花密集艳丽,产于华东、华中及西南地区;②金山绣线菊(金叶粉花绣线菊)S. *bumalda* cv. *Gold Mound*,是由粉花绣线菊与白花绣线菊杂交育成,新叶金黄色,秋季橙红,花粉红色;③金焰绣线菊 S. *bumalda Gold Flame*,春天的叶红黄相间,下部红色,上部黄色,犹如火焰,秋叶铜红色,花粉红色,植株矮小,低于 50 cm,十分可爱。

图 3-30   粉花绣线菊

【主要习性】粉花绣线菊喜光,稍耐阴;适应性强,耐寒,耐旱,要求土壤肥沃、湿润,忌积水。

【观赏与应用】粉花绣线菊花色娇艳,花朵繁茂,可在花坛、草坪及园路角隅等处构成夏日美景,也可做基础种植用。

32. 珍珠绣线菊(珍珠花、喷雪花、雪柳)*Spiraea thunbergii* Sieb. ex Blume.

【科属】蔷薇科,绣线菊属

【识别要点】①落叶灌木,高达 1.5 m;枝纤细而密生,开展并拱曲,小枝具棱。②叶细小,为条状披针形,长 2~4 cm;中部以上有尖锐细锯齿。③3~5 朵成无总梗的伞形花序;花小而白色,径 6~8 mm;早春 3—4 月与叶同放。

【分布范围】珍珠绣线菊(见图 3-31)原产于我国华东及日本,我国东北南部及华北等一些城市均有栽培。

【主要习性】珍珠绣线菊喜光,较耐寒,喜湿润而排水良好的土壤,萌芽力强,耐修剪。

【观赏与应用】珍珠绣线菊早春花开前花蕾形如珍珠,开放时繁花满树宛若喷雪,又名喷雪花,秋季叶色为橘红色,既是春季美丽的观花树种,又可秋季观叶;可丛植于林缘、草地、湖畔,亦可做绿篱。

图 3-31   珍珠绣线菊

33. 文冠果(文官果)*Xanthoceras sorbifolia* Bunge.

【科属】无患子科,文冠果属

【识别要点】①落叶小乔木。②奇数羽状复叶互生,小叶 9~19 枚,先端小叶有时 3 裂,叶缘为单锐锯齿。③顶生总状或圆锥状花序;花瓣白色,基部有由黄变红的斑晕;5 月与叶同放。④蒴果球形,4~6 cm,3 裂;果期 7—9 月。

【分布范围】文冠果(见图 3-32)主产于中国北部。

【主要习性】文冠果喜光,也耐半阴;耐寒,耐旱,耐盐碱,但不耐涝;生长较快,主根发达,萌蘖力强。

【观赏与应用】文冠果初夏白花满树,花纹美丽,花序大,花朵密,与绿叶相衬,凸显美观,而且花期比较长;园林中可以配植于路边、草坪、建筑物前、山坡或风景区,可孤植、丛植、群植、林植。文冠果又是我国北方重要的木本油料树种。

34. 京山梅花(太平花) *philadelphus pekinensis* Rupr.

【科属】虎耳草科,山梅花属

【识别要点】①落叶丛生灌木,高达 3 m;树皮栗褐色,呈薄片状剥落。②单叶对生,叶为卵状椭圆形,长 3～6 cm;基部广楔形或近圆形,3 主脉,先端渐尖,缘疏生小齿;叶柄带紫色。③花 5～9 朵成总状花序,乳黄色,径 2～3 cm,微有香气;萼外、花梗及花柱均无毛;花期 6 月。④蒴果呈陀螺形。

【分布范围】京山梅花(见图 3-33)产于辽宁、华北及四川等地,多生于山坡疏林中或溪边灌丛中。

图 3-32　文冠果　　　　　　　　图 3-33　京山梅花

【主要习性】京山梅花喜光,耐寒,不怕积水。

【养护要点】京山梅花宜栽植于向阳而排水良好之处,花谢后应及时将花序剪除,节省营养,及时修剪枯枝。

【观赏与应用】京山梅花枝叶茂密,夏季开花,花色黄白而富有清香,花期持久,颇为美丽;可栽植做花篱或丛植于草坪、林缘,北京园林绿地中常见栽培。

35. 东北山梅花 *Philadelphus schrenkii* Rupr.

【科属】虎耳草科,山梅花属

【识别要点】①丛生灌木,高 2.5～4 m;小枝褐色。②叶为卵形至卵状椭圆形,长 4～7 cm;缘具疏生或全缘,背面有短茸毛。③花白色,微香;花梗及萼筒下部有毛,花柱基部常有毛;5～7 朵成总状花序,6 月开花,花期长。

【分布范围】东北山梅花产于我国东北地区,多生于山地疏林及灌丛中。

【主要习性】东北山梅花喜光,稍耐阴,耐寒,耐旱。

【观赏与应用】东北山梅花在东北地区常植于园林绿地中供观赏,应用特点同京山梅花。

36. 大花溲疏 *Deutzia grandiflora* Bunge

【科属】虎耳草科,溲疏属

【识别要点】①落叶灌木,高 2～3 m;树皮通常灰褐色。②单叶对生,叶为卵形或卵状椭圆形,长 2～5 cm;先端急尖或短渐尖,基部圆形;表面粗糙,背面密被灰白色星状毛,缘有芒

状小齿。③花白色,较大,径 2.5～3.5 cm,1～3 朵聚伞状;花丝上部两侧有钩状尖齿;花期 4 月中下旬。

【分布范围】大花溲疏(见图 3-34)主产于中国北部地区,经华北南达湖北;常生于山地岩石旁或山坡灌丛。

【主要习性】大花溲疏喜光,稍耐阴,耐寒,耐旱,对土壤要求不严。

【观赏与应用】大花溲疏是本属中花最大和开花最早者,春天叶前开花,满树雪白,颇为美丽,宜植于庭院观赏,也可作为水土保持树种。

图 3-34 大花溲疏

37. 小花溲疏 *Deutzia parviflora* Bunge

【科属】虎耳草科,溲疏属

【识别要点】①落叶灌木,高达 2 m;小枝疏生星状毛。②单叶对生,叶为卵状椭圆形至狭卵形,长 3～8 cm;先端短渐尖,两面疏生星状毛,缘有短芒状尖齿。③伞房状花序,花冠白色,较小,径 1.2 cm;花期 5～6 月。

【分布范围】小花溲疏主产于中国华北、东北,生于山地林缘及灌丛中。

【变种与品种】小花溲疏的主要变种如下。①东北溲疏 *D. amurensis* (Regel) Airy-Shaw,与小花溲疏相似,叶为卵形至卵状椭圆形,背面灰白色,密生星状毛,花丝有裂齿;产于我国东北及内蒙古,花白美丽,可庭院观赏。②齿叶溲疏 *Deutzia crenata* Sieb. et Zucc.,丛生灌木,树冠呈拱形,高 3 m,树皮薄片状剥落;叶为长卵状椭圆形,缘具细圆齿,两面有星状毛,叶具短柄;总状花序或圆锥花序,花白色或外带粉红色,花丝上部有 2 齿尖;花期 5—6 月;原产于日本,我国华北、华东常见栽培观赏。

【主要习性】小花溲疏喜光,稍耐阴,耐寒,耐旱。

【观赏与应用】小花溲疏叶后开花,开花正值初夏少花季节,花虽小但很繁盛,满树雪白,宜植于庭院观赏,也可作为水土保持树种。

38. 圆锥绣球(大花水亚木) *Hydrangea Paniculata* Sieb. et Zucc.

【科属】虎耳草科,八仙花属

【识别要点】①落叶灌木,高达 2 m;小枝略方。②枝条下部的叶对生,上部的叶 3 枚轮生;叶为椭圆形或卵状椭圆形,叶长 5～10 cm,叶缘有细锯齿。③圆锥花序全部或大部为大型不育花组成,长 30～40 cm,宽 30 cm;花白色,后变为浅粉红色;花期 8—10 月,开花持久。

【分布范围】圆锥绣球原产于华北、东北南部,青岛、呼和浩特等地露天栽培,欧美各国常见栽培。

【主要习性】圆锥绣球喜光,稍耐阴,适应性强,比较耐寒,土壤肥厚、湿润生长良好。

【观赏与应用】圆锥绣球是圆锥八仙花的变种,花期正值 8 月少花季节,花期长,可开放到 10 月下旬,花序大,先白后变粉红,富于变化,是北方园林中可以推广应用的优秀花灌木。

39. 东陵八仙花 *Hydrangea bretschneideri* Dippel.

【科属】虎耳草科,八仙花属

【识别要点】①落叶灌木,高达 4 m;树皮薄片状剥裂,小枝较细,嫩枝有毛。②单叶对生,叶为椭圆形或倒卵状椭圆形,长 8～12 cm;先端尖,基部楔形,缘有锯齿,背面密生灰色卷曲茸毛;叶柄常带红色。③伞房花序,边缘之不育花白色,后变淡紫色,可育花白色;花期 6—7 月。

【分布范围】东陵八仙花（见图3-35）主产于黄河流域各省区山地，多生于山区林缘或灌丛，在河北东陵山地颇为普遍。

【主要习性】东陵八仙花喜光，稍耐阴，耐寒，喜湿润而排水良好之土壤。

【观赏与应用】东陵八仙花夏季少花季节开花，花形富有特色，可在北方庭院、公园、小游园及风景区等地栽培观赏，适宜丛植。

40. 牡丹（木本芍药、富贵花）Paeonia suffruticosa Andr.

【科属】芍药科，芍药属

【识别要点】①落叶灌木，高达2 m，枝粗壮。②二回三出复叶互生；小叶卵形，先端3～5裂，基部全缘，叶背面常有白粉。③花单生枝顶，大型，径12～30 cm，单瓣或重瓣；颜色有白、粉红、深红、紫红、墨紫、黄、豆绿等色；花期4月下旬至5月上旬。④聚合果，密生黄褐色毛，9月成熟。

图3-35　东陵八仙花

图3-36　牡丹

【分布范围】牡丹（见图3-36）原产于我国北部及中部，现各地都有栽培，山东菏泽和河南洛阳是我国牡丹的著名产地。

【变种与品种】牡丹的主要变种有矮牡丹 var. spontanea Rehd.，高0.5～1 m，二回三出复叶，小叶常3深裂，裂片再浅裂；叶背、叶柄及叶轴均有短茸毛；花单生，花冠杯状，白色或淡红色。品种繁多，达300个以上，多为重瓣，著名的品种有洛阳红、葛巾紫、青龙卧墨池、豆绿、粉中冠等。

【主要习性】牡丹喜光，但以弱荫条件下生长最好；喜凉爽，忌炎热；较耐寒，能耐−30 ℃的低温；肉质根，忌积水，喜深厚、肥沃、排水良好、略为湿润的沙质土壤；生长慢，较长寿，管理良好的条件下可高达数百年。

【养护要点】牡丹以肥沃而排水良好的沙质土壤、背风向阳之处栽培最好；3～4月间，当表土根颈处萌芽长到3～6 cm时一次性摘除，节省营养，促进植株顶部花芽的发育。

【观赏与应用】牡丹是名贵观赏花木，被誉为"国色天香"，更被评为"花中之王"，在园林中常做专类园及庭院观赏花木栽培，也常植于岩石旁、草坪边缘、花台等地，可孤植、丛植与群植；有些品种适宜做切花；根是中药材，根皮称为"丹皮"，有解热镇痛、抑制病菌和降低血压等功效。

41. 紫丁香（丁香、华北紫丁香）Syringa oblata

【科属】木樨科，丁香属

【识别要点】①落叶灌木或小乔木，多呈灌木状丛生，高4～5 m；树皮灰色；假二叉分枝，小枝粗壮平滑无毛。②单叶对生，卵圆至肾脏形，宽5～10 cm，通常宽大于长；先端渐尖，基部近心形，全缘。③顶生及近顶腋生圆锥花序，花冠堇紫色，花冠呈管柱状，浓香；花筒细长，长1～1.2 cm，裂片4片，直角展开；花期4—5月。④蒴果呈卵状椭圆形，果期8—10月。

【分布范围】紫丁香原产于华北，各地栽培。

【变种与品种】紫丁香的主要变种有：①白丁香 Alba，冬芽绿色，花白色，叶较小；②紫萼丁香 var. giraldii Rehd.，花序轴、花冠及花萼均为紫蓝色，圆锥花序细长，叶端狭尖，产于东

北、西北，还有湖北省；③佛手丁香 var. *plena* Hort.，花白色，重瓣；④朝鲜丁香 *S. dilatata* Nakai，多分枝，叶为卵形，长可达 12 cm，叶基部通常为截形，花裂片较大，花大而美丽芳香，产于朝鲜及我国辽宁省。

【主要习性】紫丁香喜光而稍耐阴，抗寒性强，但不耐高温，耐旱，喜干爽环境和肥沃、湿润、排水良好的土壤，忌水涝，对二氧化硫、氟化氢等多种有毒气体抗性强，萌芽力强，耐修剪，寿命长。

【养护要点】紫丁香扦插以花后剪条插最易成活，苗期注意浇水；栽植以排水好的土壤、见光好的地段为佳；成年养护注意及时剪除病枝、枯枝和根蘖；移植时宜重剪，以保证成活。

【观赏与应用】紫丁香是我国北方广为应用的著名观花灌木、传统名花，具有千年栽培历史。紫丁香是哈尔滨、呼和浩特和西宁市的市花。广义的丁香是指丁香属的所有种类，我国传统的丁香普遍认为是指紫丁香及其变种。紫丁香灌丛丰满，叶形秀丽，春日开花，有色有香，适宜丛植于建筑物周围、道路两侧、草坪及林缘等地，也可与其他丁香穿插配植成专类园。

42. 暴马丁香（暴马子）*Syringa reticulata* var. *amurensis*（Rupr.）

【科属】木樨科，丁香属

【识别要点】①落叶乔木，高达 8 m；干皮上白色突起的皮孔显著，小枝较细。②单叶对生，叶为卵形至卵圆形，长 5～10 cm；全缘，叶为基圆形或截形，叶面网脉显著凹陷，而背面隆起；叶柄较粗，长 1～2 cm。③圆锥花序大而疏散，长 12～18 cm，花白色；花期 5 月底至 6 月。④蒴果呈矩圆形，先端钝。

图 3-37 暴马丁香

【分布范围】暴马丁香（见图 3-37）在我国东北、华北、西北均有分布，朝鲜、俄罗斯亦有分布。

【变种与品种】暴马丁香是原日本丁香 *S. reticulata*（Bl.）Hara 的变种。暴马丁香与北京丁香十分相似，主要区别有：北京丁香叶为卵形至卵状披针形，基部广楔形；叶面侧脉平，背面不隆起或微隆起；叶柄细，长 1.5～3 cm；花黄白色，香气裂而刺鼻，别名"臭嘟噜"；蒴果先端尖。暴马丁香的变种有垂枝丁香 *Pendula* 和北京黄丁香 *Beijing-huang* 两种。

【主要习性】暴马丁香喜光，喜潮湿土壤。

【观赏与应用】暴马丁香的花期在夏季少花季节，花香浓郁，常植于庭园、草坪边缘、林缘和路旁供观赏，在丁香专类园中可延长花期。

43. 红丁香（长毛丁香）*Syringa villosa* Vahl

【科属】木樨科，丁香属

【识别要点】①落叶灌木，高 3～4 m；小枝粗壮，有疣状突起。②叶较大，椭圆形至长圆形，长 6～18 cm；先端尖，基部楔形或广楔形；叶表面暗绿色，较皱，背面有白粉。③顶生圆锥花序紧密、直立，花淡紫红色至近白色，长 8～30 cm，花序轴基部有 1～2 对小叶；花期 5—6 月。④蒴果，果期 9 月。

【分布范围】红丁香（见图 3-38）产于我国辽宁、华北和西北地区，常生于高山灌丛。

【主要习性】红丁香耐寒性强。

【观赏与应用】红丁香夏季开花，花香浓郁，可植于庭院、草坪

图 3-38 红丁香

边缘、林缘和路旁供观赏,北京园林中有栽培。本种适宜北方森林景区绿化应用。

44. 连翘 *Forsythia suspensa* (Thunb.) Vahl.

【科属】木樨科,连翘属

【识别要点】①落叶灌木,高达 4 m,树冠呈拱形;茎干皮灰褐色,小枝黄褐色,近四棱,皮孔明显,节间中空。②单叶对生,卵形或卵状椭圆形,叶缘有粗锯齿,长 3~10 cm;少数为 3 小叶或 3 裂。③花单生或双生叶腋,先叶开放,金黄色,深 4 裂;3—4 月叶前开花。④蒴果呈卵圆形,散生疣点,果期 8—9 月。

【分布范围】连翘(见图 3-39)主产于我国长江以北地区,现各地均有栽培。

【变种与品种】连翘的主要变种有:①三叶连翘 var. *fortunei* Rehd.,长枝叶通常 3 小叶或 3 裂,花冠裂片窄而扭曲;②垂枝连翘 var. *sieboldii* Zabel,分枝细而下垂,可匍匐地面,品种有金叶 Aurea、黄斑叶 Variegata、矮连翘 Arnold Dwarf 等。

【主要习性】连翘喜温暖湿润气候,也耐寒,喜光,亦较耐阴,耐干旱、瘠薄,但怕涝,不择土壤,以钙质土壤最佳,病虫害少,萌蘖力强。

【养护要点】连翘花后可修剪,去除枯病枝。

图 3-39　连翘

【观赏与应用】连翘先叶开放,满枝金黄,色艳美观,是华北地区习见的著名早春观花灌木;宜丛植于草坪、角隅、建筑周围、路旁、假山下等地,也可片植于向阳山坡或列植为花篱。在配植中如以常绿树做背景或与榆叶梅、紫荆等红色花灌木相衬托,会更显光彩夺目。果实可入药。

图 3-40　卵叶连翘

附　①东北连翘 *F. mandshurica* Uyeki,落叶灌木,干皮灰褐,高达 3 m;嫩枝绿色,略呈四棱形,髓片状,有稀疏白色皮孔;单叶对生,广卵形、椭圆形至近圆形,长 5~15 cm;叶端尾状渐尖、渐尖或钝,基部广楔形稍不对称至近圆形,缘有锯齿,叶背面及叶柄有毛;花黄色(带绿),1~6 朵腋生,4 月开花;蒴果呈卵形,皮孔不显。东北、华北栽培。②卵叶连翘(朝鲜连翘)*Forsythia ovata* Nakai.(见图 3-40),落叶灌木,高约 1.5 m;枝开展,具片状髓;叶为卵形至广卵形,长 5~7 cm;缘有齿或近全缘,叶两面均光滑无毛,背脉明显隆起;萌生枝上常为 3 小叶;花单生,黄色,色浅而有半透明感,花冠长 1.5~2 cm,4 月初开花。原产于朝鲜,东北地区有栽培。

45. 金钟花 *Forsythia viridissima* Lindl.

【科属】木樨科,连翘属

【识别要点】①落叶灌木,高 1.5~3 m;枝直立性较强,小枝黄绿色,略成四棱形,髓心片状,节部无隔板。②单叶对生,椭圆状披针形至椭圆形,长 3.5~12 cm,表面深绿色;中部以上有粗锯齿。③花深金黄色,1~3 朵腋生,裂片较狭长;3—4 月叶前开花。④较难结果实,蒴果呈卵圆形,果期 8—11 月。

图 3-41　金钟花

【分布范围】金钟花(见图 3-41)主产于我国长江中下游各地,现华北及辽宁沈阳、山东、四川、重庆等地大多栽培。

【变种与品种】金钟花的主要变种有朝鲜金钟花 var. koreana Rehd.(F. koreana Nakai),枝开展呈拱形,髓片状而节部具隔板,叶长达 12 cm,中下部最宽,花大而华美,原产于朝鲜,辽宁栽培较多。

【主要习性】金钟花喜光,稍耐半阴,好湿润,亦耐旱,有一定耐寒性。

【养护要点】金钟花移植时最好重剪;夏季过于干旱,叶开始卷曲萎蔫时一定要浇水保湿,否则影响花芽形成。

【观赏与应用】金钟花开花早而繁茂,金灿而夺目,可配植坡地、墙垣角隅、草地边缘、常绿树前、大型山石或庭院孤植,与紫荆、榆叶梅、红瑞木等一起配植,相映成趣,更显娇艳。

46. 迎春 *Jasminum nudiflorum* Lindl.

【科属】木樨科,茉莉属

【识别要点】①落叶灌木,高 2～5 m;小枝细长呈拱形,4棱,绿色。②三出复叶对生,小叶呈卵状椭圆形,长 1～3 cm,叶轴有窄翅;有时基部或徒长枝上出现单叶对生。③花单生叶腋,黄色,花冠常 6 裂;花期 2—4 月,叶前开花。④通常不结果实,浆果紫黑色。

【分布范围】迎春(见图 3-42)产于我国西南、西北等地。

【主要习性】迎春喜光,稍耐阴,耐干旱,怕涝,耐寒,能耐—15 ℃低温,北京可露地栽培,萌芽力强。

【观赏与应用】迎春是著名早春观花灌木,适宜栽植于路缘、山坡、岸边、岩石园,亦可栽植做花篱或地被植物。南方可与蜡梅、山茶等配植,北方寒冷地区可于室内栽培观赏。

图 3-42　迎春

47. 探春花 *Jasminum floridum* Bunge

【科属】木樨科,茉莉属

【识别要点】①半常绿蔓性灌木,高 1～3 m;小枝绿色光滑,常有 3～4 棱。②叶互生,单叶与 3～5 羽状复叶并生,小叶卵形或卵状椭圆形,长 1～3.5 cm;小叶基部楔形,先端渐尖;叶表面中脉凹下,背面隆起。③3～5 朵成顶生的聚伞花序;花冠鲜黄色,5 裂,裂片先端尖;花期 5—6 月。④果期 9—10 月。

【分布范围】探春花(见图 3-43)产于我国黄河流域至西南地区。

【主要习性】探春花耐寒性不如迎春,北京露地栽培冬季需加保护。

【观赏与应用】探春花园林用途如迎春,可于各地庭院栽培或盆栽观赏。

图 3-43　探春花

48. 流苏树（茶叶树）*Chionanthus retusus*

【科属】木樨科,流苏树属

【识别要点】①落叶大灌木或小乔木,高达 10 m;树皮灰色,细碎块薄片剥落,大枝树皮常纸质剥裂;嫩枝有短茸毛。②单叶对生,叶为卵形至卵状椭圆形,近革质,长 3～10 cm;全缘或偶有小齿,先端钝圆或微凹;叶背及叶柄有黄色短柔毛,叶柄基部常带紫色。③圆锥花序大而松散,生侧枝顶端,花单性,花冠合生白色,先端 4 裂,裂片狭长,长 1～2 cm;花期 4—5 月;④核果呈卵圆形,蓝黑色,果期 9 月下旬。

图 3-44 流苏树

【分布范围】流苏树(见图 3-44)产于我国黄河中下游及以南地区,朝鲜、日本亦有分布。

【主要习性】流苏树喜光,耐寒,耐旱,不耐水涝,生长较慢。

【养护要点】流苏树栽培时注意树形管理,下部侧枝不可修剪过度,保持树冠完整,否则开花时形成伞盖状,下部无花;过旱时适当浇水,秋季适当施肥。

【观赏与应用】流苏树花序大,花多,初夏开花,如同覆霜盖雪,加之花形奇特,秀丽可爱,实为园林绿地栽培观赏佳品;园林中可植为树丛、树群或孤植草坪,若植于常绿树前或以红墙为背景相映衬,更显美丽。河北、山东等地以嫩叶代茶,其味不亚于龙井,故有茶叶树之称。

49. 桂花（木樨）*Osmanthus fragrans* Lour.

【科属】木樨科,木樨属

【识别要点】①常绿乔木,高达 15 m;树皮灰色,不裂。②单叶对生,长椭圆形,长 5～12 cm;叶革质,两端较尖,叶缘有疏齿或全缘;叶腋具有 2～3 个叠生芽。③聚伞花序顶生或腋生;花小,淡黄色,极芳香;花期 9—10 月。④核果呈卵圆形,蓝紫色,翌年 3—5 月成熟。

图 3-45 桂花

【分布范围】桂花(见图 3-45)原产于我国西南、华中等地,现各地均有栽培。

【变种与品种】桂花的主要品种有:①丹桂 *Aurantiacus*,花橘红色或橙黄色,香味差,发芽较迟;②金桂 *Thunbergii*,花黄色至金黄色,香气最浓,经济价值最高;③银桂 *Latifolius*,花乳白色,香味较金桂淡,叶宽大;④四季桂 *Semperflorens*,花黄白色,5—9 月陆续开花,但以秋季开花最盛,气味最淡。

【主要习性】桂花喜光,耐半阴;喜温暖气候,不耐严寒及干旱,淮河以南可露地栽培,对土壤要求不严,一般以排水良好、肥沃的沙壤土最佳,对氟气的抗性强。

【养护要点】桂花常用的繁殖方法是嫁接,但接合后栽植宜深于接口,促使桂花萌芽生根,移植时再将砧木部分剪掉,否则宜形成"大脚"或"小脚"现象;栽植土壤要保证不积水、肥沃、排水及透气性好;北方盆栽应于"霜降"节气入室存放,以免枝叶受冻;盆栽桂花在发新叶后注意浇水。

【观赏与应用】桂花的花期正值农历中秋前后,香飘数里,历来为人喜爱,是优良的庭院观赏树种。桂花是杭州、苏州、桂林、合肥等城市的市花;秦岭、淮河以北除局部小环境以外

均以盆栽观赏,冬季于室内防寒,花可做香料及药用。

50. 香花槐(富贵树)*Robinia pseudoacacia* Idaho

【科属】蝶形花科,刺槐属

【识别要点】①落叶乔木,高8～10 m;枝有少量刺。②羽状复叶互生,小叶17～19枚,椭圆形,长4～8 cm,比刺槐叶大,光滑,鲜绿色。③总状花序腋生,花紫红至深粉红色,芳香,长8～12 cm;在北方每年5月和7月开两次花。④花不育,无荚果。

【分布范围】香花槐1996年从朝鲜引入中国,现南北各地均有栽培。

【主要习性】香花槐耐寒,能抗−28 ℃至−25 ℃低温;耐干旱,耐瘠薄,耐盐碱;萌芽力强,生长快,抗病虫,适应性强。香花槐生长喜欢温暖、阳光充足及通风良好的环境。

【养护要点】香花槐可用刺槐做砧木嫁接繁殖;香花槐生命力强,栽植成活率高,苗木无须带土。

【观赏与应用】香花槐花大色艳,花形美丽,芳香阵阵,花期亦长,是优良的园林观赏树种;在我国南方从春季至秋季连续开花,在北方5月(20天左右)和7—8月(40天左右)两次开花;因树形优美、芳香鲜艳而又有很强的抗风沙能力,曾入选北京2008年建设绿色奥运的主要树种之一。

51. 毛刺槐(江南槐、毛洋槐)*Robinia hispida* L.

【科属】蝶形花科,刺槐属

【识别要点】①落叶灌木,高达2 m;茎、枝、叶柄及花序均密生红色长刺毛。②羽状复叶互生,小叶7～13枚,椭圆形至近圆形,长2～3.5 cm。③2～7朵成总状花序,花玫瑰红色,花大而美丽;花期6—7月。④很少结果实。

【分布范围】毛刺槐(见图3-46)原产于美国东南部,我国东北南部、华北园林及西安、南京、上海、杭州等地均有栽培。

【主要习性】毛刺槐喜光,耐寒,耐瘠薄土壤,忌积水,萌蘖力强,嫁接在刺槐上可长成小乔木。

【养护要点】毛刺槐在北方栽培时应植于背风处,否则枝梢易干枯。

图3-46 毛刺槐

【观赏与应用】毛刺槐花大色美,花期正值夏季少花季节,在绿叶之间,更显艳丽,可于庭院、草坪、路旁丛植或孤植栽培观赏。

52. 树锦鸡儿 *Caragana arborescens* Lam.

【科属】蝶形花科,锦鸡儿属

【识别要点】①落叶灌木或小乔木,高2～6 m;树皮平滑,灰绿色;枝具托叶刺。②偶数羽状复叶互生;小叶8～16枚,倒卵形至长椭圆形;长1～2.5 cm;叶轴端成短针刺。③花黄色,长2～5朵簇生;花期5—6月。④荚果圆筒形,果期7月。

【分布范围】树锦鸡儿(见图3-47)产于我国东北、华北及西北地区。

【变种与品种】树锦鸡儿主要有垂枝 *Pendula*、矮生 *Nana* 等品种。

图3-47 树锦鸡儿

【主要习性】树锦鸡儿喜光,耐寒,耐旱。

【观赏与应用】树锦鸡儿宜植于庭院观赏或栽植做绿篱,如东北做绿篱栽培效果不错,亦可做水土保持材料。

53. 洋紫荆(宫粉羊蹄甲)*Bauhinia variegate* L.

【科属】苏木科,羊蹄甲属

【识别要点】①落叶或半常绿小乔木,高 6～8 m。②叶为广卵形,宽大于长,长 7～10 cm;基部心形,叶端 2 裂,深 1/4～1/3;革质。③花大,径 10～12 cm,花瓣为倒卵形至长倒卵形,粉红或淡紫色;几乎全年开花,春季最盛。④长形荚果,可长达 30 cm。成熟时,呈黑色,会裂开放出种子。

【分布范围】洋紫荆(见图 3-48)产于华南、福建和云南,越南、印度也有分布。

【变种与品种】洋紫荆主要有白花洋紫荆 *Candida(Alba)*,花白色或浅粉色而喉部发绿;花期 3 月。

【主要习性】洋紫荆喜光,要求排水良好土壤,病虫害少;生长较慢,萌芽力强,耐修剪,栽培容易。

图 3-48 洋紫荆

【观赏与应用】洋紫荆最早在广州发现,整个冬季红花满树,灿烂夺目,极为美丽,在暖地宜做庭院风景树及庭荫树,也可做水边堤岸绿化树种。洋紫荆是香港特别行政区的区花(俗称紫荆花)。

54. 锦带花 *Weigela florida*(Bunge)A. DC.

【科属】忍冬科,锦带花属

【识别要点】①落叶灌木,高达 3 m;小枝顺叶柄下沿有两列茸毛。②单叶对生,叶为椭圆形或卵状椭圆形,长 5～10 cm,缘有锯齿;侧脉弧形。③花常 3～4 朵成聚伞花序;花冠玫瑰红色,漏斗形,先端 5 裂,下部合生;花期 4—6 月。④蒴果喙状。

【分布范围】锦带花(见图 3-49)产于我国东北南部、华北等地,朝鲜、日本、俄罗斯亦有分布。

【变种与品种】欧美各地选育出很多锦带花的品种,主要有:①白花锦带花 *Alba*,花近白色;②红王子锦带花(红花锦带花)*Red Prince*,花鲜红色,繁密而下垂,花期从 5 月至 10 月底,是变种起源;③金叶锦带花 *Aurea*,新叶金色,后变黄绿色,花红色;④斑叶锦带花 *Goldrush*,叶金黄色,有绿斑,花粉紫色。

【主要习性】锦带花喜光,耐半阴,喜湿润,耐寒,耐干旱瘠薄,怕水涝,抗有毒气体。寿命可达百年以上,北京戒台寺有两株百年以上老树,仍生长健壮。

【养护要点】栽培锦带花最好选深厚土壤、半阴环境,过老植株,宜将老枝修剪更新。

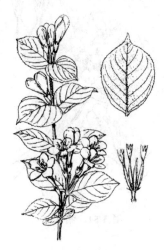

图 3-49 锦带花

【观赏与应用】锦带花的花朵繁密而艳丽,花期长达两个多月,是我国华北地区园林中常见应用的观花灌木,适宜庭院、路旁、角隅、草坪、林缘等地丛植。

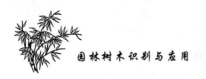

55. 海仙花(五色海棠、五宝花)*Weigela coraeensis* Thunb.

【科属】忍冬科,锦带花属

【识别要点】①落叶灌木,高达 5 m;小枝较粗,无毛或近无毛。②叶为广椭圆形至倒卵形,长 8~12 cm;表面中脉及背面脉上稍有平伏毛;端急尾尖,缘齿钝圆。③花数朵组成腋生聚伞花序;花冠漏斗状钟形,基部 1/3 骤狭,花冠初白色后渐变玫瑰红直至紫红色,故又名五色海棠、五宝花;花期 5—6 月。④蒴果 2 瓣裂,种子有翅。

图 3-50 海仙花

【分布范围】海仙花(见图 3-50)在东北南部、华北、华东至华中长江流域普遍栽培,朝鲜、日本也有分布。北京地区可以露地越冬,是江南园林中常见的观花树种。

【变种与品种】海仙花的主要变种有:①白海仙花,花浅黄白色,后变粉红色;②红海仙花,花浓红色。

【主要习性】海仙花喜光,稍耐阴,喜湿润、肥沃的土壤,具有一定的耐寒性。

【观赏与应用】海仙花的花色丰富,是江南地区初夏常用的花灌木,适于庭院、湖畔丛植;也可在林缘做花篱、花丛配植,点缀于假山、坡地,景观效果也颇佳。

56. 猬实 *Kolkwitzia amabilis* Graebn.

【科属】忍冬科,猬实属

【识别要点】①落叶灌木,高达 3 m;茎皮薄片状剥裂,枝梢拱曲下垂。②单叶对生,叶为卵形至卵状椭圆形,长 3~7 cm;基部圆形,先端渐尖,缘疏生浅齿或近全缘,两面有毛;叶柄短。③顶生伞房状聚伞花序;花成对;花冠为钟形,粉红色至玫瑰红色,喉部黄色,长 1.5~2.5 cm,先端 5 裂,但 5 裂片不等大;花期 5 月。④核果呈瘦果状卵形,两个合生,密生针刺,形如刺猬,故名"猬实";果期 8—9 月。

【分布范围】猬实(见图 3-51)是我国的特有树种,产于我国中部及西北地区,20 世纪初被引入美国栽培,被誉为"美丽的灌木",现在世界各国广泛栽培。

【主要习性】猬实喜光,耐半阴,有一定耐寒力,北京可露地越冬,内蒙古呼和浩特引种生长良好,较耐干旱、瘠薄,喜湿润、肥沃而排水良好的土壤。

【养护要点】猬实栽培容易,管理粗放,初春及时灌水,修剪枯枝,花后修剪,控制结果实,秋季应施一次有机肥,干旱季节浇透水,3 年左右适当重剪一次,使株丛紧密。

图 3-51 猬实

【观赏与应用】花朵繁密而美丽,开花期正值初夏百花凋谢之时,更显可贵,加之夏秋树上挂满形如刺猬的小果,十分奇特,是优良的观花赏果灌木,国内外园林和庭院当中常可栽培。

57. 香荚蒾(香探春)*Viburnum farreri* W. T. Stearn

【科属】忍冬科,荚蒾属

【识别要点】①落叶灌木,高达 3 m;枝褐色。②单叶对生,叶为菱状卵形至菱状椭圆形,长 4～8 cm,质地稍厚;叶缘有三角状锯齿,羽状脉明显;叶脉和叶柄略带红色。③顶生圆锥花序;花冠蕾时粉红,开后白色,极芳香;花形高脚碟状,先端 5 裂,雄蕊着生于花冠筒中部以上;花期 3—4 月,先叶开花或花叶同放。④核果呈椭圆形,近 1 cm,先紫红色最后变黑。

【分布范围】香荚蒾(见图 3-52)产于河南、甘肃、青海、新疆等地,华北园林中常见栽培,在清代就在皇家园林中有栽培。

【变种与品种】香荚蒾的品种有:①白花 *Album*,花纯白色,叶亮绿;②矮生 *Nanum*,高 50 cm,叶小。

【主要习性】香荚蒾较耐寒,耐半阴,喜肥沃、疏松土壤,不耐瘠薄及积水。

图 3-52　香荚蒾

【观赏与应用】香荚蒾花序及花形颇似白丁香,花期早而香气袭人,北京 3 月底就可开放,是北方园林中优良的观花灌木,可丛植于草坪、林缘及建筑物旁。

58. 天目琼花(鸡树条荚蒾)*Viburnum sargentii* Koehne

【科属】忍冬科,荚蒾属

【识别要点】①落叶灌木,高 3～4 m;树皮暗灰色,浅纵裂。②单叶对生,叶为卵圆形,常先端 3 裂,长 6～12 cm;叶缘有不规则大锯齿,叶柄两侧有 2～4 枚盘状腺体。③复伞形聚伞花序,扁平,径 8～12 cm,具大型白色不育花,花冠乳白色,花药黄色;花期 5—6 月。④核果近球形,鲜红色,径约 8 mm;果期 9—10 月。

图 3-53　天目琼花

【分布范围】天目琼花(见图 3-53)产于亚洲东北部,我国东北、华北至长江流域均有分布。

【变种与品种】天目琼花的主要变种有大花鸡树条荚蒾(天目绣球)*Sterile*,花序全部由大型白色不育花组成。

【主要习性】天目琼花喜光,耐半阴,耐寒,耐干旱,少病虫害。

【养护要点】天目琼花引种时需满足空气相对湿度和半阴条件;根系发达,移植容易成活。

【观赏与应用】天目琼花花序奇特,花白、果红,叶片秋季红褐色,可观花、观叶、观果,是以观花为主的优良观赏树木;在园林中适宜在草坪、林缘栽植,亦可建筑物阴面栽植。

59. 木本绣球(大绣球、斗球、荚蒾绣球)*Viburnum macrocephalum* Fort.

【科属】忍冬科,荚蒾属

【识别要点】①落叶灌木,高达 4 m,树冠呈球形,裸芽;幼枝及叶背密被星状毛。②单叶对生,叶为卵形或卵状椭圆形,长 5～10 cm;叶先端钝圆,缘有齿牙状锯齿。③大型聚伞花序;花序几乎全为大型白色不育花,形如绣球,径 15～20 cm;花期 4—6 月,自春至夏开花不断。

【分布范围】木本绣球主产于长江流域,江南园林中常见栽培。

【变种与品种】木本绣球的主要变种有琼花 f. *keteleeri* (Carr.)Rehd.,聚伞花序集生成伞房状,花序中央为两性的可育花,边缘有大型白色不育花,一般为 8 朵,故又名聚八仙;核

果先红后黑;本种实为原种,产于长江中下游地区,产区内园林中常见栽培观赏,已被定为扬州市的市花。

【主要习性】木本绣球喜光,稍半阴,较耐寒,华北南部可露地栽培,萌蘖力强。

【养护要点】木本绣球移植修剪注意保持冠形。

【观赏与应用】木本绣球树姿开展圆整,花期繁花成簇,团团如球,枝条下垂,饶有情趣,其变种琼花更具神韵,声名远播;适宜孤植于草坪、空地,群植更显壮观,亦可栽植于路旁、庭院。

60. 木槿 *Hibiscus syriacus*

【科属】锦葵科,木槿属

【识别要点】①落叶灌木或小乔木,高 2～6 m;分枝多;幼枝密被茸毛。②单叶互生,叶为菱状卵形,通常 3 裂,长 3～6 cm;缘有粗齿或缺刻。③花单生叶腋,钟形,花冠淡紫色,朝开暮谢;径 7～8 cm,副萼条形;花期 6—9 月。④蒴果呈卵圆形,果期 9—11 月。

图 3-54 木槿

【分布范围】木槿(见图 3-54)原产于亚洲东部,我国东北南部至华南各地广为栽培,以长江流域最多。

【变种与品种】木槿的品种很多,如白花单瓣、玻璃重瓣、白花重瓣、紫红重瓣斑叶木槿等。

【主要习性】木槿喜光,耐半阴,喜温暖湿润气候;耐干旱、瘠薄,不耐积水,较耐寒,萌蘖力强,耐修剪,抗污染。

【养护要点】木槿在春夏干旱季节及时灌溉,可使开花繁茂;生长过密植株可适当修剪;移栽宜在落叶期进行。

【观赏与应用】木槿花期长,花大美丽,品种繁多,宜植于庭院观赏,可做围篱及基础种植;亦可植于草坪、路边及林缘。木槿是韩国国花,花、果可供药用。

61. 蜡梅(腊梅、黄梅花、香梅)*Chimonanthus praecox*(L.)Link.

【科属】蜡梅科,蜡梅属

【识别要点】①落叶或半常绿丛生灌木,高 3～4 m;小枝近方形。②单叶对生,卵状椭圆形至卵状披针形,长 7～15 cm;全缘,表面绿色而较粗糙。③花单朵腋生,径约 2.5 cm;花瓣披针形,蜡质黄色,花被内部有紫色条纹;浓香;花期 12 月至翌年 3 月。④瘦果种子状,为坛状果托所包。

【分布范围】蜡梅(见图 3-55)原产于我国中部地区,黄河流域至长江流域各地普遍栽培。湖北神农架有大片野生林,河南鄢陵为其苗木传统生产中心。

【变种与品种】蜡梅的主要变种有:①素心蜡梅 *Concolor*,花被纯黄色,内部没有紫色条纹,香味较淡;②小花蜡梅 *Parviflorus*,花特小,径长不足 1 cm;③虎蹄蜡梅 *Cotyiformus*,是河南鄢陵的传统品种,花内、花被中心有形如虎蹄的紫红色斑。

【主要习性】蜡梅喜光,稍耐阴,耐干旱,怕水涝,要求土壤

图 3-55 蜡梅

湿润而排水良好,在黏土和碱性土壤上生长不好,较耐寒,华北小气候好的地方可露地越冬,北京近年多有栽培,对二氧化硫、氯气的抗性很强,耐修剪,萌枝力强。

【养护要点】蜡梅在栽培中注意树形修剪;花谢后及时修剪整形,留 15～20 cm,并剪除已谢花朵;北方盆栽要加强修剪,促进新枝更新,2～3 年换盆一次。

【观赏与应用】蜡梅于寒月及早春开花,且具浓香,是冬季最好的香花观赏树种,适宜配植于室前、角隅等地。华北常见盆栽观赏;盆栽者提前 25 天放于 20 ℃温暖处催化,可于元旦、春节期间开花。本种是江苏省镇江市市花。花、果、茎可供药用。

62. 映山红(蓝荆子、迎红杜鹃)*Rhododendron mucronulatum* Turcz.

【科属】杜鹃花科,杜鹃花属

【识别要点】①落叶灌木,高达 2.5 m;分枝多,小枝细长具鳞片。②单叶互生,叶为椭圆状披针形,长 3～8 cm,质薄,疏生鳞片,先端尖。③花常 2～5 朵簇生枝端,先叶开放,花冠宽漏斗形,淡紫红色;花期 4—5 月。④蒴果呈圆柱形,褐色,6 月成熟,冬季宿存。

【分布范围】映山红(见图 3-56)产于我国东北及华北山地,俄罗斯、蒙古、朝鲜亦有分布。

【主要习性】映山红喜光,稍耐阴,耐寒性强,喜酸性土壤。

【观赏与应用】映山红的花期早而美丽,可与迎春配植,适合北方园林栽植应用,可于庭院假山旁或疏林下种植,也可盆栽观赏。

图 3-56　映山红

63. 四照花 *Dendrobenthamia japonica*（DC.）Fang var. *chinensis*（Osborn）Fang

【科属】山茱萸科,四照花属

【识别要点】①落叶小乔木,高 8 m;树冠开展,枝红褐色。②单叶对生,厚纸质,卵状椭圆形;长 6～15 m,基部圆形或广楔形,全缘,背面粉绿色,有白色茸毛;秋叶变红色或红褐色。③花小,成密集球形头状花序,外有花瓣状白色大型总苞片 4 枚,花期 5—6 月。④聚花果呈球形,肉质,熟时粉红色,果期 9 月;果味甜可食。

【分布范围】四照花(见图 3-57)产于我国长江流域及河南、山西、陕西、甘肃等地。

【主要习性】四照花喜光,耐半阴,忌强光暴晒,较耐寒。

【养护要点】四照花栽培地应选半阴环境,干旱季节应适当浇水保持湿润。

【观赏与应用】四照花配植时可用常绿树种为背景而丛植于草坪、跟边、林缘、池畔,可春赏亮叶,夏观玉花,秋看红果红叶,是一种极其美丽的庭院观花观叶观果园林绿化佳品;果味甜,可生食或供酿酒。

附　日本四照花 *D. japonica* var. *chinensis*（Osborn）Fang 与四照花的主要区别是:分枝密;叶薄纸质,背面淡绿色,脉腋有白色或淡黄色簇毛,叶缘波状;花序总苞较宽短,苞片较大。日本四照花产于日本和朝鲜,北京及华东一些沿海城市偶有栽培;有斑叶 *Gold Star*、粉苞 *Satomi*、垂枝 *Lustguten Weeping* 等品种。

图 3-57　四照花

64. 珊瑚朴（大果朴）*Celtis julianae* Schneid.

【科属】榆科,朴属

图 3-58　珊瑚朴

【识别要点】①落叶乔木,树干通直,树冠呈卵球形;高达 25 m。②单叶互生,宽卵形、倒卵形或倒卵状椭圆形,长 6～14 cm,小枝、叶背及叶柄均密被黄褐色茸毛,叶背面网脉隆起,密被黄色茸毛。③花序红褐色,状如珊瑚;花期 4 月。④核果呈卵球形,较大,熟时橙红色,味甜可食,果期 10 月。

【分布范围】珊瑚朴(见图 3-58)主产于长江流域及河南、陕西等。

【主要习性】珊瑚朴喜光,稍耐阴,常散生于肥沃湿润的溪谷和坡地,亦耐干旱、瘠薄,深根性,生长快,抗烟尘及污染,病虫害少。

【观赏与应用】珊瑚朴树体高大,冠大荫浓,姿态雄伟,春天满树红褐色花序,状如珊瑚,极为美丽,秋天红果亦可欣赏,在园林绿化中宜做庭荫树种、行道树种和"四旁"绿化树种,孤植、丛植或列植均可。

65. 银芽柳（棉花柳）*Salix leucopithecia*

【科属】杨柳科,柳属

【识别要点】①落叶灌木,高 2～3 m,分枝稀疏;小枝绿褐色,具红晕,嫩枝具茸毛,老枝光滑;冬芽红紫色,有光泽。②叶为椭圆形,长 6～10 cm,先端尖,基部近圆形,缘有细浅齿,表面微皱,背面密被白毛。

【分布范围】银芽柳(见图 3-59)原产于日本,杂种起源;我国长江流域一带栽培甚多,北京、青岛均有栽培。

【主要习性】银芽柳喜光,也耐阴、耐湿、耐寒、好肥,适应性强,在土层深厚、湿润、肥沃的环境中生长良好。

【观赏与应用】每年的早春,银芽柳枝头就会萌发出毛茸茸、形似毛笔头的花芽,其色洁白,素雅清新,是优良的早春观芽植物;先花后叶,初花时花轴上绢状白毛突出银白色,后期花蕊突出花药黄色,十分美丽;适合种植于池畔、河岸、湖滨及草坪、林边等处。此外,其枝条还是常用的切花材料,用于各种插花、花艺作品或单独瓶插观赏。

图 3-59　银芽柳

66. 楸树 *Catalpabungei* C. A. Mey

【科属】紫葳科,梓树属

【识别要点】①落叶乔木,树干挺直,树皮灰色,高 15～30 m;树冠呈狭卵形;小枝无毛,干皮纵裂。②叶对生或 3 枚轮生,卵状三角形,长 6～15 cm;叶近全缘,近基部偶有侧裂或尖齿;叶两面无毛,基部有两个紫斑。③顶生总状花序伞房状,有 2～12 朵;花冠白色,内有两条黄色条纹及暗紫色斑点;花期 4—6 月。④蒴果细长,下垂,果期 9—10 月;北方栽培极难结果实。

【分布范围】楸树(见图 3-60)主产于黄河流域、长江流域,北京、河北、浙江等地也有分布。

图 3-60　楸树

【主要习性】楸树喜温和湿润气候,不耐严寒,不耐干旱和水湿,忌地下水位过高,抗有害气体能力强,根系发达,萌蘖力强。

【观赏与应用】楸树树姿俊秀,高大挺拔,枝繁叶茂,每至花期,繁花满枝,随风摇曳,赏心悦目,是优良的绿化、观赏树种,可植为庭荫树、行道树。

67. 山茶花(山茶、茶花)*Camellia japonica* L.

【科属】山茶科,山茶属

【识别要点】①常绿灌木或小乔木,高 3~4 m;嫩枝无毛。②叶为椭圆形或倒卵形,长 5~10 cm,表面暗绿而有光泽,革质,缘有细齿。③花单生成对生于叶腋或枝顶,花大,径达 5~12 cm;花有红、白、粉、紫各色;花期 2—4 月。④果实为蒴果,果大皮厚,内含 1~2 个或 2 个以上的种子。

【分布范围】山茶花(见图 3-61)原产于日本、朝鲜和中国,我国东部及中部栽培较多。

【变种与品种】山茶花的品种大约有 2 000 种,按花形分为单瓣、重瓣和半重瓣三类。

【养护要点】山茶花根系脆弱,移栽时注意要不伤根系,栽培种植在秋季或春季进行;盆栽山茶,每年春季花后或 9—10 月换盆,剪去徒长枝或枯枝,换上肥沃的腐叶土。山茶喜湿润,但土壤不宜过湿,特别盆栽,盆土过湿易引起烂根;相反,灌溉不透,过于干燥,叶片发生卷曲,也会影响花蕾发育。

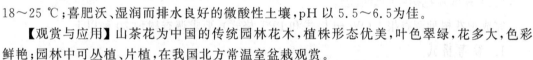

图 3-61　山茶花

【主要习性】山茶花喜半阴,忌烈日暴晒,喜温暖湿润的气候,有一定的耐寒能力,一般品种能耐 −10 ℃ 的低温,生长适温为 18~25 ℃;喜肥沃、湿润而排水良好的微酸性土壤,pH 以 5.5~6.5 为佳。

【观赏与应用】山茶花为中国的传统园林花木,植株形态优美,叶色翠绿,花多大,色彩鲜艳;园林中可丛植、片植,在我国北方常温室盆栽观赏。

68. 大花紫薇(大叶紫薇)*Lagerstroemia speciosa* (L.)Pers.

【科属】千屈菜科,紫薇属

【识别要点】①落叶乔木,高 5~12 m。②叶片较大,革质,椭圆形至卵状长椭圆形,10~25 cm,有短柄。③顶生圆锥花序,花大,淡紫红色,径约 5 cm;花萼有棱槽和鳞状茸毛,花期 5—8 月。④果期 8—10 月。

【分布范围】大花紫薇(见图 3-62)产于东南亚至澳大利亚,华南有分布;世界热带地区多栽培,在西非已规模化种植。

【主要习性】大花紫薇喜暖热气候,喜光,耐半阴,不耐寒,喜排水良好、肥沃土壤。

【观赏与应用】大花紫薇是美丽的观花树种,华南园林绿地常见栽培,木材坚硬而耐朽,色红而亮,为优质用材。

附　云南紫薇 *Lagerstroemia entrmedia* Koehne.,常绿乔木,高 6~8 m;叶近对生,卵状椭圆形,长 8~17 cm,侧脉 10~11 对,先端钝或钝尖;花浅玫瑰红至蓝紫色,5—6 月开花;产于云南南部和西南地区,泰国和缅甸也有分布。树形及花均美,可植于园林绿地供观赏。

图 3-62　大花紫薇

69. 珙桐(中国鸽子树)*Davidia involucrata* Baill.

【科属】珙桐科、珙桐属

【识别要点】①落叶乔木,高达 20 m;树皮深灰色或深褐色,当年生枝紫绿色、无毛,多年生枝深褐色或深灰色。②单叶互生,常密集于嫩枝的顶端;阔卵形或近于圆形,长 9~15 cm,宽 7~12 cm;基部心形,缘有粗尖齿,背面密生丝状长毛。③头状花序下有两枚白色叶状苞片,椭圆状卵形,长 8~15 cm,中上部有齿。④核果呈椭圆形,长 3~5 cm,有 3~5 核。

图 3-63 珙桐

【分布范围】珙桐(见图 3-63)原产于中国,如湖北西部,湖南西部,四川西部、南部,贵州东北部、西部,云南中部等地均有分布。

【变种与品种】珙桐的主要变种有光叶珙桐 var. *vilmorimiana*(Dode)Wange.,叶仅背面脉上及脉腋有毛,其余无毛,欧美国家常栽培。

【主要习性】珙桐喜半阴和温凉湿润气候,略耐寒,喜深厚、肥沃、湿润而排水良好的酸性或中性土壤,忌碱性和干燥土壤,不耐炎热和阳光暴晒。

【养护要点】珙桐要求较大的空气湿度,幼苗阶段需搭棚庇荫并保持苗床湿润。

【观赏与应用】珙桐花序苞片奇特美丽,形如和平鸽,有和平的象征意义,是世界著名的珍贵观赏树种,国家一级重点保护树种;常植于池畔、溪旁,以及疗养所、宾馆、展览馆附近;材质沉重,是建筑的上等用材,可制作家具和做雕刻材料。

(二)完成观花树种调查报告

完成观花树种调查报告(Word 格式和 PPT 格式),要求调查树种 20 种以上。

1. 参考格式

_____观花树种调查报告

姓名:_____ 班级:_____ 调查时间:___年___月___日

(1)调查区范围及自然地理条件。

(2)观花树种调查记录表如表 3-1 所示。

表 3-1 观花树种调查记录表

编号:(如 001)	树种名称:		科属:
栽培地点:		树龄或估计年龄:	
生长特性:		冠形:	
树高:	干皮形态:	开花时间:	花色:
花形:	花径:	花期延续时间:	
花序种类及着生方式(含单花):		果实类型、形态:	
小枝形态:		叶片类型:	
叶形特点:			
其他重要性状:			

续表

地势：	海拔：		光照：强、中、弱
温度：	土壤水分：		土壤肥力：好、中、差
土壤质地：沙土、壤土、黏土　土壤 pH 值：			病虫害程度：

配植方式：　　　　　　　　　伴生树种：

观赏特点：

园林用途：

备注：

附树种图片（编号）如 3.1.1、3.1.2……

（3）调查区观花树种应用分析。

2. 任务考核

考核内容及评分标准如表 3-2 所示。

表 3-2　考核内容及评分标准

序号	考核内容	考核标准	分值	得分
1	树种调查准备	材料准备充分	10	
2	调查报告形式	符合要求，内容全面，条理清晰，图文并茂	15	
3	树种调查水平	树种识别正确，特征描述准确，观赏和应用分析合理	60	
4	树种调查态度	积极主动，注重方法，有团队意识，注重工作创新	15	

 知识链接

观花树种的相关介绍

一、花芽分化

对于观花观果树种而言，正常的开花结果不仅是繁衍后代、延续种群的需要，也是发挥树木观赏特点的必然要求。花芽分化是重要的生命过程，是完成开花的先决条件。

（一）概念

由叶芽的生理和组织状态转化为花芽的生理和组织状态的过程，称为花芽分化。部分或全部花器官的分化完成称为花芽形成。花芽分化受树木种类、树龄、管理水平和气候环境等外界条件的影响。

（二）类型

1. 夏秋分化型

绝大多数早春及春夏之间开花的观花树种，如榆叶梅、樱花、迎春、连翘、玉兰、紫藤、丁

香等多属夏秋分化型,一般都在前一年夏秋(6—8月)间完成分化花芽。此种类型还需要经过一段低温进一步分化,才能最终完成器官发育。

2. 冬春分化型

原产于暖地的一些树种,如龙眼、荔枝、柑橘类等,一般从11月到第二年4月前后,花芽连续分化完成。

3. 当年分化型

许多夏秋季节开花的树种,如木槿、槐、紫薇、珍珠梅、荆条等,都是当年新梢上形成花芽,不需要经过低温过程。

4. 多次分化型

一年中多次抽梢,每抽一次,就分化一次花芽并开花的树木,如茉莉、月季、枣、葡萄等,以及其他一些树木某些多次开花的变异类型,如四季桂等。

(三)特点

(1)都有一个分化临界期　树木从生长点转为花芽形态分化之前,都必然有一个生理分化阶段,这个生理分化阶段也称花芽分化临界期,是花芽分化的关键时期,因树种、品种不同而不同,如苹果是在花后2～6周,柑橘大约在果实采收前后。

(2)相对集中稳定与不一致性　大多数树种的花芽分化,相对集中而又分散,是分期分批陆续花芽分化,新梢停止生长的早晚是衡量花芽形成与分化进展的重要标志,多数树木在新梢停止生长后为花芽分化的高峰期,但各树木花芽分化从开始到盛期,各地和不同年份差别不大,如苹果在6—9月,桃在7—8月。另外许多研究表明,如果给予有利的条件,已开花的成年大树几乎在任何时候都可以进行花芽分化,如山桃、连翘、榆叶梅等开花后适时摘叶可促进花芽分化,秋季可再次开花。

(3)着生位置与分化　花芽顶生的树种,其顶花芽开始分化是在叶片停止生长之后,才会真正发生花器的变化,但此时因条件变化,顶芽不一定成为花芽;腋生花芽的树种,花器的基础变化一般在分生组织开始活动许多天之后,也有个别马上开始的,如桉树。

此外,花芽分化早晚还与树龄、部位、枝条类型及结果实大小年等有关系。

(四)花芽形成条件与控制花芽分化的途径

(1)树木花芽形成条件包括生长点处于分裂又不过旺状态、有效同化产物和适宜的环境条件三个方面,有效同化产物是关键。

(2)控制花芽分化的途径,花芽分化既取决于树木的内部因素,又受外界环境条件的影响。控制花芽分化必须遵循两个基本原则:一是充分利用花芽分化长期性的特点,对不同树种、不同年龄和不同结果实大小年的树种采取相应的控制措施,提高控制效果;二是充分利用不同树种的花芽分化临界期,抓住控制花芽分化的关键时期,采用各种栽培技术措施。在掌握以上两个原则的基础上,从光照、水分、矿质营养、生长调节剂的使用等几个方面采取相应的技术措施,促进花芽分化。

二、再度开花

原产温带和亚热带地区的多数树种每年只开一次花,但有些树种或变种一年可以多次开花,如月季、柽柳等。典型的再度开花是指夏秋分化型的树木,本需经过一定的低温累积完善花器,于次年春季开花,由于某种原因,提前于当年秋冬间开花的现象。再度开花有两种情况:一是花芽分化不完全或因树体营养不足,部分花芽延迟到春末夏初开花,这种现象常发生在梨、苹果某些品种的老树上;另一种是秋季发生再次开花现象,是典型的再度开花,如桃、连翘、丁香等。

树木再度开花,一般对园林树木的生长影响不大,有时还可以研究利用,如人为促进国庆节开花等。

复习提高

(1)春季观花的树种有哪些?

(2)讨论海棠花、西府海棠、贴梗海棠、海棠果的区别与应用特点。

(3)夏季观花的树种有哪些?

(4)常见的先花后叶树种有哪些?主要特点有哪些?

任务 2　观果树种的识别与应用

能力目标

(1)能够正确识别常见的观果树种20种以上。

(2)能够对观果树种的观赏特点进行合理分析。

(3)能够根据园林设计和绿化的不同要求选择典型的观果树种。

知识目标

(1)了解观果树种在园林中的作用。

(2)掌握观果树种的形态识别方法,理解观果树种形态描述的有关术语。

(3)了解观果树种的主要习性及观赏特点,掌握主要观果树种的观赏特性、园林应用特色。

素质目标

(1)通过对观果树种进行识别与应用分析,培养学生独立思考问题和认真分析、解决实际问题的能力。

(2)通过学生收集、整理、总结和应用有关信息资料,丰富观果树种学习资源,培养学生自主学习的能力。

(3)以学习小组为单位组织和开展学习任务,培养学生团结协作意识和沟通表达能力。

(4)通过对观果树种不断深入学习和实践调查,提高学生的园林艺术欣赏水平、珍爱植物的品行,以及吃苦耐劳的精神。

基本知识

一、观果树种

自然界里很多树木的果实,都是在秋冬季成熟的,果实累累,挂满枝头,给人丰盛、美满之感,同时给人以美的视觉感受,为园林景观增色添彩。园林观果树种是指以果实为观赏

图 3-64 观果树种 丝绵木的果实

（张百川 摄）

对象的观赏植物,突出形与色两方面的特点(见图 3-64)。观果树种的果实大多形状奇异、巨大、色彩鲜艳亮丽,结果丰硕而又能满足园林绿化与美化功能。果实形状奇异的,如元宝枫、枫杨、紫珠、佛手等;果实巨大的,如木瓜、石榴、柚等;果实色彩鲜艳的,如山楂、南天竹、枸子、银杏、葡萄等;结果丰硕的,如金银木、火棘等。广义的观果树种既包括单果类型和果序类型,如火炬树果序形如火炬,也包括被子植物的果实和裸子植物的种子,如银杏、罗汉松、红豆杉等观果树种丝绵木的果实(见图 3-64)。

二、园林观果树种的种类

园林观果树种有常绿与落叶两大类,每类又有乔木类、灌木类、藤本类等。常绿类多分布于南方,北方盆栽;落叶类多分布于北方。

观果树木的色彩多种多样,具有非常重要的观赏特性。红色果实类,如小檗类、平枝枸子、水枸子、山楂、金银木、南天竹、枸骨、火棘、郁李、毛樱桃等;黄色果实类,如银杏、梨、木瓜、杏、梅、柚、佛手、南蛇藤、贴梗海棠等;蓝紫色果实类,如紫珠、葡萄、李、十大功劳、桂、蓝果忍冬等;黑色果实类,如水蜡、女贞、刺楸、五加等;白色果实类,如红瑞木、雪果等。

观果树种按栽培方式分有露地栽植和盆栽(盆景)两种形式。露地栽植多见于园林绿地中,一般不进行整形或略加整形;盆栽多见于各种场合的组摆等,也常见于温室中,经过艺术加工的盆栽观果树种可上升到盆景的地位,观赏价值更高。

三、园林观果树种在园林中的应用

(1)孤植 为了突出观果树种的个体美,一般常用树形优美、花朵芳香、果实硕大、结果丰盛的观果树种,如银杏、枫杨、山楂、君迁子、石榴等。位置一般选择在开阔空旷的地点,如开阔草坪上、花坛中心、庭院向阳处及门口两侧等。

(2)丛植 常见的丛植树种有山楂、木瓜、石榴、海棠、樱桃、阔叶十大功劳、南天竹、火棘、紫珠、忍冬、杨梅、金银木、枸骨等。在园林中,一般用于草坪中央或边缘、花坛一角、院落或廊架的向阳角隅、园路转弯处等。

(3)群植 常见的群植树种有银杏、柿、山楂、石榴、枇杷、樱桃、南天竹、火棘等。群植一般选在面积足够大的开阔场地上,如靠近林缘开朗的大草坪、小山坡、小土丘、小岛等。在园林中,多做背景、配景用,在自然风景区中亦可做主景。

(4)林植 在较大面积的公园、山丘、城郊、风景区等地方,成林种植,形成大面积的观果风景林。一般常用乔木观果树种,如银杏、枇杷、樱桃、梅、杏、李、梨、山楂、栾树、火炬树等。

(5)果篱 按照绿篱的栽植形式,形成一条带状的观果景观,称为果篱。一般常用灌木观果树种,如小檗、火棘、枸子、阔叶十大功劳、枸骨、冬青、花椒、沙棘等。在园林中,果篱一般在向阳处使用。

(6)观果棚架 利用藤本观果植物爬满架面,如南蛇藤、山葡萄、猕猴桃等。

(7)观果盆景 把观果树种栽于盆中,按照盆景的要求进行艺术造型后形成盆景。这是观果树种在园林应用中的高级形式,进一步提高观果树种的价值,是很有发展前景的。适宜做观果盆景的有火棘、枸杞、紫珠、金弹、佛手、柑橘、金果、垂枝毛樱桃、木瓜等,以及栽培果树类,如苹果、梨、葡萄、山楂、石榴等。

学习任务

调查所在学校或学校所在市区主要街道广场、居住区和城市公园的观果树种,内容包括调查地点自然条件、观果树种名录、主要特征、习性、果实观赏特点、配植方式及配植应用特点等,完成观果树种调查报告。

任务分析

观果树种大都在秋天展现果实观赏特色,因此,对观果树种要注意掌握全季节的表现类型;广义的观果树种包括裸子植物的种子类型,如银杏、罗汉松、红豆杉等,观果树种既要掌握果实的形态、颜色、大小等观赏特点,还要明确果实类型,不同地区也有不同特色的树种;有的树种除了具有突出的观果特点之外,还具有其他方面的特点,如叶、花、干等的观赏价值,需要综合认识。此外,观果树种的园林应用除了考虑果实特点之外,还要考虑地理分布、习性、应用绿地自然条件及与周围树种、其他园林植物、园林建筑等的配植衬托效果等。完成该任务首先要掌握观果树种特征的识别方法,重点掌握果实观赏特色,在此基础上,能够全面分析和准确描述观果树种的主要习性、观赏特点和园林应用特点。

任务实施

一、材料与用具

本地区生长正常的常见观果成年树种、调查绿地自然环境资料、照相机、测高器、铁锹、皮尺、pH 试纸、海拔仪、记录夹等。

二、任务步骤

(一)认识下列观果树种

1. 东北红豆杉(紫杉)*Taxus cuspidata* Sieb. et Zucc.

【科属】红豆杉科,红豆杉属

【识别要点】①常绿乔木,株高约 20 m;树皮红褐色;枝密生。②叶条形,短而密,长 1~2.5 cm,先端突尖;叶上面深绿色,有光泽;主枝上的叶呈螺旋状排列,侧枝上的叶断面近 V 形的羽状排列。③种子呈坚果状,卵形或三角状卵形,有 3~4 条棱脊,外有杯形鲜红色假种皮;果期 9—10 月。

【分布范围】东北红豆杉(见图 3-65)产于东北东部海拔500~1 000 m 的山地,朝鲜、日本、俄罗斯也有分布。

【变种与品种】东北红豆杉的主要变种有:①矮紫杉(伽罗木)var. *umbraculifera* Mak. (var. *nana* Rehd.),灌木状,多分枝而向上,高达 2 m,产于日本及朝鲜,我国北方园林绿化中有栽培,也可栽植做盆景供观赏;②金叶矮紫杉 *Nana Aurea*;

图 3-65　东北红豆杉

③黄果紫杉 *Luteo-baccata*。

【主要习性】东北红豆杉耐阴,耐寒,耐旱,喜冷凉湿润气候及肥沃、湿润、排水良好的土壤;生长慢,寿命长。

【养护要点】东北红豆杉的苗期应适当遮阴,注意经常保持土壤湿润,并多施有机肥料。

【观赏与应用】东北红豆杉树形端正,可孤植、丛植,亦可做绿篱;种子成熟时,红色假种皮艳丽可爱,引人注目,可做东北及华北地区的庭院树种。

2. 东北茶藨子 *Ribes mandshuricum*(Maxim.)Kom.

【科属】虎耳草科,茶藨子属

【识别要点】①落叶灌木,高 1~2 m;枝较粗壮,褐色,树皮呈条片剥裂。②单叶互生或簇生,掌状常 3 裂,缘有齿,长 5~10 cm;叶先端尖,基部心形,背面密生白色茸毛。③总状花序 5~15 cm,花序轴和花柄密被茸毛;花两性,黄绿色;花期 4—5 月。④浆果呈球形,红色而有光泽,长 8 mm 左右;果期 7—8 月。

【分布范围】东北茶藨子分布于东北、华北和西北地区。

【主要习性】东北茶藨子喜光,稍耐阴,耐寒,但怕热。

【观赏与应用】东北茶藨子夏秋红果美丽,适宜在我国北方园林绿地特别是风景区、森林公园中点缀栽培,富有野趣。

3. 欧洲荚蒾 *Viburnum lantana* L.

【科属】忍冬科,荚蒾属

图 3-66 欧洲荚蒾

【识别要点】①落叶灌木,高约 4 m,冬芽裸露。②叶为卵形至椭圆形,长 5~12 cm,基部圆形或心形,先端尖或钝;叶缘有小齿,侧脉直达齿尖,叶两面有星状毛。③复伞形花序,径 6~10 cm,花白色;花期 5—6 月。④核果呈卵状椭圆形,长约 8 mm;果色先红后黑;果期 8—9 月。

【分布范围】欧洲荚蒾(见图 3-66)产于欧洲及亚洲西部,久经栽培;北京有引种。

【主要习性】欧洲荚蒾的适应性强,耐寒性较强。

【观赏与应用】欧洲荚蒾初夏可以观花,花序大而白;入秋果实累累,红黑相映,缀满枝头,是秋季观果的好树种;秋叶有时亦变红,还可以观叶;可以孤植、丛植于草地、路旁和庭院。

4. 金银木 *Lonicera maackii*(Rupr.)Maxim.

【科属】忍冬科,忍冬属

【识别要点】①落叶灌木或小乔木,高达 6 m;树皮呈条片状纵裂,小枝中空。②单叶对生,卵状椭圆形或卵状披针形,长 5~8 cm;全缘,先端渐尖,叶缘及两边均有毛。③花成对生于叶腋;花冠唇形,上唇 4 浅裂,下唇多少反卷;花色先白后黄,香味浓烈;花期 4—5 月。④浆果呈球形,径约 7 mm;8—10 月成熟后为鲜红色,经冬不落,可宿存到第二年的春季。

【分布范围】金银木(见图 3-67)产于东北、华北、华东、陕西、甘肃及西南地区,我国长江流域及以北地区除荒漠外几乎均有分

图 3-67 金银木

布；朝鲜、日本、俄罗斯均有分布。

【变种与品种】金银木的主要变种有：①红花金银木 var. *erubescens* Rehd. ，花较大，淡红色，嫩叶亦带红色；②繁果金银木，结果多而色红艳，直至新萌芽时陆续脱落。

【主要习性】金银木喜光亦耐半阴，耐寒亦耐高温，耐干旱亦喜湿润，耐轻度盐碱，喜湿润肥沃土壤，萌芽力强，耐修剪，病虫害少，寿命长。

【养护要点】金银木从春季萌芽至开花浇水 3～4 次，夏季干旱时也要注意浇水，每年的入冬前浇一次封冻水，即可正常生长，年年开花不断。金银木的修剪整形都应在秋季落叶后进行，剪除杂乱的过密枝、交叉枝、弱枝、病虫枝及徒长枝，并注意调整枝条的分布，以保持树形的美观。

【观赏与应用】金银木树势强健，适应性强而少病虫害；枝繁叶茂，冠形饱满；初夏开花，有白有黄且芳香，特别是秋季红果挂满枝头，且冬季宿存可至初春，引人注目。本种是北方优良的观花观果树种，常孤植或丛植于草坪、广场、林缘、路旁和建筑物前，植于常绿树间，冬季相映衬，更显艳丽。近年来，金银木在山东省各个地区的城市园林绿化中普遍应用。

5. 接骨木（公道佬、扦扦活）*Sambucus williamsii* Hance

【科属】忍冬科，接骨木属

【识别要点】①落叶灌木或小乔木，高达 6 m；树皮灰褐，小枝白色皮孔明显，髓心淡黄褐色。②羽状复叶对生，小叶 5～11枚，一般先端小叶大于侧生小叶，小叶卵形至长椭圆状披针形，长5～15 cm；叶缘有锯齿，揉碎后有强烈臭味。③顶生圆锥花序，花小而白色，有香气；花期 4—5 月。④核果呈浆果状，球形，红色，径约5 mm；果期 6—8 月。

【分布范围】接骨木（见图 3-68）产于东北、华北、西北、华东、华中、西南等地区，朝鲜、日本亦有分布。

【主要习性】接骨木的适应范围广，喜光，耐寒，耐旱，根系发达，萌蘖力强，对大气污染有净化作用，无病虫害。

图 3-68　接骨木

【观赏与应用】接骨木树势强健，枝繁叶茂，春季白花满树，夏末秋初红果累累，颇具特色，植于庭院、草坪、林缘或池畔、溪岸均是很好的观赏树种。

6. 火炬树（鹿角漆）*Rhus typhina* L.

【科属】漆树科，盐肤木属

【识别要点】①落叶小乔木，常灌木状丛生，高 5～8 m；分枝少，小枝密生红色长茸毛。②羽状复叶互生，小叶 11～31 枚；长椭圆状披针形，长 5～13 cm；叶缘有锯齿，背面有白粉。③顶生圆锥花序，花淡绿色，有短柄，密生有毛；花期 6—7 月。④核果深红色，密生红褐色茸毛，果序密集，形如火炬；8～9 月成熟，冬季宿存。

【分布范围】火炬树（见图 3-69）原产于北美，我国 1959 年引种栽培，目前在华北、西北地区广为栽培。

【变种与品种】火炬树的主要变种有深裂叶火炬树 *Dissecta*，小叶羽状深裂。

图 3-69　火炬树

【主要习性】火炬树为强喜光，浅根树种，耐寒，耐旱，耐盐碱，适应性强，忌水涝，根系发达，萌蘖力强，寿命短，约 15 年后开始

衰老。

【养护要点】火炬树栽植以空旷地、浅土层为好,不可在稀疏的植物附近栽植,以免被其侵占,为培养高干植株,可用平茬方式,促使主干在 3 m 以上分枝。

【观赏与应用】火炬树的雌花序与果序均为红色且形如火炬,果序在树体上宿存时间长,经冬不落,满树"火炬",十分奇特,秋叶变红,是著名的秋色叶树种;园林中宜群植后列植观赏,还可用做荒山造林及水土保持树种;萌蘗力极强,栽植中注意控制绿化范围;此外,本种对少数接触枝叶者可引起皮肤过敏,需慎用。

7. 丝绵木(明开夜合、桃叶卫矛、白杜)*Euonymus bungeanus* Maxim.

【科属】卫矛科,卫矛属

【识别要点】①落叶小乔木,高达 8 m;小枝细长,近四棱,绿色光滑。②单叶对生,菱状椭圆形、卵状椭圆形,长 4~8 cm;先端长锐尖,叶缘有细锯齿,叶柄长 2~3 cm。③腋生聚伞花序,花小,淡绿色;花期 5 月。④蒴果粉红色,4 深裂,种子具橘红色假种皮;果 10 月成熟,宿存时间较长。

图 3-70 丝绵木

【分布范围】丝绵木(见图 3-70)产于中国,东北、华北、长江流域各地、甘肃、陕西、四川等均有栽培。

【主要习性】丝绵木喜光,稍耐阴,耐寒,耐旱,也耐水湿,深根性,抗风,萌蘗力强,生长较慢,抗二氧化硫,较长寿,北京有百年古树。

【养护要点】丝绵木苗木栽植以细土拥根、压实,栽植不宜过深,以免根部多生萌蘗;夏季适当庇荫;易遭天幕毛虫、黄杨尺蠖及黄杨斑蛾等虫害,应注意及早防治。

【观赏与应用】丝绵木枝叶秀丽,粉红色蒴果宿存枝头时间较长,甚美,是良好的园林绿化观赏树;可以孤植、丛植或群植于湖岸、溪边、林缘、草地,亦可用于工矿区绿化。

8. 胶东卫矛(胶州卫矛)*Euonymus kiautschovicus*

【科属】卫矛科,卫矛属

【识别要点】①直立或蔓性半常绿灌木,高 3~8 m;基部枝条多匍地生长且着地遇湿生根,也可借不定根攀缘。②叶薄,近纸质,倒卵形至椭圆形,长 5~8 cm;先端渐尖或钝,基部楔形,缘有齿。③疏散的聚伞花序,花淡绿色;8 月开花。④蒴果呈扁球形,粉红色,4 纵裂,有浅沟;11 月成熟。

【分布范围】胶东卫矛(见图 3-71)产于辽宁南部、山东、江苏、浙江、福建北部、安徽、湖北及陕西南部。

【主要习性】胶东卫矛为阳性树种,喜温寒性、海洋气候,对土壤要求不严,适应性强,耐寒、抗旱,极耐修剪整形。

【观赏与应用】胶东卫矛绿叶红果,颇为美丽;植于老树旁、岩石边或花格墙垣附近,任其攀附,颇具野趣,茎藤及根均可药用。

图 3-71 胶东卫矛

9. 山楂 *Crataegus pinnatifida* Bunge.

【科属】蔷薇科,山楂属

【识别要点】①落叶小乔木,高达 8 m,常有枝刺。②单叶互生,卵形,长 5～10 cm;羽状 5～9 裂,裂缘有锯齿;托叶大,镰形并有齿。③顶生伞房花序,花白色;花期 5—6 月。④梨果近球形,红色,有宿存萼片,径1.5～2 cm,有白色皮孔;果期 9—10 月。

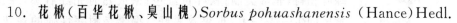

【分布范围】山楂(见图 3-72)产于东北、华北、江苏、浙江,朝鲜、俄罗斯亦有分布。

【变种与品种】山楂的主要变种有山里红(大果山楂)var. *major* N. E. Br.,果较大,径约 2.5 cm,叶亦较大而且羽裂浅,是华北地区普遍栽培的果树。

【主要习性】山楂喜光,稍耐阴,耐寒,耐旱,耐瘠薄,喜冷凉干燥气候及肥沃、湿润而排水良好的土壤,根系发达,萌蘖力强。

图 3-72 山楂

【观赏与应用】山楂枝繁叶茂,初夏白花满树,秋季红果累累,常植于庭院绿化及观赏,可做刺篱,宜丛植或草地上孤植。

10. 花楸(百华花楸、臭山槐)*Sorbus pohuashanensis*(Hance)Hedl.

【科属】蔷薇科,花楸属

【识别要点】①落叶乔木,株高约 8 m,干皮灰褐平滑;幼枝、冬芽均密被白色茸毛;枝粗壮。②羽状复叶互生,小叶 11～15 枚;长椭圆形,长 3～5 cm,下部灰白,中部以上有锯齿;托叶大,有齿裂。③顶生复伞房花序,花白色;花梗及花序梗有白色茸毛;花期 5—6 月。④梨果呈球形,橘红色,径 6～8 mm;果期 9—10 月。

【分布范围】花楸(见图 3-73)产于东北、华北地区,山东有分布。

【主要习性】花楸喜冷凉湿润气候,不耐强光、高温及干旱,耐寒,喜酸性或微酸性土壤。

【观赏与应用】花楸初夏白花满树,可以观花;入秋后红果累累,缀满枝头,是北方园林观果的优良树种;秋叶亦变红,可以观叶;可以孤植、丛植或群植,用做庭院风景树。

图 3-73 花楸

11. 木瓜 *Chaenomeles sinensis*(Thouin)Koehne.

【科属】蔷薇科,木瓜属

【识别要点】①落叶小乔木,高达 10 m;树皮呈斑状薄片剥落;枝无刺,但短小枝常成棘状。②单叶对生,卵状椭圆形,长 5～8 cm;革质,缘有芒状锐齿。③花单生,粉红色,径 3～4 cm;花期 4—5 月。④梨果呈椭球形,木质,深黄色有香气。

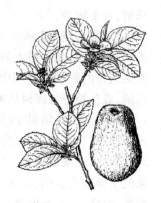

【分布范围】木瓜(见图 3-74)产于我国东部及中南部。

【主要习性】木瓜喜光,喜温暖湿润气候及肥沃、深厚而排水良好的土壤,耐寒性不强。

【观赏与应用】木瓜常植于庭院供观赏,是北方室内赏果上品,果可药用。

图 3-74 木瓜

国林树木识别与应用

12. 稠李 *Prunus padus* L.

【科属】蔷薇科,李属(樱属)

【识别要点】①落叶小乔木,高达 15 m;树皮为灰褐色,枝干紫褐色。②单叶互生,卵状长椭圆形至倒卵形,长 6～14 cm;先端渐尖,叶缘有细尖锯齿;叶柄具腺体。③总状花序下垂,长 7.5～15 cm,着花 20 朵以上;花白色,花梗长 1～1.5 cm;花期 4—5 月,与叶同放或叶后即开。④核果近球形,径 6～8 mm;成熟时先红后变紫黑色,有光泽;9 月成熟。

图 3-75 稠李

【分布范围】稠李(见图 3-75)产于东北、华北及西北地区,北欧、俄罗斯、日本、朝鲜亦有分布。

【变种与品种】稠李的主要变种有毛叶稠李 var. *pubescens* Reg. et Tiling,小枝、叶背、叶柄均有茸毛。

【主要习性】稠李喜光,稍半阴;耐寒性强;不耐干旱、瘠薄;喜湿润、肥沃而排水良好的土壤;根系发达,病虫害少。

【观赏与应用】稠李树形端庄,分枝匀称;花序长而洁白,有绿叶相衬,非常美丽;秋叶黄红色;果成熟时先红后黑,绿、红、紫黑同生一果序上,观果效果好。稠李是耐寒性强的观花、观果树种,在欧洲久经栽培,另有垂枝、花叶、大花、重瓣、黄果、红果、矮生等栽培品种。

13. 风箱果 *Physocarpusamurensis* (Maxim)

【科属】蔷薇科,风箱果属

【识别要点】①落叶灌木,高达 3 m;枝开张,树皮纵向剥落;小枝稍弯曲。②单叶互生,叶为三角状卵圆形或宽卵形,长 3.5～5.5 cm;基部心形或圆形,3～5 浅裂,缘有重锯齿。③顶生伞形总状花序;花白色,径约 1 cm,花梗及萼片外有星状茸毛;花期 6 月。④蓇葖果胀大,卵形,微被茸毛,熟时沿背腹两线开裂。

【分布范围】风箱果(见图 3-76)产于我国黑龙江、河北雾灵山,俄罗斯、朝鲜亦有分布,北京、青岛、上海均有栽培。

【主要习性】风箱果喜光,稍耐阴,耐寒,耐干旱、瘠薄,忌水涝,喜湿润、肥沃而排水良好的土壤,根系发达,萌芽力强,耐修剪,病虫害少。

【观赏与应用】风箱果夏日开花,花序密集,外形如绣线菊类,朴素淡雅;晚夏膨大的蓇果呈红色,别具一格,是夏秋观花赏果兼得的灌木,园林中可用做花篱,或配植于大型山石、庭院角隅,或丛植于常绿树丛边缘及亭、台周围。

附 无毛风箱果 *Physocarpus opulifolius* (L.) Maxim.,原产于北美,我国哈尔滨、沈阳、青岛、济南、北京、武汉、上海等地均有栽培,花果均美,宜于园林栽培观赏。无毛风箱果与风箱果的主要形态区别:叶为圆形或宽卵圆形,长 2～5 cm,基部广楔形,通常 5 裂;花梗及花萼外无毛或近无毛,蓇葖果无毛,故称无毛风箱果。

图 3-76 风箱果

14. 水栒子(多花栒子)*Cotoneaster multiflorus* Bge.

【科属】蔷薇科,栒子属

【识别要点】①落叶灌木,高 4～5 m;小枝细长呈拱形,幼时紫色且有毛。②单叶互生,卵形,长 2～5 cm;先端常圆钝,基部广楔形,全缘。③聚伞花序,花白色;花瓣 5 裂,开展,近圆形;花期 5—6 月。④梨果近球形,径约 8 mm,红色,果期 9—10 月。

【分布范围】水栒子(见图 3-77)广泛分布于我国东北、华北、西北和西南地区。

【主要习性】水栒子喜光而稍耐阴,耐寒,极耐干旱和瘠薄,对土壤要求不严,忌水涝,不宜种植于低洼处,长势强,耐修剪。

【观赏与应用】水栒子枝条婀娜,夏季白花满树,秋季红果累累,是北方地区常见的优美观花、观果树种,可作为观赏灌木或剪成绿篱,有些匍匐散生的种类还是点缀岩石园和保护堤岸的良好植物材料。在园林中,水栒子可于草坪中孤植欣赏,也可几株丛植于草坪边缘或园林转角,或者与其他树种搭配混植构造小景观。近年来,河北省已陆续将水栒子这一抗性强、观赏性强的树种应用于城市绿化,并取得了良好效果。

图 3-77　水栒子

　　附　毛叶水栒子 *Cotoneaster submultiflorus* Popov,本种与水栒子的主要形态区别是叶背、花梗及萼片均有茸毛,产于辽宁、山西至西北地区,大连、沈阳和北京等地均有栽培;花更多,果深红,果期长,是优良的观花、观果树种。

15. 火棘(火把果)*Pyracantha fortuneana*(Maxim.)Li

【科属】蔷薇科,火棘属

【识别要点】①常绿灌木,高达 3 m;枝呈拱形下垂;有枝刺,幼枝被锈色短茸毛。②单叶互生,倒卵形或倒卵状长圆形,长 2～6 cm;先端圆或微凹,具疏钝锯齿,齿尖内弯,叶近基部全缘。③复伞房花序,花白色;花期 4—5 月。④果近球形,红色;果期 9—10 月。

【分布范围】火棘(见图 3-78)产于我国东部、中部及西南地区,以长江流域的四川、湖南、湖北、贵州最为集中。

【变种与品种】火棘的主要变种有:①橙红火棘 *Orange Glow*,果熟时橙红色;②斑叶火棘 *Variegata*,叶边有不规则的白色或黄白色斑纹。

【主要习性】火棘喜光,喜湿,稍耐阴,不耐寒,冬季干旱而寒冷,土壤冻结期 3 个月以上地区难以适应,土壤排水良好,忌积水。北京小气候良好条件下可露地栽培,且年年结果。

【养护要点】火棘移植须带土坨,定植后适当重剪。养护管理较简单,对生长紊乱的枝条修剪整形。

图 3-78　火棘

【观赏与应用】火棘枝叶茂盛,四季常绿,初夏白花繁密,入秋果红如火,且宿存枝上甚久(直至新芽萌发),颇美观。红果满枝如同点燃的火把,故西部土名"火把果"。园林绿地中可丛植林缘、草地,或山坡、桥头、路口等处孤植,亦可做基础种植或篱植,也是盆景的好材料。

16. 扁担杆(孩儿拳头)*Grewia biloba* G. Don.

【科属】椴树科,扁担杆属

【识别要点】①落叶丛生灌木,高达 5 m;小枝有星状毛。②叶互生,狭菱状卵形或狭菱状披针形,长 4~13 cm;缘有不规则锯齿,基部 3 主脉,表面多有毛,背面常有较密星状毛;叶柄顶端膨大呈关节状。③聚伞花序与叶对生,花淡黄绿色,径 1~2 cm,花瓣基部有腺体;花期6—7月。④核果 2 裂,各裂再有一浅裂,熟时橙黄至橙红,形如幼儿攥拳露出四指,故名孩儿拳头;果期 8—10 月。

【分布范围】扁担杆(见图 3-79)在我国北自辽宁南部经华北至华南、西南广泛分布。

【主要习性】扁担杆喜光亦耐半阴,耐干旱、瘠薄,萌芽力强,常野生于平原或丘陵、低山灌丛中。

【观赏与应用】扁担杆果形奇特,颜色艳丽,熟时有光泽,且能在枝头宿存数月之久,是良好的观果树种;庭院中配植山石旁或坡地均可,并可做瓶插材料。

图 3-79　扁担杆

17. 鹅耳枥 *Carpinus turczaninowii* Hance

【科属】桦木科,鹅耳枥属

【识别要点】①落叶乔木,树冠紧密且不整齐,株高 5~15 m;树皮灰褐至黑褐,浅纵裂;小枝有毛,冬芽褐色。②单叶互生,卵形或椭圆状卵形,半革质;先端渐尖,基部圆形或近心形,缘有重锯齿;叶表面深绿而光亮,侧脉 8~12 对,背脉有毛。③雄花序生于叶腋,雌花序生于枝顶。④果序稀疏下垂;果苞叶状,偏长卵形,一边全缘,一边有齿,长 3~6 cm;小坚果着生果苞基部;果期 9—10 月。

【分布范围】鹅耳枥(见图 3-80)产于我国辽宁南部、华北及黄河流域,日本、朝鲜也有分布。

【主要习性】鹅耳枥喜光,稍耐阴,耐干旱、瘠薄,较耐寒,喜湿润、肥沃中性或石灰性土壤,根系良好,萌芽力强,移栽易成活。

图 3-80　鹅耳枥

【观赏与应用】鹅耳枥枝叶茂密,叶形秀丽,经霜变为红褐色,且经冬不落;果序奇特,宜植于园林观赏,亦是北方制作盆景的好材料。

18. 南天竹(南天竺、栏杆竹)*Nandina domestica* Thunb.

【科属】小檗科,南天竹属

【识别要点】①常绿直立灌木,高达 2 m;丛生而少分枝;干灰黄褐色,内皮鲜黄色。②二至三回羽状复叶互生,中轴有关节突出,总叶轴常暗红色;小叶卵状披针形至椭圆状披针形,长 3~10 cm,全缘。③顶生圆锥花序,花小、白色;花期 5—7 月。④浆果呈球形,鲜红色,径0.7~1 cm;果期 9—10 月。

【分布范围】南天竹(见图 3-81)原产于中国、日本、朝鲜,河北、山东、湖北、江苏、陕西、四川等地均有分布,现国内外庭院中广为栽培。

【变种与品种】南天竹的主要变种有:①玉果南天竹 *Leucocarpa*,果黄白色,叶子冬天不变红；②橙果南天竹 *Aurentiaca*，果熟时橙色；③小叶南天竹 *Parvifolia*，小叶形小，果红色。

【主要习性】南天竹喜半阴环境，喜温暖湿润气候，耐寒性不强，在北京避风条件下能露地越冬，喜湿润、肥沃而排水良好的土壤，生长慢。

【养护要点】南天竹在栽培中注意防止阳光直晒；干旱季节适当浇水，但开花期不能浇水过多，以免落花和幼果脱落；盆栽者3～5年需换盆，注意花期置于半阴处，换盆时可结合分株，并剪去过密的细弱枝干，促进通风，春季红果应连梗剪掉，避免争夺养分。

图 3-81　南天竹

【观赏与应用】南天竹茎秆丛生，枝叶扶疏；叶如竹叶，且秋冬变红，更有红果累累，经久不落，实为赏叶观果的优良树种；长江流域及以南地区可于庭院、草坪、路旁角隅等处露地栽培，北方寒地大多盆栽观赏；北京小气候良好条件下可露地栽培。

19. 海州常山（臭梧桐）*Clerodendrum trichotomum* Thunb.

【科属】马鞭草科，赪桐属

图 3-82　海州常山

【识别要点】①落叶灌木或小乔木，高达8 m；幼枝、花序轴、叶柄等处有黄褐色茸毛。②单叶对生，纸质而有臭味，阔卵形或三角状卵形，长5～16 cm；全缘或疏生波状齿；背面有茸毛。③聚伞花序生于枝端叶腋；长20～25 cm；花冠白色或带粉红色，花冠筒细长，花萼紫红色，5深裂，雄蕊长而外露；花期7—8月。④核果蓝紫色，托以红色大宿存萼片，经冬不落；果期9—11月。

【分布范围】海州常山（见图3-82）产于我国华北、华东、中南及西南地区，朝鲜、日本、菲律宾亦有分布。

【主要习性】海州常山喜光，稍耐阴，有一定耐寒性，北京小气候条件下可露地越冬，耐干旱、水湿，对土壤要求不严，但喜肥沃、深厚、疏松、湿润土壤，抗有毒气体。

【观赏与应用】海州常山花期长，开花时，白色花冠后衬以紫红花萼，花后蓝紫色果实托以鲜红呈五角星状的宿存花萼，花果均美丽悦人，是美丽的观花、观果灌木，常于园林中孤植、丛植栽培。

20. 紫珠（日本紫珠）*Callicarpa japonica* Thunb.

【科属】马鞭草科，紫珠属

【识别要点】①落叶灌木，高1.5～2 m；小枝幼时有毛，后脱落。②单叶对生，卵状椭圆形至倒卵形，长7～15 cm；先端急尖，基部楔形，缘有细锯齿；背面有金黄色腺点。③聚伞花序，花淡紫色或近白色；花序柄与叶柄近等长；花期7～8月。④核果呈球形，亮紫色，果期8—10月。

【分布范围】紫珠（见图3-83）在辽宁、河北、山东、江苏、安徽、浙江、江西和湖南等地均有分布，日本、朝鲜也有分布。

【变种与品种】紫珠的主要变种有：①白果紫珠 *Leucocarpa*，果白色；②窄叶紫珠 var. *angustata* Rehd.，叶狭窄，倒披针形至披针形。

【主要习性】紫珠喜光，耐寒，耐阴，喜肥沃、湿润而排水良好的土壤。

图 3-83 紫珠

【观赏与应用】紫珠枝条柔细，丛植株型蓬散，秋季小果累累，亮紫熠人，如同玛瑙，宜植于庭院、草坪边缘、假山旁，为美丽的观果灌木，也是基础种植优良材料。

附 ①小紫珠（白棠子树）*Callicarpa dichotoma*（Lour.）K. Koch，产于我国东部及中南部地区，北京园林中常见栽培。与紫珠的主要区别：小枝带紫色，有星状毛；叶中部以上有粗锯齿；花序柄为叶柄长的 3～4 倍，花粉红或淡紫色，花期 6—7 月；果期 10—11 月。北京园林中常见栽培，观赏与应用同紫珠。② 华紫珠 *Callicarpa cathayana* H. T. Chang，落叶灌木，高 1～3 m；叶为长椭圆形至卵状披针形，长 4～10 cm，叶缘有锯齿，仅叶脉上有毛，叶背有红色腺点；聚伞花序，花淡紫色，花萼有星状毛；核果紫色；产于华东、中南、云南，宜植于庭院作为观果树种。

21. 石榴（安石榴、海榴）*Punica granatum* L.

【科属】石榴科，石榴属

【识别要点】①落叶灌木或小乔木，高 2～7 m；枝常有刺。②单叶对生或簇生，长椭圆状倒披针形，长 3～6 cm，全缘，亮绿色。③花单生枝顶，通常深红色；花萼钟形，紫红色；花期 5—6 月。④浆果呈球形，径 6～8 cm，古铜红色或古铜黄色，具有宿存花萼；种子多数，具肉质外种皮，可食；果期 9—10 月。

图 3-84 石榴

【分布范围】石榴（见图 3-84）原产于伊朗、阿富汗等中亚地区，汉朝张骞出使西域后引入中国，黄河流域及以南地区有栽培。

【变种与品种】石榴的栽培品种有：①月季石榴 *Nana*，丛生矮小灌木，枝、叶、花均小，花红色，是盆栽的好材料；②白花石榴 *Albescens*，花白色，单瓣；③黄花石榴 *Flavescens*，花黄色；④墨石榴 *Nigra*，矮生，枝叶细软，叶狭小，花小，单瓣，果熟时紫黑色，不可食，主要用于观赏。

【主要习性】石榴喜光，喜温暖气候，有一定的耐寒力，在北京背风向阳的小气候良好条件下可露地栽培；喜湿润、肥沃而排水良好的土壤，不适于山区栽培。

【养护要点】石榴在夏、秋梢上的花谢后应及时摘除，修剪时切忌短截结果母枝。

【观赏与应用】石榴树姿优美，花叶美丽；秋季橙红或橙黄的果实点缀枝叶中，十分美丽，是美丽的观赏树及果树，是北方盆栽观赏之佳品。

22. 臭檀 *Evodia daniellii*（Benn.）Hemsl.

【科属】芸香科，黄檗属

【识别要点】①落叶乔木,高达 15 m;树皮平滑,暗灰色。②奇数羽状复叶对生,小叶7~11 枚;小叶卵状椭圆形,长 6~13 cm;叶缘有较明显的钝齿,叶表面无毛,叶背主脉常有长毛。③聚伞状圆锥花序顶生;花小,单性异株,白色,5 基数;有臭味。花期 6—7 月。④聚合蓇葖果,4~5 瓣裂,紫红色,顶端有喙状尖头,每瓣内有两粒黑色种子;果期 10 月。

【分布范围】臭檀产于我国辽宁、华北、湖北、四川、甘肃等地,朝鲜、日本也有分布。

【主要习性】臭檀适应性强,稍耐阴,耐寒,耐干旱及碱地,忌黏土及低湿条件。

【观赏与应用】臭檀树冠宽阔,花序较大,果红色美丽,是美丽的观花观果树种,可孤植、群植为园林观赏树。

23. 枸杞(枸杞头、枸杞菜)*Lycium chinense* Mill.

【科属】茄科,枸杞属

【识别要点】①落叶灌木,高达 1 m;枝呈拱形较细,且有棱,常有刺。②单叶互生或簇生,卵形至卵状披针形,长 2~5 cm;全缘。③花单生或 2~4 朵簇生叶腋,花冠紫色;花冠常5 裂,漏斗状,花冠筒短于花冠裂片;花萼 3~5 裂;花期 5—9 月。④浆果呈卵状,深红或橘红色;果期 8—11 月。

【分布范围】枸杞(见图 3-85)在全国各地均有分布。

【变种与品种】枸杞的变种有北方枸杞 var. *potaninii*(Pojark.)A. M. Lu,叶披针形至狭披针形,花冠裂片疏被茸毛,分布于我国北方。

【主要习性】枸杞适应性强,稍耐阴,耐寒,耐干旱及碱地,忌黏土及低湿条件。

【观赏与应用】枸杞花期延续时间长,可以观花,而入秋满枝红果,甚为美丽,虬曲老干的植株还可做盆景,亦显雅致。

附　宁夏枸杞 *Lycium barbarum* L. 与枸杞的主要形态区别是:叶狭窄,披针或线状披针形;花冠筒稍长于花冠裂片,花冠裂片无缘毛,花萼 2~3 裂;果较大。宁夏枸杞产于我国西北及内蒙古,以宁夏中宁地区最著名,现中部及南部地区亦有引种,北京园林中常见栽培观赏。

图 3-85　枸杞

24. 白檀(蓝果子)*Symplocos paniculata*(Thunb.)Miq.

【科属】山矾科,山矾属

图 3-86　白檀

【识别要点】①落叶灌木或小乔木,高 4~12 m;嫩枝有灰白色茸毛,后脱落;枝细长而坚硬。②叶互生,纸质,卵状椭圆形至倒卵形,长 3~9 cm;缘有内曲细尖齿,背面灰白色,梢有毛或近无毛。③圆锥花序在新枝上顶生和腋生,花小,白色,径 0.8~1 cm,微香;花期 5 月。④核果呈斜卵形,熟时蓝色有光亮,罕白色,无毛;7 月成熟,宿存至冬天。

【分布范围】白檀(见图 3-86)产于东北南部、华北、西北东部及长江流域各地,朝鲜、日本、印度也有分布。

【主要习性】白檀适应性强,喜光,喜肥沃、湿润土壤,也能在贫瘠的沙砾土上生长,深根性。

【观赏与应用】白檀可植于庭院,以观赏其白花及丰富的蓝果,树林下配植或丛植于草地与山石相配均甚合适。

25. 越橘 *Vaccinium vitis-idaea* L.

【科属】杜鹃花科,越橘属

【识别要点】①常绿小灌木,高 10～30 cm;枝有白茸毛;具爬行的根状茎。②叶为椭圆形或倒卵形,长 1～3 cm;先端圆或微凹,革质,表面暗绿而有光泽,背面撒生腺点。③总状花序下垂,2～8 朵生于去年枝顶;花冠钟状,长约 6 cm,4 浅裂,白色或粉红色;花期 6—7 月。④浆果亮红色,茎约 9 mm;果期秋冬季。

【分布范围】越橘产于欧洲及亚洲北部,我国东北、内蒙古东北部、新疆北部有分布。

【主要习性】越橘耐寒性强,较耐旱,喜肥沃、湿润及排水良好的酸性土壤。

【观赏与应用】越橘植株矮小,枝叶密集,花果美丽,是良好的木本地被植物,可在岩石园、路边及坡地种植;果酸甜可食,或制成饮料。

26. 青钱柳(摇钱树)*Cyclocarya paliurus* (Batal.)lljinsk.

【科属】胡桃科,青钱柳属

【识别要点】①落叶乔木,树皮灰白而平滑,高 30～44 m,枝髓片状。②羽状复叶对生,小叶 7～13 枚,长椭圆形,长 3～14 cm;缘有细齿,两面有毛,叶轴无狭翅。③雄花序长 7～17 cm;雌花序单生枝顶,长 21～25 cm。④果翅在果核周围呈圆盘状,径约 5 cm,犹如铜钱,果序长 25～30 cm。

图 3-87 青钱柳

【分布范围】青钱柳(见图 3-87)主产于长江流域,多沿沟生长。

【主要习性】青钱柳喜光,喜湿,喜深厚、肥沃土壤,对钙质土最能适应,较耐寒,北京引种可安全越冬,萌芽力强。

【养护要点】青钱柳主干顶梢折断后侧枝很难代替,也难萌发新枝接替顶枝,故养护时注意保护顶梢。

【观赏与应用】青钱柳适应性强,植于河、湖、塘岸边,根系庞大,可固堤护岸;秋季翅果成熟时如串串"铜钱"垂于枝梢,有"摇钱树"之称,可植于园林绿地供观赏;木材细致,可做家具等用,叶入药有降糖、降血脂作用。

27. 胡颓子 *Elaeagnus pungens* Thunb.

【科属】胡颓子科,胡颓子属

【识别要点】①常绿灌木,高 3～4 m;小枝有锈色鳞片,刺较少。②叶为椭圆形至广椭圆形,长 5～10 cm;全缘而常波状皱曲,革质,有光泽,背面银白色并有锈褐色斑点。③花银白色,芳香;多单生或 2～3 簇生;花期 9—11 月。④果呈椭球形,长约 1.5 cm,熟时鲜红色,翌年 5 月成熟。

【分布范围】胡颓子(见图 3-88)产于我国长江中下游及其以南各省区,日本也有分布。

【变种与品种】胡颓子的主要变种有金边 *Aureo-marginata*、银边 *Albo-marginata*、金心 *Fredricii*、金斑 *Maculata* 等观叶品种。

图 3-88 胡颓子

【主要习性】胡颓子喜光,耐半阴,喜温暖气候,对土壤适应性强,耐干旱,也耐水湿,对有害气体的抗性较强,耐修剪。

【观赏与应用】胡颓子红果美丽,可植于庭院观赏,果可食或酿酒;果、根及叶均入药。

附　金边埃比胡颓子 *E. ×ebbingei*,是胡颓子与大叶胡颓子(*E. macrophylla*)的杂交品种。常绿灌木,高 2～3 m。叶长达 10 cm,表面暗绿色,有光泽,背面银白色。花乳白色,具银色鳞片,芳香。果橙红色,有银色雀斑。秋天开花,翌年春天果熟。枝叶茂密,生长快,耐寒,是优良的防护和观赏树种,有金边 *Gilt Edge*、金心 *Limelight* 等观叶品种。

（二）完成观果树种调查报告

完成观果树种调查报告（Word 和 PPT 格式）,要求调查观果树种 20 种以上。

1. 参考格式

_____观果树种树种调查报告

姓名：_____　　班级：_____　　调查时间：___年___月___日

（1）调查区范围及自然地理条件。

（2）观果树种调查记录表如表 3-3 所示。

表 3-3　观果树种调查记录表

编号:(如 001)　　树种名称:		科属:
栽培地点:	树龄或估计年龄:	
生长特性:	冠形:	
树高:　　干皮形态:	开花时间:	花色:
花序种类及着生方式(含单花):	果实类型:	果实直径大小:
果实颜色:　　果实形态:	果实成熟时间:	冬季是否宿存:
小枝形态:	叶片类型:	
叶形特点:		
其他重要性状:		
地势:　　　　海拔:　　　　光照:强、中、弱		
温度:　　　　土壤水分:　　　土壤肥力:好、中、差		
土壤质地:沙土、壤土、黏土　土壤 pH 值:　　病虫害程度:		
配植方式:　　　　伴生树种:		
观赏特点:		
园林用途:		
备注:		

附树种图片(编号)如 3.2.1、3.2.2……

（3）调查区观果树种应用分析。

2. 任务考核

考核内容及评分标准如表 3-4 所示。

表 3-4　考核内容及评分标准

序号	考核内容	考核标准	分值	得分
1	树种调查准备	材料准备充分	10	
2	调查报告形式	符合要求,内容全面,条理清晰,图文并茂	20	
3	树种调查水平	树种识别正确,特征描述准确,观赏和应用分析合理	60	
4	树种调查态度	积极主动,注重方法,有团队意识,注重工作创新	10	

知识链接

观果树种的相关介绍

一、观果树种的观赏特色

(1)奇　所观果实形态等富有奇趣,如罗汉松、红豆杉、栾树、佛手、枫杨等。

(2)丰　果实看上去给人以丰收的景象,园林观果树种主要强调树体外围结果丰盛,如火棘、枸子、山楂、花楸等。

(3)巨　果实大给人以惊异的感觉,如木菠萝,果大如肥羊。

(4)色　果实的颜色是观果树种的主要观赏特点,果色很丰富,例如红色的山楂、花楸、金银木、火棘等,黄色的木瓜、佛手等,黑色的稠李等,白色的红瑞木等。

二、树木的果实着色

果色因树种、品种和外界条件的影响而不同,决定果实色泽的色素,主要有叶绿素、胡萝卜素、花青素及黄酮素等。果实的着色是由于叶绿色的分解,细胞内已有的类胡萝卜素、黄酮素等显出黄、橙等色彩。由叶中运来的色素原,在受光照、较高温度和有充足氧气的条件下,经氧化酶产生花青素苷,从而显出红、紫色。

(1)可溶性碳水化合物的积累　花青素的形成需要有糖的积累。例如,康克葡萄在果实内还原糖少于 8% 不着色;苹果的红色发育在戊糖呼吸旺盛时才能形成。在一定限度内,在叶片不使果实过度遮阴的情况下,叶面积越大,着色越好。总之,凡有利于提高叶片的光合作用,有利于糖分积累的因素,常有利于果实着色,否则,不利于着色。

(2)光　光的作用与碳水化合物的形成有关,也可以直接刺激和诱导花青素的形成。由于树木种类、品种不同,也有不直接受日光照射而着色的。

(3)矿质营养　氮多减少红色。氮对果实上色影响的直接原因是与可利用的糖合成有机氮,减少碳水化合物的积累,糖含量下降;氮也可促进果皮叶绿素的形成,推迟失绿时间,并使枝叶旺长,叶幕遮阴。

(4)水分　一般干燥地区着色要好,但特别干旱之地,灌水后上色鲜艳。

(5)温度　夜间温度高,消耗糖分多,果实着色差。一般昼夜温差大,夜间温度低的地区树木果实着色好。

三、果实发育特点

(1)生长发育时间　树木各类果实成熟时在外表显示出的固有成熟特征,称为形态成

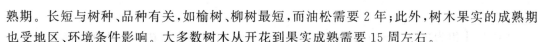

熟期。长短与树种、品种有关,如榆树、柳树最短,而油松需要 2 年;此外,树木果实的成熟期也受地区、环境条件影响。大多数树木从开花到果实成熟需要 15 周左右。

（2）果实生长　果实的生长先是伸长生长（即纵向）为主,后期以横向生长为主。果实体积增长不是直线上升的,而是呈慢—快—慢 S 形曲线形式。

四、坐果与落果

（1）授粉与受精　绝大多数树木,开花要经过授粉与受精才能结实。少数树木可不经过授粉受精,果实与种子都能正常发育,如湖北海棠,这种现象称孤雌生殖;还有一些树木,不需授粉受精,子房即可发育成果实,但无种子,如无核葡萄等,这种现象称单性结果。

（2）坐果　经授粉受精后,子房膨大发育成果实,生产上称坐果。坐果数比开花数少得多,如文冠果称千花一果。

（3）落果　落果主要是由于授粉受精不完全、水分过多、过度缺水、树种及品种特性、环境条件剧烈变化及不良的栽培技术等原因造成的。落果的直接原因是由于生长素的不足或器官间生长素的不平衡而引起果柄形成离层。

栽培上应首先从上一年创造好花芽分化的条件,使树木有足够的优质化,并配植授粉树,保证授粉受精。总之,要从根本上提高树体的营养水平和调节养分的分配上着手防止落花落果,注意肥水管理和病虫害的防治,为观果色要注意通风透光,保证园林树木观果树种的果实正常发育和着色,满足园林需要。

复习提高

（1）讨论果实颜色为红色、黄色、蓝紫色、黑色的主要观果树种有哪些,如何应用?
（2）讨论夏季观果树种种类及主要特点。
（3）讨论秋季观果树种种类及主要特点。
（4）讨论冬季观果树种种类及主要特点。
（5）讨论果形奇特的树种种类及主要特点。

任务 3　观形树种的识别与应用

能力目标

（1）能够准确识别 15 种以上常见的观形树种。
（2）能够根据园林绿地的造景需要来选择合适的观形树种。

知识目标

（1）了解观形树种在园林植物景观设计中的作用。
（2）了解观形树种的主要观赏特点,掌握观形树种的园林应用特点。

素质目标

（1）通过完成学习任务,对不同种类、不同树龄的观形树种进行比较、识别和总结,提高学生独立思考问题、认真分析问题的专业能力,培养学生的职业责任感,增强学生的职业

水平。

（2）以小组为单位、分工协作的学习方式，培养学生团队合作精神和认真负责的工作态度，提高学生自我约束能力和解决实际问题的能力。

（3）通过在绿地中识别观形树种和分析其园林应用特点，提高其园林造型艺术水平和审美情趣、养成保护自然环境的品行。

一、观形树种的概念和造景作用

观形树种是指树冠的形体和姿态有较高观赏价值的树木。

在美化配植中，树形是构景的基本因素之一，它对园林的创作起着巨大的作用。不同形状的树木经过妥善的配植，可以产生韵律感、层次感。树形由树冠及树干两方面决定，树冠由一部分主干、主枝、侧枝及叶幕组成。不同的树种各具独特的树形，树形主要由树种的遗传性状决定，如分枝方式、萌芽力和成枝力等，但也受外界环境因子的影响，其中人工养护管理对树形起很大的作用。

一个树种的树形并非永远不变，树木的姿态随季节及树龄的变化而变化。

图 3-89　观形树种　雪松（张百川 摄）

树形影响树种的统一性和多样性。人类对植物的情感具有倾向性，按照植物生长在高、宽、深三维空间的延伸中得以体现，对植物的姿态感情化。不同姿态的树给人以不同的感觉，或高耸入云，或波涛起伏，或平和悠然，或苍虬飞舞，与不同的地形、建筑、溪石相配，则景色万千。观形树种之一雪松如图 3-89 所示。

各种树形的美化效果并非机械不变的，它常依配植的方式及周围景物的影响而有不同程度的变化。总的来说，凡具有尖塔状及圆锥状树形者，多有严肃端庄的效果；具有柱状狭窄树冠者，多有高耸静谧的效果；具有圆盾、钟形树冠者，多有雄伟浑厚的效果；而一些垂枝类，常形成优雅、和平的气氛。

二、园林树木树形的种类

一般某种树的树形，大抵指在正常的生长环境下，其成年树的外貌。通常各种园林树木的树形可分为：圆柱形、尖塔形、圆锥形、卵形、广卵形、钟形、球形、扁球形、倒钟形、倒卵形、馒头形、伞形、风致形、棕榈形、芭蕉形、垂枝形、龙枝形、半球形、丛生形、拱枝形、偃卧形、葡萄形、悬崖形、扯旗形等。

（一）乔木的树形

1. 圆柱形

主干明显，顶端优势发达，树冠基部与顶部均不开展，树冠上、下部直径大小接近，树冠紧抱，冠长远远超过冠径，整体形态细窄长，枝条贴近主干生长，如杜松、塔柏、箭杆杨、钻天杨等。

2. 圆锥形

主干明显,顶端优势发达,以主干为对称轴,主枝向上斜伸,大枝接近水平状着生在主干上,呈狭或阔圆锥体状,如圆柏、毛白杨、侧柏、金钱松、华山松、南洋杉、罗汉松、水杉等。

3. 尖塔形

主枝平展,基部主枝粗长,向上逐渐细短,如雪松、日本金松、辽东冷杉及幼年期银杏和水杉等。

4. 圆球形

中央主干不明显,有或无主干,枝条斜生主干,树冠开展,包括圆形、球形、卵圆形、圆头形、扁球形、半球形等形体,如白榆、榕树等。

5. 伞形和垂枝形

伞形树冠的上部平齐,呈伞状展开;垂枝形植物具有明显悬垂、下弯的枝条,如龙爪槐、合欢等。

6. 风致形

这类植物由于自然因子的影响而形成的各种富有艺术风格的体型,如黄山松等。

(二)灌木的树形

园林中应用的灌木,一般受人为干扰较大,经修剪整形后往往发生很大变化。总体上,可分为四大类。

1. 丛生球形

树冠团簇丛生,外形呈圆球形、扁球形或卵球形等,如千头柏、大叶黄杨、榆叶梅等。

2. 长卵形

枝条近直立生长而形成的狭窄树形,有时呈长倒卵形或接近于柱状,如木槿、树锦鸡儿等。

3. 偃卧及匍匐形

植株的主干和主枝匍匐地面生长,上部的分枝直立或不直立,如铺地柏、平枝荀子等。

(三)人工树形

除自然树形外,由于特殊造景需要还常对一些萌芽力强、耐修剪的树木进行修剪整形,将树冠剪成人们所需要的各种人工造型。如球形、柱状、圆锥形等各种几何形体,或者修剪成各种动物的形状等不规则的自然形状。这类应该选用枝叶密集、萌芽力强的树种,常用树种有大叶黄杨、小叶女贞、海桐等。

学习任务

调查所在城市主要广场、居住区和城市公园等3~5块典型应用观形树种造景的公共绿地,内容包括调查地点的自然条件(包括局部小气候)、观形树种名录、株形特点、主要特征、习性及其他观赏特点、配植方式及配植应用特点等,完成观形树种调查报告。

园林树木识别与应用

任务分析

　　园林树木的树形是重要的观赏要素之一,对园林景观的构成起重要的作用。观形树种的园林应用除考虑自身的形态特征外,还应考虑与周围环境,如周围空间的大小、建筑、道路等的特点。完成该学习任务,首先要能准确识别观形树种;其次要能全面分析和准确描述观形树种的主要习性、观赏特点和园林应用特点等,并根据具体配植方式分析观形树种对其周围环境的要求,比如孤赏树;再次还要善于总结观形树种配植方式与景观效果,并分析观形树种对其环境的要求。在完成该学习任务时,要注意选择观赏效果较好的城市典型绿地,并依据观形树种的外部形态特征、配植效果等要素,对该绿地环境进行客观全面评价。

任务实施

一、材料与用具

　　本地区生长正常的主要应用观形树种来造景的典型绿地、绿地自然环境资料、照相机、测高器、铁锹、皮尺、pH 试纸、记录夹、绘图本等。

二、任务步骤

（一）认识下列观形树种

1. 南洋杉 *Araucaria cunnighamii* Sweet

【科属】南洋杉科,南洋杉属

图 3-90　南洋杉

　　【识别要点】①常绿乔木,大枝轮生,侧生小枝呈羽状排列,下垂。②老树的叶为卵形、三角状卵形或三角形;幼树的叶为锥形,通常上下扁,上面无明显棱脊。③球果大,果鳞木质,每个果鳞仅有一粒种子。

　　【变种与品种】南洋杉(见图 3-90)的主要变种有银灰南洋杉 *Glauca*、垂枝南洋杉 *Pendula*。

　　【分布】南洋杉原产于大洋洲东南沿海地区,我国广州、厦门、海南等地可露地栽培,长江以北以温室栽培为主。

　　【主要习性】南洋杉喜暖热湿润气候,不耐干旱;喜肥沃土壤,较耐风,不耐严寒,生长较快,萌蘖力强。

　　【养护要点】南洋杉土壤含水分过多时,容易发生枝枯病、溃疡病和根瘤病等,应注意及早防治。

　　【观赏与应用】南洋杉树形高大,树姿优美,是世界五大庭院观赏树种之一,宜孤植为园景树或纪念树,也可作为大型雕塑或风景建筑背景树,盆栽苗用于前庭或厅堂内点缀环境,可显得十分高雅。

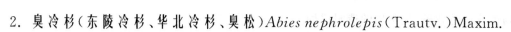

2. 臭冷杉（东陵冷杉、华北冷杉、臭松）Abies nephrolepis（Trautv.）Maxim.

【科属】松科,冷杉属

【识别要点】①常绿乔木,树冠呈尖塔形至圆锥形。②树皮青灰白色,一年生小枝淡黄褐色或淡灰褐色。③叶上面亮绿色,背面有两条白色气孔带,先端凹缺或微裂。④球果紫褐色,直立无柄,球果期 9～10 月。

【分布范围】在我国,臭冷杉(见图 3-91)自然分布于华北、东北各地,生长于海拔 1 600 m 以上的缓坡。

【主要习性】臭冷杉耐阴性强,喜生于冷湿环境及湿润深厚土壤,浅根性,常与其他针、阔叶树混生,有时成纯林,俗称臭松排子。

【养护要点】臭冷杉可播种繁殖,两至三年生苗要进行换床移栽,以促发根系。

【观赏与应用】臭冷杉树形优美,是优良的庭院观赏树种,可在公园列植或片植。

图 3-91　臭冷杉

3. 辽东冷杉（杉松,白松,杉松冷杉）Abies holophylla Maxim.

【科属】松科,冷杉属

【识别要点】①常绿乔木,树冠呈阔圆锥形,老树呈广伞形。②幼树皮淡褐色不裂,老树皮灰褐或暗褐色浅纵裂。一年生枝淡黄灰色无毛,光泽。③叶条形,上面下凹,下面有两条白色气孔带,先端突尖或渐尖。④球果呈圆柱形,直立,球果期 10 月。

【分布范围】辽东冷杉产于吉林、黑龙江及辽宁东部;北京引种后生长良好,杭州也有引种,生长良好。

【主要习性】辽东冷杉耐阴,喜冷湿气候,耐寒,自然生长在土层肥厚的阴坡,干燥的阳坡极少见;喜深厚、湿润、排水良好的酸性土,浅根性,幼苗期生长缓慢,10 年后渐加速生长,寿命长。

【养护要点】辽东冷杉扦插宜冬季经生长激素处理,生根良好,宜定植于建筑物的背阴面。

【观赏与应用】辽东冷杉枝条轮生,树形优美,可做庭荫树、园景树,宜在公园列植或片植,可在建筑物北侧及其他庇荫下栽植。

4. 红皮云杉 Picea koraiensis Nakai.

【科属】松科,云杉属

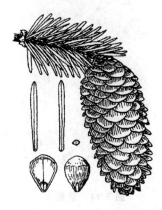

【识别要点】①常绿乔木,树冠呈尖塔形。②小枝上有明显叶枕,一年生枝淡红褐色或淡黄褐色,芽鳞反卷。③叶为锥形,先端尖,横切面菱形。④球果呈卵状圆柱形或圆柱状矩圆形,成熟时褐色。花期 5—6 月,果期 9—10 月。

【分布】红皮云杉(见图 3-92)分布于东北小兴安岭、吉林山区海拔 400～1 800 m 地带。

【主要习性】红皮云杉耐阴性较强,浅根性,适应性较强,较耐湿,喜空气湿度大及排水良好、土层深厚的环境条件。

【养护要点】红皮云杉幼苗期要经常灌溉,苗木生长慢,当年不间苗,三至四年进行移栽。

图 3-92　红皮云杉

【观赏与应用】红皮云杉树姿优美,既耐寒,又耐湿,可孤植、

列植或成丛栽植,是常用的造园树种。

5. 金钱松 *Pseudolarix amabilis* Rehd.

【科属】松科,金钱松属

【识别要点】①落叶乔木,树冠呈阔圆锥形。②树干通直,树皮灰褐色深裂,长片状剥落。有长短枝,一年生枝淡红褐色无毛,有光泽。③叶为条形、扁平、鲜绿色,秋后金黄色。叶在长枝上互生,短枝上轮状簇生。④球花生于短枝顶端。⑤球果当年成熟,直立,卵圆形,成熟时淡红褐色。⑥种子呈卵圆形,淡黄色,有光泽。

图 3-93 金钱松

【分布】金钱松(见图 3-93)产于江苏、安徽南部、福建北部、浙江、江西、湖南、湖北利川市至四川万县交界的地区,海拔 1 500 m 以下山地,散生在针、阔叶混交林中。

【主要习性】金钱松是喜光树种,幼树稍耐阴,喜湿润的气候,耐寒,喜深厚肥沃、排水良好的沙质土壤,深根性,有菌根,不耐旱,不耐积水,抗风能力强,抗雪压,生长速度中等而偏慢,寿命长。

【养护要点】金钱松属于有真菌共生的树种,菌根多对生长有利,播种后最好用菌根土覆土。

【观赏与应用】金钱松的树姿优美,秋叶金黄,是名贵的庭院观赏树种;与南洋杉、雪松、日本金松、巨杉合称为世界五大庭院树种;可孤植或丛植在草坪一角或池边、溪旁、瀑口,也可列植做园路树,与各种常绿针、阔叶树种混植点缀秋景;从生长角度而言,以群植成纯林为好,幼苗、幼树是常用的盆景材料。

6. 雪松 *Cedrus deodara* (Roxb.) Loud.

【科属】松科,雪松属

【识别要点】①常绿乔木,树冠呈圆锥形。②大枝平展,小枝略下垂。③叶为针形,大枝一般平展,不规则轮生,三棱状,在长枝上螺旋状散生,在短枝上簇生。④球果呈椭圆状卵形,直立,然后脱落。

【分布】雪松(见图 3-94)原产于印度、阿富汗、喜马拉雅山西部。我国长江流域的各大城市均有栽培。

【主要习性】雪松喜光,稍耐阴,喜温和凉润气候,抗寒性较强,浅根性,对过于湿热的气候适应能力较差,不耐水湿,较耐干旱瘠薄,但以深厚、肥沃、排水良好的酸性土壤生长最好,抗烟害能力差,幼叶对二氧化硫和氟化氢极为敏感。

【养护要点】雪松在栽培管理中,注意保护中央领导干的顶梢和下部主枝的新梢,幼苗期需搭棚遮阴,并加盖塑料薄膜保持湿度。

【观赏与应用】雪松的树姿优美,终年苍翠挺拔,大枝向上平展,小枝微下垂,针叶浓绿叠翠,是珍贵的庭院观赏及城市绿化树种,也是世界五大庭院观赏树种之一;最宜孤植在草坪中央、建筑物前庭中心或广场中心等。

图 3-94 雪松

7. 乔松 *Pinus griffithii* McClelland

【科属】松科,松属

【识别要点】①常绿乔木,高达 70 m,胸径 1 m 左右,树皮灰褐色,小块裂片易脱落。枝条开展,树冠呈阔尖塔形。②当年生枝初绿色渐变红褐色,无毛,有光泽,微被白粉。③叶五针一束,长 10～20 cm,细柔下垂,边缘有细锯齿叶面有气孔线。④球果呈圆柱形,长 15～25 cm,成熟后淡褐色,种子呈椭圆状倒卵形,上端具有结合而生的长翅,花期 4—5 月。球果于翌年秋季成熟。

【分布】乔松(见图 3-95)在中国主要分布在西藏南部和云南南部,是喜马拉雅山脉分布最广的森林类型。

【主要习性】乔松喜光,稍耐阴,喜酸性土壤,幼苗阶段不耐高温和干燥气候,需庇荫,对中性或微碱性土壤尚能适应。

【观赏与应用】乔松是优良的观赏树种,在城市绿化中可以在绿地上孤植和散植。

图 3-95 乔松

8. 水杉 *Metasequoia glyptostroboides* Hu et Cheng.

【科属】杉科,水杉属

【识别要点】①落叶乔木,幼树树冠呈尖塔形,老树呈广圆头形。树干基部膨大。树皮灰褐色或深灰色。②大枝斜上伸展,近轮生,小枝对生或近对生,下垂,枝条层层舒展。③叶为扁平条形,柔软,在侧枝上排成羽状,冬季叶和小枝一起脱落。花期 2—3 月。④球果下垂,深褐色,近球形,具长柄,当年成熟,果期 10—11 月。种子呈倒卵形,扁平,周围有狭翅。

图 3-96 水杉

【分布范围】水杉(见图 3-96)有植物界的"活化石"之称,是我国特有的古老稀有的珍贵树种。天然分布仅见于四川石柱县、湖北恩施水杉坝一带及湖南龙山等地。

【主要习性】水杉喜光,喜温暖湿润的气候,有一定的抗寒性,北京能露地越冬,但要栽植在背风向阳处。水杉喜欢深厚肥沃的酸性土壤,要求排水良好,耐较盐碱,对二氧化硫等有害气体抗性较弱。

【养护要点】水杉生长期可施追肥,苗期可适当修剪,4～5 年后不要修剪,以免破坏树形。小苗栽植用泥浆,大苗栽植需带土球。春季栽植成活率高。

【观赏与应用】水杉树干通直挺拔,入秋后叶色棕褐色,是著名的庭院观赏树种。水杉可于公园、庭院、草坪、绿地中孤植或列植,也可成片栽植营造风景林,并适配常绿地被植物;还可栽于建筑物前或用做行道树,效果均佳。

9. 柳杉 *Cryptomeria fortunei* Hooibrenk ex Otto et Dietr.

【科属】杉科,柳杉属

【识别要点】①常绿乔木,树皮红棕色。②大枝近轮生,平展或斜展;小枝细长,常下垂,绿色,枝条中部的叶较长,常向两端逐渐变短。③雄球花单生叶腋,长椭圆形,成短穗状花序状;雌球花顶生于短枝上,花期 4 月。④球果呈圆球形或扁球形。⑤种子褐色,近椭圆形,扁

图 3-97 柳杉

平,边缘有窄翅,球果 10 月成熟。

【分布范围】柳杉(见图 3-97)为我国特有树种,分布于长江流域以南、广东、广西、云南、贵州、四川等地。在江苏南部、浙江、安徽南部、河南、湖北、湖南、四川、贵州、云南、广西及广东等地均有栽培,生长良好。

【主要习性】柳杉幼龄稍耐阴,在温暖湿润的气候和土壤酸性、肥厚而排水良好的山地,生长较快;在寒凉较干、土层瘠薄的地方生长不良。柳杉根系较浅,抗风力差,对二氧化硫、氯气、氟化氢等有较好的抗性。

【观赏与应用】柳杉树姿秀丽,纤枝略垂,孤植、群植均极为美观,是良好的绿化和环保树种。

10. 侧柏 *Platycladus orientalis* (L.) Franco

【科属】柏科,侧柏属

【识别要点】①常绿乔木,幼树树冠呈卵状尖塔形,老树呈广圆形。②树皮薄片状剥离。大枝斜伸,小枝直展,扁平。③叶为鳞片状。雌雄同株,球花单生小枝顶端,球花期 3—4 月。④球果呈卵形,熟前绿色,肉质,种鳞顶端有反曲尖头,熟后开裂,种鳞红褐色,球果期 10—11 月。

【变种与品种】侧柏(见图 3-98)在园林中应用的品种有:①千头柏 *Sieboldii*,丛生灌木,无明显主干,枝密生,树冠呈紧密卵圆形或球形,叶鲜绿色,球果白粉多,可以播种繁殖,近年来园林上应用较多,其观赏性比原种好,可栽植做绿篱或园景树;②金塔柏(金枝侧柏) *Beverleyensis*,树冠呈塔形,叶金黄色,在南京、杭州等地有栽培,北京近年来开始引种;③洒金千头柏 *Aurea Nana*,密丛状小灌木,树冠呈圆形至卵圆形,叶淡黄绿色,入冬略转成褐绿色,在杭州一带有栽培;④北京侧柏 *Pekinensis*,常绿乔木,高 15~18 m,枝较长,略开展,小枝纤细,叶甚小,两边的叶彼此重叠,球果呈圆形,通常仅有种鳞 8 枚,北京侧柏是一个树形优美栽培品种。

图 3-98 侧柏

【分布范围】侧柏原产于华北、东北,全国各地均有栽培。

【主要习性】侧柏喜光,也有一定的耐阴能力,喜温暖湿润气候,耐干旱,耐瘠薄,耐寒,抗盐性强,适应性很强,耐修剪。

【养护要点】侧柏春季播种,播前需进行催芽处理,侧柏幼苗期须根发达,移栽易成活,春季移植小苗要带土球,雨季可以进行裸根移植。

【观赏与应用】侧柏是我国应用最广的园林树种之一。侧柏耐干旱贫瘠,是荒山绿化首选的造林树种。侧柏耐修剪,是做绿篱的好材料。

11. 柏木 *Cupressus funebris* Endl.

【科属】柏科,柏木属

【识别要点】①常绿乔木,树冠呈狭圆锥形。②干皮淡褐灰色,小枝扁平,细长下垂。③鳞叶先端尖,交互对生,偶有刺形叶。④球花雌雄同株,单生枝顶,雄球花长椭圆形,黄色。⑤球果,翌年成熟,熟时种鳞木质,开裂;种子有翅;子叶 2~5 枚。

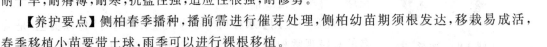

【分布范围】柏木(见图3-99)产于长江流域以南温暖多雨地区。

【主要习性】柏木喜光,喜钙质土,在中性、微酸性土壤中也能生长,稍耐阴,耐干旱、瘠薄,稍耐水湿,浅根性,侧根发达,能生于岩缝中。

【观赏与应用】柏木树冠浓密,枝叶纤细下垂,树体高耸,可以成丛成片配植在草坪边缘,风景区、森林公园等处,形成柏木森森的景色,在西南地区最为普遍,可在陵园做甬道树或纪念性建筑物周围配植,还可在门庭两边、道路入口对植。

图3-99 柏木

12. 圆柏(桧柏)*Sabina chinensis*(L.)Ant

【科属】柏科,圆柏属

【识别要点】①常绿乔木,树冠呈尖塔形或圆锥形,树皮灰褐色,裂成长条片,呈浅纵条剥离。②老枝常呈扭曲状,叶深绿色。③幼叶全为刺形针,大树刺形叶和鳞形叶兼有。背面近中部有椭圆形微凹的腺体。④雌雄异株,少同株。⑤球果近圆球形。

图3-100 圆柏

【分布范围】圆柏(见图3-100)原产于我国东南部及华北地区,吉林以南均有栽培。

【品种与变种】圆柏的栽培变种有:①龙柏 *Kaizuka*,树形呈圆柱状,大枝斜展或向一个方向扭转,叶全为鳞状叶,排列紧密,幼叶淡黄绿色,后变为翠绿色,球果蓝黑,略有白粉;②丹东桧 *Dandong*,常绿乔木,树冠呈圆柱状尖塔形或圆锥形,侧枝生长强势,主枝生长弱势,冬季叶色呈深绿色,耐寒性较强。

【主要习性】圆柏喜光,耐寒,耐热,耐修剪,耐阴,对土壤要求不严,深根性,忌积水,对多种有害气体有一定的抗性。

【养护要点】圆柏不能与苹果园、梨园靠近,也不能与之混栽,防止锈病发生。

【观赏与应用】圆柏是园林上应用最广的树种之一,幼龄树树冠呈圆锥形,树形优美,可进行各种造型修剪,大树枝干扭曲,姿态奇古,可以独树成景,是我国传统的园林树种;在园林上常用做行道树、庭院树,可孤植、群植草坪边缘做背景,或丛植片林,还可以做桩景、盆景的材料。

13. 龙柏 *Sabina chinensis* kaizuka

【科属】柏科,圆柏属

【识别要点】①常绿乔木,树冠呈圆柱状。②树皮深灰色,树干表面有纵裂纹。③叶全为鳞状叶(与桧的主要区别),沿枝条紧密排列成十字对生,幼叶淡黄绿,后呈翠绿色。④春天开花,花细小,淡黄绿色,并不显著,顶生于枝条末端。⑤浆质球果蓝黑色,表面披有一层碧蓝色的蜡粉。枝条长大时会呈螺旋伸展,向上盘曲,好像盘龙姿态,故名龙柏,有特殊的芬芳气味,近处可闻到。

【分布范围】龙柏原产于中国,在我国大陆地区均有栽培。

【主要习性】龙柏喜光,适宜种植于排水良好的沙质土壤上,耐寒性不强,抗有害气体,滞尘能力强,耐修剪。

【养护要点】龙柏通常采用扦插和嫁接繁殖。在春季扦插比较适宜。

【观赏与应用】龙柏树形优美,枝叶碧绿青翠,多用于庭院美化,也可做庭荫树、园景树等。

14. 杜松 *Jnniperus rigida* Sieb. et Zucc.

【科属】柏科,刺柏属

图 3-101 杜松

【识别要点】①常绿乔木,树冠呈圆柱形,树老则呈圆头状。②大枝直立,小枝下垂。③叶全为条状刺形,坚硬,上面有深槽,内有一条白色气孔带,下面有明显纵棱。④球果球形,两年成熟,成熟时淡褐黑色或蓝黑色,球果翌年 10 月成熟。

【分布范围】杜松(见图 3-101)产于东北、华北各地,西至陕西、甘肃、宁夏等地均有栽培。

【主要习性】杜松是强阳性树种,有一定的耐阴性,喜冷凉气候,比圆柏更耐寒,主根长而侧根发达,对土壤要求不严,以向阳、湿润的沙质土壤为宜。

【养护要点】杜松应避免与苹果树、梨树混合栽植,以防止锈病发生。

【观赏与应用】杜松树形高大,观赏效果好,抗风力强,是良好的海岸庭院树种之一。

15. 矮紫杉 *Taxus cuspidate* Nana

【科属】红豆杉科,红豆杉属

【识别要点】矮紫杉是东北红豆杉(紫杉)培育出来的一个具有很高观赏价值的品种。①半球状密纵灌木,树形矮小,树姿秀美,终年常绿;假种皮鲜红色,异常亮丽。②叶螺旋状着生,呈不规则两列,条形,基部窄,有短柄,先端凸尖,上面绿色有光泽,下面有两条灰绿色气孔线。③花期 5—6 月,果期 9—10 月。

【分布范围】矮紫杉原产于日本。在中国北京市,吉林省,辽宁的丹东、大连,青岛、上海市、杭州等地均有栽培。

【主要习性】矮紫杉具有较强的耐阴性,浅根性,侧根发达,生长迟缓,非常耐寒,耐修剪,怕涝,喜富含有机质的湿润土壤,在空气湿度较高的地区生长良好。

【养护要点】矮紫杉由于生长缓慢,枝叶繁多而不易枯疏,剪后可较长期保持一定形状。

【观赏与应用】矮紫杉是常绿树种,耐寒又耐阴,是北方地区园林绿化的常用材料。其树形端庄,可孤植或群植,又可植为绿篱,适合整剪为各种雕塑物式样。

16. 钻天杨 *Populus nigra* Italica

【科属】杨柳科,杨属

【识别要点】①落叶乔木,高达 30 m。②树冠呈圆柱形,树皮暗灰褐色,老时沟裂长枝叶。③叶柄上部微扁,先端无腺点。④花期 4 月,雄花序长 4~8 cm,雌花序长 10~15 cm。⑤蒴果,先端尖,果柄细长,果期 5 月。

【分布范围】钻天杨(见图 3-102)在我国东北自哈尔滨以南,华北、西北至长江流域均有栽培。

【主要习性】钻天杨喜光,耐湿润土壤,耐寒,耐干冷气候,稍耐盐碱和水湿,忌低洼积水及土壤干燥黏重。

【养护要点】钻天杨抗病虫害能力较差,多蛀虫,易遭风折,在冬季植株进入休眠或半休眠期后要把弱枝、病枝、枯枝、过密枝条剪掉。

【观赏与应用】钻天杨可丛植于草地或路边,在北方常做防护林用。

17. 箭杆杨 *Popudus nigra* cv. *Afghanica*

【科属】杨柳科,杨属

【识别要点】①落叶乔木,树干通直,树冠呈窄圆柱形。②树皮灰白色,光滑,老树基部稍裂。③小枝细,黄褐色或淡黄褐色,贴近树干,嫩枝有时疏生短茸毛。芽为长卵形,顶端渐尖,淡红色,富黏质。④叶柄上部微扁,顶端无腺点,叶形变化较大,一般为三角状卵形至菱形。

【分布范围】箭杆杨(见图 3-103)分布于黄河中上游一带,山西南部、河南等地栽培较多。

图 3-102　钻天杨

图 3-103　箭杆杨

【主要习性】箭杆杨喜光,耐寒,抗干旱,稍耐盐碱,生长快。

【观赏与应用】箭杆杨树形美观,常用于园景树、行道树、庭荫树等。

18. 垂柳(水柳、柳树、倒杨柳)*Salix babylonica* L.

【科属】杨柳科,柳属

【识别要点】①落叶乔木,树冠呈倒广卵形。②小枝细长下垂,淡黄褐色。③叶互生,披针形或条状披针形,先端渐长尖,基部楔形,无毛或幼叶微有毛,具有细锯齿。④花期3—4月,果期4—5月。

【分布范围】垂柳(见图 3-104)主产于我国长江流域以南各省的平原地区,华北、东北也有栽培。

【主要习性】垂柳喜光,不耐阴,喜水湿又耐干旱,喜肥沃、湿润的土壤,在固结、黏重土壤及重盐碱地上生长不良,发芽早,落叶迟,耐污染,吸收二氧化硫能力强,萌芽力强,生长迅速,根系发达,能抗风固沙。

【养护要点】垂柳播种育苗一般在杂交育苗时应用,应选择生长快、病虫少的健壮植株做母种采种、采条;病虫害多,要经常

图 3-104　垂柳

预防。

【观赏与应用】垂柳树姿优美,适应性强,宜做风景树、庭荫树、行道树、固堤护岸林等,是平原水边常见树种,常与龙爪柳配植应用,刚柔并进、曲直相间,效果甚好,亦可孤植、丛植及列植。

19. 榔榆 *Ulmus parvifolia* Jacq.

【科属】榆科,榆属

【识别要点】①落叶乔木,树皮近光滑;小枝褐色,有软毛。②树皮绿褐色或黄褐色,不规则薄鳞片状剥离。③叶革质,稍厚,叶窄椭圆形、卵形或倒卵形,顶端尖或钝尖,基部圆形,两侧稍不相等,叶缘有单锯齿,表面光滑,嫩叶背面有毛,后脱落。④花秋季开放,簇生于当年生枝的叶腋。⑤翅果呈椭圆形,翅较狭而厚。⑥种子位于果实中央;果柄细。

图 3-105 榔榆

【分布范围】榔榆(见图 3-105)产于我国华北中南部至华东、中南及西南各地。

【变种与品种】榔榆的主要变种有:①斑叶榔榆 *Variegata*,叶有白色斑纹;②金斑榔榆 *Aurea*,叶片黄色,但叶脉绿色;③金叶榔榆 *Golden Sun*,嫩枝红色,幼叶金黄或橙黄色,老叶变绿色;④锦榆 *Rainbow*,春季新芽红色,幼叶有白色或奶黄色斑纹,老叶变绿色。

【主要习性】榔榆喜光,稍耐阴,喜温暖气候,适应性广,土壤适应性强,山地溪边都能生长;萌芽力强,耐修剪,生长速度中等,寿命较长,主干易歪,叶面滞尘能力强;对二氧化硫等有毒气体烟尘的抗性较强。

【养护要点】榔榆虫害较多,常见的有榆叶金花虫、介壳虫、天牛、刺蛾和蓑蛾等,可喷洒 80% 敌敌畏 1 500 倍液防治;天牛危害树干,可用石硫合剂堵塞虫孔。

【观赏与应用】榔榆树形优美,小枝纤垂,树皮斑驳,秋叶转红,姿态潇洒,枝叶细密,常用在长江流域园林中;在庭院中孤植、丛植,或者与亭榭、山石配植,也可做工矿区、街头绿化树种;老根萌芽力强,是制作树状盆景的优良材料。

20. 刺榆 *Hemiptelea davidii* Planch.

【科属】榆科,刺榆属

【识别要点】①落叶小乔木,树皮深灰色或褐灰色,不规则的条状深裂。②小枝灰褐色或紫褐色,被灰白色短茸毛,具粗而硬的棘刺。③叶呈椭圆形或椭圆状矩圆形,少数呈倒卵状椭圆形,先端急尖或钝圆,基部浅心形或圆形,边缘有整齐的粗锯齿,叶面绿色,幼时被毛,叶背淡绿,光滑无毛,或在脉上有稀疏的茸毛。④花期 4—5 月,果期 9—10 月(见图 3-106)。

【分布范围】刺榆主要分布于河北、河南、山西等省的山地荒坡。东北、西北、华东也有分布。

【主要习性】刺榆喜光,耐寒,耐干旱瘠薄,适应性强,萌蘖力强,生长速度较慢。

图 3-106 刺榆

【观赏与应用】刺榆为干旱瘠薄地带的重要绿化树种,园林绿化多做绿篱。

21. 柽柳（三春柳，红荆柳）*Tamarix chinensis* Lour.

【科属】柽柳科，柽柳属

【识别要点】①树高达 7 m，树冠呈圆球形。②小枝细长下垂，红褐色或淡棕色。③叶长 1～3 mm，先端渐尖。总状花序集生为圆锥状复花序，多柔弱下垂。④花粉红色或紫红色，花期春、夏季，有时一年开花 3 次。

【分布范围】柽柳（见图 3-107）分布于长江流域中下游至华北、辽宁南部各地，福建、广东、广西、云南等地均有栽培。

【主要习性】柽柳喜光，不耐阴，适应性强，耐干旱，耐高温和低温，对土壤要求不严，耐盐碱土，叶能分泌盐分，为盐碱地指示植物，深根性，根系发达，抗风力强，萌蘖力强，耐修剪，耐沙割与沙埋。

【养护要点】柽柳的主要害虫有梨剑纹夜蛾危害叶片，可在幼虫期以敌百虫 800～1 000 倍液喷洒防治。

【观赏与应用】柽柳适合于盐碱地种植，是改造盐碱地和建造海滨防护林的优良树种，也可做绿篱。

图 3-107 柽柳

22. 刺楸 *Kalopanax septemlobus*（Thunb.）Koidz.

【科属】五加科，刺楸属

【识别要点】①落叶乔木，小枝具粗刺。②单叶互生或簇生，叶纸质，近圆形，叶片上面深绿色，无毛，下面淡绿色。③伞形花序，花期 7—8 月，花白色或淡黄绿色。④核果近球形，蓝黑色，果期 9—10 月。

【分布范围】刺楸（见图 3-108）原产于中国，从东北到华南、西南均有分布。

【主要习性】刺楸喜阳光充足和湿润的环境，稍耐阴，耐寒冷，适宜在含腐殖质丰富、土层深厚、疏松且排水良好的中性或微酸性土壤中生长。

【养护要点】刺楸可在春季进行移栽，栽种时施腐熟的有机肥做基肥。栽后浇透水，平时管理较为粗放，其病虫害主要有刺蛾、褐斑病，应注意及早防治。

图 3-108 刺楸

【观赏与应用】刺楸叶形美观，叶色浓绿，树干通直挺拔，枝干多刺，在园林树木中很有特色，适合做行道树或庭荫树。

23. 灯台树 *Cornus controversa* Hemsl.

【科属】山茱萸科，梾木属

【识别要点】①落叶乔木，树皮暗灰色，老时浅纵列。②枝紫红色，侧枝轮状着生，层次明显。③叶互生，卵形至卵状椭圆形，背面灰绿色。④花白色，伞房状聚伞花序顶生。⑤核果呈球形，熟时由紫红变蓝黑色。

【分布范围】灯台树（见图 3-109）产于辽宁、华北、西北至华南、西南地区。

【主要习性】灯台树喜温暖及半阴环境，适应性强，耐寒，耐热，生长快，宜在肥沃、湿润

图 3-109　灯台树

及疏松、排水良好的土壤上生长。

【养护要点】灯台树定植或移栽宜于早春萌发前或秋季落叶后进行,种植穴内施适量基肥,栽后浇足定根水,生长期要保持土壤湿润,一般不需要整形修剪;病虫害少,管理简单、粗放。

【观赏与应用】灯台树树姿优美奇特,叶形秀丽,白花素雅,被称为园林绿化珍品;适宜孤植于庭院草坪供观赏,也可做庭荫树、行道树。

24. 早园竹（沙竹）*Phyllostachys propinqaa* McClure

【科属】禾本科,刚竹属

【识别要点】①秆高 2～10 m,新秆绿色具白粉;老秆淡绿色,节下有白粉圈。②每节具 2～3 个小枝。小枝具 2～3 枚叶,叶片带状披针形,背面基部有毛,叶舌弧形隆起。③箨鞘淡紫色或深黄褐色,被白粉,有紫褐色斑点;箨舌淡黄色,弧形;箨叶带状披针形,平直反曲,紫褐色。

【分布范围】早园竹原产于浙江、江苏、安徽、江西等地,河南、山西等地也有栽培。

【主要习性】早园竹抗寒性强,能耐短期－20 ℃低温,适应性强,在轻碱地、沙土及低洼地均能生长。

【养护要点】早园竹怕涝,易积水的竹林要开好排水沟,降低地下水位。

【观赏与应用】早园竹秆高叶茂,生长强壮,供庭院观赏,是华北园林中栽培的主要竹种。

25. 佛肚竹（罗汉竹）*Bambusa ventricosa* McClure.

【科属】禾本科、箣竹属

【识别要点】①茎秆基部及中部均为畸形,节较短,两节间膨大如瓶,形似佛肚。秆幼时深绿色,老后橄榄黄色。②叶片为卵状披针形至长矩圆披针形,背具微毛。

【分布范围】佛肚竹(见图 3-110)原产于我国华南,现在各地多有栽培。

【主要习性】佛肚竹喜温暖湿润,喜阳光,不耐旱,也不耐寒,宜在肥沃疏松的沙壤土中生长。

【养护要点】佛肚竹要注意保持土壤湿润,但不能太湿,气候干燥时,应经常向叶面喷水。

【观赏与应用】佛肚竹秆形奇特,古朴典雅,在园林中自成一景,适宜于庭院、公园、水滨等处种植,与假山、崖石等配植更显优雅。

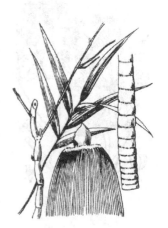

图 3-110　佛肚竹

26. 棕榈（棕树、山棕）*Trachycarpus fortunei* Hook. H. Wendl.

【科属】棕榈科,棕榈属

【识别要点】①常绿乔木,树干呈圆柱形,不分枝,树干具环状叶痕,具黑色叶鞘。②叶簇生于干顶,形如扇,掌状裂深达叶的中下部,叶鞘棕褐色。③雌雄异株,圆锥状 肉穗花序腋生,花小而黄色。④核果呈肾状球形,蓝褐色,被白粉。花期 4—5 月,果期 10—11 月。

【分布范围】棕榈(见图 3-111)原产于我国,除西藏外,我国秦岭以南地区均有分布。

【主要习性】棕榈喜温暖湿润气候,喜光,在排水良好、湿润肥沃的中性、石灰性或微酸性的黏质土壤中均能生长；耐寒性极强，可忍受－14 ℃的低温，是我国栽培历史最早的棕榈类植物之一，根系浅，无主根，须根发达，忌深栽，对烟尘和有毒气体的抗性较强。

【养护要点】棕榈可播种繁殖，果实采收后，用草木灰水搓洗，去掉蜡质，再用 60 ℃温水浸种后，进行播种；主要的病害有棕榈树干腐病，病原为拟青霉菌，防治措施是及时清除腐死株和重病株，以减少侵染源。

【观赏与应用】棕榈树干挺拔，叶形如扇，姿态优雅，易栽于庭院、路边及花坛之中，叶色葱茏，适于四季观赏；木材可以制作器具；棕榈叶鞘为扇形，有棕纤维，叶可制扇、帽等工艺品，根可入药；单子叶植物中的棕榈科植物以其特有的形态特征构成了热带植物特有的景观。

图 3-111　棕榈

（二）完成观形树种调查报告

完成观形树种调查报告（Word 格式和 PPT 格式），要求调查观形树种 15 种以上。

1. 参考格式

＿＿＿＿＿＿＿＿＿＿观形树种树种调查报告

姓名：＿＿＿＿　　班级：＿＿＿　　调查时间：＿＿年＿＿月＿＿日

（1）调查区范围及自然地理条件。

（2）观形树种调查记录表如表 3-5 所示。

表 3-5　观形树种调查记录表

编号：（如 001） 　　树种名称：		科属：
栽培地点：	树龄或估计年龄：	
树形： 　　生长特性：		
株高： 　　干皮形态：	小枝形态：	
叶形特点： 　　是否开花： 　　开花时间：	花色：	
其他重要性状：		
光照：强、中、弱 　　土壤 pH 值：		
土壤水分： 　　土壤肥力：好、中、差		
土壤质地：沙土、壤土、黏土 　　病虫害程度：		
配植方式： 　　伴生树种：		
观赏特点：		
园林用途：		
备注：		

附树种图片（编号）如 3.3.1、3.3.2……

（3）调查区观形树种应用分析。

2. 任务考核

考核内容及评分标准如表 3-6 所示。

表 3-6　考核内容及评分标准

序号	考核内容	考核标准	分值	得分
1	树种调查准备	材料准备充分	10	
2	调查报告形式	符合要求,内容完整全面,表述清晰	20	
3	树种调查水平	树种识别正确,特征描述准确,多媒体效果好	60	
4	树种调查态度	安全工作,积极主动,团队合作好,注重工作创新	10	

观形树种的相关介绍

一、影响树形的因素

树形主要是由树种的遗传性决定的,但也受外界环境因素和人工养护管理的影响。

树木的分枝方式包括总状分枝、合轴分枝和假二叉分枝三种类型。总状分枝又称单轴分枝,自幼苗开始,主茎的顶芽活动始终占优势,形成明显且粗壮的直立主干。因侧枝发育的程度,可形成柱状、塔形或圆锥形等树冠,如大多数裸子植物、毛白杨、玉兰等。合轴发育的树种,顶芽活动一段时间后,生长变得极慢甚至死亡,或顶芽分化成为花芽或发生变态,由靠近顶芽的侧芽发展为新枝代替主茎的位置,由此发育的主干虽然明显但往往较弯曲,大多侧枝的开张角度较大,多形成球形或卵球形等较为开阔的树冠,如垂柳、桃、杏、核桃、柿树等。如果侧枝开张角度较小,则可形成接近于单轴分枝的树冠。假二叉分枝与合轴分枝相似,当顶芽停止生长后,主要由两侧对生的两个侧芽同时发育为新枝,总体上也形成较为开阔的树冠,如丁香、梓树、泡桐等。

分枝习性中,枝条的角度和长短也会影响树形,大多数树种的分枝斜出,但有些树种的分枝近平展,如雪松;有的枝条纤长而柔软下垂,如垂柳;有的枝条贴地平展生长,如铺地柏等;有的则近于直立,如柱形红花槭。

此外,树形也受外界环境因素的影响,而且同一树种的树形往往随着树木生长发育过程而呈现有规律地变化。生长于高山和海岛的树木,树冠常因风吹而偏向一侧;银杏的树形从幼年期到老年期可呈现出尖塔形、圆锥形、圆球形的变化。

二、人工树形

由于园林绿化的特殊要求,有时将树木修剪成人们所需要的各种造型,这种人工的整形是违反树木生长规律的,所采用的植物材料要耐修剪、萌芽力和分枝力强的树种。树种的枝叶要密集,否则达不到预期的效果。

（1）结合实训或实习调查当地的绿化树种,并列举出观形树种。

（2）总结孤赏树（孤植树）应该具备哪些条件,对周围环境有什么要求。

（3）调查当地常见观形树种的配植方式，讨论它们在造景中的功能作用。

任务 4　彩色树种的识别与应用

**能力目标**

（1）能正确识别 35 种常见的彩色树种。

（2）能正确认识彩色树种的观赏特性及主要观赏期。

（3）能在园林设计中正确选择和应用彩色树种。

**知识目标**

（1）了解和掌握彩色树种的内涵和类别。

（2）理解和掌握彩色树种的主要习性、养护要点、园林应用的原理与方式。

**素质目标**

（1）通过对种类繁多的彩色树种进行反复识别，对形态相似的树种进行比较、归纳和总结，提高学生的分析和鉴别能力。

（2）通过对彩色树种应用情况的调查，培养学生吃苦耐劳的学习精神。

（3）通过小组合作、分工协作完成学习任务，培养学生团结协作的意识和认真负责的态度，提高学生学习的积极性，使学生养成自主学习的习惯。

（4）通过在绿地中不断地识别彩色树种和分析其园林应用特点，提高学生园林艺术欣赏水平和珍爱植物的品行。

**基本知识**

一、彩色树种

彩色树种是指树木的叶片或茎干在某季节或全年呈现出彩色装饰效果，具有一定观赏价值的树种。树木的叶片呈现非绿色效果，如黄色、红色、橙色、灰色、银灰色、白色或斑驳色等，茎干呈现绿色、黄色、红色、白色或斑驳色等。

二、彩色树种的种类

1. 观叶类

在园林应用上，根据彩叶树种叶色变化的特点，可以将其分为春色叶树种、秋色叶树种、常色叶树种和斑色叶树种四大类。北京奥林匹克森林公园的金叶国槐如图 3-112 所示。

（1）春色叶树种　春色叶树种是指春季新生长的嫩叶呈现显著不同叶色的树种。春色叶树种一般呈现红色、紫色或黄色，如山麻杆、鸡爪槭、红叶石楠等。

（2）秋色叶树种　秋色叶树种是指那些秋色期变色比较均匀一致、持续时间长（挂叶期长）、观赏价值高的树

图 3-112　北京奥林匹克森林公园中的金叶国槐　（张百川 摄）

种,如无患子、卫矛、五角枫等。秋色叶树种根据秋色期叶色的不同,又可分为:①红色叶片类,如三角枫、五角枫、火炬树、柿等;②黄色叶片类,如银杏、洋白蜡、鹅掌楸等。

(3)常色叶树种　常色叶树种大多是指由芽变或杂交产生,并经人工选育的观赏品种,其叶片在整个生长期内常年呈现异色。如紫叶小檗、紫叶矮樱、金叶女贞等。

(4)斑色叶树种　斑色叶树种指绿色叶片上具有其他颜色的斑点或条纹,或叶缘呈现异色镶边(可统称彩斑)的树种。如金心大叶黄杨、银边大叶黄杨、花叶锦带等。

2. 观枝干类

(1)单色枝干　如梧桐、红瑞木、棣棠等。

(2)斑驳枝干　如白皮松、木瓜、白桦、红桦等。

三、彩色树种在园林中的作用

彩叶树种具有绚丽丰富的色彩,能在早春大多数植物的花朵未开放时或盛花期过后带来春季鲜花盛开般的景象,极大地丰富了城市色彩。如金叶国槐和中华金叶榆的叶色金黄,造型丰富,令人赏心悦目,从发芽至落叶前均有观赏价值;红叶李、紫叶小檗的叶色红艳,和黄色树种搭配使用,红黄辉映,可使环境变得五彩缤纷,生机盎然。以彩色树种做行道树,利用春季和秋季叶色的变化,还可以起到软化街道和城市立面效果的作用。我国著名的北京香山、南京栖霞山、江西庐山、长江三峡等区的彩叶胜景,每到深秋时漫山遍野的彩色树,舒丫展枝,迎辉映霞,如火如荼,一派喜人景象,其美化效果要远远优于单纯的绿色风景林。

我国作为世界园林之母,拥有丰富的树木资源,彩色树种资源也极为丰富,据1993—1997年的初步调查,我国彩色树种达400多种,分别属于62个科、108个属,但与国外相比,我国对彩色树种的利用和品种选育尚处于起步阶段。美国、加拿大等国家彩色树的种植面积很大,在很多公园、绿地里,彩色树的数量可以达到树木总量的50%~60%。随着城市绿化建设的加快,对各种优良花木的需求大大增加,特别是对能够增加城市色彩的各种彩色树种的市场需求很大。因此,彩色树种有着广阔的发展前景。

近年来,上海引进了100多种彩色树种,整个城市也因而色彩丰富。我国北方地区以北京市、大连市起步较早,已建立了彩色树种良种繁育基地,现在应用的主要树种为紫叶小檗、紫叶李、黄栌、金叶黄杨、火炬树等,引种成功并已应用的主要彩色树种为紫叶矮樱、美国红栌、欧洲金叶云杉、韩国红叶槭等。

在黑龙江地区,由于气候等原因,园林树种相对单调,色彩比较缺乏。园林绿化的主要树种为丹东桧柏、杜松、连翘、锦带花、黄刺玫、丁香和红瑞木等,除此之外,大部分为银白杨、垂柳等。因此,增加彩色树种的比例就显得尤为重要,尤其需要适应力强、耐寒、耐阴、萌蘖力强、耐烟尘、抗风雪的茶条槭、五角枫等彩色树种,使北方城市也成为多色彩的城市。

四、彩色树种的配植原则

彩色树种的应用方式灵活多样,需要遵守以下原则。

一是要符合彩色树种的生物学特性。例如,美国红栌要求全光照才能体现其色彩美,一旦处于光照不足的半阴或全阴条件下,则将恢复绿色,失去彩叶效果;而有些植物则要求半阴的条件,一旦光线直射就会引起生长不良,甚至死亡。

二是只有不同色彩及背景的树种合理搭配,才能获得最佳观赏效果。

三是在确定好树种之后,还应注意与环境之间的协调,要注意树种的色彩、形态及树种配植后与建筑、广场、草地等环境相协调。

四是在应用时要坚持适地适树的原则,尽量选择乡土彩色树种,避免盲目引种,或者引种时间太短就大量应用,以致不能完全适应当地的气候条件,从而造成经济和效果的双重损失。

学习任务

调查所在城市的3~5块应用彩色树种造景的绿地。内容包括调查地点的自然条件和彩色树种的名录、习性、观赏特点(以色彩效果为主)、配植方式等,并完成绿地植物配植平面图及调查分析报告。

任务分析

彩色树种色彩丰富,应用广泛,不同的树种有不同的形态特征及色彩变化规律,而且许多树种除了观其叶色、枝干色外,还具有其他方面的观赏价值。彩色树种的园林应用除了考虑自身的形态特征与色彩效果外,还应考虑与其他树种的配植,即考虑前景树、背景树及周围环境如建筑、水面、道路等的特点。完成该学习任务,首先要能准确识别彩色树种;其次要能全面分析和准确描述彩色树种的主要习性、观赏特点和园林应用特点等;再次还要善于观察彩色树种与其他树种的搭配效果,并分析彩色树种对其周围植物的要求。在完成该学习任务时,要注意选择观赏效果较好的绿地,并依据树种的形态特征、主要习性、配植效果等要素,客观分析其配植的优缺点。

任务实施

一、材料与用具

绿地中生长正常的成年彩色树种、绿地自然环境资料、照相机、绘图工具等。

二、任务步骤

(一)认识下列彩色树种

1. 银白杨 *Populus alba*

【科属】杨柳科,杨属

【识别要点】①落叶乔木,高达35 m,树冠呈广卵形或圆球形,树皮灰白色,光滑,老时纵深裂,幼枝、叶及芽密被白色茸毛。②长枝叶为广卵形或三角状卵形,常掌状3~5浅裂,裂片先端钝尖,缘有粗齿或缺刻,叶基截形或近心形;短枝之叶较小,卵形或椭圆状卵形,缘有不规则波状钝齿;叶柄微扁,无腺体,老叶背面及叶柄密被白色茸毛。③花期3—4月。④果期4—5月。

【分布范围】我国新疆有野生天然银白杨(见图3-113)林分布,西北、华北、辽宁南部及西藏等地均有栽培。

图3-113　银白杨

【主要习性】银白杨喜光,不耐阴,耐严寒,耐干旱气候,但不耐湿热,耐贫瘠的轻碱土,但在黏重的土壤中生长不良,深根性,根系发达,固土能力强,抗风、抗病虫害能力强。

【养护要点】银白杨春季萌芽时,若发现锈病病芽应及早摘除,并将其装袋烧毁或深埋。

【观赏与应用】银白杨树形高大,银白色的叶片在微风中摇曳,阳光照射下有奇特的闪烁效果,可做庭荫树、行道树,或孤植、丛植于草坪。

2. 蒙古栎(柞树)*Quercus mongolica* Fisch. ex ledeb. var. *mongolicodentata*

【科属】壳斗科,栎属

【识别要点】①落叶乔木,高达 30 m,树皮暗灰色,深纵裂,树冠呈卵圆形。小枝粗壮,栗褐色,无毛。②叶常集生枝端,倒卵形,长 7～20 cm,先端短钝,基部窄圆,叶缘具 7～10 对深波状粗齿,背面脉上有毛,叶柄短,疏生茸毛。③花单性同株,花期 5—6 月。④坚果呈卵形,果期 9—10 月。

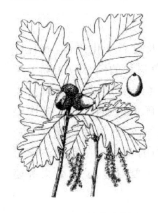

图 3-114　蒙古栎

【分布范围】蒙古栎(见图 3-114)在东北、华北、西北各地普遍栽培,华中地区也有少量分布。

【主要习性】蒙古栎喜光,喜凉爽气候,耐寒,能抗－50 ℃的低温,喜中性至酸性土壤,耐旱,耐瘠薄,对烟尘和氟化氢等有毒气体抗性强,深根性,主根发达,抗风,但不耐移植,树皮厚,抗火性强,寿命长,可达数百年。

【养护要点】蒙古栎有栗实象鼻虫蛀蚀种子,应注意及早防治;较大苗木要带土球移植,为提高移植成活率,应在苗圃中切断主根,促发侧根。

【观赏与应用】蒙古栎树干通直,枝条广展,树冠雄伟,浓阴如盖,秋季叶变为橙褐色,冬季叶变干呈褐色宿存,是营造防风林、水源涵养林及防火林的优良树种;孤植、丛植或与其他树木混交成林均可;材质坚硬、比重大、纹理美观,具有抗腐、耐水湿等特点,叶可养蚕,种子可食。

3. 中华金叶榆(金叶榆)*Ulmus pumila* cv. jinye

【科属】榆科,榆属

【识别要点】①落叶乔木,高达 2.5 m,树干灰褐、纵裂,树冠呈圆球形。枝条萌芽力强,当枝条上长出十几个叶片时,腋芽便萌发长出新枝。②叶为卵圆形,长 3～5 cm,叶基不对称,叶缘具不规则单锯齿,叶尖渐尖,互生于枝条上,叶片金黄色,叶脉清晰。

【分布范围】中华金叶榆在我国北至黑龙江、内蒙古,东至长江以北的江淮平原,西至甘肃、青海、新疆,南至江苏、湖北等省区均可栽培。

【主要习性】中华金叶榆喜光,耐寒,可耐－36 ℃的低温,耐旱,耐盐碱,耐贫瘠,根系发达,耐修剪。

【养护要点】中华金叶榆抗逆性强,绿化养护管理比较粗放,为了保证整形后的景观效果,每年需进行 1～2 次修剪;榆金花虫是最严重的虫害,应注意及早防治。

【观赏与应用】中华金叶榆枝条比普通白榆更密集,树冠更丰满,造型更丰富,其叶片金黄,色泽艳丽,是重要的彩色树种;在园林中,可培育成小乔木做园景树,也可培育成灌木及高桩,用于绿篱、色带、拼图和造型。中华金叶榆抗性强,可大量应用于沿海的盐碱地区和山体景观生态绿化中,可营造景观生态林和水土保持林。

4. 桑树（家桑）*Morus alba* Linn.

【科属】桑科,桑属

【识别要点】①落叶乔木,高达 16 m,树皮灰褐色,树冠呈倒广卵形。②叶为卵形,基部圆形,叶缘锯齿粗钝,幼树叶片常有浅裂或深裂,表面光滑。③花单性异株,组成菜荑花序,花期 4 月。④聚花果紫黑色、淡红色或白色,多汁味甜,俗称"桑葚",果期 5—7 月。

【分布范围】桑树(见图 3-115)原产于我国中部,现南北各地都有栽培,以长江中下游地区栽培最多。

【变种与品种】桑树的主要变种有垂枝桑 *Pendula*、龙爪桑 *Tortuosa* 等。

【主要习性】桑树喜光,喜温暖,耐寒,耐旱,不耐水湿,适应性强,耐瘠薄,能耐轻度盐碱,深根性,根系发达,抗风力强,萌芽力强,耐修剪,对烟尘和硫化氢、二氧化氮等有毒气体抗性强。

【养护要点】桑树病虫害较多,常见有桑天牛、桑尺蠖等,应注意及早防治。

【观赏与应用】桑树树冠丰满,枝叶茂密,秋叶金黄,能抗烟尘和有毒气体,是城市绿化的先锋树种,也是农村"四旁"绿化的重要

图 3-115　桑树

树种;其观赏品种垂枝桑和龙爪桑姿态优美,更适合在园林中栽培观赏。桑树的叶、枝条、根、果实都是优良的中药药材。

5. 枫香（枫香树）*Liquidambar formosana* Hance.

【科属】金缕梅科,枫香属

【识别要点】①落叶乔木,高达 40 m,树干灰褐,浅纵裂,老时不规则深裂,树冠呈广卵形。②叶为阔卵形,掌状 3 裂,基部截形或微心形,先端尾状渐尖,网脉明显,边缘有锯齿。③头状花序,单性同株。④头状果序呈圆球形,木质。

【分布范围】枫香(见图 3-116)在长江流域及其以南地区均有分布。

【变种与品种】枫香的主要变种有光叶枫香 var. *monticola* Rehd. et Wils.、短萼枫香 var. *brevicalycina* Cheng et P. C. Huang。

【主要习性】枫香喜光,喜温暖、湿润气候,不耐寒,黄河以北不能露地越冬,耐干旱、瘠薄土壤,不耐水涝,深根性,主根粗长,抗风力强,不耐修剪,不耐移植,对二氧化硫、氯气等有害气体有较强抗性。

【养护要点】枫香为城市绿化用苗,需在苗圃内多次断根移植,促生须根,否则不易成功,移栽时间在秋季落叶后或春季萌芽前为宜。

图 3-116　枫香

【观赏与应用】枫香树干通直,树体雄伟,深秋叶色红艳,美丽壮观,是南方著名的秋色叶树种,可孤植或丛植于草坪,或于山坡、池畔与银杏、无患子等秋叶变黄的树种混植,使秋景更为丰富。枫香对有毒气体抗性强,可用于工矿区绿化。

6. 紫叶李（红叶李）*Prunus ceraifera* f. *atropurpurea* Jjcq.

【科属】蔷薇科,梅属

【识别要点】①落叶小乔木,高达 8 m,干皮紫灰色。小枝淡红褐色,光滑无毛。②单叶互生,叶为卵圆形至倒卵形,长 4.5 cm 左右,重锯齿尖细,紫红色。③花淡粉红色,直径约 2.5 cm,常单生叶腋,与叶同放,花期 4—5 月。④果呈球形,暗酒红色,常早落。

图 3-117　紫叶李

【分布范围】紫叶李(见图 3-117)原产于亚洲西南部,我国大部分地区均有栽培。

【主要习性】紫叶李适应性较强,喜光,在背阴处叶片色泽不佳,喜温暖湿润气候,稍耐寒,对土壤要求不严,在中性至微酸性土壤中生长最好,较耐水湿,根系较浅。

【养护要点】紫叶李在冬季植株进入休眠或半休眠期后,要把瘦弱、病虫、枯死、过密等枝条剪掉;主要虫害有刺蛾、大袋蛾、叶蝉、蚜虫、介壳虫等,应注意及早防治。

【观赏与应用】紫叶李整个生长季节,叶片都为紫红色,是重要的观叶树种;园林中常孤植、丛植于草坪、园路旁、街头绿地、建筑物前等,注意为本树选择合适的背景颜色,以充分衬托出此树的色泽美。

7. 紫叶矮樱 *Prunus*×*cistena*

【科属】蔷薇科,梅属

【识别要点】①紫叶矮樱是紫叶李和矮樱的杂交种,落叶灌木或小乔木,枝条幼时为紫褐色,通常无毛,老枝有皮孔,分布整个枝条。②单叶互生,叶为长卵形或卵状长椭圆形,长 4～8 cm,先端渐尖,叶基部广楔形,叶缘有不整齐的细钝齿,叶紫红色或深紫红色,叶背面紫红色更深。初生叶片紫红亮丽。③花单生,中等偏小,淡粉红色,花瓣 5 片,微香,花期 4～5 月。

【分布范围】紫叶矮樱在北京、大连、沈阳等地均有栽培。

【主要习性】紫叶矮樱喜光,耐寒能力较强,耐干旱、瘠薄,不耐积水,耐修剪。

【养护要点】紫叶矮樱在光照不足时叶色会泛绿,应将其种植于光照充足处,以充分表现该树种的观赏价值;生长季会受到刺蛾、蚜虫、红蜘蛛等虫害,应注意及早防治。

【观赏与应用】紫叶矮樱因其株形较矮,冠形紧凑,叶色艳丽,全年紫红色,观赏价值高,故在园林绿化中深受欢迎;孤植、丛植于草坪、园路旁、街头绿地、建筑物前等都很适宜,注意为本树选择合适的背景颜色,以充分衬托出此树的色泽美。

8. 紫叶碧桃（紫叶桃）*Prunus persica* 'Atropurpurea'

【科属】蔷薇科,梅属

【识别要点】①落叶乔木,株高 3～5 m,树皮灰褐色,小枝红褐色。②单叶互生,卵圆状披针形,幼叶鲜红色,后变为近绿色。③花单瓣或重瓣,粉红或大红色,花期 4—5 月。④核果呈球形,果皮有短茸毛,果期 6—9 月。

【分布范围】紫叶碧桃原产于中国,东北南部至广东、西北、西南都有栽培。

【主要习性】紫叶碧桃喜光,有一定的耐寒力,耐旱,怕涝,若水淹 3～4 天就会落叶,甚至死亡,喜排水良好的土壤,在黏重土壤上易发生流胶病,根系较浅。

【养护要点】紫叶碧桃在雨季要注意排水;病虫害有蚜虫、浮尘子、红蜘蛛、桃缩叶病等,应注意及早防治。

【观赏与应用】紫叶碧桃春季叶为紫红色,且紫色叶期长,开花季节,着花繁密,妩媚可爱,是重要的观叶、观花树种;园林中常孤植、丛植于草坪、园路旁、街头绿地、建筑物前等,须注意选阳光充足处,且注意与背景之间的色彩衬托关系,以显示其叶色和花朵的观赏价值。

9. 红叶石楠 *Photinia serrulata*

【科属】蔷薇科,石楠属

【识别要点】①常绿乔木,树冠呈近球形。②叶片革质,有光泽,长椭圆形至倒卵状椭圆形,长 8～20 cm。冬、春、秋三季,其新梢和嫩叶火红,夏季高温季节叶色转为亮绿色。③花期 5—7 月,顶生复伞房花序,花白色,直径为 6～8 mm。④果呈球形,紫红色,果期 10—11 月(见图 3-118)。

【分布范围】红叶石楠产于中国中部及南部。

【主要习性】红叶石楠喜光,稍耐阴,喜温暖,能耐短期的 −15 ℃ 低温,喜肥沃湿润而排水良好的酸性至中性土壤,较耐干旱、瘠薄,不耐水湿,萌芽力强,耐修剪。

【养护要点】红叶石楠树形端正,移栽时要注意保护下部枝条,使树形圆整美观;萌芽力强,适合造型,可修剪成各种形状,对造型的树种一年要修剪 1～2 次,若用做绿篱,应该经常修剪以保持良好形态。

图 3-118 红叶石楠

【观赏与应用】红叶石楠树冠圆整,枝叶浓密,春秋两季,嫩叶鲜红,初夏白花,秋冬又有红果,是重要的观叶、观果树种,在园林中孤植、丛植及基础栽植都可;可修剪成球体或其他几何形体,用于园林点缀,也可用做绿篱材料。

10. 红花檵木(红檵木) *Lorpetalum chinense* var. *rubrum*

【科属】金缕梅科,檵木属

【识别要点】①红花檵木是檵木的变种。常绿或半常绿灌木或小乔木,树皮灰紫色。小枝纤细,红褐色,密被星状毛。②叶互生,卵形或椭圆形,长 2～5 cm,基部圆而偏斜,表面暗紫色,背面紫红色,两面均有星状毛。③头状或短穗状花序,淡紫红色,花期长,以春季为盛花期。④蒴果木质,倒卵圆形,黑色,光亮,果期 9—10 月。

【分布范围】红花檵木(见图 3-119)分布于长江流域及以南地区,华北南部也有分布,但冬季常落叶。

【主要习性】红花檵木适应性强,喜光,稍耐阴,在阳光充足的环境条件下,花、叶颜色鲜艳,而且花量大,而阴处则观赏价值降低,喜温暖湿润气候,也较耐寒,适宜在肥沃、湿润的微酸性土壤中生长,萌芽力和发枝力强,耐修剪。

图 3-119 红花檵木

【观赏与应用】红花檵木树姿优美,常年叶片紫红,观花期长达数月,是优良的花叶兼赏树种;丛植于庭院、草地、林缘或与山石相配合都很合适,还是制作桩景的优良材料。

11. 金叶槐 *Sophora japonica* Golden Leaves

【科属】蝶形花科,槐属

【识别要点】①当年生枝向阳面黄色,背阴面绿色,两年生枝绿色。②叶为卵圆形,先端圆,枝叶基本为黄色或黄绿色,阳光越足,叶色越黄,其他同原种。

【观赏与应用】金叶槐春季萌发的新叶及后期长出的新叶,在生长期的前 4 个月,均为金黄色,在生长后期及树冠下部见光少的老叶,呈现淡绿色,是我国目前少有的优良黄叶乔木,也是园林绿化中红、黄、绿三个主色调中黄叶乔木的代表品种。

12. 黄檗(黄柏、黄波罗)*Phellodendron amurense* Rupr.

【科属】芸香科,黄檗属

【识别要点】①落叶乔木,高达 15 m,树冠呈宽卵形,枝开展。树皮厚,浅灰色,网状深纵裂,内皮鲜黄色。②奇数羽状复叶,小叶 5～13 枚,卵状椭圆形至卵状披针形,叶基稍偏斜。③花小,黄绿色,5 基数,聚伞状圆锥花序,花期 5—6 月。④核果呈球形,成熟时紫黑色,有特殊香气,果期 9—10 月。

图 3-120　黄檗

【分布范围】黄檗(见图 3-120)产于东北和华北地区,以中高海拔栽培为宜。

【主要习性】黄檗喜光,不耐阴,耐寒性强,喜适当湿润、排水良好的中性或微酸性土壤,不宜在黏土及瘠薄土中生长,深根性,主根发达,抗风力强,萌芽力强。

【养护要点】黄檗定植后注意修枝及除去根蘖,常有花椒凤蝶为害叶片,应注意及早防治。

【观赏与应用】黄檗树形浑圆,秋叶金黄色,是重要的秋色叶树种,可做行道树、庭荫树和园景树,适于孤植、丛植与草坪、山坡及建筑周围,也可在山地风景区大面积栽培成风景林。

13. 山麻杆 *Alchornea davidii* Franch.

【科属】大戟科,山麻杆属

【识别要点】①落叶丛生灌木,高 1～2.5 m。茎直立而少分枝,幼枝常有浅紫色茸毛。②叶互生,圆形至广卵形,长 7～17 cm,叶缘有锯齿,表面绿色,背面红褐色。③花单性同株,雄花密生成短穗状花序,雌花呈总状花序,花期 4—5 月。④蒴果呈扁球形,密生短茸毛,果期6—8 月。

【分布范围】山麻杆(见图 3-121)产于长江流域及陕西。

【主要习性】山麻杆喜光,耐半阴,喜温暖气候,不耐严寒,对土壤要求不严,在酸性、中性和钙质土壤中均可生长,忌水涝,萌蘖力强,容易更新,生长迅速。

【养护要点】山麻杆是观嫩叶树种,一般栽后 3～5 年应截干或平茬更新,因不耐严寒,北方地区宜选向阳温暖之地定植。

【观赏与应用】山麻杆早春嫩叶及新枝均为紫色,成熟时叶背面红褐色,是优良的早春观叶、观茎树种,适于庭前、石间、路旁、山坡、草地等各处丛植,因赏茎、叶之色泽,应选择白色或绿色为背景。

图 3-121　山麻杆

off· 144 ·

14. 黄栌（烟树）*Cotinus coggygria* Scop.

【科属】漆树科，黄栌属

【识别要点】①落叶灌木或小乔木，高5~8 m，树皮暗灰褐色，树冠呈圆形。小枝紫褐色，被蜡粉。②单叶互生，全缘，近圆形。③顶生圆锥花序，花小，杂性，黄绿色，花期4—5月。④果序上有许多羽毛状不育花的伸长花梗，果期6—7月。

【分布范围】黄栌（见图3-122）原产于河北坝下以南各山区，华北、华中、西南、西北均有分布。

【变种与品种】黄栌的主要变种有毛黄栌 var. *pubescens* Engl.、垂枝黄栌 var. *pendula* Dipp.、紫叶黄栌 var. *purpurens* Rehd. 等。

【主要习性】黄栌喜光，稍耐半阴，耐寒，喜深厚、肥沃的沙壤土，耐盐碱，耐旱，不耐水湿，对二氧化硫有抗性，根系发达，萌蘖力强。秋季叶色变红需要昼夜温差大于10 ℃。

图3-122　黄栌

【养护要点】白粉病是黄栌近年来最主要的病害，应注意及早防治。

【观赏与应用】黄栌初夏花后有淡紫色羽毛状的伸长花梗，宿存树梢较久，观之如烟似雾，美不胜收。秋季叶片变红，鲜艳夺目，为北京香山红叶的主要组成树种；在园林中可以丛植于草坪、土丘或山坡，也可与其他树群，尤其是常绿树群混植，还可以营造风景林及用做荒山造林树种。木材可提取黄色染料，树皮、叶可提制栲胶，枝叶入药有消炎、清热之功效。

15. 美国红栌（红叶树）*Cotinus coggygria* Royal Purple

【科属】漆树科，黄栌属

【识别要点】①落叶灌木或小乔木，树冠呈圆形。②单叶互生，叶为圆形，叶片较普通黄栌大，全缘，叶柄细长。春夏叶色保持紫色或红紫色，秋季变为鲜红色。

【分布范围】美国红栌由美国引入，我国河南、河北及北京等地均有栽培。

【主要习性】美国红栌喜光，全光照时才能体现其色彩美，一旦处于光照不足则将逐渐恢复绿色，失去彩叶效果，稍耐寒，对土壤要求不严，耐干旱、瘠薄和盐碱土，不耐水湿，生长迅速。

【养护要点】美国红栌可嫁接繁育以保持其彩叶性状，繁殖时宜用普通黄栌为砧木，应注意及早防治红蜘蛛、蚜虫等虫害。

【观赏与应用】美国红栌树形美观大方，叶片大而鲜艳，整个生长季节，叶片为红色或紫红色，极具观赏价值，适应性强，栽培简便，是不可多得的山区绿化、美化、抗旱林木资源，在城市绿化、美化中有着重要的作用。

16. 黄连木（楷树、楷木）*Pistacia chinensis* Bunge.

【科属】漆树科，黄连木属

【识别要点】①落叶乔木，高达30 m，树皮呈薄片状剥落。②偶数羽状复叶（有时奇数），互生，小叶10~14枚，披针形或卵状披针形，基部偏斜，全缘。③雌雄异株，雄花排列成淡绿色密总状花序，雌花为疏松的紫红色圆锥花序，花期4月。④核果呈卵球形，直径约6 mm，初为黄白色，后变成红色至蓝紫色，果期9—11月。

【分布范围】黄连木(见图 3-123)原产于中国,华东、华中、西南均有分布。

【主要习性】黄连木喜光,幼时较耐阴,喜温暖,不耐严寒,对土壤要求不严,耐干旱、瘠薄,喜生于肥沃、湿润、排水良好的土壤,深根性,主根发达,抗风力强,萌芽力强,抗污染力较强,对二氧化硫和煤烟的抗性较强,生长较慢,寿命长。

【养护要点】黄连木病害少,虫害多,主要有黄连木尺蛾和黄连木种子小蜂,应注意及早防治;在北方地区,黄连木幼苗易受冻害,要进行越冬假植,次春再行移栽,栽植后应注意保护树形,一般不加修剪。

【观赏与应用】黄连木树冠开阔,叶形秀丽,枝叶繁茂,早春时嫩叶为红色,入秋后叶变成深红或橙黄色,紫红色的雌花序也极美观,是城市园林及风景区绿化的优良树种;可做庭荫树、行道树,或植于草坪、坡地、山谷与山石、亭阁配植。作为山林风景树,可与槭类、枫香等混植,构成大片秋色红叶林,效果极佳。

图 3-123 黄连木

17. 卫矛(鬼箭羽)Euonymus alatus (Thunb.)Sieb.

【科属】卫矛科,卫矛属

【识别要点】①落叶灌木,高 1～3 m,小枝有 2～4 条木栓翅。②叶对生,长椭圆形,两边无毛,缘有锯齿,早春、秋后呈紫红色,叶柄极短。③聚伞花序,黄绿色,花期 4—6 月。④蒴果 4 深裂,果皮紫色,种子褐色,外被橙红色假种皮,果期 9—10 月。

【分布范围】卫矛(见图 3-124)在我国长江中下游、东北、华北等地区均有分布。

【变种与品种】卫矛的主要变种有毛脉卫矛 var. pubescens Maxim.。

【主要习性】卫矛喜光,稍耐阴,耐寒,对土壤适应性强,耐干旱、瘠薄,对二氧化硫等有毒气体抗性强,萌芽力强,耐修剪。

【养护要点】卫矛大苗移栽应带宿土或捆土球更易成活。卫矛有黄杨尺蛾、黄杨斑蛾等食叶虫为害,应注意及早防治。

【观赏与应用】卫矛枝翅奇特,早春新叶、秋叶均呈紫红色,紫红色果实宿存至秋冬,是重要的观叶、观果树种;可孤植、群植于亭台楼阁之间或山石、草坪等处,也可点缀于风景林中或制作盆景;枝、翅、根、叶均可入药。

图 3-124 卫矛

18. 元宝枫(华北五角枫、平基槭)Acer truncatum Bunge.

【科属】槭树科,槭树属

【识别要点】①落叶乔木,树冠呈伞形或广卵形,枝条开展。②叶掌状 5 裂,有时中裂片又分 3 裂,叶基通常截形。③花杂性,黄绿色,成顶生伞房花序,花期 4 月,叶前或稍前于叶开放。④翅果扁平,两翅展开略成直角,翅长度等于或略长于果核,果期 10 月。

【分布范围】元宝枫(见图 3-125)分布于东北、华北至长江流域。

图 3-125 元宝枫

【主要习性】元宝枫为弱阳性树种,耐半阴,在酸性、中性和钙质土壤中均能生长,耐旱,不耐涝,耐烟尘及有害气体,对城市环境适应性强,深根性,萌蘗力强。

【养护要点】元宝枫的干性较差,移栽后,注意及时修去侧枝,培养主干,使主干达到要求高度后再培养树冠。

【观赏与应用】元宝枫的树冠呈伞形,绿荫浓密,叶形秀丽,嫩叶红色,秋叶又变成橙黄色或红色,是著名的秋色叶树种。可广泛用做行道树、庭荫树,也可配植于草地及建筑周围,或与其他树种混植营造风景林。

19. 五角枫(色木,地锦槭)*Acer mono* Maxim.

【科属】槭树科,槭树属

【识别要点】①落叶乔木,高达 20 m。②叶掌状 5 裂,基部常为心形,先端尾状锐尖,全缘,背面脉腋有簇毛,网状脉两面明显隆起。③伞房花序顶生,黄绿色,花期 4 月。④翅果扁平或微隆,果翅展开成钝角,长约为果核的 2 倍,果期 9—10 月。

【分布范围】五角枫(见图 3-126)在东北、华北至长江流域等地均有栽培,是本属中分布最广的一种。

【主要习性】五角枫为弱阳性树种,稍耐阴,喜温凉湿润气候,对土壤要求不严,在中性、酸性及石灰性土壤中均能生长,以土层深厚、肥沃及湿润之地生长最好,黄黏土中生长较差,生长速度中等,深根性,抗风力强。

【养护要点】五角枫常见的虫害主要有蚜虫和天牛,应注意及早防治。

图 3-126 五角枫

【观赏与应用】五角枫树形优美,叶、果秀丽,秋季叶渐变为黄色或红色,为著名秋色叶树种,可做庭荫树、行道树;因其有一定的耐阴性,常用于风景林中的伴生树,与其他秋色叶树或常绿树配植,彼此衬托掩映,增加秋景色彩之美。

20. 三角枫 *Acer buergerianum* Miq.

【科属】槭树科,槭树属

【识别要点】①落叶乔木,树皮暗灰色,片状剥落。②叶为卵形至倒卵形,常 3 浅裂,裂片全缘或疏生浅齿,3 主脉。③花杂性,黄绿色,顶生伞房花序,花期 4 月。④翅果,两果翅张开成锐角或近于平行,果期 9—10 月。

【分布范围】三角枫(见图 3-127)为中国原产树种,久经栽培,长江流域至华北南部都有分布。

【主要习性】三角枫为弱阳性树种,稍耐阴,喜温暖湿润气候,有一定耐寒能力,在北京可露地越冬,喜酸性、中性土壤,较耐水湿,萌芽力强,耐修剪。

图 3-127 三角枫

【观赏与应用】三角枫春季花色黄绿,入秋叶片变红,颇为美观,是良好的秋色叶树种;宜做庭荫树、行道树,或点缀于草坪、湖岸、亭廊、山间都很合适,也是优良的盆景树种。

21. 鸡爪槭(鸡爪枫)*Acer palmatum* Thunb.

【科属】槭树科、槭树属

【识别要点】①落叶乔木,高为 8～13 m,树皮光滑,灰褐色,树冠呈伞形。小枝细长,光滑,紫色。②叶掌状 5～9 深裂,基部为心形,裂片先端锐尖,边缘有重锯齿。③伞房花序顶生,紫色,总花梗长 2～3 cm,花期 5 月。④翅果,两翅展开成钝角,果期 10 月。

图 3-128　鸡爪槭

【分布范围】鸡爪槭(见图 3-128)分布于长江流域各省,现全国各地都有栽培。

【变种与品种】鸡爪槭的主要变种有细叶鸡爪槭(羽毛枫)*Dissectum*、紫红鸡爪槭(红枫)*Atropurpureum*。

【主要习性】鸡爪槭为弱阳性树种,耐半阴,阳光直射树干易造成日灼,耐寒性不强,北京在小气候良好处并加以保护可以安全越冬,对土壤要求不严,较耐干旱,不耐水涝。

【养护要点】鸡爪槭孤植应用时应注意防止日灼为害。

【观赏与应用】鸡爪槭树姿婀娜,叶形秀丽,新叶红色,秋叶色更加红艳,其园艺品种更是鲜艳夺目、丰富多彩,为优良的观叶树种;宜植于庭院、草坪、土丘,或与假山配植,以常绿树或白粉墙做背景更能凸显其雅致,也可制成盆景或盆栽供欣赏。

22. 红枫(红叶鸡爪槭)*Acer palmatum Thunb* Atropurpureum

【科属】槭树科,槭树属

【识别要点】①落叶乔木,树姿开张,高 2～4 m,树皮光滑,灰褐色。小枝细长,光滑,偏紫红色。②单叶交互对生,常丛生于枝顶。叶掌状深裂至叶基,裂片 5～9 个,卵状披针形,先端尾状尖,缘有重锯齿。春、秋季叶红色,夏季叶紫红色。

【分布范围】红枫主要分布在长江流域各省。

【主要习性】红枫喜湿润、温暖而凉爽的环境,较耐阴,忌烈日暴晒,适宜在肥沃、富含腐殖质的酸性或中性沙壤土中生长,不耐水涝。

【养护要点】叶蝉、刺蛾、天牛幼虫是红枫最严重的害虫,5—6 月的真菌性侵染也应注意及早防治。

【观赏与应用】红枫树姿轻盈潇洒,枝序整齐,层次分明,错落有致,叶和枝常年呈紫红色,鲜艳持久,是我国重要的彩色树种;广泛用于园林绿地及庭院做观赏树,以孤植、散植为主,也适宜与景石相伴,观赏效果极佳,注意为其选择合适的背景,以凸显其雅致的树形和鲜艳的叶色。

23. 茶条槭 *Acer ginnala* Maxim.

【科属】槭树科,槭树属

【识别要点】①落叶乔木,树皮灰褐色,幼枝绿色或紫褐色。②单叶通常 3 裂或不明显 5 裂,或不裂,中裂片特大而长,边缘为不规则重锯齿。③花杂性同株,顶生伞房花序,花期 5—6 月。④翅果紫红色,展开成锐角或相重叠,果期 9 月。

【分布范围】茶条槭(见图 3-129)产于东北、华北及长江中下游各省,常生长于海拔 800 m 以下山地。

图 3-129　茶条槭

【主要习性】茶条槭为弱阳性树种，耐半阴，耐寒，萌蘖力强，深根性，耐烟尘，能适应城市环境。

【观赏与应用】茶条槭花有清香，翅果成熟前红艳可爱，秋叶又很易变成鲜红色，是良好的庭院观赏树种，尤其适合作为秋色叶树种点缀园林及山景，也可栽做绿篱及小型行道树。

24. 复叶槭（梣叶槭、羽叶槭）Acer negundo Linn.

【科属】槭树科，槭树属

【识别要点】①落叶乔木，高达 20 m，树冠呈圆球形。小枝粗壮，绿色，无毛，有白粉。②奇数羽状复叶对生，小叶 3～7 枚，卵形，叶缘有不规则缺刻，叶背沿脉有毛。③花单性异株，花期 4—5 月，叶前开放。④果翅狭长，张开成锐角，果期 8—9 月。

【分布范围】复叶槭（见图 3-130）在东北、华北、西北至长江流域均有栽培。

【主要习性】复叶槭喜光；喜冷凉气候，耐寒；耐旱、耐轻度盐碱；对烟尘抗性强；生长快。

【养护要点】天牛幼虫易蛀食复叶槭的树干，应注意及早防治。

图 3-130　复叶槭

【观赏与应用】复叶槭枝叶茂密，秋叶呈金黄色，宜做庭荫树、行道树、防护林，作为速生树种，北方常用于"四旁"绿化树种。

25. 挪威槭 Acer platanoides L.

【科属】槭树科，槭树属

【识别要点】①落叶乔木，树皮表面有细长的条纹，树冠呈卵圆形。枝条粗壮，直立向上生长，绿色，无毛，有白粉。②叶片光滑，宽大浓密，5 裂，秋季呈黄色。

【分布范围】挪威槭由欧洲引入，我国华北、华中及辽宁大连等地均有栽培。

【变种与品种】挪威槭的主要变种有红国王挪威槭 Crimson King 等。

【主要习性】挪威槭喜光，稍耐寒，喜湿润气候及肥沃、深厚的土壤，适应性强。

【观赏与应用】挪威槭的树形美观，树荫浓密，是良好的行道树。

26. 沙枣（桂香柳、银柳）Elaeagnus angustifolia Linn.

【科属】胡颓子科，胡颓子属

图 3-131　沙枣

【识别要点】①落叶灌木或小乔木，高 5～10 m。老枝褐色，幼枝被银白色片及星状毛。②叶为椭圆状披针形至狭披针形，两面均有银白色鳞片，背面更密。③花被筒钟状，外面银白色，内面黄色，1～3 朵生于小枝下部叶腋，芳香，花期 5—6 月。④果呈长圆状椭圆形，果皮早期银白色，后期鳞片脱落，呈黄褐色或红褐色，果肉粉质，果期 8—10 月。

【分布范围】沙枣（见图 3-131）产于河北太行山的低山灌丛，东北、华北、西北及中南、华东均有分布。

【主要习性】沙枣喜光，耐寒，耐旱，耐水湿，耐盐碱，耐贫瘠，根系发达，抗风沙，在沙漠、半沙漠处可正常生长。

【养护要点】沙枣的根系在土壤中能生出固氮的根瘤菌,可提高土壤肥力,改良土壤,一般不需要特殊管理。

【观赏与应用】沙枣叶形似柳而色灰绿,叶背有银白色光泽,在微风中摇动,尤其是在阳光照射下有特殊的闪烁效果,颇具特色;由于具有多种抗性,最宜做盐碱和沙荒地区的绿化用,宜植为防护林,西北地区常用做行道树。花果、枝叶、皮均可入药。

27. 白皮松(白骨松、三针松、蛇皮松)*Pinus bungeana* Zucc.

【科属】松科,松属

【识别要点】①常绿乔木,高达 30 m,树皮淡灰绿色或粉白色,呈不规则鳞片状剥落;树冠呈圆锥形、卵形或圆头形。枝轮生,一年生枝灰绿色,无毛。②针叶三针一束,长 5～10 cm,边缘有细锯齿。③花期 4—5 月。④果次年 10—11 月成熟。

图 3-132　白皮松

【分布范围】白皮松(见图 3-132)是中国的特产,华北、陕甘、江浙等山地均有栽培。

【主要习性】白皮松喜光,耐寒,耐旱,耐瘠薄,能适应钙质黄土、轻度盐碱土及石灰岩,在排水不良或积水处生长不良,对二氧化硫气体及烟尘的抗性强,深根性,寿命长。

【养护要点】白皮松皮薄,在向阳面易发生日灼,对主干较高的植株,应注意采取措施避免为害;松大蚜为害苗木嫩枝和针叶,易招致煤污病,应及早防治。

【观赏与应用】白皮松树形整齐,干皮斑驳,极具观赏价值,是适应范围广泛的园林绿化传统树种;适于庭院、堂前、亭侧栽植,或与山石配植,植于公园、街道绿地或纪念场所;木材纹理华美,可用来做家具。

28. 赤松(日本赤松)*Pinus densiflora* Sieb. et Zucc.

【科属】松科,松属

【识别要点】①常绿乔木,高达 35 m,下部树皮常灰褐色或黄褐色,龟纵裂,上部树皮红褐色或黄褐色,呈不规则鳞片脱落;树冠呈圆锥形。小枝橙黄色或淡黄色,略被白粉,无毛。②针叶两针一束,细软较短,暗绿色,长 5～12 cm,两面均有气孔线,边缘有细锯齿。③雄球花淡红黄色,数枚聚生于新枝下部呈短穗状;雌球花红紫色,单生或 2～3 个集生于枝端,花期 4 月。④球果为长圆形,第二年 9—10 月成熟。

【分布范围】赤松(见图 3-133)在我国东北及山东半岛等地均有栽培。

【变种与品种】赤松的主要变种有千头赤松 *Umbraculifera*、球冠赤松 *Globosa* 等。

【主要习性】赤松喜强光,耐寒,耐旱,喜酸性土壤,耐贫瘠,深根性,抗风。

【养护要点】松干介是赤松最严重的害虫,应注意及早防治。

【观赏与应用】赤松适宜于门厅入口两旁对植及草坪中孤植,在溪流、池畔、石间及树林内群植或与红叶树种混植均可。

图 3-133　赤松

29. 青杨 *Populus cathayana* Rehd.

【科属】杨柳科,杨属

【识别要点】①落叶乔木,高达 30 m,树冠呈卵形,幼树皮灰绿色,光滑,老时暗灰色,浅纵裂。小枝圆柱形,灰绿色,无毛。②短枝的叶片为卵形,最宽处在中部以下,先端渐尖,基部圆形或近心形;长枝或萌枝叶片较大,基部常为心形。叶柄细长。③花期 4—5 月。④果期 5—6 月。

【分布范围】青杨(见图 3-134)是中国的特产,分布于辽宁、内蒙、山西、山东、甘肃等地。

【主要习性】青杨喜光,喜温凉气候,较耐寒,对土壤要求不严,不耐盐碱,耐干旱,不耐水淹,根系发达,分布深而广,生长快,萌芽早,在北京 3 月中旬开始萌芽并迅速展叶。

【养护要点】由于青杨物候期早,移栽定植应在早春解冻时进行。青杨常遭杨树腐烂病为害,应注意及早防治。

【观赏与应用】青杨树冠丰满,干皮清丽,可用做庭荫树、行道树、防护林及固堤护岸林等。青杨展叶极早,新叶嫩绿光亮,使人尽早感觉春天来临的气息,木材优良,可做建筑、家具、造纸的材料。

图 3-134 青杨

30. 金丝垂柳 *Salix×aureo-pendula*

【科属】杨柳科,柳属

【识别要点】①落叶乔木,高 10 m 以上,幼年树皮为黄色或黄绿色。枝条细长下垂,生长季节为黄绿色,落叶后至早春则为黄色,经霜冻后颜色尤为鲜艳。②叶长 9～14 cm,狭长披针形,缘有细锯齿。③全部为雄株。

【分布范围】金丝垂柳在我国东北南部、华北及长江中下游等地均有栽培。

【主要习性】金丝垂柳喜光,较耐寒,喜水湿,也能耐干旱,发芽早,落叶迟,萌芽力强,生长快。

【养护要点】金丝垂柳适应性强,移栽易成活,应注意防治枝干病害。

【观赏与应用】金丝垂柳枝条金黄,柔软下垂,树姿婆婆潇洒,又因其全部为雄株,春季不飞絮,无环境污染,是优良的园林绿化树种。可用做行道树、庭荫树,或孤植于草地、建筑物旁,也可种植于河岸、池边、湖畔等处做护岸固堤树种。

31. 白桦(桦树、桦木、桦皮树) *Betula platyphylla* Suk.

【科属】桦木科,桦木属

【识别要点】①落叶乔木,高达 25 m,树皮白色,呈纸状分层剥离,树冠呈卵圆形。小枝细长,红褐色,无毛,外被白色蜡层。②叶为三角状卵形,先端渐尖,基部广楔形,边缘有不规则重锯齿,背面疏生油腺点,侧脉 5～8 对。③花单性同株,葇荑花序,花期 5～6 月。④果序单生,圆柱状,下垂,果期 8～10 月。

【分布范围】白桦(见图 3-135)在中国东北、华北和西南各地普遍栽培,垂直分布东北在 1 000 m 以下,华北为 1 300～2 700 m。

【主要习性】白桦喜强光,耐寒,喜酸性土壤,耐瘠薄及水湿,深根性,萌芽力强。

图 3-135 白桦

【养护要点】白桦尺蠖是白桦较严重的害虫,应注意及早防治。

【观赏与应用】白桦枝叶扶疏,姿态优美,树皮光滑洁白,有独特的观赏价值;可用来营造风景林,也可孤植于庭院、丛植于草坪或列植于路旁;树皮可提取栲胶、桦皮油,叶可做染料。

32. 红桦(纸皮桦)*Betula albo-sinensis* Burkill.

【科属】桦木科,桦木属

图 3-136　红桦

【识别要点】①落叶乔木,高达 30 m,树皮橘红色或红褐色,呈纸状多层剥离。小枝紫红色或红色,无毛,有白色圆形皮孔。②叶为卵形或椭圆状卵形,先端渐尖,基部宽楔形,边缘有不规则重锯齿,侧脉 9～14 对,叶脉常有毛。③果序单生或 2～4 个排成总状,直立;坚果呈卵形,果翅与小坚果近等宽或稍窄,果期 8—10 月。

【分布范围】红桦(见图 3-136)分布于河北、山西、甘肃、湖北、四川及云南等省;垂直分布于海拔 1 000～3 500 m 处。

【主要习性】红桦耐阴,耐寒性比白桦强,喜湿润。

【观赏与应用】红桦干皮光洁,橘红色,可与白桦媲美,观赏价值独特;可用来营造风景林,常与山杨、青杆、云杉等混植或植成纯林;材质优良,为细木工、家具、枪托、飞机螺旋桨、砧板等优良用材。

33. 金枝国槐(黄金槐)*sophora japonica* Golden Stem

【科属】蝶形花科,槐属

【识别要点】①落叶乔木,高达 15 m,树干金黄,树冠呈圆形。当年生枝条金黄色,两年生枝条暗黄色。②叶为矩圆形,先端尖,早春叶浅黄色,以后逐渐变绿。③顶生圆锥花序,蝶形花,花期 6—9 月。④荚果,串珠状,果期 10 月。

【分布范围】金枝国槐北起辽宁,南至广东、台湾地区,东起山东,西至甘肃、四川、云南均有栽培。

【主要习性】金枝国槐喜光,喜干冷气候,耐寒,喜排水良好的沙质土壤,耐旱,耐涝,耐轻度盐碱,对氯化氢、二氧化硫、氯气等有毒气体抗性强,深根性,耐修剪,寿命长。

【养护要点】金枝国槐繁殖以国槐为砧木进行嫁接。

【观赏与应用】金枝国槐树姿圆润,发芽早,幼芽及嫩叶淡黄色,5 月上旬转绿黄,秋季 9 月后又转黄,枝干终年金黄,是优良的庭荫树、风景树,可孤植、丛植、列植。

34. 青榨槭(蛇皮椴)*Acer davidii* Franch.

【科属】槭树科,槭树属

【识别要点】①落叶乔木,高 10～15 m,树皮绿色,并有墨绿色条纹,一年生枝条银白色。②单叶不裂或偶两侧有小裂片,先端急尖或尾尖,基部圆形或近心形,边缘有不整齐锯齿。③顶生总状花序、杂性同株,花黄色,花期 4—5 月。④果连同翅长 2.5～3 cm,翅开张角为钝角至平角,果期 8—10 月。

【分布范围】青榨槭(见图 3-137)产于河北小五台山、云雾山、都山及赞皇、武安等地海拔 1 000 m 左右的山谷、疏林中。华北、华东、中南及西南等地均有分布。

图 3-137　青榨槭

【主要习性】青榨槭较耐寒,喜凉爽气候,较耐阴,对土壤要求不严,适宜中性土壤,生长较快。

【观赏与应用】青榨槭叶片深绿阔大,枝繁叶茂,绿色的树皮与银白色枝条独具一格,似竹而胜于竹,具有很高的绿化和观赏价值,是城市园林、风景区等各种园林绿地的优美绿化树种。

35. 红瑞木(红瑞山茱萸)*Cornus alba Linn.*

【科属】山茱萸科,梾木属

【识别要点】①落叶灌木,枝条血红色,常被白粉。②叶片为椭圆形或卵圆形,全缘,侧脉5～6对,中脉在叶表面凹陷。③伞房状聚伞花序顶生,白色或淡黄白色,花期5～7月。④核果呈斜卵圆形,成熟时白色或稍带蓝色,果期8—10月。

【分布范围】红瑞木(见图3-138)分布于东北、内蒙古及河北、陕西、山东等地。

【变种与品种】红瑞木的主要变种有金叶红瑞木 *Aurea*、芽黄红瑞木 *Bud Yellow*。

【主要习性】红瑞木喜光,耐寒,喜略湿润土壤,耐干旱,耐修剪,根系发达。

【养护要点】红瑞木移植后应行重剪,栽后初期应勤浇水;以后每年应适当修剪,以保持良好树形及枝条繁茂,应注意枝枯病的防治。

图 3-138　红瑞木

【观赏与应用】红瑞木秋叶鲜红,小果洁白,枝条终年鲜红色,是少有的观枝树种;园林中多丛植于草坪上或与常绿乔木相间种植,形成红绿相映之效果,也可植于河边、湖畔、堤岸上,起到护岸固土的作用;果可榨油。

36. 紫竹(黑竹、乌竹)*Phyllostachys nigra* (Lodd. ex Lindl) Munro.

【科属】禾本科,刚竹属

【识别要点】①秆散生,高3～10 m,直径2～5 cm,中部节间25～30 cm,新秆绿色,密被白粉和刚毛,当年秋冬就逐渐呈现黑色斑点,一年后全变为紫黑色,无毛;主枝常呈黑色。②叶片2～3枚,生于小枝顶端,叶片为窄披针形,质地薄。③笋期4—5月。

【分布范围】紫竹(见图3-139)原产于中国,广布于华北经长江流域至西南等省区。

【变种与品种】紫竹的主要变种有淡竹(毛金竹)var. *henonis* Stapf ex Rendle,秆高大、通直,可达7～18 m,秆壁较厚,秆绿色至灰绿色。

【主要习性】紫竹耐寒性较强,北京紫竹院公园小气候条件下能露地栽植,稍耐水湿,适应性较强。

图 3-139　紫竹

【观赏与应用】紫竹秆紫黑色,叶翠绿,为著名观赏竹种;常配植于庭院山石之间或书斋、厅堂、小径旁,可与黄槽竹、金镶玉竹、斑竹等秆具有色彩的竹种同栽于园中,增加色彩变化。

37. 黄槽竹(玉镶金竹)*Phyllostachys aureosulcata*

【科属】禾本科,刚竹属

【识别要点】①地下茎单轴型,秆散生;中型竹,秆高3～6 m,径粗2～5 cm;新秆绿色,

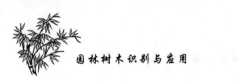

密被细毛,有白粉,秆环中度隆起,高于箨环;秆在分枝以下的节间呈圆筒形,分枝的一侧有黄色纵槽;每节有 2 分枝,每小枝有 2～3 叶,叶片为披针形,长 7～15 cm。②笋期 4—5 月。

图 3-140 黄槽竹

【分布范围】黄槽竹(见图 3-140)原产于中国,分布于北京、河北、山东、江苏、浙江等地。

【变种与品种】黄槽竹的主要变种有金镶玉竹(黄金间碧竹)f. *spectabilis* C. D. Chu et C. S. Chao,秆金黄色,节间纵槽绿色,秆上有数条绿色纵条。秆色泽美丽,常植于庭院。

【主要习性】黄槽竹适应性强,耐严寒,耐－20 ℃低温,适宜栽在背风向阳处,喜湿润、排水良好的土壤,在干旱、瘠薄地的植株呈低矮灌木状。

【养护要点】黄槽竹栽培较容易,春天干旱少雨,应注意及时浇水。

【观赏与应用】黄槽竹在北方常做庭院绿化用,尤其是变种金镶玉竹,秆色金黄,中间带有碧绿条纹,四季常青,挺拔秀丽,是我国四大观赏名竹之一,具有很高的观赏价值和经济价值。

38. 斑竹(湘妃竹)*Phyllostachys bambussoides* f. *lacrima-deae*

【科属】禾本科,刚竹属

【识别要点】斑竹为刚竹的变型,与刚竹相似。秆散生,秆高 7～13 m,径粗 3～10 cm。与原种之区别在于一年生秆绿色,以后渐次出现大小不等、边缘不清晰的淡墨色或紫黑色斑点,分枝亦有紫褐色斑点,故名斑竹。

【主要习性】斑竹喜温暖湿润气候,稍耐寒。

【观赏与应用】斑竹为我国著名观赏竹种,传说有"娥皇女英斑竹泪"的爱情故事,更增加了斑竹的传奇色彩;在园林中可片植,或与山石配景,也可盆栽观赏。

(二)完成绿地树种调查分析报告

完成彩色树种调查分析报告(Word 格式和 PPT 格式),要求调查的绿地树种为 20 种以上。

1. 参考格式

_____彩色树种应用调查分析报告

姓名:_____ 班级:_____ 调查时间:___年___月___日

(1)调查区范围及自然地理条件。

(2)绿地彩色树种配植情况与调查分析。

_____绿地彩色树种配植情况与调查分析如下。

①_____植物配植平面图 根据图纸大小及绿地面积自选绘图比例。

②彩色树种配植表如表 3-7 所示。

表 3-7　彩色树种配植表

序号	树种	学名	科别	主要习性	观赏特点	主要观赏期	配植方式	生长状况

③彩色树种配植情况分析　依据彩色树种的形态特征、主要习性、配植效果等进行客观分析。

（3）调查区彩色树种应用情况总结。

对多个绿地的彩色树种的应用情况进行总结,依据其形态特征、主要习性、配植效果等因素进行客观分析。

2. 任务考核

考核内容及评分标准如表 3-8 所示。

表 3-8　考核内容及评分标准

序号	考核内容	考核标准	分值	得分
1	调查准备	材料准备充分	10	
2	调查报告形式	内容全面,条理清晰,图文并茂	10	
3	调查水平	树种识别正确,特征描述准确,观赏和应用分析合理	60	
4	调查态度	积极主动,注重方法,有团队意识,注重工作创新	20	

知识链接

彩色树种的相关介绍

一、彩色树种形成的原因与影响因素

植物叶片细胞内的色素包括叶绿素、花青素和类胡萝卜素,这几种色素在细胞中所占的比例和位置决定着叶片的颜色。当叶绿素在叶片色素中所占的比例较大时,叶片呈现绿色;花青素所占的比例较大时,叶片呈现红色;类胡萝卜素所占的比例较大时,叶片呈现橙色或黄色。当叶片的某一部分色素的比例大,如叶子上部或下部某种色素比例大,这样就形成了彩叶植物。

引起叶片色彩变化的主要原因是光照、温度和病毒。

光照影响彩叶植物体内色素比例的变化。如紫叶小檗等叶片在弱光下叶绿素合成偏多,在强光下一部分叶绿素被破坏而由花青素或类胡萝卜素取而代之。这些彩叶植物光照越充足,色彩越鲜艳。

由于季节变化引起温度变化,春夏季节,叶片内富含叶绿素,而类胡萝卜素较少,叶片呈现绿色。叶绿素对温度的适应性较差,进入秋冬季节,低温加速了叶绿素的分解,而且限制了新叶绿素的合成。这时,叶片内原来的类胡萝卜素就表现出来,使叶片变成了黄色和红

色。进入秋天以后，昼夜温差较大，树木叶片内糖分的积累增加，进而促进花青素的合成，加上这时气候比较干燥，树木体内水分减少，引起花青素的浓度升高。这样，原来的绿色叶片就会变成红色或橙红色。

病毒是斑叶树种形成的重要原因，但是病毒并不影响树木的生长发育，甚至还会使叶片更美丽。

彩叶树种的色彩形成除以上原因外，还存在遗传变异、土壤 pH 值等因素的影响。

二、园林彩色化趋势

由于过去的树种色彩单一，均为绿色，所以称为绿化。绿色给人们的单调感觉已越来越不适应多色彩时代的要求。树木的特征包括色彩因素，色彩构成了树种的特色，与人们产生共鸣，是彩色树种的开发价值所在。

彩色树种在城市绿化中具有常规树种无可比拟的优越性，彩色树种非常适用于街道绿化、高速公路绿化及工矿区绿化。常见的配植方式包括纯色栽植、多色配植、多层配植等，从而使城市绿化呈现出色彩缤纷的绚丽景象。

种植彩色植物比单纯种植草本花卉要经济，生态效果更好。一方面，占用同等面积土地生长的乔木或灌木，叶片面积总和要比草花叶片面积大得多，参与光合作用时，可吸入更多的二氧化碳，呼出更多的氧气；另一方面，养护同等面积的乔木或灌木要比养护草花或草地节约大量的水。因此，种植彩色乔木和灌木要比种植草花更有利。

（1）讨论常色叶树种有哪些。

（2）讨论当地应用广泛的秋色叶树种及其秋季叶色。

（3）将槭树科常见彩色树种从叶形、观赏叶色、果形、果色等方面进行区分。

项目四　绿篱树种、垂直绿化树种、地被树种的识别与应用

　　绿篱树种、垂直绿化树种和地被树种各具优势,在现代园林中被广泛应用。绿篱泛指树木成行密植,用以代替篱笆、栏杆和墙垣,是园林绿化的重要组成之一。绿篱应用历史悠久,因其隔离作用和装饰美化作用,被广泛应用于装饰建筑物、花坛、树丛和道路的边缘,形成有生命的绿色篱垣,起到其他建筑材料不能比拟的作用。垂直绿化主要以藤本树种为主要材料。它们广泛应用于立交桥的绿化、景观道路的配植、广场柱廊的装饰、庭院棚架的美化、墙体坡地保护和阳台窗台的点缀等,逐渐成为改善城市生态环境、提高城市景观质量的重要角色。地被树种,顾名思义就是覆盖地表的低矮树种。随着人们对园林景观效果和生态环境建设质量的重视,人们逐渐认识地被树种在提高绿化覆盖率、增强生态环境功能和节约管理成本等方面发挥着重要的作用,某些地被树种的综合开发还可增加经济收入。本项目共三个任务,即绿篱树种的识别与应用、垂直绿化树种的识别与应用和地被树种的识别与应用。

知识目标

　　(1)理解并掌握常见绿篱树种、垂直绿化树种和地被树种的识别方法,了解主要树种的典型变种及栽培品种。

　　(2)掌握常见绿篱树种、垂直绿化树种和地被树种的主要习性和栽培养护要点。

　　(3)理解并掌握常见绿篱树种、垂直绿化树种和地被树种的观赏特性和园林应用形式。

技能目标

　　(1)能够正确识别常见的绿篱树种15种以上、垂直绿化树种10种以上和地被树种5种以上。

　　(2)能够根据常见绿篱树种、垂直绿化树种、地被树种的观赏特性和主要习性合理应用。

　　(3)能够根据园林绿地类型的不同需求合理选用绿篱树种、垂直绿化树种和地被树种。

任务1　绿篱树种的识别与应用

能力目标

　　(1)能正确识别15种以上常见的绿篱树种。

　　(2)能根据绿篱树种的主要习性、观赏特点及绿化要求合理选用。

知识要求

　　(1)掌握常见的绿篱树种的概念和类型。

（2）掌握绿篱树种的主要习性、栽培养护要点和园林应用形式。

（1）通过完成学习任务，提高学生学习的主动性，培养其分析问题、解决问题的能力。

（2）通过小组合作、分工协作的学习方式，培养学生团结协作的意识和认真负责的态度，同时培养其沟通表达能力。

（3）通过对绿篱色彩搭配及立面造型的分析，提高其园林艺术欣赏水平。

一、绿篱的定义

凡是由灌木或小乔木以近距离的株行距密植，栽成单行或双行，紧密结合的规则的种植形式，称为绿篱。由小叶黄杨组成的绿篱如图 4-1 所示。

图 4-1　绿篱树种　小叶黄杨　（张百川 摄）

二、绿篱树种的分类

绿篱根据高度，可分为绿墙、高绿篱、中绿篱和矮绿篱四种。

（1）绿墙：高 1.6 m 以上，用做阻挡视线、分隔空间或做背景，如圆柏、龙柏、垂叶榕、木槿、枸橘等。

（2）高绿篱：高 1.2～1.6 m，人的视线可以通过，但人不能跨过，主要用做界限和建筑的基础种植，能创造完全封闭的私密空间。

（3）中绿篱：高 0.5～1.2 m，是公园中最常见的类型，用做场地界线和装饰，能分离造园要素，但不会阻挡游人的视线。

（4）矮绿篱：高 0.5 m 以下，经常做花坛图案的边线，或用在道路旁、草坪边以限定游人的行为；矮绿篱给人以方向感，既可使游人视野开阔，又能形成花带、绿地或小径。

绿篱根据生长习性，可分为常绿绿篱和落叶篱两种。

（1）常绿绿篱：由常绿树组成，园林中最常见，树种有圆柏、大叶黄杨、海桐、锦熟黄杨、雀舌黄杨等。

（2）落叶篱：东北、华北地区常用的绿篱，树种有紫穗槐、柽柳、紫叶小檗等。

绿篱根据功能要求与观赏要求,可分为花篱、果篱、叶篱、彩叶篱、刺篱和蔓篱六种。

(1)花篱:由观花树种组成,一般用花色鲜艳或繁花似锦的种类,是园林中比较精美的篱植类型,多用于重点绿化地段,如桂花、六月雪、栀子花、茉莉、杜鹃花、迎春、木槿、锦带花、金钟花、溲疏、郁李、珍珠梅等。

(2)果篱:由观果树种组成,一般用果色鲜艳、果实累累的种类,是营造秋季景观的极佳形式,如紫珠、枸骨、火棘、金银木、水枸子、枸杞等。

(3)叶篱:通常由大叶黄杨、黄杨、圆柏等常绿观叶植物组成。

(4)彩叶篱:一般由终年有彩色(非绿色)叶片的树种组成,如金叶女贞、紫叶小檗、变叶木、红桑、金叶榕等。

(5)刺篱:一般用枝干或叶片具钩刺或尖刺的种类,可以起到防范作用,如枸骨、花椒、小檗、黄刺玫、沙棘、五加等。

(6)蔓篱:在园林或住宅大院内为了防范或划分空间的需要,建竹篱、木栅围墙或铅丝网篱,同时栽植藤本植物,如金银花、凌霄、常春藤、蔷薇等。

绿篱按整形与否,可分为自然式绿篱和整形式绿篱两种。

(1)自然式绿篱:一般不修剪,必要时只进行少量调节长势的修剪。

(2)整形式(规则式)绿篱:需要定期进行整形修剪,以保持树木的体形外貌。

三、绿篱的作用

(一)范围与围护作用

园林中常以绿篱做防范的边界,可用刺篱、高篱等,以引导游人的游览路线。

(二)分隔空间和屏障视线

园林中常用绿篱或绿墙进行分区和屏障视线,分隔不同的功能空间。最好用常绿树组成高于视线的绿墙。在自然式布局中,有局部规则式的空间,也可用绿墙隔离,使强烈对比、风格不同的布局形式得到缓和。

(三)做色带和图案花纹

在大草坪和坡地上,可主要利用不同的观叶木本植物,组成具有气势大、尺度大、效果好的色带和图案花纹。其宽窄随设计纹样而定,过宽不利于修剪操作,设计时应考虑工作小道。

(四)做花径、喷泉、雕像的背景

园林中常用常绿树修剪成各种形式的绿墙,做喷泉和雕像的背景,其高度一般要与喷泉和雕像的高度相称,色彩以选用没有反光的暗绿色树种为宜。做花径背景的绿篱,一般均为常绿的高篱或中篱。

(五)美化挡土墙

在各种绿地中,为避免不同高度的两块高地之间的挡土墙立面上的枯燥,常在挡土墙的前方栽植绿篱,把挡土墙的立面美化起来。

四、绿篱树种要求

绿篱宜用小枝萌芽力强、耐修剪、易整形、生长慢、枝细叶小、分枝密集、有较强的耐阴力的树种。对于花篱和果篱,一般选叶小而密、花小而繁、果小而多的树种。

 学习任务

调查所在城市应用类别和应用树种不同的 5～8 块绿篱。内容包括调查地点的自然条件、绿篱树种名录、习性、应用种类、在园林中的作用等,并完成树种调查分析报告。

任务分析

绿篱树种的种类繁多,应用广泛,不同的绿篱树种其观赏特点不同,造型丰富,而且许多绿篱除了观赏之外,更重要的是起防范、分隔空间等作用。因此,绿篱树种的应用应综合考虑其形态特征、主要习性和观赏特性等因素。完成该学习任务,首先要能准确认识绿篱的形态特征;其次要能全面分析和准确描述绿篱树种的主要习性、观赏特性和园林应用特点等;最后要善于观察绿篱树种之间的色彩、高度等的搭配及不同功能条件下对绿篱形式的要求等。在完成该学习任务时,要注意选择观赏效果较好的绿篱造型,绘制绿篱造型的平、立面图时,要注意分析绿篱材料的形态特征、习性和平、立面造型是否与所在的园林环境相协调,是否符合园林环境的要求。

任务实施

一、材料与用具

各种形式的绿篱、绿地自然环境资料、照相机、皮尺、记录夹等。

二、任务步骤

(一) 认识下列绿篱树种

1. 大叶黄杨(正木、冬青卫矛)*Euonymus japonicus* Thunb.

【科属】卫矛科,卫矛属

【识别要点】①常绿灌木或小乔木,高可达 8 m。小枝绿色,梢四棱形。②叶革质,有光泽,椭圆形至倒卵形。③花绿白色,6～12 朵成密集聚伞花序,花期 6—7 月。④蒴果近球形,淡红色,径 8～10 mm,熟时 4 瓣裂,假种皮橘红色,果期 9—10 月。

【分布范围】大叶黄杨(见图 4-2)原产于日本南部,中国南北各省均有栽培。

【变种与品种】大叶黄杨的主要品种有金边大叶黄杨 *Ovatus Aureus*、金心大叶黄杨 *Aureus*、银边大叶黄杨 *Albo-marginatus*、银斑大叶黄杨 *Latifolius Albo-marginatus* 等。

【主要习性】大叶黄杨喜光,较耐阴,喜温暖湿润气候,较耐寒;在北京以南可以露地越冬,要求肥沃、疏松的土壤,极耐修剪整形,对各种有毒气体及烟尘有很强的抗性。

【养护要点】大叶黄杨移植应在 3—4 月间进行,小苗移栽可以裸根蘸泥浆栽植,大苗移栽或远距离运输需要带土球;常见病虫害有叶斑病、白粉病、疮痂病和介壳虫,应注意及早防治。

【观赏与应用】大叶黄杨枝叶茂密,四季常青,叶色亮绿,而且

图 4-2 大叶黄杨

有许多花叶、斑叶变种,是优良的观叶树种。大叶黄杨可用做绿篱,还可以修剪成球形、多层式等艺术造型,应用于规则式园林中;也常用做背景材料、街道绿化和工厂绿化材料。

2. 小叶黄杨(黄杨、瓜子黄杨)*Buxus microphylla* ssp. *sinica*

【科属】黄杨科,黄杨属

【识别要点】①常绿灌木或小乔木,树冠呈圆球形或倒卵形。小枝常四棱,被短茸毛。②叶革质,对生,全缘,倒卵形或椭圆形,最宽处在中部或中部以上,先端微凹,深绿色,有光泽。③花小,黄绿色,簇生于叶腋或枝端,无花瓣,花期 4—5 月。④蒴果呈球形,成熟时 3 裂瓣,果期 7 月。

【分布范围】小叶黄杨(见图 4-3)原产于我国中部,现各地均有栽培。

图 4-3　小叶黄杨

【变种与品种】小叶黄杨的主要变种有朝鲜黄杨 var. *insularis* M. Cheng,叶厚革质,长椭圆形,长 10~15 mm,宽 6~8 mm,叶面侧脉不明显或稍明显,不凸出,边缘向下强卷曲。

【主要习性】小叶黄杨喜温暖气候,稍耐寒,喜半阴,在强阳光处生长,叶多呈现黄色,喜肥沃、湿润、排水良好的土壤,耐旱,萌芽力强,耐修剪,生长慢,对多种有害气体抗性强。

【养护要点】小叶黄杨移栽在春季发芽前进行成活率最高,移栽需带土球。黄杨绢野螟是小叶黄杨的主要虫害,应注意尽早防治。

【观赏与应用】小叶黄杨树姿优美,叶厚有光泽,可用做绿篱及基础种植材料,也是制作盆景的珍贵树种;在园林中,可孤植、丛植于草坪,或列植于路旁,点缀山石都很合适。

3. 雀舌黄杨 *Buxus harlandill*

【科属】黄杨科,黄杨属

图 4-4　雀舌黄杨

【识别要点】①常绿灌木,高 3~4 m,分枝多而密集,成丛,小枝纤细,无毛。②叶为倒披针形至狭倒卵形,长 2~4 cm,先端圆或微凹,有光泽,中脉在两面隆起,叶柄短。③花密集成穗状,生于叶腋,花小,绿色,花期 4—5 月。④蒴果呈卵圆形,长约 7 mm,果期 8—9 月。

【分布范围】雀舌黄杨(见图 4-4)原产于我国长江流域。北京、河北、山东、河南各地常有栽培。

【主要习性】雀舌黄杨喜阳光充足环境,耐半阴,喜温暖,耐寒性不强,喜湿润气候,耐干旱,喜疏松、肥沃和排水良好的沙壤土,浅根性,萌蘖力强,耐修剪,生长极慢。

【观赏与应用】雀舌黄杨枝叶繁茂,叶形别致,四季常青,植株低矮,耐修剪,是优良的矮绿篱材料,常用于布置模纹图案及花坛,也可盆栽欣赏。

4. 锦熟黄杨 *Buxus sempervirens* L.

【科属】黄杨科,黄杨属

【识别要点】①常绿灌木或小乔木,高 6~9 m,枝密集。②叶为倒椭圆形至卵状长椭圆

图 4-5　锦熟黄杨

形,长 1.5～3 cm,先端钝或微凹。③花簇生叶腋,淡绿色,花药黄色,花期 4 月。④蒴果呈三角鼎状,果长约 8 mm,果期 7 月。

【分布范围】锦熟黄杨(见图 4-5)原产于亚洲西部、非洲北部、欧洲南部。北京、山东、河南等地均有栽培。

【主要习性】锦熟黄杨为耐阴性树种,不宜阳光直射,喜温暖湿润气候,有一定的耐寒性,北京可露地栽培,适宜在排水良好、深厚、肥沃的土壤中生长,耐干旱,不耐水湿,生长很慢,耐修剪。

【观赏与应用】锦熟黄杨枝叶茂密,四季常绿,观赏价值甚高,加之耐修剪,生长慢,是极好的绿篱材料;可以根据需要修剪成各种形体,植于庭院、草坪或路边,也可自然种植,点缀山石,或做盆栽、盆景,可用于室内绿化。

5. 冬青 *Ilex chinensis*

【科属】冬青科,冬青属

【识别要点】①常绿乔木,高达 13 m;树皮灰色,平滑;小枝淡绿色,无毛。②叶薄革质,狭长椭圆形或披针形,长 6～12 cm,宽 2～4 cm,顶端渐尖,基部楔形,边缘有浅锯齿。叶片表面深绿色,有光泽,背面浅绿色,干后呈红褐色;叶柄有时为暗紫色,长 5～15 cm。③聚伞花序着生于新枝叶腋内或叶腋外,花瓣紫红色或淡紫色,花期 5—6 月。④果呈椭圆形或近球形,成熟时为深红色,果期 9—10 月。

【分布范围】冬青(见图 4-6)产于山东青岛、河南鸡公山、长江流域及其以南各省。

【主要习性】冬青喜温暖气候,不耐寒,喜光,较耐阴,适生于肥沃、湿润、排水良好的酸性土壤中;较耐潮湿,萌芽力强,耐修剪,深根性,抗风力强,对二氧化硫及烟尘抗性强。

【观赏与应用】冬青枝繁叶茂,四季常青,果熟时红若丹珠,赏心悦目,是庭院中的优良观赏树种。宜做园景树及绿篱材料,也适宜孤植于草坪,列植于门庭、墙际、园道两侧,或散植于叠石、小丘之上,葱郁可爱。冬青也可盆栽或制作盆景观赏。

图 4-6　冬青

6. 海桐(海桐花、山矾)*Pittosporum tobira* (Thunb.)Ait.

【科属】海桐科,海桐属

图 4-7　海桐

【识别要点】①常绿灌木或小乔木,高 2～6 m。②叶多数聚生枝顶,狭倒卵形,长 5～12 cm,全缘,顶端钝圆或内凹,基部楔形,边缘常外卷。③顶生伞房花序,花白色或淡黄绿色,芳香,花期 5 月。④蒴果近球形,有棱角,长达 1.5 cm,成熟时 3 瓣裂;种子鲜红色,果期 10 月。

【分布范围】海桐(见图 4-7)在长江流域及其以南各地庭院常见栽培观赏。

【变种与品种】海桐的主要变种有银边海桐 *Variegatum*,叶片边缘有白斑。

【主要习性】海桐喜光,略耐阴,喜温暖湿润气候,耐寒性不强,华北地区不能露地越冬,对土壤要求不严,萌芽力强,耐修剪,抗海潮风及二氧化硫等有毒气体能力较强。

【养护要点】海桐移植一般在春季 3 月间进行,也可在秋季 10 月前后进行,均需带土球。海桐枝条特别脆,大苗移栽运输过程中注意不要伤枝,以保持优美树形。海桐耐寒性不强,黄河流域以南可露地越冬,黄河以北,多栽植做盆栽,置室内防寒越冬。海桐栽培容易,不需要特别管理。易遭介壳虫害,要注意及早防治。

【观赏与应用】海桐枝叶茂密,株形圆整,四季常青,花叶芳香,种子红艳,为著名的观叶、观果植物,是南方城市及庭院常见的绿化观赏树种;通常用做建筑物基础种植及园林中的绿篱、绿带,也可孤植、丛植于草坪边缘、林缘或对植于门旁,列植路边。

7. 小叶女贞 *Ligustrum quihoui* Carr.

【科属】木樨科,女贞属

【识别要点】①落叶或半常绿灌木。枝条铺散,小枝具短茸毛。②叶薄革质,长 1.5～4 cm,椭圆形至倒卵状长圆形,基部楔形全缘,边缘略向外反卷。③圆锥花序长 7～20 cm,花白色,芳香,花期 6—8 月。④核果近球形,紫黑色,果期 9—11 月。

图 4-8　小叶女贞

【分布范围】小叶女贞(见图 4-8)原产于中国中部、东部和西南部,华北地区也有栽培。

【主要习性】小叶女贞喜光,稍耐阴,较耐寒,华北地区可以露地栽培,对二氧化硫、氯气、氟化氢、氯化氢、二氧化碳等多种有毒气体的抗性强,适应性强,萌芽力强,耐修剪。

【养护要点】小叶女贞移植以春季 2～3 月为宜,秋季亦可,需带土球移植;主要病虫害有叶斑病、吹绵介壳虫等,应注意及早防治。

【观赏与应用】小叶女贞株型圆整,庭院中可栽植观赏,萌枝力强,耐修剪,可以做绿篱,对有毒气体抗性强,可用来进行工厂绿化和用做抗污染树种。

8. 小蜡 *Ligustrum sinense* Lour.

图 4-9　小蜡

【科属】木樨科,女贞属

【识别要点】①半常绿灌木或小乔木,一般高 2 m 左右,枝条密生短茸毛。②叶薄革质,椭圆形至椭圆状矩圆形,长 3～7 cm,基部圆形或宽楔形,背面特别沿中脉有短茸毛。③圆锥花序长 4～10 cm,花白色,花梗明显;花冠筒比花冠裂片短;雄蕊超出花冠裂片,花期 4—5 月。④核果近圆形,直径 4～5 mm,果期 9—12 月。

【分布范围】小蜡(见图 4-9)主要分布于长江以南各省,河北、北京均有栽培。

【主要习性】小蜡喜光,稍耐阴,较耐寒,北京小气候良好处能露地栽植,对土壤湿度较敏感,干燥、瘠薄地生长发育不良,耐修剪,抗二氧化硫等多种有毒气体。

【观赏与应用】小蜡在江南园林中常做绿篱,在规则式园林中多修剪成各种几何形体,

也常植于庭院、林缘、池边、石旁观赏;宜做树桩盆景。

9. 金叶女贞 *Ligustrumx Vicaryi*

【科属】木樨科,女贞属

【识别要点】①金叶女贞是由加州金边女贞与欧洲女贞杂交育成的,半常绿灌木,高 2～3 m,冠幅 1.5～2 m。②单叶对生,叶片椭圆形或卵状椭圆形,长 2～5 cm,叶色金黄。③圆锥花序顶生,花白色,花期 6—7 月。④核果呈阔椭圆形,紫黑色。

【分布范围】金叶女贞分布于中国华北地区及长江流域各省。

【主要习性】金叶女贞喜光,稍耐阴性,耐寒,对城市土壤环境适应性较强,耐干旱、瘠薄和轻盐碱土;抗污染,对二氧化硫、氯气、氟化氢等多种有毒气体抗性强,萌枝力强;耐修剪。

【养护要点】金叶女贞常见病虫害有褐斑病、轮纹病、煤污病等,应注意及早防治。

【观赏与应用】金叶女贞在生长季节叶色呈鲜丽的金黄色,可与紫叶小檗、黄杨等组成灌木状色块,形成强烈的色彩对比,观赏效果极佳,也可修剪成球形或建造绿篱等。

10. 水蜡(水蜡树)*Ligustrum obtusifolium* sieb. Et Zucc.

【科属】木樨科,女贞属

【识别要点】①落叶灌木,高 2～3 m,幼枝有短茸毛。②叶纸质,单叶对生,长椭圆形,基部楔形,背面及中脉有茸毛。③圆锥花序顶生,下垂,花白色,芳香,花期 5—7 月。④核果黑色,椭圆形,果期 9—10 月。

【分布范围】水蜡(见图 4-10)产于中国中部、东部,华北地区也有栽培。

【主要习性】水蜡喜光,稍耐阴,较耐寒,北京可以露地越冬,对有毒气体抗性强,对土壤要求不严,萌枝力强,耐修剪。

【养护要点】水蜡主要虫害是介壳虫、白粉虱,应注意及早防治。

图 4-10 水蜡

【观赏与应用】水蜡常植于庭院观赏,栽植于林缘、池边、石旁都可;可做绿篱、绿墙、各种造型树及树桩盆景。

11. 雪柳(珍珠花)*Fontanesia phillyraeoides* subsp. *fortunei*

【科属】木樨科,雪柳属

【识别要点】①落叶灌木,树皮灰黄色,有条纹。小枝细长,四棱形。②叶为披针形或卵状披针形,长 3～12 cm,全缘,叶柄短。③圆锥花序顶生或腋生,花白色或淡绿色,微香,花期 5—6月。④果扁平,倒卵形,先端微凹,周围有窄翅,果期 9—10 月。

【分布范围】雪柳(见图 4-11)分布于中国中部至东部,尤其以江浙一带最为普遍,辽宁、广东也有栽培。

【主要习性】雪柳喜光,稍耐阴,喜温暖,耐干旱,较耐寒,对土壤要求不严,除盐碱地外,各种土壤均能适应,萌芽力强,生长快。

【养护要点】雪柳在排水良好、土壤肥沃之处生长特别繁茂,开花后及时剪除残留花穗,落叶后疏除过密枝,以保证来年的观赏效果。

图 4-11 雪柳

【观赏与应用】雪柳枝条稠密柔软,叶形似柳,开花季节白花满枝,花白繁密如雪,颇为美观,为优良观花灌木。可在庭院中孤植观赏,或丛植于池畔、坡地、路旁或树丛边缘,颇具雅趣;也可做自然式绿篱、防风林之下木及隔尘林带等。若做基础栽植,丛植于草坪角隅及房屋前后,也很相宜。

12. 金叶莸 *Caryopteris clandonensis* 'Worcester Gold'

【科属】马鞭草科莸属

【识别要点】①落叶灌木,高 1~1.5 m,冠幅 1 m。②单叶对生,叶长 3~6 cm,叶面光滑,鹅黄色,边缘有粗齿。③聚伞花序,腋生,蓝紫色,花期 7~9 月。④蒴果,果期 10 月。

【分布范围】金叶莸在我国吉林、辽宁及华北、华中、华东地区有栽培。

【主要习性】金叶莸喜光,耐寒,在 -20 ℃ 的地区能够安全露地越冬,耐旱,忌水湿,耐修剪。

【养护要点】金叶莸每年需修剪 2~3 次,使之萌发新枝叶,生长季节愈修剪,叶片的黄色愈加鲜艳;介壳虫是金叶莸的主要害虫,应注意及早防治。

【观赏与应用】金叶莸叶色优雅,生长季呈金黄色,盛花期呈蓝色,花色稀少,夏末秋初的少花季节开花,花期可持续 2~3 个月,是优良的园林造景灌木;可植于草坪边缘、假山旁、路旁,也可与紫叶小檗、丰花月季等组合成色带、绿篱或各式图案,栽培效果极佳,也可作为地被植物或基础栽植应用。

13. 紫穗槐(棉槐)*Amorpha fruticosa* L.

【科属】蝶形花亚科,紫穗槐属

【识别要点】①丛生落叶灌木,枝条直伸。②叶互生,奇数羽状复叶,小叶 11~25 枚,狭椭圆形,全缘。③顶生密总状花序,花小,蓝紫色,花药黄色。④荚果,弯曲,短镰刀形,长 7~9 mm,密被瘤状腺点。花果期 5—10 月。

【分布范围】紫穗槐原产于北美,中国各地广为栽培,以东北南部和华北地区比较集中。

【主要习性】紫穗槐喜光,稍耐阴,耐寒性强,对土壤要求不严,以沙质土壤较好,耐盐碱、耐瘠薄、耐旱、耐水湿,根系发达,生长迅速,耐修剪,对烟尘有较强的抗性。

【养护要点】紫穗槐适应性强,栽后注意除草,不需特殊管理,进行绿化栽植时,通常将主干剪除,用栽根法种植,成活率极高。

【观赏与应用】紫穗槐枝叶繁密,常栽植做绿篱,可改良土壤,枝叶对烟尘有较强抗性,可用做水土保持和工矿区绿化;也可用做防护林带的下木,也可用做荒山、盐碱地、低湿地、沙地、护岸坡地的绿化。

14. 小檗(日本小檗)*Berberis thunbergii* DC.

【科属】小檗科,小檗属

【识别要点】①落叶多枝灌木,高 2~3 m。②幼枝紫红色,老枝灰褐色或紫褐色,有沟槽,具刺,刺通常不分叉。③单叶互生,倒卵形或匙形,长 0.5~2 cm,先端钝,基部急狭,全缘,叶表暗绿色,叶背灰绿色。④花浅黄色,1~5 朵簇生成伞形花序,花期 5 月;浆果呈椭圆形,长约 1 cm,成熟时为亮红色,果期 9 月。

【分布范围】小檗(见图 4-12)在中国南北各地均有栽培。

图 4-12 小檗

【变种与品种】小檗的主要变种有紫叶小檗 *Atropurpurea*，叶常年呈紫红色。

【主要习性】小檗喜光，稍耐阴，在光照不足处叶色变绿；耐寒，较耐干旱瘠薄；忌积水涝洼，萌芽力强，耐修剪。

【养护要点】小檗定植时应进行强度修剪，以促使其多发丛枝，生长旺盛。小檗为小麦锈病的中间寄主，栽培时要注意。小檗极易生白粉病，应注意及早防治。

【观赏与应用】小檗分枝密，春开黄花，秋结红果，深秋叶色紫红，果实经冬不落，是良好的观果、观叶和刺篱材料。

15. 细叶小檗（波氏小檗）*Berberis poiretii* Schneid

【科属】小檗科，小檗属

【识别要点】①落叶灌木，高 1～2 m；小枝细，具条棱，紫褐色；刺单一或不明显三分叉。②叶为狭倒披针形，边缘锯齿不明显或全缘，上面中脉明显下凹；上面亮绿色，背面灰绿色。③总状花序具 8～15 朵小花，黄色，常下垂，花期 5—6 月。④浆果呈长圆形，红色，长约 9 mm，果期 7—9 月。

【分布范围】细叶小檗（见图 4-13）在吉林、辽宁、内蒙古、山西、河北等地均有分布；常生于海拔 100～2 000 m 的山坡、灌丛、林缘。

【主要习性】细叶小檗喜光，耐寒，耐旱。

【观赏与应用】细叶小檗花黄果红，十分可爱，北方园林中作为观果树种栽培欣赏，也用做刺篱；根和茎含小檗碱，是制黄连素的原料。

图 4-13　细叶小檗

16. 沙棘（醋柳、沙枣）*Hippophae rhamnoides* ssp. *simensis* Linn.

【科属】胡颓子科，沙棘属

【识别要点】①落叶灌木或小乔木，具枝刺。②叶片为狭披针形或长圆状披针形，长 2～8 cm，叶背密被银白色鳞片，叶柄极短。③花淡黄色，先叶开放，花期 3—5 月。④果呈圆球形或卵形，成熟时橘黄色或橘红色，果期 9—10 月。

【分布范围】沙棘（见图 4-14）在我国的华北、西北及西南均有分布。

【主要习性】沙棘喜光，耐严寒，对土壤要求不严，耐干旱，耐盐碱，在黏重土壤上生长不良。根系发达但主根浅，有根瘤菌共生，萌蘖力极强，生长迅速，耐修剪。

【养护要点】沙棘适应性强，定植后无需特殊管理，对生长差的可平茬或重剪，促其发生新枝，达到复壮目的。

【观赏与应用】沙棘枝叶繁茂，有刺，果实色泽鲜亮，适宜做刺篱、果篱。沙棘是干旱风沙地区绿化的先锋树种，又是极好的保持水土和改良土壤树种。

图 4-14　沙棘

（二）完成绿篱树种调查分析报告

完成绿篱树种调查分析报告（Word 格式和 PPT 格式），要求完成绿篱树种调查达 20 种以上。

1. 参考格式

_____绿篱树种调查分析报告

姓名：_____　　班级：_____　　调查时间：___年___月___日

（1）调查区范围及自然地理条件。

（2）绿篱树种配植情况与调查分析。

_____绿篱树种配植情况与调查分析如下。

①_____植物配植平面图　根据图纸大小及绿地面积自选绘图比例。

②绿篱树种配植表如表 4-1 所示。

表 4-1　绿篱树种配植表

项目	树种	学名	科属
园林功能			
主要观赏期			
主要习性			
生长状况			

③绿篱树种配植情况分析　依据绿篱树种的形态特征、主要习性、生长情况及配植效果等进行客观分析。

（3）调查区绿篱树种应用情况总结。

对多个绿篱的生长情况及应用形式进行总结，依据其形态特征、主要习性、生长状况及配植效果等进行客观分析。

2. 任务考核

考核内容及评分标准如表 4-2 所示。

表 4-2　考核内容及评分标准

序号	考核内容	考核标准	分值	得分
1	调查准备	材料准备充分	10	
2	调查报告形式	内容全面，条理清晰，图文并茂	10	
3	调查水平	树种识别正确，特征描述准确，观赏和应用分析合理	60	
4	调查态度	积极主动，注重方法，有团队意识，注重工作创新	20	

知识链接

我国古代绿篱和西方园林绿篱的相关介绍

一、我国古代的绿篱

绿篱是植物造景的重要方式之一,应用历史悠久。用竹子编的篱在我国已有久远的历史。东晋陶渊明就有"采菊东篱下,悠然见南山"的诗句。这个"篱"字是竹字头,下面的"离"有隔离的意思,是指用竹子将空间分开。中国常见篱笆一词,笆是指竹子编的器物,可见也

是人工用竹子制作的隔离物。西晋潘岳的《闲居赋》中有"长杨映沼,芳枳树樆"的句子,枳是南方常见的枸橘(*Poncirus trifoliata*),枝上有刺,农村成列种植用来防兽、防盗,可以说是用活植物做篱最早的记载。枸橘为芸香科枳属植物,花与叶均有香气。潘岳称"芳枳"是指明用活的枸橘做篱,因为死的枳就不芳了;而且用"树"字,含有种植的意思,更明确当时是用活植物做篱。在我国农村以实用为主,用有刺的植物做篱,以后逐渐转为观赏,用来点缀风景,这是很自然的。清代名著《红楼梦》第17回曾提到当时的篱在古典园林中的用处,例如:"外面却是桑、榆、槿、柘、各色树稚新条,随其曲折,编就两溜青篱。"这里所提的四种落叶大灌木的枝条都比较软,春天发出的新枝编成斜方大格,日久即形成一道活的花墙,非常别致。欧洲宣传的"编枝篱(interlaced branches hedge)",在我国200年前问世的小说中已经提过。《红楼梦》第56回提到蘅芜苑时又提到"还有一带篱笆上蔷薇、月季、宝相、金银藤……",说明用攀缘植物与竹篱共同组成的立体造型在我国古典园林中早已出现。

二、西方园林中的绿篱

自然不整形的绿篱起源于中国,而整形绿篱则起源于欧洲,人工修剪的绿篱是几百年前自西方传入中国的。绿篱的种植形式在西方园林发展史中有不同的表现形式。

1. 整形植物

通过修剪植物,使植物形成并保持设计造型(如圆形、方形、动物形等)的技术称为植物整形技术,修剪后形成的造型植物称为整形植物。

在古希腊,人们认为美是有秩序的、有规律的、合乎比例的、协调的整体,因此,只有强调均衡稳定的规则式园林才能确保美感的产生。植物造型是规则园林极重要的配植手法,古罗马园林受古希腊文化的影响,很重视整形植物的运用,开始只是把一些萌芽力强、枝叶茂密的常绿植物修剪成篱,以后则日益发展,将植物修剪成各种几何形体、文字、图案,甚至一些复杂的人或动物形象,常用的植物为黄杨、欧洲紫杉、柏树等。14世纪意大利文艺复兴,植物整形技术得到了进一步发展,不论是在大型园林还是小型园林,不论是整体规划还是单一景点,它都可以栽植应用。整形植物是传统与现代相结合的产物,在当代西方规则式园林中仍应用甚广。

2. 花结坛和刺绣花坛

花结坛和刺绣花坛均属于模纹花坛的范畴,特指流行于中世纪欧洲,图纹瑰丽,通常对称栽植于花坛而组成的古典式模纹花坛。

花结坛在英国非常流行,是用矮生绿篱构成复杂图形的花坛,其图案样式有的表现为混合的几何形,有的表现为鸟兽、图徽及其他形状。绿篱间或填铺多种颜色的粗砂,或种植各色的花卉,看上去犹如各色彩带。在花结坛的基础上,法国人克洛德·莫莱用花草或小绿篱模仿衣服上的刺绣花边,创造瑰丽的花坛,像在大地上做刺绣一样,称为刺绣花坛,即目前广泛应用的模纹花坛的前身。刺绣花坛在17世纪的法国十分流行,几乎形成了园林中不可缺少的种植类型,一直沿用至今。英国人将这种种植类型进行创新,他们通过在草坪上采用镂空的方法来表现花坛精美的图案,也有人直接以草坪为底衬,其上用鲜花布置美丽的纹样,这两种形式的做法都比刺绣花坛容易建植和养护,在现代英法园林中应用甚广。随着花卉品种的不断增多,后来又演变成盛花花坛。盛花花坛在目前应用最广,因为它的做法简单,观赏效果理想,但是从艺术角度来讲,与模纹花坛的精雕细琢是不可同日而语的。

3. 植物迷宫

植物迷宫是由树墙或树篱的小路形成的错综复杂的、容易令人产生困惑的网络系统。它始于罗马时期,后曾因战乱而荒废,中世纪时局稳定,植物迷宫再度兴起,成为当时王宫贵族常用的娱乐形式之一。植物迷宫成为花园设计普遍特征的主要时期是 16—17 世纪的欧洲,这一时期的迷宫依旧存在于现代欧洲的园林中。

建造植物迷宫必须有足够大的场地,选用欧洲紫杉或黄杨按设计图案栽植成规则的绿篱即可。绿篱需要定期修剪,道路也要保持良好状态。

植物迷宫具有多种形状及变化尺度,其迂回曲折的形态能够引发人们深层次的思考。当代美国,玉米迷宫日渐风行,在一望无际的玉米地里,巨大的迷宫结构在田野里剪径而建,有的还配有背景音乐,体现古老与现代的乐趣。世界上最大的植物迷宫创建于安德尔河畔的海纳安德尔,里面种的全是向日葵,每年冬天,农夫会重新设计并播种,到了春天就会长出一个全新的迷宫图案。1996 年开园时,有超过 85 000 多人试图走出这片 10 英亩(1 英亩＝40 468.6平方米)的迷宫。意大利皮萨尔别墅花园迷宫创建于 18 世纪初,被誉为是一个最复杂的迷宫世界,它坐落在威尼斯郊外的皮萨尔别墅,据说,1807 年,拿破仑一世曾经迷失在这里。阿什科姆迷宫是澳大利亚最古老和最有名的传统树篱迷宫,位于肖雷汉姆东面的莫宁顿半岛。树篱迷宫里种植了 1 000 多棵柏树,有数千平方米的道路。用了 217 个品种的蔷薇与 1 200 个以上的灌木丛,形成了高 3 m、宽 2 m 的墙。现在,每年修剪 3 次树篱,保持曲线优美。世界上最长的迷宫位于夏威夷瓦胡岛的杜尔凤梨园,它由 11 400 种热带植物组成,长约 3.11 英里(1 英里＝1.609 千米)。

复习提高

(1) 讨论适应当地环境条件的绿篱树种有哪些。

(2) 讨论当地应用广泛的彩叶篱树种及其叶色。

(3) 总结当地应用广泛的绿篱树种中耐阴性较好的树种。

任务 2　垂直绿化树种的识别与应用

能力目标

(1) 能够准确识别常见的垂直绿化树种 10 种以上。

(2) 能够根据园林设计和绿化的不同要求选用典型的垂直绿化树种。

知识目标

(1) 了解垂直绿化树种在园林中的作用。

(2) 掌握垂直绿化树种的形态识别方法。

(3) 了解垂直绿化树种的主要习性,掌握藤本树种的观赏特性、园林应用特点。

素质目标

(1) 通过对形态相似的垂直绿化树种进行比较、鉴别和总结,培养学生独立思考问题和解决实际问题的能力。

（2）通过学生收集、整理、总结和应用有关信息资料，掌握更多的藤本树种知识，培养自学能力。

（3）通过对垂直绿化树种不断深入学习和认识，提高学生园林艺术欣赏水平。

一、垂直绿化和藤本树种的概念

垂直绿化又称立体绿化，是为了充分利用空间，在墙壁、阳台、窗台、屋顶、棚架等处栽种攀缘植物，以增加绿化覆盖率，改善居住环境。

藤本树种是指树体细长，不能直立，只能依附别的树种或支持物，缠绕或攀缘向上生长的树种。

二、藤本树种的分类

藤本树种可分为攀缘藤本、缠绕藤本和匍匐藤本三种。

（1）攀缘藤本　具有卷须的藤本树种需要细线、铁丝或窄小的支撑物供其抓握。此类藤本树种有铁线莲、葡萄树等，使它们沿预定方向生长是很容易的，但不要让它们攀缘到乔木上。它们可以用来美化钢丝网栅栏，但需要额外的铁丝或棚架才能在木栅栏上生长。

（2）缠绕藤本　缠绕类藤本树种需要可供它们缠绕的物体。新生的枝条会在生长过程

图 4-15　藤本树种　五叶地锦
（张百川 摄）

中缠住支撑物。坚固的柱子和藤架都可以作为良好的支撑物。这种藤本树种有猕猴桃、紫藤等。

（3）匍匐藤本　匍匐类藤本树种会依附在实心物体上生长。这些藤本树种会把它们的气生根扎进实心墙上最小的缝隙之中。它们能够破坏某些种类的墙壁，尤其是老化并开始变得松脆的灰泥黏着的砖墙，但如果墙壁十分结实，则它们可以安全地生长。不要将它们种植在需要经常粉刷的平面上。依附类藤本树种在其他墙壁和稳固的支撑物上长势良好（见图 4-15），这种藤本树种有蔓性常春藤和爬山虎等。

三、藤本树种的应用

在垂直绿化中常用的藤本树种，有的用吸盘或卷须攀缘而上，有的垂挂覆地，用长枝和蔓茎、美丽的枝叶和花朵组成景观。藤本树种以其花形、花色、花香、花大而多取胜，如紫藤、金银花、三角梅、凌霄、炮仗花等，观叶树种或叶片光亮鲜艳，或叶形奇特，或叶色有明显的季相变化，如五叶地锦、爬山虎、麒麟叶等；观果树种以其果实色泽艳丽，或果形奇特，如葡萄、猕猴桃等；有些藤本树种的根、茎、叶、花、果还可以提供药材、香料等。利用藤本树种发展垂直绿化，可提高绿化质量，改善和保护环境，创造景观、生态、经济三相宜的园林绿化效果。

调查学校所在地区主要街道广场、居住区和城市公园的垂直绿化树种，内容包括调查该

地区自然条件,藤本树种名录,主要特征,习性,花、叶、果的观赏特性,配植方式及应用特点等,完成藤本树种调查报告。

任务分析

藤本树种是垂直绿化常用的一类树种,在棚架、墙体、枯树、门廊等地应用普遍。完成该任务要认真学习藤本树种的识别要点,习性,花、果、叶的观赏特性,利用这些知识将藤本树种巧妙地运用在园林造景中。

一、材料与用具

调查本地区藤本树种的自然环境条件,使用工具如照相机、测高器、铁锹、皮尺、pH 试纸、记录夹等。

二、任务步骤

(一)认识下列藤本树种

1. 紫藤(藤萝、朱藤)*Wisteia sinensis*(Sims) Sweet

【科属】蝶形花科,紫藤属

【识别要点】①落叶缠绕性藤本,茎达 30 m。②茎枝左旋,小枝被茸毛。无顶芽,侧芽单生,紧贴小枝,芽鳞 2～3 片。③基数羽状叶互生,小叶 7～13 枚,卵状长椭圆形,全缘。④总状花序下垂,花序、花梗均被白色茸毛,花期 4—6 月,果期 9—10 月。

【分布范围】紫藤(见图 4-16)原产于中国,朝鲜、日本亦有分布。

【变种与品种】紫藤的主要变种有银藤 *Alba*、粉花紫藤 *Rosea*、重瓣多花紫藤 *violaceo-Piena* 等。

图 4-16　紫藤

【主要习性】紫藤喜光,对气候、土壤适应性强,以深厚、肥沃、排水良好的土壤为佳,主根深,侧根少,不耐移植,对二氧化硫、氯化氢和氯气等有害气体抗性强,生长快,寿命长。

【养护要点】紫藤以湿润、肥沃、排水良好的土壤为宜,略耐阴,喜光,喜温暖,也耐寒,在中国大部分地区均可露地越冬。

【观赏与应用】紫藤为著名的观花藤本树种,园林中常用做棚架、篱垣、岩门廊、凉亭、枯树、灯柱及山石的垂直绿化材料,或修剪成灌木状点缀于湖边、池畔;孤植于草坪、林缘、坡地别有风姿,也用于工矿区绿化,或栽植做树桩盆景,花枝还可做插花材料。

2. 凌霄(紫葳、大花凌霄)*Campsis grandiflora*(Thunb.)Loisel.

【科属】紫葳科,凌霄属

【识别要点】①落叶藤本,茎长达 10 m,借气生根攀缘。②无顶芽,侧芽单生,芽鳞 2～3 对。③基数羽状叶对生,小叶 7～9 枚,卵形或卵状披针形,叶缘疏生 7～8 粗齿,两面无毛。

国林树木识别与应用

图 4-17　凌霄

④聚伞或锥花序顶生,花冠唇状漏斗形,鲜红色,茎 6～8 m,萼 1～2 个。蒴果细长。花期 7—8 月,果期 10 月。

【分布范围】凌霄(见图 4-17)分布于我国长江流域中下游地区。南起海南,北达北京、河北均有栽培。

【变种与品种】凌霄的主要变种有美国凌霄 *Campsis radicans* (L.)Seem. 等。

【主要习性】凌霄喜光,较耐阴,喜温湿气候,耐寒性较差,适于背风向阳、排水良好的沙壤土上生长,耐干旱,不耐积水,萌芽、萌蘖力强。

【养护要点】凌霄不耐积水,栽培时应注意排水;花粉有毒,能伤眼睛,需注意。

【观赏及应用】凌霄的花色鲜艳,花期长,是夏秋主要的观花棚架树种之一;可搭棚架、做花门,攀缘于老树、假山石壁、墙垣等处,还可做桩景。

3. 爬山虎(地锦、爬墙虎)*Parthenocissus tricuspidata* (Sieb. et Zucc.)Planch.

【科属】葡萄科,爬山虎属

【识别要点】①多年生落叶木质藤本树种。②茎长达 15 m,借卷须分枝顶端的黏性吸盘攀缘。没有顶芽,侧芽单生,芽鳞 2～4 片。③单叶互生,广卵形,长三裂,基部心形,边缘粗锯齿,幼苗或营养枝上的叶常全裂成 3 片小叶。④聚伞花序生于短枝上,花小,黄绿色,被白粉。花期 6 月,果期 10 月。

图 4-18　爬山虎

【分布范围】爬山虎(见图 4-18)原产于亚洲东部、喜马拉雅山区及北美洲,后引入其他地区,朝鲜、日本也有分布。我国辽宁、河北、湖北、广西、云南、福建等省区都有分布。

【变种与品种】爬山虎的主要变种有异叶爬山虎 *Parthenocissus heterophyllus*、五叶地锦(美国地锦)*P. uinquefolia* Planch 等。

【主要习性】爬山虎喜潮湿,在强光下也能旺盛生长,对土壤及气候适应能力很强,耐寒冷,耐干旱,对氯气抗性强。

【养护要点】爬山虎主要虫害有蚜虫,应注意及早防治。

【观赏与应用】爬山虎攀缘力强,生长迅速,短期内可见绿化效果,秋叶红色或橙红色;夏季枝叶茂密,常攀缘在墙壁或岩石上,适于配植宅院墙壁、围墙、庭院入口及桥头等处;还可用于工矿区及居民区绿化,也可做地被栽培。

4. 五叶地锦(美国地锦、五叶爬山虎)*Parthenocissus quinquefolia*(L.)Planch.

【科属】葡萄科,爬山虎属

【识别要点】①落叶木质藤本。②老枝灰褐色,幼枝带紫红色,髓白色。卷须与叶对生,顶端吸盘大。③掌状复叶,具五小叶,小叶为长椭圆形至倒长卵形,先端尖,基部楔形,缘具大齿牙,叶面暗绿色,叶背稍具白粉并有毛。④聚伞花序集成圆锥状,花期 7—8 月,浆果近球形,果期 9—10 月,成熟时蓝黑色,具白粉。

【分布范围】五叶地锦(见图 4-19)原产于美国东部,我国有大量栽培。

【主要习性】五叶地锦喜温暖气候,也有一定耐寒能力,亦耐暑热,较耐阴,生长势旺盛,但攀缘力较差,在北方常被大风刮下。

【养护要点】五叶地锦主要病害有煤污病等,主要虫害有蚜虫、蜡象等,应注意及早防治。

【观赏与应用】五叶地锦生长健壮、迅速,适应性强,春夏碧绿可人,入秋后红叶可观,是庭园墙面绿化的主要材料。五叶地锦为理想垂直绿化树种,它可覆盖墙面、山石,入秋后叶子变红,给庭院、假山、建筑增添色彩。

5. 葡萄(提子、山葡萄)*Vitis vinifera* L.

【科属】葡萄科,葡萄属

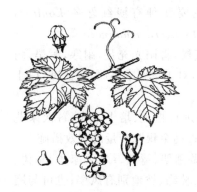

图 4-19 五叶地锦

【识别要点】①落叶藤本。②茎达 3 m。茎皮紫褐色,长条状剥落。无顶芽,芽鳞 2~3 片。具分叉的卷须,与叶对生。③单叶互生,卵圆形,掌状 3~5 浅裂,具不规则的粗锯齿。④圆锥花序与叶对生,花小,黄绿色。浆果呈球形,紫红色或黄绿色,被花粉,花期 5—6 月,果期 8—9 月。

【分布范围】葡萄(见图 4-20)原产于亚洲西部,我国引种已有 2 000 多年,各地普遍栽培。

【变种与品种】葡萄的主要变种有山葡萄 *Vitis amurensis*、蛇葡萄 *Ampelopsis brevipedunculata* 等。

【主要习性】葡萄喜光,耐干燥和夏季高温的大陆性气候,较耐寒,以肥沃、疏松的沙壤土,pH 值 5~7.5 之间生长最好,耐干旱,忌涝及重黏土、盐碱土。

【养护要点】葡萄不适宜在沼泽地和重盐碱地生长,栽培时应注意。

图 4-20 葡萄

【观赏与应用】葡萄是世界主要果树之一,是园林结合生产的理想树种;叶大繁茂,隔音效果好;可做棚架,长廊、门、花架、阳台等垂直绿化,还可用于盆栽观赏。

6. 南蛇藤(南蛇风、过山风)*Celastrus orbiculatus* Thunb.

【科属】卫矛科,南蛇藤属

【识别要点】①缠绕性藤本,长达 12 m。②无顶芽,侧芽单生。③单叶互生,近圆形或倒卵形,叶缘具钝锯齿。④聚伞状花序腋生或在枝端与叶对生,花小,黄绿色。蒴果呈球形,橙黄色。花期 5—6 月,果期 9—10 月。

【分布范围】南蛇藤(见图 4-21)分布于我国东北、华北、西北等大部分地区。

【变种与品种】南蛇藤的主要变种有滇边南蛇藤 *Celastrus hookeri*、显柱南蛇藤 *Celastrus stylosus* Wall. 等。

【主要习性】南蛇藤一般多野生于山地沟谷及临缘灌木丛中,垂直分布可达海拔 1 500 m,喜阳也耐阴,分布广,抗寒

图 4-21 南蛇藤

耐旱,对土壤要求不严,栽植于背风向阳、湿润而排水好的肥沃、沙质土壤中生长最好,若栽于半阴处,也能生长。

【养护要点】红蜘蛛虫是南蛇藤的主要虫害,应注意及早防治。

【观赏与应用】南蛇藤秋叶红色或黄色,蒴果鲜黄,裂开后假种皮红色,更为美观;宜做棚架、墙垣、岩壁垂直绿化材料,或植于溪边、池塘边、斜坡,颇具野趣,也可做地被覆盖材料;果枝瓶插,可装饰居室。

7. 金银花(银藤、二宝藤)*Lonicera Japonica* Thunb.

【科属】忍冬科,忍冬属

图4-22 金银花

【识别要点】①半常绿藤本。②幼枝红褐色,密被黄褐色、开展的硬直糙毛、腺毛和短茸毛,下部常无毛。③叶纸质,卵形至矩圆状卵形,有的为卵状披针形,叶柄长 4～8 mm,密被短茸毛。④总花梗通常单生于小枝上部叶腋,与叶柄等长或稍较短,两面均有短茸毛或有时近无毛;花冠白色,花期4—6月,果期10—11月。

【分布范围】金银花(见图4-22)除黑龙江、内蒙古、宁夏、新疆、海南和西藏无自然生长外,全国各省区均有分布。

【变种与品种】金银花的主要变种有淡红忍冬 *Lonicera acuminata* Wall.、无毛淡红忍冬 *Lonicera acuminata* 等。

【主要习性】金银花喜温润气候,喜阳光充足,耐寒,耐旱,耐涝,适宜生长的温度为 20～30 ℃,对土壤要求不严,耐盐碱,以土层深厚、疏松的腐殖土栽培为宜。

【养护要点】金银花每年春季 2—3 月和秋后封冻前,要进行松土、培土工作;每次采花后追肥 1 次,以尿素为主,以增加采花次数;合理修剪整形是提高金银花产量的有效措施。

【观赏与应用】金银花花色清香鲜艳,在园林中通常用做棚架、篱垣、绿廊、凉亭、枯树、及山石的垂直绿化材料,或者点缀于湖边、池畔,孤植于草坪、林缘、坡地别有风姿;也可与庭院树种配植。

8. 猕猴桃(红藤梨、羊桃)*Actinidia chinensis* Planch. var. *hispida* C. F. Liang

【科属】猕猴桃科,猕猴桃属

【识别要点】①缠绕性藤本。②枝有软毛,髓心层片状。③单叶互生,纸质,近圆形,缘有芒状细锯齿,上面暗绿色,背面密生灰白色星状茸毛。④果呈椭球形或卵形,花雌雄异株,芳香。花期5—6月,果期10—11月。

【分布范围】猕猴桃(见图4-23)分布于我国长江流域以南各地,北至山西、陕西等地多作为果树栽培。

【变种与品种】猕猴桃的主要变种有小叶猕猴桃 *Actinidia lanceolata*、梅叶猕猴桃 *Actinidia mumoides* 等。

【主要习性】猕猴桃喜光,能耐阴,多生于土壤湿润、肥沃的溪谷、林缘灌丛,适应性强,在酸性、中性土壤上均能生长,萌芽力强。

图4-23 猕猴桃

【观赏与应用】猕猴桃的藤蔓盘曲,果实丰硕;可任其攀附于树上或山石陡壁之上,也可与花架、绿廊配植,为花果并茂的优良棚架材料;果实营养丰富,富含维 C,可生食或加工成果汁、果脯、罐头、果酒等;果、根、叶可供药用。

9. 五味子(北五味子)*Schisandra chinensis*(Turcz.)Baill.

【科属】五味子科,北五味子属

【识别要点】①落叶缠绕性藤本,茎长 6～15 cm。②枝褐色,稍有棱。③叶在老枝上的簇生,在幼枝上的互生;叶柄及叶脉常带红色;叶膜质,宽椭圆或倒卵形,缘疏生细齿,长 5～10 cm。④浆果深红色,聚合成穗状,果期 8—9 月。

图 4-24　五味子

【分布范围】五味子(见图 4-24)分布于东北、华北、华中和西南地区。

【主要习性】五味子喜冬季寒冷、夏季炎热的温带气候,较耐阴,耐瘠薄,喜肥沃、湿润、排水良好的土壤,在自然界常缠绕它树而生,多生于阴坡。

【观赏与应用】五味子秋季叶背红赤,秋季串串硕果更加红艳夺目,是优美的观赏藤木;可用于棚架、岩石、假山等攀缘,也可盆栽,此种亦是著名的药用植物。

10. 木香(青木香、五香)*Aucklandia lappa* Decne

【科属】蔷薇科,蔷薇属

图 4-25　木香

【识别要点】①落叶或半常绿木质藤本,茎可达 10 m;枝绿色,细长而少刺。②小叶 3～5 枚,椭圆状卵形,边缘细锯齿。③伞房花序,花白色或淡黄色,芳香,单瓣或重瓣;花期 5—7 月。④果呈球形,红色,果期 9—10 月。

【分布范围】木香(见图 4-25)原产于我国西南,现各地普遍栽培观赏。

【主要习性】木香喜光也耐半阴,喜温暖、湿润的环境,喜深厚、肥沃的土壤,耐干旱,忌积水,生长快,管理简单。

【养护要点】锈病是木香最主要的病害,应注意及早防治。

【观赏与应用】木香晚春至初夏开花,芳香袭人,是有名的香花树种,宜做棚架、篱垣、凉廊、假山、岩壁等垂直绿化材料。

11. 杠柳(羊奶条,山五加皮)*Periploca sepium* Bunge

【科属】萝藦科,杠柳属

【识别要点】①蔓性藤本,长达 1 m,除花外,全株无毛。②主根圆柱形,外皮灰棕色,片状剥裂。③叶对生,革质,披针形或矩圆状披针形,长 5～8 cm,宽 1～2.5 cm,先端长渐尖,基部楔形,全缘,叶柄长。④二歧聚伞花序腋生,有花数朵,花萼 5 裂,裂片卵圆形,花冠辐状,紫红色。⑤菁葖果双生,长圆柱形,种子多数。花期 6—7 月,果期 8—9 月。

【分布范围】杠柳(见图 4-26)主要分布在西北、东北、华北地区及河南、四川、江苏等省区。

【主要习性】杠柳为阳性树种,耐寒,耐旱,耐瘠薄,对土壤

图 4-26　杠柳

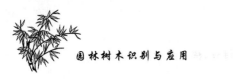

的适应性强。

【养护要点】杠柳适应性强,养护管理粗放。

【观赏与应用】杠柳茎光滑,树姿优美,花紫红色,树荫浓密,具有一定的观赏效果,可做污地遮掩树种,根蘖性强,常单株栽后不久即丛生成团;具有广泛的适应性,是优良的固沙、水土保持树种;根、茎可入药。

12. 常春油麻藤(牛马藤、常绿油麻藤)*Mucuna sempervirens* Hemsl.

【科属】蝶形花科,油麻藤属

图 4-27 常春油麻藤

【识别要点】①常绿木质藤本;粗达 30 cm。②茎棕色或黄棕色,粗糙;小枝纤细,淡绿色,光滑无毛。③复叶互生,小叶 3 枚;顶端小叶为卵形或长方卵形,小叶均全缘,绿色无毛。④总状花序,花大,下垂;花萼外被浓密茸毛;花冠深紫色或紫红色;雄蕊 10 枚。荚果扁平,木质。

【分布范围】常春油麻藤(见图 4-27)产于我国陕西、四川、贵州、云南等省,日本也有分布。

【主要习性】常春油麻藤喜温暖、湿润气候,耐阴,不耐寒,喜石灰质、排水良好土壤,耐干旱。

【养护要点】常春油麻藤注意保湿,夏日要避免光线过强,否则易导致叶子边缘发焦、脱落,但在持久的栽培过程中,应有适宜的光照。

【观赏与应用】常春油麻藤叶片常绿,老茎开花,花序大而美丽,适宜布置棚架、门廊、山石、枯树等,在自然式庭院及森林公园中栽植更为适宜。

13. 络石(石龙藤、万字花)*Trachelospermum jasminoides*(Lindl.)lem.

【科属】夹竹桃科,络石属

【识别要点】①常绿藤本,长有气生根,常攀缘在树木、岩石墙垣上生长。②枝蔓长 2～10 m,有乳汁。老枝光滑,节部常发生气生根,幼枝上有茸毛。③单叶对生,椭圆形至阔披针形,长 2.5～6 cm,先端尖,革质,叶面光滑,叶背有毛,叶柄很短。④初夏 5 月开白色花,花冠高脚碟状,5 裂,芳香。聚伞花序腋生,具长总梗,有花 9～15 朵,花萼极小,筒状,花瓣 5 枚,白色。花期 6—7 月。

【分布范围】络石(见图 4-28)原产于我国华北以南各地,在我国中部和南部地区的园林中栽培较为普遍。

【变种与品种】络石的主要变种有花叶络石 *Trachelospermum dunnii*、紫花络石 *Trachelospermum axillare* Hook f. 等。

图 4-28 络石

【主要习性】络石喜温润的气候,怕北方狂风烈日,具有一定的耐寒力,在华北南部可露地越冬,对土壤要求不严,但以疏松、肥沃、湿润的壤土栽培表现较好。

【养护要点】线虫是络石的主要虫害,应注意及时防治。

【观赏与应用】络石叶色浓绿,入秋变为红色,是优美的垂直绿化和地被树种材料。适

于小型花架、陡坡、岩石等处栽培,可攀附于树干、建筑物、墙垣之侧。

14. 炮仗花(密蒙花、火把花)*Pyrostegia ignea* Presl.

【科属】紫葳科,炮仗花属

【识别要点】①常绿木质藤本。②有线状、3 裂的卷须,可攀缘高 7~8 m。③小叶 2~3 枚,卵状至卵状矩圆形,长 4~10 cm,先端渐尖,茎部阔楔形至圆形,叶柄有茸毛。④花橙红色,长约 6 cm。叶有腺点,青绿繁茂,卷须有 3 裂,攀附他物;花列成串,累累下垂,花蕾似锦囊,花冠似磬钟,花丝如点绛,满棚满架,极为鲜艳。

【分布范围】炮仗花(见图 4-29)原产于中美洲,世界各地均有栽培。

【主要习性】炮仗花喜向阳环境和肥沃、湿润、酸性的土壤,生长迅速,在华南地区,能保持枝叶常青,可露地越冬,由于卷须多生于上部枝蔓茎节处,故全株得以牢固附着在他物上生长。

图 4-29　炮仗花

【养护要点】叶斑病、白粉病是炮仗花的主要病害,虫害有粉虱和介壳虫,应注意及时防治。

【观赏与应用】炮仗花可用大盆栽植,置于花棚、花架、茶座、露天餐厅、庭院门首等处,做顶面及周围的绿化,景色特佳;也宜地植做花墙,覆盖土坡、石山,或用于高层建筑的阳台做垂直或铺地绿化,显示富丽堂皇,是华南地区重要的攀缘花木,矮花品种,可盘曲成图案形做盆花栽培;花期适值圣诞、元旦、新春等节日,橙红鲜艳,连串着生,垂挂树头,极似鞭炮;花、茎、叶均可入药。

15. 薜荔(凉粉果、木馒头)*Ficus pumila* Linn.

【科属】桑科,榕属

【识别要点】①常绿藤本,吸附攀缘或匍匐生长,不结果实,枝节上生不定根。②叶二型,营养枝叶薄而小,心状卵形,几乎无柄;枝叶大而呈厚革质,通常椭圆形,全缘,背面有网脉凸起,长 4~10 cm。③隐花果单生于叶腋,梨形或倒卵形,长约 5 cm,幼时被黄色短茸毛,成熟为黄绿色或微红;果期 10 月。

【分布范围】薜荔分布于华东、华南、华中和西南等地。华北地区可露地栽培。

【主要习性】薜荔喜光亦耐阴,喜温暖湿润气候,有一定的耐寒、耐旱能力,土壤以肥沃酸性土最佳。

【观赏与应用】薜荔叶质厚实、深绿,冬季不凋,果形奇特,是常用的垂直绿化树种之一,可用于墙面绿化,或覆盖假山、岩石,攀缘树干等,如与落叶观花藤木配植效果更佳。

(二)完成藤本树种调查报告

完成藤本树种的调查报告(Word 格式和 PPT 格式),要求完成藤本树种的调查达 10 种以上。

1. 参考格式

_____藤本树种调查报告

姓名:_____　　班级:_____　　调查时间:___年___月___日

(1)调查区范围及自然地理条件。

(2)藤本树种调查记录表如表 4-3 所示。

园林树木识别与应用

表 4-3 藤本树种调查记录表

编号：	树种名称：		科属：	
藤本类型：		茎长：		
叶片类型：	叶形：		叶片着生方式：	
花形：	花色：		开花时间：	
花序种类及着生方式(含单花)：	果色：		果期：	
其他重要性状：				
栽培位置：	生态条件：			光照:强、中、弱
土壤水分：	土壤肥力:好、中、差		土壤质地:沙土、壤土、黏土	
土壤 pH 值：	病虫害程度：		伴生树种：	
园林用途：				
其他用途：				
备注：				

附树种图片(编号)如 4.2.1、4.2.2……

(3)调查区藤本树种应用分析。

2. 任务考核

考核内容及评分标准如表 4-4 所示。

表 4-4 考核内容及评分标准

序号	考核内容	考核标准	分值	得分
1	树种调查准备	材料准备充分	10	
2	调查报告形式	内容全面,条理清晰,图文并茂	10	
3	树种调查水平	树种识别正确,特征描述准确,观赏和应用分析合理	60	
4	树种调查态度	积极主动,注重方法,有团队意识,注重工作创新	20	

藤本树种应用的现状和发展趋势

藤本树种应用的现状和发展趋势有如下几点。

1. 藤本树种种类繁多,遍布全世界

目前,全世界共有藤本树种 9 000 种左右,我国藤本树种丰富,共计有 85 科 409 属 3 073 种(含变种、亚种),木质藤本 2 175 种。其中贵州梵净山国家级自然保护区有 253 种,福建省有 564 种,湖南、湖北两省有 784 种,广东省野生藤本树种有 512 种,其中具有园林绿化潜力的有 222 种,河南省野生藤本树种有 160 种,山东省野生藤本树种有 150 余种,东北地区野

生藤本树种有 143 种,黑龙江省野生藤本树种有百余种。

2. 藤本树种异军突起,藤本产业值得开发

当今世界,绿色、低碳、环保已成为全世界追求的价值理念,沉默了多年的藤本树种异军突起,以其特有运动性和生态适用性,在水土保持、防风固沙、石漠化治理、拓展城市绿化空间和美化环境等方面所发挥的作用越来越被人们重视。同时,藤本产业的开发还可以增加农民收入,改善农村条件,促进农业发展。

3. 藤本树种的生态功能强大

藤本树种的生态适应性强,生长速度快,抗病抗虫,生活周期长,是恢复植被、改善生态环境的先锋树种。第一,藤本树种可以用于石漠化荒山治理。藤本树种在石漠化荒山上生长良好,尤其是爬山虎属树种,全世界有 15 种,我国有 10 种,均具有穿透性强的吸盘,且耐旱、耐瘠薄,可依靠一小块土壤迅速生长,通过密植,短期内即可将裸岩覆盖。第二,藤本树种可以极大地减少水土流失。我国是世界上水土流失最严重的国家之一,据新华社 2009 年报道,当年我国水土流失面积达 356.92 万平方千米,亟待治理的面积近 200 万平方千米,全国现有水土流失严重的县有 646 个。藤本树种多数生长强健,枝繁叶茂,覆盖性好,根系能深扎入土,可大大减少雨水冲击,防止水土流失。研究表明,在大雨状态下藤本树种可减少泥土冲刷量的 75%～78%。第三,藤本树种可以有效地固土护坡。近年来,我国高速公路、铁路建设得到了空前发展。这些工程建设给人们生活带来更多便利之时,大量开挖的边坡却使周边的生态环境遭受了毁灭性破坏。目前在边坡防护工程中大都选择一些根系发达、固土能力强的草种,往往会出现"一年绿、两年黄、三年枯、四年亡"的现象。藤本树种具有吸附、缠绕、卷须或钩刺等攀缘特性,同时又具有适应性强、生长快的特点,在不同的地域选择合适的种类就能在恶劣的条件下迅速地形成景观,是边坡生态恢复的重要树种材料。据试验,在前期管理得当的情况下,生长迅速的藤本树种一年的生长量可达 3～5 m,根系当年生长量达 7 cm,边坡覆盖率可达 38%。

4. 藤本树种的经济效益可观

藤本树种在发挥其生态效益的同时也具有可观的经济效益。如金银花,只要管理得当,从第三年开始每公顷(1 公顷＝0.1 平方千米)金银花可产干花 2 250 千克,一直可以持续 15 年,按保守的市场收购价每千克 60 元计算,每公顷纯收入可以突破 75 000 元,是水稻的 10 倍以上,而耗水量仅为水稻的 1/10。据中国经济林协会最新统计显示,目前全国金银花年产量为 800 万千克,而国内外市场需求量为 2 000 万千克,按市场销售价格每千克 200 元计算,每年需求将达 40 亿元,要是将其加工成保健品、美容产品,其附加值更高。如藤本树种葛根,可加工成葛根淀粉、葛根汁、葛根保健酒、葛根粉丝、葛根口香糖、葛片茶、葛花茶、生产燃料乙醇替代汽油等,在湖南已形成一定规模,农户每公顷可获纯利45 000～60 000 元,五年内,国内葛根市场需求将达 5 000 万吨,需种植 133.3 万公顷,而现在全国种植仅 2 万公顷,葛根市场缺口非常大。目前,我国南方石漠化面积已达 31.89 万平方千米,根据《国家高速公路网规划》,到 2020 年全国高速公路总规模约 8.5 万千米;《中长期铁路网规划》提出,到 2020 年全国铁路营业里程将达到 12 万千米以上,这些绿化工程将需要数目巨大的藤本树种苗木,这将给藤本产业的发展带来前所未有的巨大经济效益。

复习提高

(1) 攀缘藤本、缠绕藤本、匍匐藤本的种类有哪些?

(2) 分别列举具有代表性的观花、观果、观叶的垂直绿化树种。

(3) 列举 3～5 种垂直绿化树种在园林中的观赏与应用。

任务 3   地被树种的识别与应用

能力目标

(1) 能够准确识别常见的地被树种 5 种以上。

(2) 能够根据园林设计和绿化的不同要求合理配植地被树种。

知识目标

(1) 了解地被树种在园林中的作用。

(2) 了解地被树种的主要识别要点、习性,掌握地被树种的观赏特性、园林应用特色。

素质目标

(1) 通过对地被树种形态特征的鉴别,培养学生分析、解决实际问题的能力。

(2) 丰富对园林树种类型和应用形式的认识,提高学生的园林艺术欣赏水平。

基本知识

一、地被树种的概念

地被树种是地被植物中的木本植物,形态低矮,高 1 m 左右,具有较强的适应性和抗逆性,根系发达,形态或观赏部位具有一定的特色。地被树种扶芳藤如图 4-30 所示。

所谓地被植物,是指某些有一定观赏价值,铺设于大面积裸露平地或坡地,或阴湿林下的多年生草本和低矮丛生、枝叶密集或偃伏性或半蔓性的灌木及藤本。

地被植物的种类很多,可以从不同的角度加以分类,一般多按其生物学、生态学特性,并结合应用价值进行分类,可分为:①灌木类地被植物,如杜鹃花、栀子花、枸杞等;②草本地被植物,如三叶草、马蹄金、麦冬等;③矮生竹类地被植物,如凤尾竹、鹅毛竹等;④藤本及攀缘地被植物,如常春藤、爬山虎、金银花等;⑤蕨类地被植物,如凤尾蕨、水龙骨等;⑥其他一些适应特殊环境的地被植物,如适宜在水边湿地种植的慈姑、菖蒲等,以及耐盐碱能力很强的蔓荆、珊瑚菜和牛蒡等。

图 4-30   地被树种   扶芳藤

（张百川 摄）

二、地被树种的类型

地被树种种类繁多,按生态特征可以分为阴性、阳性和半阴性三类;按观赏特性可以分为常绿、观叶、观花三类;按生长习性可分为亚灌木、矮竹、藤木三类。

三、地被树种的特点和应用形式

（一）主要特点

（1）植株相对较为低矮,一般株高 1 m 以下;具有匍匐性或良好的可塑性。在园林配植中,植株的高矮取决于环境,可以通过修剪,人为地控制株高,也可以进行人工造型。

（2）常绿或绿色期较长,以延长观赏时间,绿叶期一般 7 个月以上。

（3）具有美丽的花朵或果实,观赏价值越高。

（4）具有独特的株型、叶型和叶色的季节性变化,从而给人以绚丽多彩的感觉。

（5）具有较为广泛的适应性和较强的抗逆性,可以粗放管理。如抗干旱、耐瘠薄、抗病虫、抗污染、耐阴湿环境等。

（6）根系发达,有利于保持水土,以及提高根系对土壤中水分和养分的吸收能力,从而具有更强的自然更新能力。

（7）具有较强或特殊净化空气的功能,如有些植物吸收二氧化硫和净化空气能力较强,有些则具有良好的隔音和降低噪音效果。

（8）具有一定的经济、科学价值。如可用做药用、食用或为香料原料,可提取芳香油等,以利于在必要或可能的情况下,将地被植物的生态效益与经济效益结合起来。科学价值主要包括两点:一是有利于植物学及其相关知识的普及和推广;二是与珍稀植物和特殊种质资源的人工保护相结合。

（二）应用形式

地被树种在园林中可以在空旷地如广场、林缘、林下、大面积草坪、临水区等处应用。在园林配植中,要善于观察和选择,充分利用植物的观赏特性,并结合实际需要进行有机组合,从而达到理想的效果。同时,在园林配植中,通过独特的覆盖性广泛布局,较强的观赏性为园林景观创造最佳效果,人为的修剪可以使地被树种更加具有观赏性。

学习任务

调查学校所在地区主要街道广场、居住区和城市公园的地被树种,内容包括调查该地区自然条件、地被树种名录、主要特征、习性、观赏特点、配植应用特点等,完成地被树种调查报告。

任务分析

地被树种主要是指一些低矮的灌木类、竹类和攀爬能力较差的藤本类树种,种类也相对较少,但在园林绿化中作为植物造景的特色类型不可或缺,往往扮演着画龙点睛的作用。在学习过程中,难度较小,但不能忽视其特殊作用。

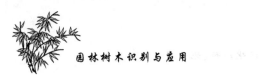

园林树木识别与应用

任务实施

一、材料与用具

调查本地区地被树种的自然环境条件,使用工具如照相机、铁锹、皮尺、pH试纸、记录夹等。

二、任务步骤

(一)认识下列地被树种

1. 铺地柏(偃柏、爬地柏) *Sabina procumbens*(Endl.)Iwata et Kusaka

【科属】柏科,圆柏属

图 4-31 铺地柏

【识别要点】①常绿匍匐小灌木,高达75 cm。②枝干贴近地面伸展,小枝密生。③叶均为刺形叶,先端尖锐,3叶交互轮生,表面有2条白色气孔线,下面基部有2个白色斑点,叶基下延生长,叶长6～8 mm。④球果呈球形,内含种子2～3粒。

【分布范围】铺地柏(见图4-31)原产于日本,在我国黄河流域至长江流域广泛栽培,现各地都有种植。

【主要习性】铺地柏喜光,稍耐阴,适生于滨海湿润气候,耐寒,萌生力较强,能在干燥的沙地上生长良好,喜石灰质的肥沃土壤。

【养护要点】铺地柏喜湿润,但也不宜渍水,干旱时,可常喷叶面水,保持叶色鲜绿。在生长季节,每月可施1次腐熟的饼肥;病害以锈病为主,虫害主要是红蜘蛛,应注意及早防治。

【观赏与应用】铺地柏在园林中可配植于岩石园或草坪角隅,又为缓土坡的良好地被树种,各地亦经常盆栽观赏。盆景可对称地陈放在厅室几座上,也可放在庭院台坡上或门廊两侧,枝叶翠绿,蜿蜒匍匐,颇为美观;在春季抽生新枝叶时,观赏效果最佳;我国各地园林中常见栽培,亦为桩景材料之一。

2. 沙地柏(双子圆柏、新疆圆柏) *Sabina vulgaris* Ant.

【科属】柏科,圆柏属

【识别要点】①匍匐灌木,或为直立灌木或小乔木,高不及1 m。②枝密集,斜上展。③叶为两型,刺叶生于幼树上,常交互对生或3枚轮生,长3～7 mm,鳞叶常生于壮龄植株或老树上,交互对生。④球果生于下弯的小枝顶端,呈倒三角状球形或叉状球形,花期4—5,果期9—10月。

【分布范围】沙地柏(见图4-32)主要分布于我国天山、祁连山等干旱贫瘠环境中。

【主要习性】沙地柏喜光,喜凉爽、干燥的气候,耐寒,耐旱,耐瘠薄,对土壤要求不严,不耐涝,适应性强,生长较快,扦插易活,栽培管理简单;一般分布在固定和半固定沙地上,

图 4-32 沙地柏

182

经驯化后,在沙盖黄土丘陵地及水肥条件较好的土壤上生长良好,根系发达,细根极多。

【养护要点】沙地柏喜欢半阴环境,在阳光强烈、闷热的环境下生长不良,春夏两季根据干旱情况,施用 2～4 次肥水;病害以立枯病为主,虫害主要是大蟋蟀、小蜘蛛,应注意及时防治。

【观赏与应用】沙地柏地上部分匍匐生长,树体低矮,冠形奇特,生长快,耐修剪,萌芽力和萌蘖力强;能忍受风蚀沙埋,长期适应干旱的沙漠环境,是干旱、半干旱地区防风固沙和水土保持的优良树种;在短期内能形成整齐无缺的绿篱,极有价值;四季苍绿,在园林建设中广为应用。

3. 平枝栒子(栒刺木、铺地蜈蚣)*Cotoneaster horizontalis* Decne.

【科属】蔷薇科,栒子属

【识别要点】①半常绿灌木,高约 0.5 m。②枝水平开展成整齐两列。③叶小,厚革质,近卵形或倒卵形,先端急尖,表面暗绿色,无毛,背面疏生平贴细毛。④花小,无柄,粉红色,花瓣直立倒卵形。果近球形,径 4～6 mm,鲜红色,经冬不落。

【分布范围】平枝栒子(见图 4-33)原产于中国,分布于陕西、甘肃、湖南、湖北、四川、贵州、云南等省,多散生于海拔 2 000～3 500 m 的灌木丛中。

【主要习性】平枝栒子喜光,也稍耐阴,喜空气湿润和半阴的环境,较耐寒,但不耐涝,在南方为常绿,冬天不落叶或半落叶,生命力极强,管理粗放。

图 4-33 平枝栒子

【养护要点】平枝栒子常见的病害有叶斑病、煤污病,除加强水肥管理外,还应适当稀植。常见虫害有红蜘蛛、介壳虫,应注意及早防治。

【观赏与应用】平枝栒子是园林中布置岩石园、斜坡的优良材料,也可做基础种植或制作盆景;在深秋时节,平枝栒子的叶子变红,分外绚丽,果实为小红球状,终冬不落,下雪天观赏,别有情趣,是一种很好的园林树种;在园林中,和假山叠石相伴,在草坪旁、溪水畔点缀,相互映衬,景观绮丽。平枝栒子的小枝平行是一层一层的,故树形也很美。

4. 扶芳藤(爬行卫矛)*Euonymus fortunei*(Turcz.)Hand.-Mazz.

【科属】卫矛科,卫矛属

【识别要点】①半常绿灌木,匍匐生长或不定根攀缘,长达 10 m,小枝有小瘤状皮孔。②叶对生,椭圆至椭圆状披针形,边缘微锯齿,侧脉在两面显著隆起,长 2～8 cm,叶柄具窄翅。③聚伞花序腋生;萼 4 片;花 4 瓣,绿白色;花期 6—7 月。④蒴果呈球形,种子外被橘红色假种皮。果期 9—10 月。

【分布范围】扶芳藤(见图 4-34)分布于中国华北、华东、中南、西南各地。

【变种与品种】扶芳藤的主要变种有斑叶扶芳藤和纹叶扶芳藤。

图 4-34 扶芳藤

【主要习性】扶芳藤喜温暖,喜湿润,较耐寒,江淮地区可露

地越冬,耐阴,不喜阳光直射。

【养护要点】扶芳藤喜欢湿润的气候环境,要求生长环境的空气相对湿度在 70%～80%,空气相对湿度过低,下部叶片黄化、脱落,上部叶片无光泽。

【观赏与应用】扶芳藤生长旺盛,终年常绿,其叶入秋变红,是庭院中常见地面覆盖植物,点缀墙角、山石、老树等,都极为出色,其攀缘能力不强,不适宜做立体绿化。

5. 八角金盘(八手、手树)*Fatsia japonica* (Thunb.)Decne. et Planch.

【科属】五加科,八角金盘属

图 4-35　八角金盘

【识别要点】①常绿灌木,高达 5 m。②茎光滑无刺。③叶柄长 10～30 cm,叶片大,革质,近圆形,掌状 7～9 深裂,裂片呈长椭圆状卵形,先端短渐尖,基部心形,边缘有疏离粗锯齿,上表面暗亮绿色,下面色较浅,有粒状突起,边缘有时呈金黄色。④圆锥花序顶生,伞形花序,花序轴被褐色茸毛;花萼近全缘,无毛;花瓣卵状三角形。⑤果近球形,熟时黑色。

【分布范围】八角金盘(见图 4-35)原产于日本,我国台湾地区引种栽培,现全世界温暖地区已广泛栽培。

【主要习性】八角金盘喜阴湿、温暖的气候,不耐干旱,不耐严寒,以排水良好、肥沃的微酸性土壤为宜,中性土壤亦能适应,萌蘖力尚强。

【养护要点】八角金盘适应性强,极少有病虫害,可以吸收空气中的硫。其对土壤要求不严,在排水良好、透气性好的盆土中就能生长。

【观赏与应用】八角金盘四季常青,叶片硕大,叶形优美,浓绿光亮,是深受欢迎的室内观叶树种,适应室内弱光环境,为宾馆、饭店、写字楼和家庭美化常用的树种;用于布置门厅、窗台、走廊、水池边,或做室内花坛的衬底,叶片又是插花的良好配材;在长江流域以南地区,可露地应用,宜植于庭园、角隅和建筑物背阴处;也可点缀于溪旁、池畔或群植林下、草地边。

6. 枸骨(鸟不宿、猫儿刺)*llex comuta*.

【科属】冬青科,冬青属

【识别要点】①常绿灌木。树皮灰白色,平滑不裂。②枝开展而密生,形成阔圆形树冠。③叶为硬革质,长方形,顶端扩大并具有 3 个大而尖硬刺齿,叶端向后弯,基部平截,两侧各有 1～2 枚刺齿,叶面深绿色,有光泽,叶背淡绿色。④雌雄异株,4—5 月开花,花小,黄绿色,簇生于二年生枝条的叶腋。核果呈球形,果期 10 月,熟时鲜红色。

【分布范围】枸骨(见图 4-36)产于我国长江中下游各省,多生于山坡谷地灌木丛中,现各地庭院常有栽培。

【主要习性】枸骨适应性强,喜光照充足,亦能耐阴,喜温暖,耐寒性略差,喜排水良好、湿润、肥沃的酸性土壤;在中性及偏碱性土壤也能生长,萌芽力与萌蘖力均强,耐修剪。

图 4-36　枸骨

【养护要点】枸骨在阴处种植时,红蜡蚧虫危害严重并产生煤污,须注意及早防治。

【观赏与应用】枸骨枝叶稠密,叶形奇特,深绿光亮,四季常青,入秋后密生的红果鲜艳夺目,是观叶、观果俱佳的园林树种;宜做基础种植及岩石园材料,也可孤植于花坛中心、对植于前庭、路口,或丛植于草坪边缘;同时又是很好的绿篱及盆栽材料,选其老桩制作盆景亦饶有风趣;果枝可供瓶插,经久不凋。

7. 鹅毛竹(矮竹)*Shibataea chinensis* Nakai

【科属】禾本科,矮竹属

【识别要点】①矮小竹类,株高尺余。②秆直立,纤细,中空极小或近于实心,每节分枝三至六枝,分枝通常只有两节,仅上部一节生叶。③一般每小枝生三小叶,厚纸质,表面疏被茸毛,稍具白粉。叶纸质或近于薄革质,光滑无毛,鲜绿色,老熟后变为厚纸质或稍呈革质,卵状披针形,长 6~10 cm,宽 1~2.5 cm,基部较宽且两侧不对称,先端渐尖,两面无毛,叶缘有小锯齿。花果未见。花期 5—6 月。

【分布范围】鹅毛竹为本属中分布最广的一种,广分布于江苏、安徽、江西、福建等省。

【主要习性】鹅毛竹喜温暖、湿润环境,稍耐阴,浅根性,在疏松、肥沃、排水良好的沙质土壤中生长良好。

【养护要点】鹅毛竹生于山坡或林缘,亦可生于林下,不宜在强光下直射。

【观赏与应用】鹅毛竹的秆矮小密生,叶大而茂,可做地被树种栽培,宜栽培于公园中供观赏。

8. 箬竹(阔叶箬竹、箬叶竹)*Indocalamus tessellatus* (Munro)Keng f.

【科属】禾本科,箬竹属

【识别要点】①小型竹,秆较低矮,高达 2 m。②秆茎与枝条相仿。地下茎为复轴形,有横走之鞭,节间长约 25 cm,中空较小。③叶片为披针形,叶可达 45 cm,宽可超过 10 cm,下面散生银色短茸毛,在中脉一侧生有一行毡毛。叶缘生有细锯齿。④圆锥花序(未成熟者)长 10~14 cm,花序主轴和分枝均密被棕色短茸毛;小穗绿色带紫,长 2.3~2.5 cm,呈圆柱形,含5~6 朵小花,纸质,花药长约 1.3 mm,黄色;子房和鳞被未见。笋期 4—5 月,花期 6—7 月。

【分布范围】箬竹(见图 4-37)原产于中国,分布于华东、华中地区及陕西南部的汉江流域,山东南部也有栽培。

图 4-37　箬竹

【主要习性】箬竹为阳性竹类,喜温暖、湿润的气候,宜生长疏松、排水良好的酸性土壤,耐寒性较差,喜在低山谷间和河岸生长。

【观赏与应用】箬竹适宜种植于林缘、水滨,可点缀山石,也可做绿篱或地被,其植株可做园林绿化。

(二)完成地被树种调查报告

完成地被树种调查报告(Word 格式和 PPT 格式),要求完成地被树种调查达 5 种以上。

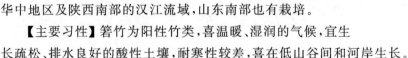

1. 参考格式

<u>　　　　　　　　　　　</u>地被树种调查报告

姓名:<u>　　　　</u>　　　班级:<u>　　　　</u>　　　调查时间:<u>　　</u>年<u>　　</u>月<u>　　</u>日

（1）调查区范围及自然地理条件。

（2）地被树种调查记录表如表 4-5 所示。

表 4-5　地被树种调查记录表

编号:	树种名称:	科属:
栽培地点:	是否落叶:	冠形:
生长特性		树高:
叶形:	叶色:	花色:
其他重要性状:		
生态条件:　　　光照:强、中、弱　　地形:		坡向:东、西、南、北
土壤水分:	土壤肥力:好、中、差	土壤质地:沙土、壤土、黏土
土壤 pH 值:	病虫害程度:	伴生树种:
其他用途:		

附树种图片（编号）如 4.3.1、4.3.2……

（3）调查区地被树种应用分析。

2. 任务考核

考核内容及评分标准如表 4-6 所示。

表 4-6　考核内容及评分标准

序号	考核内容	考核标准	分值	得分
1	树种调查准备	材料准备充分	10	
2	调查报告形式	内容全面,条理清晰,图文并茂	10	
3	树种调查水平	树种识别正确,特征描述准确,观赏和应用分析合理	60	
4	树种调查态度	积极主动,注重方法,有团队意识,注重工作创新	20	

知识链接

地被植物的相关介绍

一、地被植物的作用

（一）构成景物、丰富园林色彩

园林以树种造景为主,树种无论是单独种植,还是与其他景物配合都能很好地形成景

色。其以个体或群体树种特有的姿、色、香、韵等美感,可以形成园林中诸多造景形式,同时构景灵活、自然多变。

（二）组合空间,控制风景视线

树种可以起到组织空间的作用。树种有疏密、高矮之别,利用树种所形成的空间同样具有界定感。由于树种的千差万别,故不同的乔、灌相互组合可以形成不同类型和不同感受的空间形式。通过不同树种高低、疏密的灵活配植,可以阻挡视线、透漏视线,变幻风景视线的透景形式,从而限制和改变景色的观赏效果,加强了园林的层次和整体性。树种组合空间的形式丰富多样,其安排灵活、虚实透漏、四季有变、年年不同。因此,在各种园林空间中(如山水空间、建筑空间、树种空间等)由树种组合或树种复合的空间是最多见的。

（三）表现季节,增强自然气氛

表现季相的更替,是树种所特有的作用。树种的枯荣变化强调了季节的更替,使人感到自然界的变化。特别是落叶树种的发芽、展叶、开花、结果,秋叶的变化,使人明显地感到春、夏、秋、冬的季节变化。

（四）改观地形,装点山水建筑

高低大小不同树种配植造成林冠线起伏变化,改观了地形。如平地栽植高矮错落的树木远观形成高低起伏的地形。若高处植大树,低处植小树,便可增加地势的变化。在堆山、叠石及各类水岸或水面之中,常用树种来美化风景构图,起补充和加强山水气韵的作用。亭、廊、轩、榭等建筑的内外空间,也须树种的衬托。

（五）覆盖地表,填充空隙

应用地被树种覆盖地表,是既经济又实用(护岸固坡、防止冲刷)的材料。此外,山间、水岸、庭院中等不易组景的狭窄空间隙地,大多也可以利用树种装饰美化。

二、地被植物的类型

（一）一、二年生草花地被植物

一、二年生草花是鲜花类群中最富有的家族,其中有不少是植株低矮、株丛密集自然,花团似锦的种类,如紫茉莉、太阳花、雏菊、金盏菊、香雪球等。它们风格粗放,是地被植物组合中不可或缺的部分,在阳光充足的地方,一、二年生草花做地被植物,更显出其优势和活力。

（二）宿根观花地被植物

宿根观花地被植物花色丰富,品种繁多,作为地被应用不仅景观美丽,而且繁殖力强,养护管理粗放,如鸢尾、玉簪、萱草、马蔺等,被广泛应用于花坛、路边、假山园及池畔等处,尤其是耐阴的观花地被植物更受欢迎。那些观赏价值高、颜色丰富、生长稳定、抗逆性强的宿根地被植物被广泛应用到绿化设计中,而花期长、节日盛花的种类如铃兰、山罂粟、铁扁豆等,国庆节开花的葱兰、小菊、矮种美人蕉等在节日期间被广泛应用。

（三）宿根观叶地被植物

大多数植物低矮,叶丛茂密贴近地面的是耐阴植物,如麦冬、石菖蒲、万年青等,在全国各大城市园林绿化中被大量应用,生态效果良好。叶形优美、耐阴能力强的虎儿草、蕨类等植物及经济价值高的薄荷、藿香等阔叶观叶植物也越来越被人们所关注。

(四) 水生耐湿地被植物

在园林建设中,水池、溪流及水体沿边地带,需要选用适生的、耐湿性较强的覆盖植物,用来美化环境和点缀景观,同时能防止和控制杂草危害水体,如慈姑、水菖蒲、泽泻等。

(五) 藤本地被植物

大部分藤本地被植物可以通过吸盘或卷须爬上墙面或缠绕攀附于树干、花架。凡是能攀缘的藤本植物一般都可以在地面横向生长覆盖地面,而且藤本地被植物枝蔓很长,覆盖面积能超过一般矮生灌木几倍,具有其他地被植物所没有的优势。现有的藤本植物可以分为木本和草本两大类,草本藤蔓枝条纤细柔软,由它们组成的地被细腻漂亮,如草莓等;木本藤蔓枝条粗壮,但绝大部分都具有匍匐性,可以组成厚厚的地被层,如常春藤、五叶地锦、山葡萄、金银花等。

(六) 矮生灌木地被植物

灌木在园林植物中是一个很大的类群,其中植株低矮,枝条开展,茎叶茂盛,葡萄性强,覆盖效果好的种类是组成植物群落下层不可缺少的类型,作为地被有其他地被植物所不及的优点,矮生灌木生长期长,不用年年更新,管理也比草本植物粗放,移植、调整方便,大部分品种可以通过修剪进行矮化定向培育;一般均具有木本植物的骨架,形成群落比较稳定,如栀子花、八仙花、棣棠花、小檗等。

(七) 矮生竹类地被植物

低矮丛生的竹类适应性强,除东北、西北、内蒙古和西藏外,我国大部分地区都可栽植,且终年不枯,枝叶潇洒,景观独特,如箬竹、凤尾竹、鹅毛竹等。

复习提高

(1) 讨论常绿地被树种的种类与识别方法。

(2) 讨论观花地被树种的主要种类及特点。

(3) 讨论观叶地被树种的主要种类及特点。

项目五　园林树木的冬态和室内树种的识别与应用

　　我国北方地区气候寒冷,冬季漫长,除少数常绿树种外,大多数树木都落叶、停止生长,进入休眠期,看不到叶、花、果的特征,只能看到光秃秃的树干、枝条、枯叶及残果,导致正确地鉴定一个树种十分困难,但人们的生产活动不会因为树木休眠而停止。从冬季修剪方面讲,工作人员只有认识树种,才能根据树种的形态特性、生长特性进行合理修剪。同时,学习树木的冬态知识,对人们从事休眠期树种的调苗管理、栽培、养护、树种调查等十分必要。随着城市化的飞速发展,生活在"钢筋混凝土"中的人们对绿色植物尤为渴望。近年来,室内树种开始在城市商场、酒店、医院和各机关事业单位办公场所、会场,以及普通市民居室中广泛应用,因此,对室内树种的识别与应用愈显重要。

知识目标

　　(1)理解并掌握常见树种的识别方法,了解主要树种的典型变种及栽培品种。
　　(2)理解并掌握常见园林树种的观赏特点和园林应用特点。
　　(3)掌握常见室内植物最主要的生态习性和典型树种的养护要点。

技能目标

　　(1)能够正确运用园林树木冬态识别方法进行树种鉴别。
　　(2)能够正确识别冬态常见的树种20种以上。
　　(3)能够识别常见室内树种10种。
　　(4)能够根据室内常见树种的主要特点进行合理应用。

任务1　园林树木冬态的识别与应用

能力目标

　　(1)能够正确识别冬态常见的树种20种以上。
　　(2)能够对常见易混冬态树种进行准确鉴别。
　　(3)正确理解休眠期树种的生长特点,能够应用于各类园林绿地设计实训中。

知识目标

　　(1)掌握园林树木冬态的识别方法及形态描述的主要术语。
　　(2)了解某些具有冬季观赏特色的树种。

素质目标

　　(1)通过学习,使学生学会在工作中始终保持积极向上的职业精神。

（2）培养学生高度负责精神、认真严肃的态度和一丝不苟的工作作风。

（3）培养学生树立正确的人生观和价值观,善于合作,具有较强的团队精神。

一、树木的冬态识别

树木冬态是指落叶树种进入休眠期期间,树叶脱落,露出树干、枝条和芽苞,外观上呈现出和夏秋季节完全不同的形态。树木在生长季节中的鉴定方法,通常是以花、叶、果等为主要特征进行鉴定。在冬季,特别是落叶树木,只剩秃枝,形态完全改观,不可能再按照花、叶的特征来识别树木。从冬态上识别树种一般遵循从整体到局部,由表及里的原则,主要着眼于树冠与树皮、枝、叶痕、叶迹、皮孔、髓、冬芽、附属物等方面进行观察。

二、冬态识别的一般特征

（一）树冠与树皮

树冠是由树木的主干与分枝组成的。树冠的形状取决于树种的分枝方式、修剪方式和树龄状况等。

（1）一般树冠的主要形状有尖塔形、圆锥形、圆柱形、窄卵形、卵形、广卵形、圆球形、扁球形、杯形、伞形、平顶形、钟形等。

（2）树皮形态如下。

平滑:如幼龄毛白杨、大叶白蜡、梧桐。粗糙:如朴树、臭椿。浅纵裂:如喜树、紫椴。深纵裂:如刺槐、国槐、栓皮栎。细纹裂:如水曲柳。片状剥落:如悬铃木、白皮松。鳞片状剥落:如榔榆、木瓜。鳞块状纵裂:如油松。长条状剥落:如木香、三角枫。纸状剥裂:如白桦、红桦。环状剥裂:如山桃、樱桃。小方块状开裂:如柿树、君迁子。

（二）长枝和短枝

根据枝条节间的长短距离可分为长枝和短枝。长枝的节间长而明显,侧芽间距大,如杨树、垂柳。反之,短枝的节间缩短,叶痕分布密集,簇生状。很多树种只有长枝没有短枝,也有不少树种长短枝兼有,如桃、梨、垂丝海棠等。此外,还有部分树种的短枝节间特别短、粗,成矩状,称矩形短枝,如金钱松的短枝;节间非常短,具密集的环状叶枕,如银杏的短枝又粗又短,成矩状;这些都是冬态识别的重要依据。

（三）叶痕与叶迹

叶痕是指叶片脱落后,叶柄在枝条上留下的痕迹。根据叶痕的着生方式可判断植物的叶序,不同树种叶痕的大小和形状不同。叶痕呈倒品字形的,如苦楝、无患子;呈三角形的,如杨树类;呈 U 形的,如碱树类;呈猴脸形的,如无患子;呈马蹄形的,如黄檗。

维管束痕又称叶迹,是叶柄中的维管束在叶脱落时断离后留下的痕迹。不同树种维管束痕的组数及其排列方式不同,是鉴定落叶树种冬态的重要依据之一。依据维管束痕数量的不同可分为:①在一个叶痕上有一个或一组维管束痕的称单叶迹,如杜仲、丁香、柿树等;②在一个叶痕上有两个或两组维管束痕的称为双叶迹,如银杏;③在一个叶痕上有三个或三组维管束痕的称为三叶迹,如喜树、枫杨、桃等;④在一个叶痕上有四个或四组以上数量的维管束痕的称为多叶迹,如香椿、臭椿等。在双子叶植物中,单叶迹、三叶迹和多叶迹较为常

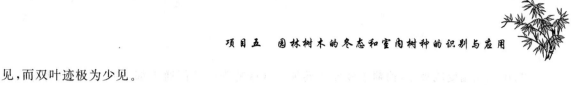

见,而双叶迹极为少见。

（四）皮孔

皮孔是生于枝或干上的气孔,它是冬季鉴别树种较可靠的依据之一。不同树种其皮孔形状、大小、颜色、疏密及是否突出等方面各不相同。如核桃楸:小枝淡灰色,皮孔隆起。水曲柳:幼枝上皮孔明显,黄褐色。白桦:树皮上具有横生棕黄色皮孔,长达 2 cm;小枝红褐色,有白色皮孔。银白杨:树皮上具有菱形皮孔,幼枝上散生皮孔,微隆起。水榆花楸:小枝上具有灰白色皮孔。糖槭:小枝带白粉,具有圆形皮孔。暴马丁香:枝条上皮孔灰白色,常有 2～4 个横向连接。臭冷杉:树皮上具有疣状皮孔,呈瘤状,内含树脂,味道芳香,是其独有的特点。

（五）枝条的形状与髓部构造

绝大多数树种的小枝的横切面都为圆形,但也有少数与众不同的。小枝扁三棱:如枸橘。小枝三角形:如鼠李属树种。小枝四方形:如迎春、石榴、荆条。小枝五棱:如探春（迎夏）。依据小枝的髓部构造可分为以下几种。

（1）实心髓:髓心充实,绝大多数树种为此结构。

（2）分隔髓:髓心具有片状横隔,如杜仲、猕猴桃、枫杨、金钟花、胡桃。

（3）空心髓:髓心中空,如毛泡桐、金银木、金银花、连翘、溲疏等。

（六）冬芽的种类与特征

冬芽为季节性休眠的芽,冬季休眠,翌年春发芽。树木冬芽形状各异,根据冬芽着生的位置、方式、芽的大小、形状、颜色、芽鳞的有无及芽鳞数量的多少等,可对树木进行鉴别。枝条顶端生的芽称顶芽,如松柏类、杨树等;叶腋处生的芽称腋芽。大多数树木的叶腋内,只生一个腋芽,称单生芽,但有的树木叶腋内可生两个以上的芽,其中除一个为腋芽外,其他的称为副芽（复合芽）。副芽几个芽左右排列成并立的称并生芽,如桃树有 3 个并生副芽,欧李冬芽 3 个并生,冷杉属枝顶 3 个芽并生,山桃的并生芽等;几个芽上下重叠排列的称叠生芽,如紫穗槐、枫杨、皂荚、连翘、刺榆等。大多数温带的树木,秋天形成的芽需要越冬,芽外的幼叶常常变成鳞片,称为芽鳞,如桦树属、赤杨、丁香属、松属、落叶松属、云杉属、杨属等都有鳞芽。有些树木的芽不具鳞芽,称为裸芽,常具有茸毛,如枫杨、苦木、槐树等。有些树木的腋芽被叶柄基部覆盖,称为柄下芽,如悬铃木、刺槐、国槐、皂荚、黄波罗、长白蔷薇等。有的芽有柄,有的芽无柄,如赤杨属、枫杨属等的冬芽有柄,为有柄芽;胡桃属、桦木属的冬芽无柄,为无柄芽。

不同树木的冬芽形状也各不相同,有的呈圆球形,如梧桐、雪柳等;有的呈圆锥形,如樱花、毛樱桃等;有的呈卵形,如毛白杨、紫丁香等;也有的小而不太明显,如刺槐、山皂角等。多数树木的冬芽的颜色为褐色或暗褐色,有些树木冬芽颜色较有特色,如鸡爪槭、紫叶李、黄刺玫的冬芽为紫红色,碧桃的冬芽为灰色,梧桐的冬芽为锈褐色,白丁香冬芽呈绿色。

冬芽在枝上着生状态一般多为斜生,但也有冬芽贴枝而生,称为伏生,如红瑞木、锦带花等。还有些树木芽与枝呈近垂直状态着生,如金银木、水杉等。这些特征均可作为识别树种的依据。

（七）枝干附属物及枝条的变态

一些树种枝干上具有特征明显的附属物,如卫矛、大果榆的枝条具有木栓质翅;贴梗海棠、十姐妹、玫瑰、月季枝条上生有皮刺等;山楂、贴梗海棠的枝上具有变态的直生刺;皂荚的枝干上具有分枝的枝刺;石榴、酸枣、鼠李等树种的小枝先端变态呈棘刺状;爬山虎、五叶地

锦,小枝先端变成吸盘,葡萄小枝变成卷须。这些特殊的特征通常都很明显,在识别树种时容易掌握。

(八) 宿存的果实、枯叶及秋季形成的花序

有些树木果实成熟后经冬不落,例如:栾树枝端的圆锥果序上,挂着灯笼状蒴果;槐树枝端的念珠状荚果;元宝枫枝端宿存的翅果,状如倒挂的小元宝;泡桐则不仅上年枝上果序宿存,而且当年生枝端长有秋季形成的花序。一些树种如麻栎、元宝枫等树叶经冬不落或虽大部分脱落但仍有少量枯叶残存在树上,这也是冬季识别树木比较明显的依据。

学习任务

调查所在地区或学校周边公园、苗圃基地、景区内树木,内容包括冬芽的种类与特征、树冠与树皮、枝条的形状与髓部构造、长枝和短枝、叶痕与维管束痕等方面进行观察,并对所观察树种进行归纳总结。

任务分析

完成该任务,一是要掌握树木冬态识别的一般特征,包括了解树木冬态识别的名词术语、冬态特征,确定识别过程中需要采取的方法步骤,了解需要解决的困难和明确预想的识别效果。二是要收集与所选树种进行观测记载相关的资料,资料的深度和广度将直接影响随后的分析、鉴定。因此,必须注意收集那些与所选树种有密切联系的相关资料。

一、材料与用具

选择当地落叶树木 40～50 种、卷尺、放大镜、照相机、镊子、解剖刀、解剖针、记录夹、记录纸等。

二、操作步骤

(一) 形态观测记录

1. 进行树木冬态观察

首先从形状、树皮、枝条、叶痕、冬芽、附属物等方面进行观察。

形状:主要观察乔木、灌木、藤本,以及树冠形状等。树皮:树皮的色泽,开裂的深浅和形状,厚和薄等。枝条:分枝方式、一年生和二年生枝条颜色、附属物(毛、刺等)、枝条的性质、枝条的髓心状态、有无长、短枝。叶痕:形状、颜色、排列情况。叶迹:数量、排列情况。冬芽:类型(如顶芽、侧芽、鳞芽、裸芽、花芽、混合芽、叶芽等)、形状(如圆形、圆锥形、纺锤形、披针形、椭圆形、倒卵形、卵形、圆筒形等)、颜色等。附属物:枝刺、皮刺、托叶刺、毛、卷须、吸盘、气生根、残果、枯叶等的颜色、形状、着生位置。

2. 对选树种进行观察记载

以银杏为例进行观察。形状:落叶大乔木,树冠呈宽卵形。树皮:灰褐色,长块状开裂或不规则纵裂。枝条:一年生小枝淡褐黄色或带灰色,无毛;两年生小枝深灰色,枝皮不规则裂纹;有长、短枝之分,短枝矩形。叶痕:在短枝上有密集叶痕,叶痕呈半圆形,棕色,叶痕在长

枝上螺旋状互生,叶迹2个。芽:顶芽发达,宽卵形,侧芽近无柄。

银杏的识别要点小结　落叶乔木,树冠呈宽卵形。树皮纵裂。叶痕呈半圆形,长枝上互生,短枝上密集着生。顶芽发达,宽卵形,侧芽近无柄。

（二）完成观察树种冬态特征的调查报告

1. 参考格式

树种的冬态特征观察表如表5-1所示。

表 5-1　树种的冬态特征观察表

特征＼树种		旱柳	元宝枫	紫丁香	杜仲	黄刺玫	臭椿	木瓜	榆叶梅	核桃
性状										
树皮特征										
枝条	有无短枝									
	叶痕特征及着生方式									
	叶迹数目									
	有无顶芽									
冬芽	芽类型									
	形状									
	颜色									
	其他									

（教师可根据当地情况选择适当树种）

2. 任务考核

考核内容及评分标准如表5-2所示。

表 5-2　考核内容及评分标准

序号	考核内容	考核标准	分值	得分
1	树种调查准备	材料、用具准备充分	10	
2	调查报告内容	内容全面,条理清晰	10	
3	树种调查水平	特征描述准确,准确识别树种	60	
4	树种调查态度	积极主动,注重方法,有团队意识,注重工作创新	20	

知识链接

冬态树木的相关介绍

一、树木冬态修剪方法

修剪是桩景整形、控姿的重要技术措施,对落叶树种尤为重要,通过修剪,能使分枝曲折

延伸,树姿自然,宛如天成。不同树木的修剪方法及时间有所不同,多数落叶树木宜在休眠期(12月—翌年2月)进行。一般采用疏剪和截剪两种基本手法。凡病虫枝、枯死枝、重叠枝、平行枝、交叉枝、徒长枝等疏剪,不留残桩。留下的枝一般多行截剪,截枝程度一般为枝长的1/4~3/4。观花、观果树种要依其习性修剪:当年生枝开花的在冬季修剪,如紫薇、月季等;隔年生枝开花的,如蜡梅、梅花等,应在花后、萌芽前修剪;花果着生于短枝上的,要多采用截剪长枝(营养枝),以促生短花枝,如蜡梅、火棘、贴梗海棠等;花果着生于新梢顶端的,如石榴、紫薇等,不能摘心,否则不开花或开花较小。松柏类修剪宜在早春进行,如五针松在2月前进行,不可重剪,只疏剪突出枝、过密枝,一般不截剪。黑松宜在2—3月进行,因其分枝稀少,一般不疏剪,只酌量轻截,但又不可伤针叶,且不留残枝(即剪口下必须保持有松叶),而桧柏宜在深秋剪枝。

二、冬态树木修剪中需注意问题

(1) 修剪枝条的剪口要平滑,与剪口芽成45°角的斜面,从剪口的对侧下剪,斜面上方与剪口芽尖相平,斜面最低部分和芽基相平,这样剪口创面小,容易愈合,芽萌发后生长快。疏枝的剪口,于分枝点处剪去,与干平,不留残桩。丛生灌木疏枝与地面相平。剪口芽的方向、质量,决定新梢生长方向和枝条的生长方向。选择剪口芽的方向应从树冠内枝条的分布状况和期望新枝长势的强弱考虑,需向外扩张树冠时,剪口芽应留在枝条外侧,如欲填补内膛空虚,剪口芽方向应朝内,对生长过旺的枝条,为抑制枝条生长,以弱芽当剪口芽,扶弱枝时选饱满的壮芽。

(2) 在对较大的树枝和树干修剪时,可采用分步作业法。先在离锯口上方20 cm处,从枝条下方向上锯一个切口,深度为枝干粗度的一半,从上方将枝干锯断,留下一条残桩,然后从锯口处锯除残桩,可避免枝干劈裂。

(3) 锯除较大的枝干易造成创面较大,常因雨淋或病菌侵入而腐烂。因此,在锯除树木枝干时,锯口一定要平整,用20%的硫酸铜溶液来消毒,然后涂上保护剂(保护蜡、调和漆等),起防腐和促进愈合的作用。

(4) 落叶树木和常绿树木的修剪时期应有区别。冬季落叶树木停止生长,这时修剪养分损失少,伤口愈合快。常绿树木虽然冬季为休眠期,但剪去枝叶有冻害的危险。由于常绿树木的根与枝叶终年活动,新陈代谢不止,内养分不完全用于储藏,剪去枝叶时,养分损失影响树木生长。常绿树木修剪时期一般在晚春。

(5) 修剪工具应保持锋利,上树机械和折梯使用前应检查各个部件是否灵活,有无松动,防止事故的发生。上树操作应系好安全绳。在高压线附近作业时,要特别注意安全,避免触电,必要时请供电部门配合。行道树修剪时,应有专人维护现场,以防锯落大枝砸伤过往行人和砸坏车辆。

任务2 室内树种的识别与应用

能力目标

(1) 能够正确识别常见的室内树种20种以上。

(2) 能够对常见易混室内树种进行准确鉴别。

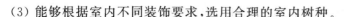

(3) 能够根据室内不同装饰要求,选用合理的室内树种。

知识目标

(1) 了解各种树种在室内的应用情况。

(2) 掌握室内树种的形态识别方法,理解室内树种形态描述的主要术语。

(3) 了解室内树种的主要习性及观赏特点。

素质目标

(1) 通过室内树种进行比较、鉴别和总结,培养学生独立思考问题,提高解决实际问题的能力。

(2) 通过学生收集、整理、总结和应用有关信息资料,培养学生自主学习的能力。

(3) 以学习小组为单位完成任务,培养学生团结协作意识和沟通表达能力。

基本知识

一、室内树种特点

室内树种的特点主要分为观赏特点和生态特点。

1. 观赏特点

(1) 观叶形、叶色　①观叶形:叶形奇特、可爱,如鹅掌柴等。②观叶色:叶色鲜艳、秀美,如变叶木等。

(2) 观叶赏花:如茉莉、白兰等。

(3) 观叶赏果:如金橘等。

(4) 观叶赏姿:如巴西铁、发财树等。

2. 生态特点

(1) 喜温暖:多数树种越冬温度要求 5 ℃以上,部分种类要求 10~15 ℃。

(2) 喜湿润:由于室内树种原来生长环境存在差异性,以及形态结构和生长的多样性,所以,它们对空气湿度的需求也不同。

(3) 耐阴:荫蔽条件下能正常生长,如棕榈科、榕树类等。

二、室内树种类型

根据室内不同位置的环境条件(如温度、光照、空气湿度等)和植物本身的生长特点,室内树种可分以下几类。

1. 根据室内树种对光照的需求分类

(1) 阳性类:如变叶木、短穗鱼尾葵等。

(2) 中性类:如鹅掌柴、棕竹、榕属等。

(3) 耐半阴类:如龙血树属、常春藤等。

2. 根据室内树种对温度的需求分类

(1) 耐寒类:越冬温度 3~10 ℃,如酒瓶兰、八角金盘、南洋杉、常春藤等。

(2) 半耐寒类:越冬温度 10~16 ℃,如朱蕉、鹅掌柴、孔雀木、棕竹、发财树等。

（3）不耐寒类：越冬温度 16～20 ℃,如变叶木、大叶伞等。

3. 根据室内树种对水分的需求分类

（1）半耐旱类：如苏铁、发财树等。

（2）中性类：如巴西铁、散尾葵、棕竹等。

三、室内树种的应用形式

室内绿化装饰方式除根据植物材料的形态、大小、色彩及习性外,还要依据室内空间的大小、光线的强弱和季节变化,以及气氛而定。其装饰方法和形式多样,主要有陈列式、攀附式、悬垂式、壁挂式、栽植式等。

图 5-1　室内树种　平安树

（张百川 摄）

1. 陈列式绿化装饰

陈列式是室内绿化装饰最常用和最普通的装饰方式,包括点式、线式和片式三种。其中以点式最为常见,即将盆栽植物置于桌面、茶几、柜角、窗台及墙角,或在室内高空悬挂,构成绿色视点（见图 5-1）。线式和片式是将一组盆栽植物摆放成一条线或组成自由式、规则式的片状图形,起组织室内空间,区分室内不同用途的作用,或与家具结合,起划分范围的作用。几盆或几十盆组成的片状摆放,可形成一个花坛,产生群体效应,同时可突出中心植物主题。

采用陈列式绿化装饰,主要考虑陈列的方式和使用的器具是否符合装饰要求。传统的素烧盆及陶质釉盆仍然是目前主要的种植器具。至于近年来出现的表面镀仿金、仿铜的金属容器及各种颜色的玻璃缸套盆,则可与豪华的西式装饰相协调。总之,器具的表面装饰要视室内环境的色彩和质感及装饰情调而定。

2. 攀附式绿化装饰

大厅和餐厅等某些区域需要分割时,可采用攀附植物隔离,或带某种条形或图案花纹的栅栏再附以攀附植物,攀附材料在形状、色彩等方面要协调,以使室内空间分割合理、协调且实用。

3. 悬垂吊挂式绿化装饰

在室内较大的空间内,结合天花板、灯具,在窗前、墙角、家具旁吊放有一定体量的阴生悬垂植物,可改善室内人工建筑的生硬线条造成的枯燥单调感,营造生动活泼的空间立体美感,可充分利用空间。这种装饰可使用金属或塑料吊盆,使之与所配材料有机结合,以取得意外的装饰效果。

4. 壁挂式绿化装饰

室内墙壁的美化也深受人们的欢迎。壁挂式有挂壁悬垂法、挂壁摆设法、嵌壁法和开窗法。预先在墙上设置局部凹凸不平的墙面和壁洞,供放置盆栽植物;或在靠墙地面放置花盆,或砌种植槽,然后种上攀附植物,使其沿墙面生长,形成室内局部绿色的空间;或在墙壁上设立支架,在不占用地的情况下放置花盆,以丰富空间。采用这种装饰方法时,应主要考虑植物姿态和色彩。以悬垂攀附植物材料最为常用,其他类型植物材料也常使用。

5.栽植式绿化装饰

栽植式绿化装饰方法多用于室内花园及室内大厅堂有充分空间的场所。栽植时,多采用自然式,使乔、灌木及草本植物与地被植物组成层次,注重姿态、色彩的协调搭配,适当采用室内观叶植物的色彩来丰富景观画面,同时,考虑与山石、水景组合成景,模拟大自然的景观,给人以回归大自然的美感。

6.迷你型观叶植物绿化装饰

迷你型观叶植物绿化装饰在欧美、日本等地极为盛行。其基本形态源自插花手法,利用迷你型观叶植物配植在不同容器内,摆置或悬吊在室内适宜的位置,或作为礼品赠送他人。这种装饰法设计最主要的目的是达到功能性的绿化与美化,即在布置时,要考虑室内观叶植物如何与生活空间内的环境、家具、日常用品等相搭配,使装饰植物材料与其环境、生态等因素高度统一。其应用方式主要有迷你吊钵、迷你花房、迷你庭院等。

(1)迷你吊钵　将小型的蔓性或悬垂观叶植物做悬垂吊挂式装饰。这种应用方式观赏价值高,即使在狭小空间或缺乏种植场所时仍可有效利用。

(2)迷你花房　在透明有盖子或瓶口小的玻璃器皿内种植室内观叶植物。可使用的玻璃容器形状繁多,如广口瓶、圆锥形瓶、鼓形瓶等。由于此类容器瓶口小或加盖,水分不易蒸发,在瓶内可被循环使用,所以应选用耐湿的室内观叶植物。迷你花房一般是多品种混种。在选配植物时应尽可能选择特性相似的配植在一起,这样更能达到和谐的境界。

(3)迷你庭院　迷你庭院是指将植物配植在平底水盘容器内的装饰方法。使用的容器不局限于陶制品、木制品,但使用时应在底部先垫塑料布。这种装饰方式除了按插花方式选定高、中、低植株形态,并考虑根系具有相似性外,叶形、叶色的选择也很重要。同时,这种装饰最好有其他装饰物(如岩石、枯木、民俗品、陶制玩具或动物等)来衬托,以提高其艺术价值。若为小孩房间,可添置小孩所喜欢的装饰物;年轻人的房间则选用新潮或有趣的物品装饰。总之,可依年龄的不同而进行不同的选择。

四、室内树种的养护与管理技术

(一)基质的选择

基质的好坏会影响室内植物的生长。不同的室内植物对基质的要求稍有差别,但一般应满足下列条件:(1)均衡供水,持水性好,但不会因积水导致烂根;(2)通气性好,有充足的氧气供给根部;(3)疏松,便于操作;(4)营养丰富,可溶性盐类含量低;(5)清洁,无病虫害。优质的基质浇水时渗入性好,不发黏。基质种类繁多,但单一种类都有缺点,多种基质混合可以相互弥补缺点,发挥长处。

(二)盆的选择及换盆

盆的作用不仅是培育观叶植物,也是观赏对象的一部分。因此,盆不仅要有利于室内植物生长,也要求美观,并与室内植物相协调。

常见的盆有瓦盆、塑料盆和陶瓷盆三种。瓦盆四周盆土水分蒸发较快,塑料盆和陶瓷盆水分不会从四周蒸发。因此,在室内干燥条件下,瓦盆用水量是塑料盆和陶瓷盆的2倍以上。瓦盆浇水次数多,但不必担心盆土过湿,相反,塑料盆和陶瓷盆浇水次数少,也要防止浇水过多而引起烂根。一般情况下,塑料盆使用较多,这是因为它具有操作简单、造型丰富、价

格便宜、功能多样、清洁等多种优点。

在选择盆的大小时,根据室内植物大小平衡考虑,随着植物长大依次换上大一号的盆。一般出现下列情况时可换盆:①从盆底长出大量的根;②土湿而叶枯;③浇水时很难渗入;④叶逐渐枯萎,生育期新芽没有长出;⑤叶子上开始出现斑纹。出现以上症状是根拥挤、腐烂的缘故,有必要换上大一号的盆。若想在换盆的时候进行繁殖,或不想使植株太大时,可进行分株。一般在室内植物的休眠期换盆比较适合,换盆后要充分浇水,但不要过度浇水,否则会抑制根系生长。为了防止萎蔫,可经常给叶面喷水(或喷水雾)。

(三)水分管理

浇水是室内植物养护的关键。从某种意义上说,浇水高手就是养护高手。有经验的人通过观察,能知道植株是否缺水及缺肥等状况。

1. 浇水的时间

水分对植物的生长起着非常重要的作用,过干或过湿均会对植株产生不良影响。因此,把握好浇水时间至关重要。土壤吸水后变黑,干燥则发白。可把这种变化作为大致的浇水标准,即在盆土表面发白时浇水。土壤潮湿时浇水,常常会造成植物烂根。但是,喜干燥的植物即使土壤发白,暂时也不要浇水。冬天要等到土壤发白数日后再浇水,因为水分增多会降低植物的耐寒性。在一天中,浇水时间一般以上午为好。

2. 浇水的数量

浇水的数量以盆底流出水为度,这样能压出土壤空隙中的旧空气,换入新鲜的空气,给根部提供氧气。如果水只浇到一半,则新鲜的空气供给不足,容易造成烂根。如果盆底附有托盆,则植物可直接从盆底吸收水分。夏天可用托盆储水,冬天不要使托盆积水。

3. 叶面喷水

大多数室内植物的原产地为热带、亚热带多雨、湿润的地方。因此,室内植物须常用喷雾器给叶面喷水,以保持较高的空气湿度。

(四)光照调节

由于室内光照条件较差,一方面可用日光灯或白炽灯来补充光照,重要的还要根据室内植物对光照的需求和室内光照强度分布的特点调整好室内植物的摆放。喜光植物放置在窗边等光线可以充足进入的 I 类场地,耐阴植物放置在明亮、庇荫的 II 类场地,阴生植物放置在室外光线基本上不能进入的 III 类场地,并定期旋转花盆受光方向,否则容易造成偏冠现象,影响观叶植物的观赏价值。

(五)温度控制

室内植物生长温度在 15～35 ℃,越冬温度一般不低于 10 ℃。因此,室内植物应做好保温工作,使其安全越冬。在冬季,应减少水分的供应,以防温度过低对根部造成伤害。此外,冬季来临前应减少氮肥的供应,增施磷、钾肥,提高植物的抗寒能力。

(六)合理施肥

1. 肥料的种类与使用方法

肥料通常分为有机肥料和化学肥料。有机肥料会发霉、发臭,在室外能施用,室内不宜施用。化学肥料分为速效肥料和缓释肥料两种。缓释肥料的肥效可长达 2～3 个月,并且清洁,因此,比较适合室内植物。如用直径为 5 mm 左右的粒状缓释肥料,4 号盆每次施 3～5

粒,5 号盆每次施 5～7 粒,2 个月左右施 1 次,施肥时,一般将肥料放在植物根部的四周。速效肥料因容易伤根,不宜用于盆栽植物。

2. 施肥的时期

植物生长旺盛时吸收肥料较多。多数室内植物以 4—5 月份开始生长,这时可以施肥,8—9 月份施最后一次肥,10 月份以后不施肥。施肥时期注意观察叶色,如果植株缺肥,则叶色变淡,这时必须立即施肥。叶子如有白花纹或斑纹,叶周围枯萎时,可能是缺乏微量元素,也可能是肥料不足,但多数情况是根部受到伤害,有效方法是换盆使根系恢复健壮。

（七）病虫害防治

危害室内植物的害虫常见的有叶螨类、蚜虫和介壳虫。防治应采取预防为主,综合防治的方针。采用正确的管理方法,早发现早防治,就不会产生危害。叶螨类在干燥的条件下发生,经常给叶面喷水可减少叶螨类发生的几率,一般不使用农药,但如果到了虫害很严重的地步,应把植物搬到室外进行处理。

预防病害的办法首先是使植物健壮,其次是切断病害的传染源,并尽快用杀菌剂消毒。另外,烂根、土壤通气差、过度施肥和浇水等会引起植物生理障碍,使植物出现叶脉间黄化,叶缘部分颜色消退等症状,此时,换上新土(经过暴晒消毒)是较好的解决方法。

随着人类科技不断进步和现代化城市的飞速发展,室内绿化这门崭新的学科应运而生,它是人们力图在建筑空间中回归自然而进行的一个尝试,其目的是要创造建筑、人与自然融为一体、调协发展的空间。因此,室内植物的养护与管理是十分重要的,只有了解室内绿化植物的养护与管理,才能使室内植物更好地生长。

调查所在地区花卉市场、温室、专门从事室内植物生产经营单位及其他有关室内环境为例,内容包括调查地点自然条件、室内树种名录、主要特征、习性、观赏特点及应用,完成室内树种调查报告。

任务分析

科学合理地进行室内树木识别、养护是构建室内环境平衡系统的重要元素,既满足树木与室内环境在生态适应上的统一,又可通过运用现代植物装饰手法,体现出室内树木个体美和群体的形式美,以及人们欣赏时所产生的意境美。根据不同类型的树木,结合不同的室内环境,形成优美的室内景观。

任务实施

一、材料与用具

本地区花卉市场生长正常的常见室内树种、照相机、皮尺、记录夹等工具。

二、任务步骤

（一）认识下列室内植物

1. 苏铁（凤尾蕉、凤尾松）*Cycas revoluta* Thunb.

【科属】苏铁科、苏铁属

图 5-2　苏铁

【识别要点】①树干高达 8 m,茎干呈圆柱状。②羽状复叶,大型。小叶线形,初生时内卷,后向上斜展,微呈 V 形,边缘显著向下反卷,厚革质,坚硬,有光泽。③雌雄异株,6—8月开花,雄球花为圆柱形,黄色,密被黄褐色茸毛,直立于茎顶;雌球花扁球形,种子10月成熟。

【分布范围】苏铁(见图 5-2)原产于中国南部,在福建、台湾地区、广东等地均有栽培;日本、印度尼西亚亦有分布。

【变种与品种】苏铁的主要变种有如下。①华南苏铁 C. rumphii,又名刺叶苏铁,分枝或不分枝。叶丛呈较直上生长状,羽状叶片长 1～2 m,羽片宽条形长 15～38 cm,宽 0.5～1.5 cm,叶缘扁平或微反卷,叶上部之叶片渐短,近顶端处长仅数毫米,叶柄有刺。②云南苏铁 C. siamensis,植株较矮小,主茎粗大。羽片薄革质而较宽,宽 1.5～2.2 cm,边缘平,基部不下延。③篦齿苏铁 C. pectinata,主茎粗大,叶长大可达 1.5～2 m;羽片厚革质,长达 15～25 cm,宽 0.6～0.8 cm,边缘平,两面光亮无毛,叶脉两面隆起,表面叶脉中央有一凹槽;羽片基部下延,叶柄短,有疏刺。

【主要习性】苏铁喜温暖湿润、阳光充足的环境,也耐半阴和干旱,不耐寒,要求疏松、肥沃、排水良好的沙质土壤。

【养护要点】苏铁浇水以不干不浇为原则。苏铁为强阳性树种,夏季光照过强,应注意遮阴,其他季节应给予充足的光照;苏铁不耐寒,北方地区每年 11 月至翌年 5 月需在温室内养护,温度不低于 5 ℃ 即可安全越冬。

【观赏与应用】苏铁的姿态优美,有反应热带风光的观赏效果,常植于花坛的中心或盆栽布置于大型会场内供装饰用。

2. 日本五针松(五钗松、日本五须松)*Pinus parviflora* Sieb. et Zucc.

【科属】松科、松属

【识别要点】①常绿乔木,树冠呈圆锥形,幼树树皮淡灰色,平滑,大树树皮暗灰色,裂成鳞状块片脱落,一年生枝幼嫩时绿色,后呈黄褐色,密生淡黄色茸毛。②针叶五针一束,边缘有细锯齿,背面暗绿色。③花期 4—5 月,球果翌年 6 月成熟。

【分布范围】日本五针松(见图 5-3)原产于日本,我国的长江流域各城市、青岛、北京等地引种栽培。

【变种与品种】日本五针松的主要变种有银尖五针松 var. *Alb-terminata*,叶先端黄白色。

【主要习性】日本五针松喜光,稍耐阴,以深厚、排水良好的微酸性土壤最适宜,不耐低湿及高温,生长缓慢,寿命长。

【养护要点】日本五针松要选择肥沃、湿润、排水良好的沙壤土,移植要带土球,并及时浇水,干旱季节应注意浇水保湿,雨季排水防涝。

图 5-3　日本五针松

【观赏与应用】日本五针松的姿态苍劲秀丽,松叶葱郁纤秀,富有诗情画意,集松类树种气、色、神之大成,是名贵的观赏树种。孤植配奇峰怪石,整形后在公园、庭院、宾馆做点景树,适宜与各种古典或现代的建筑配植。可列植园路两侧做园路树,亦可在园路转角处 2～3 株丛植。

3. 罗汉松(罗汉杉、土杉)*Podocarpus macrophyllus*(Thunb.)D. Don

【科属】罗汉松科、罗汉松属

【识别要点】①树冠呈广卵形。树皮灰褐色,呈薄片状脱落。②枝叶稠密叶螺旋状排列,线状披针形,长 7～10 cm,宽 5～8 mm,顶端渐尖或钝尖,基部楔形,有短柄,中脉在两面均明显突起。③花期 5 月,雄球花穗状,常 3～5 簇生叶腋;雌球花单生叶腋,有梗。果成熟时为紫色或紫红色,外被白粉。

【分布范围】罗汉松(见图 5-4)产于江苏、浙江、福建、安徽、江西、湖南、四川、云南、贵州、广西、广东等省区,日本亦有分布。

【变种与品种】罗汉松的主要变种有:①狭叶罗汉松 var. *angustifolius* Bl.,叶长 5～9 cm,宽 3～6 mm,叶端渐狭成长尖头,叶基楔形,产于四川、贵州、江西等省,广东、江苏均有栽培,日本亦有分布;②小叶罗汉松 var. *maki* Siev. & Zucc.,小乔木或灌木,枝直上着生,叶密生,长 2～7 cm,较窄,两端略钝圆,原产于日

图 5-4　罗汉松

本,我国江南各地园林中常有栽培;③短叶罗汉松 *podocarpus brevifolius* f. *condensatus* Makino,叶特短小。

【主要习性】罗汉松是半阳性树种,在半阴环境下生长良好,喜温暖、湿润的肥沃沙质土壤,在沿海平原也能生长;不耐严寒,故在华北地区只能盆栽,培养土可用沙和腐殖土等量配合,寿命很长。

【养护要点】罗汉松夏季高温不宜暴晒,需放置在半阴处养护,注意摘心和修剪,防止枝叶徒长,以保持原来的姿态,修剪、摘心工作,最好在春、秋季生长期间进行;冬季当温度下降到 5 ℃时,应入房越冬,并控制浇水量,盆土以偏干为好。

【观赏与应用】罗汉松的树形优美,满树上紫红点点,颇富奇趣,宜孤植做庭荫树,或对植、散植于厅、堂之前。罗汉松耐修剪,故特别适宜于海岸边植做绿化及防风高篱绿化等用。

4. 印度橡皮树(印度榕、印度橡胶)*Ficus elastica*

【科属】桑科、榕属

图 5-5　印度橡皮树

【识别要点】①树皮平滑,有乳汁。②叶互生宽大具长柄,厚革质,椭圆形,全缘、表面亮绿色。③夏日由枝梢叶腋开花(隐花)。④果呈长椭圆形,无果柄,成熟时为黄色。

【分布范围】印度橡皮树(见图 5-5)原产于印度和马来西亚,在我国分布较广,大约有 120 种。

【变种与品种】印度橡皮树的主要变种有:①金边橡皮树 var. *aureo-marglnalus*,叶片具金黄色边,入秋更为明显;②花叶橡皮树 var. *uariegata*,叶面具黄白色斑纹。

【主要习性】印度橡皮树喜温暖和潮湿的环境,夏季在 30 ℃的温室内生长繁茂,冬季最低温度在 10 ℃以上;喜光照充足和通风良好的环境,要求土壤肥沃。

【养护要点】印度橡皮树夏季应给予充足光照,盆栽一般 2～3 年根据生长情况换盆一

次,因叶片大而繁茂,呼吸蒸腾作用强,应经常用清水喷淋叶面,也可用啤酒擦洗,可起到增肥作用,使叶片油绿光亮。

【观赏与应用】印度橡皮树是常见的庭园树或盆栽观叶植物,终年叶片碧绿,颇为美观,在我国南方常用做庭院绿化、美化;北方地区多室内盆栽,用以布置宾馆、会场、美化书房、客厅等,无论观叶或观形都深受人们喜爱。

5. 无花果(映日果、奶浆果)*Ficus carica*

【科属】桑科,榕属

【识别要点】①落叶灌木或小乔木,有乳汁,多分枝,小枝粗壮。②单叶互生,叶片大,厚革质,倒卵形或近圆形。③隐头花序,单生叶腋,花果期为 6—11 月,小花白色,成熟时呈紫红色,俗称无花果,为假果。

【分布范围】无花果(见图 5-6)在我国各地均有栽培。

图 5-6 无花果

【变种与品种】无花果的主要变种有:①波姬红(A132),树势中庸、健壮,树姿开张,分枝力强,耐寒,耐盐碱,极丰产,果实以秋果为主;②青皮无花果,该品种适应性广,南方栽培注意控制旺长;③砂糖无花果,引自意大利,单果重 90~120 克,果呈淡绿色,带有红色条纹,光滑亮丽,品质极佳,是鲜食无花果中品质最好的品种,丰产性也好。

【主要习性】无花果喜温暖、湿润和阳光充足的环境,对土壤要求不严,以土层深厚、肥沃、排水良好的沙质土壤或腐殖质壤土为好。

【养护要点】无花果盆栽,一般每 1~2 年换一次盆,浇水要适量,不可过多;每年要进行修剪,并进行除芽,这样可以使整个树冠匀称美观。

6. 平安树(兰屿肉桂)*Cin nam omum kotoense Kanehiraet* Sasaki

【科属】樟科、樟属

【识别要点】①常绿小乔木,树形端庄,树皮黄褐色。②单叶互生或近对生,革质,长椭圆形至披针形。③叶厚革质,叶片硕大。

【分布范围】平安树在我国广西、广东、云南为主产区,多为人工种植。广西是平安树的故乡,栽种平安树已有 1 000 多年的历史。

【主要习性】平安树喜温暖、湿润、阳光充足的环境,喜光又耐阴,喜暖热、无霜雪、多雾高温之地,不耐干旱、积水、严寒和空气干燥,栽培宜用肥沃、排水良好、富含有机质的酸性沙壤土。

【养护要点】平安树在长江流域宜盆栽,宜霜降到来前搬入棚室中,翌年清明后出房,注意应防止晚霜或倒春寒可能造成的寒害。盛夏时节,当气温超过 32 ℃,要给予搭棚遮光和叶面喷水,借以增湿降温,使其能维持旺盛的长势。

【观赏与应用】平安树既是优美的盆栽观叶植物,又是非常漂亮的园景树。

7. 八仙花(绣球、紫阳花)*Hydrangea macrophylla* (Thunb.)Seringe

【科属】虎耳草科,绣球属

【识别要点】①落叶灌木,高 3~4 cm;小枝光滑,老枝粗壮,有很大的叶迹和皮孔。②叶大而对生,浅绿色,有光泽,呈倒卵形,边缘具钝锯齿。③花球硕大,顶生,伞房花序,初开为青白色,渐转粉红色,再转紫红色,花色美艳。花期 6—7 月,花期长。

【分布范围】八仙花(见图 5-7)产于中国及日本,中国湖北、四川、浙江、江西、广东、云南等省区都有分布,各地庭院习见栽培。

【变种及品种】八仙花的主要变种有:①紫阳花 cv. *otaksa*,植株较矮,高约 1.5 m,叶质较厚,花序中全为不育性花,状如绣球;②银边八仙花 var. *maculata* Wils.,叶具白边,亦属常见,多做盆栽观赏。

图 5-7　八仙花

【主要习性】八仙花喜阴,喜温暖气候,耐寒性不强,华北地区只能盆栽,温室越冬,喜湿润、富含腐殖质而排水良好的酸性土壤。

【养护要点】八仙花喜肥,生长期间,一般每 15 天施一次腐熟稀薄饼肥水,为保持土壤的酸性,可用 1%～3% 的硫酸亚铁加入肥液中施用,经常浇灌矾肥水,可使植株枝繁叶绿,孕蕾期增施 1～2 次磷酸二氢钾,能使花大色艳,施用饼肥应避开伏天,以免病虫害和伤害根系。八仙花的根为肉质根,浇水不能过分,忌盆中积水,否则会烂根。

【观赏与应用】八仙花花球大而美丽,园艺品种很多,耐阴性较强,是很好的观赏花木,在暖地可配植于林下、路缘、盆架边及建筑物的北面。盆栽八仙花则常做室内布置用,是窗台绿化和家庭养花的好材料。

8. 刺桐(山芙蓉、广东象牙红)*Erythrina indica* Lam.

【科属】蝶形花科、刺桐属

【识别要点】①落叶乔木,干皮灰色,具圆锥形皮刺。②三出复叶互生,小叶为菱形或菱状卵形。总状花序,花萼佛焰状,暗红色,花蝶形,鲜红色,花期 3 月。

【分布范围】刺桐(见图 5-8)在我国华南地区及四川栽培较广。

【变种与品种】刺桐的主要变种有:①金脉刺桐 E. *variegata*,又称黄脉刺桐,为落叶灌木,叶脉金黄色,总状花序,花大红色,花期 3 月;②珊瑚刺桐,又名龙牙花,原产于北美及西印度群岛,为落叶小乔木;③火炬刺桐,又名象牙红,原产于非洲东南部,为半落叶乔木;④黄脉刺桐,叶片上面叶脉处具金黄色条纹,为著名观叶植物;⑤大叶刺桐,别名鹦哥花,原产于中国南部,印度也有分布,为落叶小乔木。

图 5-8　刺桐

【主要习性】刺桐喜强光照,要求高温、湿润环境和排水良好的肥沃沙壤土,忌潮湿的黏质土壤,不耐寒。

【养护要点】刺桐盆土以经常保持半干半湿为好。夏季气温高,蒸发量大,可每天浇一次水;炎热的夏季,需放置室外半阴处养护;冬季一般可每 2～3 天浇一次水。

【观赏与应用】刺桐花繁艳丽,适宜庭园栽植、草地或建筑物旁,可供公园、绿地及风景区美化,又是公路及市街的优良行道树;北方地区可盆栽观赏。

9. 九里香(千里香、满山香)*Murraya exotica* L.

【科属】芸香科、九里香属

图 5-9 九里香

【识别要点】①常绿灌木或小乔木。株高 3～8 m,多分枝。②奇数羽状复叶互生,小叶 3～9 枚,卵形或近菱形,全缘。③聚伞花序,花白色,径约 4 cm,极香,10月至翌年 2 月果熟。

【分布范围】九里香(见图 5-9)分布于我国广东、广西和云南等省区,现我国南部和西南地区均有栽培。

【变种与品种】九里香的主要变种有小叶九里香 *Murraya paniculata* (L.)Jack. var. *exotica* (L.)Huang,小叶片为倒卵形,先端钝或骤狭的急尖或圆而凹入,长 2～4.5 cm,宽 1～2 cm,花序较多,花通常较小,径 2～3 cm,花瓣背面上方无微茸毛;果较小,分布同正种。南方各地广为栽培。

【主要习性】九里香为阳性树种,宜放置在阳光充足、空气流通的地方才能叶茂花繁。

【养护要点】九里香常见的病害有白粉病、铁锈病等,虫害主要有红蜘蛛、天牛、介壳虫等,应注意及早防治。

【观赏与应用】九里香在华南既可地栽,又宜盆植,还是制作盆景的佳材,在长江流域及其以北,只能盆植入室越冬。

10. 金橘(洋奶橘、牛奶橘)*Fortunella margarita*

【科属】芸香科,金橘属

【识别要点】①常绿灌木,通常无刺,分枝多。②叶互生,披针形至长圆形,全缘或具不明显的细锯齿,表面深绿色,光亮。背面表绿色,叶柄有狭翅。③花期 6—8 月,花白色,芳香;果期 11—12 月,果为金黄色。

图 5-10 金橘

【分布范围】金橘(见图 5-10)原产于我国南部,分布于长江流域及以南各省区。

【变种与品种】金橘的主要变种有柑橘 *Citrus reticulata* Bianco,小乔木,无毛,有刺,花黄白色,单生或簇生,春季开花;果期 10—12 月。

【主要习性】金橘喜湿润、凉爽,较耐寒,耐旱,稍耐阴,要求土质深厚、肥沃的微酸性土壤。

【养护要点】金橘喜阳光充足的温暖、湿润的气候,养护时要放置在阳光充足的地方。金橘喜湿润,忌积水,盆土过湿容易烂根。

【观赏与应用】金橘果实金黄,具有清香,挂果时间较长,是极好的观果花卉;宜做盆栽供观赏,同时其味道酸甜可口,南方暖地栽植做果树经营。

11. 米兰(树兰、鱼子兰、米仔兰)*Aglaia odorata*

【科属】楝科、米仔兰属

【识别要点】①常绿灌木或小乔木,多分枝。②奇数羽状复叶,小叶 3～5 枚,叶面亮绿。③圆锥花序腋生,花小而密,黄色,极芳香。花期从夏至秋天。

【分布范围】米兰(见图 5-11)原产于东南亚,中国华南地区、越南、印度、泰国、马来西亚等地均有分布。

【变种与品种】米兰的主要变种有:①台湾米兰 *A. Taiwaniana*,叶形较大,开花略小,其花常伴随新枝生长而开;②大叶米兰 *A. elliptifolia*,常绿大灌木,嫩枝常被褐色星状鳞片,叶较大;③四季米兰 *A. duperreana*,四季开花,夏季开花最盛。

【主要习性】米兰喜温暖,忌严寒,喜光,忌强阳光直射,稍耐阴,宜肥沃、富有腐殖质排水良好的土壤。

【养护要点】米兰盆栽宜用疏松、排水和透气良好的土壤;1~2年换盆一次,生长时期1~2周施肥一次,春、夏、秋三季宜放室外阳光可直接照射到的地方栽培;越冬温度10 ℃以上。

图 5-11 米兰

【观赏与应用】米兰在南方常植于庭前供观赏,北方宜盆栽,清新幽雅,舒人心身;花可提取芳香油、入药或薰茶。

12. 佛手(蜜筒柑、五指柑、手柑)*Citrus midica* var. *sarcodactylis*

【科属】大戟科,大戟属

【识别要点】①常绿灌木,全株含有乳汁。②茎光滑,叶互生,卵状椭圆形至披针形,全缘或具波状齿。③花序顶生,花小,无花被,着生于总苞内。

【分布范围】佛手在我国以浙江、江苏、广东、广西、福建、云南等地多有栽培。

【变种与品种】佛手的主要变种有:①红花佛手,红花佛手因花为红色而得名;②白花佛手,最早从南京、江苏一带引入,又称南京种,花白色。

【主要习性】佛手喜阳光充足及温暖气候,要求湿润、肥沃、排水良好的土壤,pH 值在 6 左右生长良好。

【养护要点】佛手容易出现黄叶病和叶片脱落现象,发生黄叶病可浇灌 1‰的硫酸亚铁溶液;盆土表层不干不浇,一次浇透;水多易烂根,如烂根要立即翻盆,把植株从盆中脱出冲洗根部,去掉烂根,消毒后栽于消过毒的素沙土中进行养护,使其逐渐恢复生机。

【观赏与应用】佛手果形奇特,又具浓郁香气;四季常绿,四季开花不断,果熟时为金色,果端或伸长如手指,或紧握似拳,形状奇特,观树、观叶、观花和观果皆宜。佛手可庭院地栽,也可盆栽制作。

13. 红桑 *Acalypha wikesiana* Muell. -Arg.

【科属】大戟科,铁苋菜属

【识别要点】①绿阔叶灌木,盆栽株高 1~2 m。②单叶互生,叶为阔卵形,叶片为铜绿色,常杂有红色或紫色,叶缘有不规则锯齿。

【分布范围】红桑原产于东南亚,我国南方广为栽培。

【变种与品种】红桑的主要变种有:①斑叶红桑 *A. w. cv. Musaia*,绿色叶面上有红色或橙黄色斑块;②金心红桑 *A. w. cv. Marginarta*,叶缘为乳黄色或橙红色。

【主要习性】红桑喜温暖、湿润、阳光充足的环境,忌水湿,耐寒性差,宜生于疏松肥沃、排水良好的土壤。

【养护要点】红桑宜盆栽,要求盆土排水良好,生长季节可充分浇水,但忌盆内过湿,空气湿度宜在 60%以上,为增加空气湿度,喷淋叶面或喷洒花盆周围的地面,北方冬天光照时间短,叶子不易变红,可增加人工光照,以使其达到较好的观赏效果。

【观赏与应用】红桑在南方地区常做庭院、公园中的绿篱和观叶灌木,可配植在灌木丛中点缀色彩;长江流域以盆栽供室内观赏。

14. 扶桑（朱槿、朱槿牡丹）*Hibiscus rosa-sinensis* L.

【科属】锦葵科，木槿属

图 5-12 扶桑

【识别要点】①常绿大灌木，茎直立而多分枝。②叶互生，广卵形或狭卵形。叶似桑叶，也有圆叶。③腋生喇叭状花朵，有单瓣和重瓣，花色有红、粉、黄、白等，夏秋最盛。

【分布范围】扶桑（见图 5-12）分布于福建、广东、广西、云南、四川等省区。

【变种与品种】扶桑的主要变种有：①锦叶扶桑 *Cooperi*，又名锦叶大红花，以观叶为主，叶子色彩有白、红、黄、绿等斑纹变化，十分美丽；②阿美利坚 *AmericanBeauty*，花深玫瑰红色；③橙黄扶桑 *Aurantiacus*，单瓣，花橙红色，具紫色花心；④砖红 *Lateritia*，花橙黄色，具黑红色花心。

【主要习性】扶桑喜温暖、湿润气候，不耐寒，喜光，喜肥沃而排水良好土壤。

【养护要点】扶桑在生长季节，每隔 7～10 天施一次稀薄液肥，浇水应视盆土干湿情况，过干或过湿都会影响开花；秋后，要注意后期少施肥，以免抽发秋梢，秋梢组织幼嫩，抗寒力弱，冷天会遭冻害。

【观赏与应用】扶桑花色鲜艳，花大形美，品种繁多，开花四季不绝，是著名的观赏花木；除盆栽观赏外，也常植于道路两侧，分车带及庭院、水滨的绿化。高大的单瓣品种，常植为绿篱或背景屏篱。

15. 瑞香（睡香、蓬莱紫、风流树）*Daphne odora* Thunb.

【科属】瑞香科，瑞香属

【识别要点】①常绿灌木。②叶互生，长椭圆形。③花集生顶端，呈头状，无花冠，萼筒呈花冠状，芳香，有紫红、淡紫、白色等，花期 3～4 月。

【分布范围】瑞香（见图 5-13）原产于我国，分布于长江流域以南各省区，日本亦有分布。

【变种与品种】瑞香的主要变种有：①白花瑞香，花色纯白；②红花瑞香，花红色；③紫花瑞香，花紫色；④黄花瑞香，花黄色；⑤金边瑞香，叶缘金黄色，花蕾红色，开后白色。

【主要习性】瑞香喜半阴和通风环境，忌日光暴晒，耐寒性差，喜排水良好的酸性土壤。

图 5-13 瑞香

【养护要点】瑞香盆栽宜放置于温暖湿润、半阴半阳的场所，夏季应避阳光暴晒，冬季宜放在有光照、空气流通的南边窗下。瑞香不耐湿，应保持盆土半干半湿，水温不能低于室内温度。瑞香宜用淡薄肥，注意在盆土过湿、气温过高或过低时不宜施肥。

【观赏与应用】瑞香最适合种于林间空地、林缘道旁、山坡台地及假山阴面，若散植于岩石间则风趣益增。日本的庭院中也十分喜爱使用瑞香，多将它修剪为球形，种于松柏之前供点缀之用。

16. 结香（打结树、黄瑞香）*Edgeworthia chrysantha*

【科属】瑞香科、结香属

【识别要点】①落叶灌木。枝条粗壮，十分柔软，为棕红色，常三叉分枝。②叶互生，为长椭圆形至倒披针形，先端急尖，具短柄。③花期 3 月，花黄色，有香味，果期 5 月。

【分布范围】结香（见图 5-14）在我国陕西、江苏、安徽、浙江、江西、河南等地多有栽培。

【变种与品种】结香的主要变种有西畴结香和黄花结香两种。

【主要习性】结香喜半阴，也耐日晒，为暖温带植物，喜暖和，耐寒性略差，根肉质，忌积水，宜排水良好的肥沃土壤。

【养护要点】结香的花盆应放置于半阴处，水肥适当，在春季应对过旺的枝条加以修剪，修剪时要保持株态，做到矮、紧、健。

图 5-14　结香

【观赏与应用】结香树冠呈球形，枝叶美丽，适植于庭前、路旁、水边、石间、墙隅或盆栽供观赏。

17. 红千层 *Callistemon rigidus* R. Br

【科属】桃金娘科，红千层属

【识别要点】①小枝红棕色，有白色茸毛。②单叶互生，偶有对生或轮生，为线状披针形，革质，全缘，有透明腺点。穗状花序顶生，花期 5—7 月。

【分布范围】红千层（见图 5-15）原产于澳大利亚，现在福建、广东、广西、云南等地均有栽培。

【变种与品种】红千层的主要变种有垂枝红千层 *C. viminalis*、柳叶红千层 *C. salignus* 和白千层三种。

【主要习性】红千层属阳性树种，喜温暖、湿润气候，不耐寒，要求酸性土壤。

【养护要点】红千层盆栽应用疏松、保水保肥的培养土；春秋季保持土壤湿润即可，盛夏应加强浇水，且在盆周围的地面上洒水，置于光照充足的地方养护。

【观赏与应用】红千层的花形奇特，色彩鲜艳，开放时火树红花，适种植在花坛中央、行道两侧和公园围篱及草坪处，北方也可盆栽，也宜剪取做切花，插于瓶中。

图 5-15　红千层

18. 常春藤（洋常春藤）*Hedera helix* L.

【科属】五加科、常春藤属

【识别要点】①常绿攀缘藤木。茎枝有气生根，幼枝被鳞片状茸毛。②叶互生，两裂，长 10 cm，宽 3～8 cm。③伞形花序单生或 2～7 个顶生；花小，黄白色或绿白色，花期 5—8 月，果期 9—11 月。

【分布范围】常春藤（见图 5-16）原产于我国，分布于亚洲、欧洲及美洲北部，在我国主要分布在华中、华南、西南等地。

【变种与品种】常春藤的主要变种有：①中华常春藤 *H. nepalensis* var. *sinensis*，常绿攀缘藤本，老枝灰白色，幼枝淡青色，被鳞片状茸毛，枝蔓处生有气生根，叶革质，深绿色，有长柄，营养枝上的叶呈三角状卵形，全缘或三浅裂；花枝上的叶呈卵形至菱形，9—11 月开花，花小，淡绿白色，有微香，核果呈圆球形，橙黄色，次年 4—5 月成熟；②日本常春藤 CV. *conglomerata*，常绿藤本，叶质硬，深绿，具光泽，营养枝上的叶呈宽卵形，常三裂；生殖枝上的叶呈卵状披针形或卵状菱形，顶生伞形花序，黄绿色，果熟后黑色。

【主要习性】常春藤喜温暖、荫蔽的环境，忌阳光直射，较耐寒，抗性强，对土壤和水分的要求不严，以中性和微酸性为最好。

【养护要点】常春藤夏季要避免强光直射，否则会导致叶片变黄。常春藤生长快，因此，需经常摘心，以促使其萌发侧芽使株形丰满。

图 5-16　常春藤

【观赏与应用】常春藤在庭院中可用以攀缘假山、岩石，或在建筑阴面做垂直绿化材料；在华北宜选小气候良好的稍阴环境中栽植，也可盆栽供室内绿化观赏用。

19. 鹅掌柴（鸭脚木、小叶手树）*Schefflera octophylla*（Lour.）Harms

【科属】五加科，鹅掌柴属

【识别要点】①常绿灌木，分枝多，枝条紧密。②掌状复叶，小叶 5~8 枚，为长卵圆形，革质，深绿色，有光泽。③圆锥状花序，小花淡红色。④浆果为深红色。

【分布范围】鹅掌柴（见图 5-17）原产于南洋群岛，我国广东、福建等亚热带雨林中有分布，日本、越南、印度也有分布，现广泛种植于世界各地。

【变种与品种】鹅掌柴的主要变种有花叶鹅掌柴 *Schefflera odorata* cv. *Variegata*，叶片上具有不规则的黄斑与白斑，呈花叶状，具有较高的观赏价值。

【主要习性】鹅掌柴喜温暖、湿润、半阳环境，宜生长于深厚、肥沃的酸性土中，稍耐瘠薄。

【养护要点】鹅掌柴夏季要注意及时遮阴，不要让烈日直射，要保持土壤湿润，天气干燥时，还应向植株喷雾增湿；梅雨

图 5-17　鹅掌柴

期间要防止盆中积水。在 5—9 月期间，每月施两次 20% 的饼肥水。

【观赏与应用】鹅掌柴的株形丰满优美，适应能力强，是优良的盆栽植物，适宜布置于客厅、书房及卧室；春、夏、秋也可放在庭院阴处和楼房阳台上观赏，也可庭院孤植，是南方冬季的蜜源植物；叶和树皮可入药。

20. 杜鹃花（映山红、山石榴）*Rhododendron simsii* Planch.

【科属】杜鹃花科，杜鹃花属

【识别要点】①常绿或落叶灌木，分枝多，枝细而直。②叶互生，为长椭圆状卵形，先端尖，表面深绿色，疏生硬毛。③总状花序，花顶生、腋生或单生，漏斗状，花色丰富多彩，品种

繁多。

【分布范围】杜鹃花（见图 5-18）分布于长江流域及珠江流域各省，东至台湾地区，西至四川、云南等地均有栽培。

【变种与品种】杜鹃花的主要变种有：①白花杜鹃 var. *eriocarpum* Hort，花白色或浅粉红色；②紫斑杜鹃 var. *mesembrinum* Rehd.，花较小，白色而有紫色斑点；③彩纹杜鹃 var. *vittatum* Wils，花有白色或紫色花纹。

【主要习性】杜鹃花喜凉爽、湿润气候，忌酷热干燥，要求富含腐殖质、疏松、湿润、pH 值在 5.5～6.5 的酸性土壤。

【养护要点】杜鹃花喜凉爽湿润的气候环境，夏、秋季应放于阴凉通风处，并向枝叶及周围喷洒清水，也可在浅盘中放上清水，将花盆置于盘上，让花从浅盘底部慢慢吸水。

图 5-18 杜鹃花

【观赏与应用】杜鹃花枝繁叶茂，绮丽多姿，萌发力强，耐修剪，根桩奇特，是优良的盆景材料。园林中最宜在林缘、溪边、池畔及岩石旁成丛成片栽植，也可于疏林下散植。杜鹃花也是花篱的良好材料，在华北地区多盆栽。杜鹃花可药用，有些亦可食用。

21. 云南素馨（南迎春、云南黄馨）*Jasminum mesnyi Hance*

【科属】木樨科、茉莉属

【识别要点】①小枝无毛，呈四方形，具浅棱。②叶对生，小叶 3 枚，为长椭圆状披针形。③花单生，淡黄色，具暗色斑点，有香气。花期 3—4 月。

【分布范围】云南素馨（见图 5-19）现各地均有栽培，北方常温室盆栽。

【变种与品种】云南素馨的主要变种有素方花 *Jasminum officinale*，小枝细而有角棱。叶对生，羽状复叶，呈卵形或披针形，有花数朵，白色，有芳香。花期 6—7 月。

【主要习性】云南素馨喜温暖向阳，要求空气湿润，稍耐阴，畏严寒，在排水良好、肥沃的酸性沙质土壤中生长良好。

【养护要点】云南素馨枝条有很强的再生力，节部遇到潮湿的土壤很快就能生根，为了不影响株丛整齐，可用竹竿扶持幼树，使其直立向上生长，并摘去基部的芽。

图 5-19 云南素馨

【观赏与应用】云南素馨枝长而柔弱、下垂或攀缘，碧叶黄花，艳丽可爱，最适宜植于堤岸、岩边、台地、阶前边缘；温室盆栽常编扎成各种形状观赏。

22. 茉莉 *Jasminumsambac*（L.）Aiton

【科属】木樨科，茉莉属

【识别要点】①常绿小灌木或藤本，枝条细长。②单叶对生，为椭圆形或卵圆形，全缘，质薄有光泽。③花白色，浓香，常 3～9 朵成聚伞花序，顶生或腋生，花期 5—10 月，先后可开 3 次花，7—8 月最盛。

【分布范围】茉莉（见图 5-20）原产于中国江南地区及西部地区；现广泛植栽于亚热带地区。

图 5-20　茉莉

【变种与品种】茉莉的主要变种有:①单瓣茉莉,植株较矮小,高70～90 cm,茎枝细小,呈藤蔓型,故有藤本茉莉之称,不耐寒,不耐涝,抗病虫能力弱;②多瓣茉莉,枝条有较明显的庞状突起,叶片浓绿,花紧结,顶部略呈凹口。

【主要习性】茉莉喜温暖、湿润,通风良好的半阴环境中生长最好,土壤以含有大量腐殖质的微酸性沙质土壤最为适合。

【养护要点】茉莉喜光,耐肥,盆栽必须放在阳光充足处,生长期间为防止黄叶,施足氮肥;孕蕾初期,用 0.2%～0.3%尿素在傍晚喷洒,对促进花蕾发育有较好的效果。

【观赏与应用】茉莉在我国南方多地均有栽培,布置成花坛或做花篱,盆栽可点缀阳台、窗台和居室。

23. 马缨丹(五色梅、臭草)*Lantana camara* L.

【科属】马鞭草、马缨丹属

【识别要点】①半藤状灌木,全株有毛。小枝有倒钩状皮刺。②单叶对生,叶缘呈圆卵形,多皱。③头状花序腋生,有长总梗,花冠初为黄色或粉红色,渐变为橙黄色或橘红色,最后转为深红色。

【分布范围】马缨丹(见图 5-21)原产于热带美洲,我国广东、海南、福建、广西等省区有栽培。

【变种与品种】马缨丹的主要变种有:①蔓马缨丹,半藤蔓状,花色玫瑰红带青紫色;②白马缨丹,花以白色为主;③黄马缨丹,花以黄色为主。

【主要习性】马缨丹喜光,喜温暖湿润气候,适应性强,耐干旱、瘠薄,不耐寒,保持温度 10 ℃以上,叶片不脱落,在疏松、肥沃、排水良好的沙壤土上生长较好。

图 5-21　马缨丹

【养护要点】马缨丹要求通风良好,若光照不足会造成植株徒长,茎枝又细又长,且开花稀少,严重影响观赏;生长期保持盆土湿润,避免过分干燥,并注意向叶面喷水,以增加空气湿度;每 15 天左右施一次以磷钾为主的薄肥,以提供充足的养分,使植株多开花。

【观赏与应用】马缨丹花色美丽,观花期长,绿树繁花,常年艳丽,抗尘、抗污力强,华南地区可植于公园、庭院中做花篱、花丛,也可于道路两侧、旷野形成绿化覆盖植被;盆栽可置于门前、厅堂、居室等处供观赏,也可组成花坛。

24. 栀子(玉荷花、白蟾花)*Gardenia jasminoides*

【科属】茜草科、栀子属

【识别要点】①小枝为绿色,有毛。②单叶对生或轮生,为倒卵形或矩圆状倒卵形,全缘,深绿色,革质,具光泽。③花两性,单生枝顶或腋生;花冠较大,白色,具芳香,浆果呈椭圆形。

【分布范围】栀子(见图 5-22)产于长江流域,我国中部及中南部都有分布,越南与日本也有分布。

【变种与品种】栀子的主要变种有:①大花栀子 var. *grandiflora* Nakai,栽培变种,花大重瓣,不结果;②卵叶栀子 var. *ovalifolia* Nakai,叶呈倒卵形,先端圆;③狭叶栀子

var. *angustifolia* Nakai,叶狭窄,野生于香港;④斑叶栀子 var. *aureo-variegata* Nakai,叶具斑纹。

【主要习性】栀子喜温暖、湿润环境,不甚耐寒,喜光,耐半阴,怕暴晒,喜肥沃、排水良好的酸性土壤,在碱性土栽植时易黄化,萌芽力、萌蘖力均强,耐修剪。

【养护要点】栀子夏季宜放在树阴下有散射光的地方养护,春、夏、初秋经常浇水和叶面喷水,以增加湿度,冬季宜放阳光处,停止施肥,浇水不宜过多。

【观赏与应用】栀子终年常绿,且开花芬芳香郁,是深受大众喜爱、花叶俱佳的观赏树种,可用于庭院、池畔、路旁丛植或孤植;也可在绿地组成色块;开花时,望之如积雪,香闻数里,人行其间,芬芳扑鼻,效果尤佳;也可做花篱栽培。

图 5-22　栀子

25. 龙船花(英丹、仙丹花)*Lxora chinensis*

【科属】茜草科、龙船花属

【识别要点】①常绿小灌木。全株无毛。②叶对生,革质,为披针形,有极短的柄。③聚伞花序顶生,花冠红色或橙黄色,花序具短梗,花期夏秋季。

【分布范围】龙船花(见图 5-23)原产于中国、缅甸和马来西亚;目前,在我国许多城市的宾馆和花卉市场都能见到龙船花。

【主要习性】龙船花喜温暖、湿润和阳光充足环境,不耐寒,耐半阴,不耐水湿和强光。

【养护要点】龙船花在冬季室内盆栽时,必须保持温度在 15 ℃以上,这样它可继续生长,若温度过低,会引起落叶现象;盆栽老株过冬后进行换盆,并加以修剪、整形,保持优美株形。

图 5-23　龙船花

【观赏与应用】龙船花植株低矮,花叶秀美,花色丰富,在南方露地栽植,适合庭院、宾馆、风景区布置。盆栽特别适合在窗台、阳台和客厅摆放。

26. 六月雪(满天星、白马骨)*Serissa japonica* (Thunb.)Thunb.

【科属】茜草科,六月雪属

【识别要点】①落叶或半常绿灌木,多分枝。②叶对生,为狭椭圆形或狭椭圆状倒披针形,先端有小突尖,基部渐狭成柄,薄革质,叶面和叶柄均具白色茸毛,托叶宿存。③花小,白色,花期5—11 月花开不断,以 5 月为最盛,微带红晕。

【分布范围】六月雪(见图 5-24)主要分布在我国的江苏、浙江、江西、广东等地;日本也有分布;多野生于山林之间、溪边岩畔。

【变种与品种】六月雪的主要变种有:①金边六月雪 *Aureomarginata*,叶缘金黄色;②重瓣六月雪 *Pleniflora*,花重瓣。

【主要习性】六月雪喜温湿,耐阴,对土壤要求不严,微酸性或中性土壤均能适应。

图 5-24　六月雪

【养护要点】在夏季高温干燥时,六月雪除每天浇水外,早晚应用清水淋洒叶面及附近地面,以降温并增加空气湿度,植株应放于荫棚下,切勿长期放在强烈阳光下暴晒。

【观赏与应用】六月雪在南方园林中常做露地栽植于林冠下、灌木丛中;北方多盆栽观赏,在室内越冬,也为良好的盆景材料。

27. 棕竹(观音竹、筋头竹)*Rhapis excelsa*(Thunb.)Henry ex Rehd.

【科属】棕榈科,棕竹属

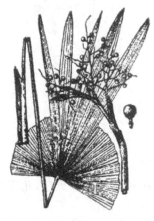

图5-25 棕竹

【识别要点】①茎呈圆柱形,直立,有节,茎纤细如手指,不分枝,有叶节,包有褐色网状粗纤维质叶鞘。②掌状深裂,有裂片5～12枚,呈条状披针形,顶端阔,有不规则齿缺,横脉多而明显。叶柄细长,扁圆。③肉穗花序生于叶腋,花小,淡黄色,花期4—5月。

【分布范围】棕竹(见图5-25)在我国北方地区多温室盆栽,华南及西南部分地区可露地丛栽。云南文山壮族苗族自治州有较多野生种,罗平、师宗也有野生种分布。

【变种与品种】棕竹的主要变种有:①花叶棕竹 *R. excelsa* cv. *variegata*,叶片上有宽窄不等的乳黄色及白色条纹;②矮棕竹 *R. humilis*,别名棕榈竹,叶裂片达10～20枚,原产于我国西南和华南地区;③细棕竹 *R. gracilis* Burret,叶裂片2～4枚,端部尖细,有咬切状齿缺,原产于海南。

【主要习性】棕竹喜温暖、湿润及通风良好的半阴环境,不耐积水,极耐阴,要求疏松、肥沃的酸性土壤,不耐瘠薄和盐碱,要求较高的土壤湿度和空气温度。

【养护要点】棕竹忌烈日直射,盆土以湿润为宜,忌积水,秋冬季节适当减少浇水量;空气干燥时,要经常喷水保持环境有较高的湿度。

【观赏与应用】棕竹的株型秀美挺拔,枝叶繁密,四季常绿,可谓观叶植物中的上品;幼苗期可用于家庭点缀,适合布置客厅、走廊和楼梯拐角,富有热带韵味;大型盆栽适宜会议、宾馆和公共场所的厅堂、客室布置;园林中丛栽效果好,温暖地区配植于庭院、廊隅均宜;还可剥去树干纤维制作手杖等工艺品。

28. 蒲葵(扇叶葵、葵树)*Livistona chinensis*(Jacq.)R. Br.

【科属】棕榈科,蒲葵属

【识别要点】①常绿乔木,高10～20 m,胸径15～30 cm。树冠近圆球形。②叶为宽扇形,掌状深裂至中部,裂片下垂,呈条状披针形,顶端长渐尖,再深裂为2枚。③肉穗花序腋生,花小,黄绿色,无柄,3月中下旬至4月上中旬开花,果期9—10月。

【分布范围】蒲葵(见图5-26)在内陆地区以湖南南部、广西北部、云南中部(昆明)为其分布北界,滨海地区向北延伸至上海,在低温年需保护越冬。

图5-26 蒲葵

【变种与品种】蒲葵的主要变种有澳洲蒲葵 *L. australis*、封开蒲葵 *L. fengkaiensis*、越南蒲葵 *L. cochinchinensis*、长柄蒲葵 *L. decipiens*、矮生蒲葵 *L. humnilis* 等。

【主要习性】蒲葵喜阳,喜高温多湿气候,能耐 0 ℃左右的低温和一定程度的干旱,抗风力强,须根盘结丛生,耐移植,适合生长于湿润、肥沃、富含有机质的黏壤土,能耐一定程度的水涝及短期浸泡,对氯气和二氧化硫抗性强。

【养护要点】蒲葵在夏季气温较高时,要遮光和喷水降温;春、秋两季可全光照养护,冬季则应搁放于室内光线较好的位置;喜湿润,能耐一定程度的水湿,生长季节要定期追肥补充养分,应以氮肥为主。

【观赏与应用】蒲葵的树形美观,在适生地区可做庭院绿化树,可丛植、列植、孤植。嫩叶可制扇子,老叶制蓑衣、席子等。叶脉可制牙签。果实及根、叶均可入药。

29. 鱼尾葵（假桃榔、酒椰子）*Caryota ochlandra* Hance

【科属】棕榈科,鱼尾葵

【识别要点】①常绿乔木,干呈圆柱形,直立,不分枝。②叶大,簇生于树干顶端,掌状分裂成多数狭长的裂片,裂片坚硬,顶端浅二裂。叶柄极长。③花期 5 月,淡黄色,肉穗花序,排列成圆锥花序,果期 11—12 月。

【分布范围】鱼尾葵(见图 5-27)原产于亚洲热带、亚热带及大洋洲,中国南部、西南部均有分布。

图 5-27　鱼尾葵

【变种与品种】鱼尾葵的主要变种有:①长穗鱼尾葵,茎秆单生,高 20～30 m,直径 15～20 cm,羽状全裂,下部小叶小于上部,呈楔形或斜楔形,顶端具有不规则的啮齿状,外侧边缘生成鱼尾头;②短穗鱼尾葵,茎竹节状,具环状叶痕,叶片大型,二回羽状复叶,长 1～2 m,小叶片长 10～17 cm,因小叶先端呈现不规则的啮齿状,极似鱼尾而命名,叶梢长筒形,长 50～70 cm。

【主要习性】鱼尾葵喜温暖、湿润及光照充足的环境,也耐半阴,忌强光直射和暴晒,不耐寒,要求排水良好、疏松、肥沃的土壤。

【养护要点】鱼尾葵的根为肉质,有较强的抗寒能力,浇水时要掌握间干间湿原则,切忌盆土积水,以免引起烂根或影响植株生长。鱼尾葵为喜阳植物,生长期要给予充足的阳光。

【观赏与应用】鱼尾葵的茎秆挺直,叶色翠绿,花色鲜黄,红果串串,美丽壮观,适于园林、庭院中栽植,也可盆栽观赏。

30. 散尾葵（黄椰子）*Chrysalidocarpus lutescens* H. Wendl

【科属】棕榈科,散尾葵属

【识别要点】①常绿灌木或小乔木。茎光滑,无毛刺。②叶丛生,平滑细长,线叶或披针形的叶子,叶尾向四面展开,细长的叶柄,茎干呈金黄色。

【分布范围】散尾葵(见图 5-28)在我国广州、深圳、台湾地区等地多用于庭院栽植,北方各地温室栽培。

【主要习性】散尾葵较喜阴,喜温暖、湿润的环境,怕冷,耐寒力差。

【养护要点】散尾葵在春、夏、秋三季应遮阴,不可在强烈阳光下直晒,否则会使叶片干边、焦尖,失去观赏价值;冬天在室内可放在阳光直射处。

图 5-28　散尾葵

【观赏与应用】散尾葵在我国广州、深圳、台湾地区等多做观赏树栽种于草地、宅旁；北方地区主要用于盆栽，是布置客厅、餐厅、会议室、书房、卧室或阳台的高档盆栽观叶植物。

31. 凤尾兰(菠萝花)*Yucca gloriosa* L.

【科属】百合科，丝兰属

【识别要点】①茎高3 m以下，单生，不分枝。②叶坚厚革质，叶面有皱纹，浓绿色，被少

量白粉，坚挺斜伸，叶缘光滑而无白丝。③夏秋间开花，花茎自叶丛间抽生，花下垂，内缘纯白色，外缘绿白色，略带红晕。

【分布范围】凤尾兰(见图5-29)原产于北美东部及东南部，现长江流域各地普遍栽植。

【变种与品种】凤尾兰的主要变种有小型凤尾兰和斑叶凤尾兰。

【主要习性】凤尾兰喜温暖、湿润和阳光充足的环境，耐寒，耐阴，耐旱也较耐湿，对土壤要求不严。

【养护要点】凤尾兰花期注意防风，以免花茎折断。

【观赏与应用】凤尾兰常年浓绿，数株成丛，高低不一，开花时花茎高耸挺立，繁花下垂，姿态优美，可布置在花坛中心、池畔、台坡和建筑物附近。

图5-29 凤尾兰

32. 丝兰(剑麻)*Yucca smalliana* Fern.

【科属】百合科，丝兰属

【识别要点】①植物低矮，近无茎。②叶丛生，较硬直，为线状披针形。③圆锥花序，花白色、下垂。夏秋间开花。

【分布范围】丝兰(见图5-30)在我国长江流域均有栽培。

【变种与品种】丝兰的主要变种有：①千手丝兰*Yuccaaloifolio* Linn.，叶质硬；②灌叶凤尾兰*Y. recurvfolia*，叶革质，稍柔软。

【主要习性】丝兰适应性强，耐寒，喜阳也喜阴，抗旱能力特强，对土壤要求不严。

【养护要点】丝兰应及时修整枯枝、残叶、残花，生长多年后茎秆过高或倾斜地面，应及时截秆更新。

【观赏与应用】丝兰种植于花坛中心以及建筑物、住室附近，也可作为围篱或种于围墙、栅栏之下。由于丝兰对有毒气体抗性强，可在工矿区作为绿化材料。

图5-30 丝兰

33. 酒瓶兰(象腿树)*Nolina recurvata* Hemsl.

【科属】百合科，酒瓶兰属

【识别要点】①常绿小乔木。茎秆直立，下部肥大，状似酒瓶。②叶为细长线形，全缘或细齿缘，软垂状。③花为圆锥花序，花色乳白，花小。

【分布范围】酒瓶兰在我国南北方均有引种栽培，北方地区多做盆栽观赏。

【主要习性】酒瓶兰喜温暖、湿润及阳光充足的环境，较耐旱，耐寒，要求疏松、湿润、含腐殖质丰富的沙质壤土。

【养护要点】酒瓶兰在气候干燥、通风不良时易发生介壳虫,应在发生初期进行喷药防治。

【观赏与应用】酒瓶兰的茎秆苍劲,基部膨大如酒瓶,其叶片顶生下垂如伞状,形成独特的观赏特性,广泛用于家庭、办公室、会议室、大厅等室内装饰。

34. 巴西木(香龙血树)*Dracaena fragrans victoriae*

【科属】百合科、龙血树属

【识别要点】①常绿乔木,树干直立,有时分枝。②叶簇生于茎顶,为长椭圆状披针形,没有叶柄。③穗状花序,花小,黄绿色,芳香。

【分布范围】巴西木(见图 5-31)在我国近年来已广泛引种栽培。

【变种与品种】巴西木的主要变种有:①金心巴西木,也称中斑香龙血树,叶片中央有一金黄色宽条纹,两边绿色;②金边巴西木,又称金边香龙血树,叶边缘有数条金黄阔纵纹,中央为绿色;③银边巴西木,又称银边香龙血树,叶边缘为乳白色,中央为绿色。

图 5-31　巴西木

【主要习性】巴西木喜高温、高湿及通风良好环境,较喜光,也耐阴,怕烈日,忌干燥、干旱,喜疏松、排水良好的沙质壤土。

【养护要点】巴西木在强烈光照下会导致叶片泛黄或叶尖枯焦,应注意遮阴,过于荫蔽的环境也会使叶色暗淡,尤其是斑叶品种,叶面上的斑纹容易消失,会降低观赏价值。

【观赏与应用】巴西木的株形整齐优美,叶片宽大,富有光泽,是常用的室内观叶植物。中小型植株点缀书房、客厅和卧室等,显得清雅别致;大中型植株布置于厅堂、会议室、办公室等处,气派大方,尤其是高低错落种植的巴西木,枝叶生长层次分明,给人以步步高升的寓意。

35. 富贵竹(仙达龙血树、绿叶仙龙血树)*Dracaena sanderiana*

【科属】百合科、龙血树属

【识别要点】①常绿小乔木,地下无根茎。茎细长直立,无分枝。②叶为长披针形,叶柄鞘状;叶面的斑纹色彩因不同品种而异。

【分布范围】富贵竹在我国广泛引种栽培。

【变种与品种】富贵竹的主要品种有:①金边富贵竹,叶边缘金黄色,中央绿色;②银边富贵竹,叶边缘银白色,中央银色;③青叶富贵竹,叶片浓绿色,是前两者的芽变品种。

【主要习性】富贵竹喜高温、高湿环境,对光照要求不严,喜光也能耐阴,适合生长于排水良好的沙质壤土中。

【养护要点】富贵竹生长季应经常保持盆土湿润,并经常向叶面喷水,以保持较高的环境湿度,要避免烈日直射,若暴晒或干燥会使叶面粗糙、枯焦,缺乏光泽,降低观赏价值。

【观赏与应用】富贵竹的茎叶纤秀,柔美优雅,姿态潇洒,富有竹韵,观赏价值很高。它适于做小型盆栽种植,用于布置书房、客厅、卧室等处,可置于案头、茶几和台面上,显得富贵典雅。

（二）完成观察室内树种特征的调查报告

1. 参考格式

室内树种的特征观察表如表 5-3 所示。

_____室内树种调查报告

姓名：_____ 班级：_____ 调查时间：____年____月____日

表 5-3 室内树种的特征观察表

编号：　　　　树种名称：　　　　科属：
性状：乔木、灌木
枝干颜色：紫色、红褐色、黄色、灰褐色、绿色、灰色
叶的形状：椭圆形、卵形、长圆形、心形、菱形、披针形、圆形
叶的颜色：绿色、春色叶类、秋色叶类、常色叶类、双色叶类
叶序类型：互生叶、对生叶、轮生叶
叶质：肉质、纸质、革质
其他：

2. 任务考核

考核内容及评分标准如表 5-4 所示。

表 5-4 考核内容及评分标准

序号	考核内容	考核标准	分值	得分
1	室内树种调查准备	材料准备充分	10	
2	调查报告形式	内容全面，条理清晰，图文并茂	10	
3	室内树种调查水平	树种识别正确，特征描述准确，观赏和应用分析合理	60	
4	调查态度	积极主动，注重方法，有团队意识，注重工作创新	20	

室内树种的相关介绍

一、室内树种发展现状及其发展趋势

（一）室内绿化植物的发展现状

随着科学技术水平的不断进步和提高，热带和亚热带观赏植物的引入，使植物在室内生存成为可能。现在，人们对室内绿化的认识不只停留在观赏和简单的装饰阶段，对植物的养护和管理也有一定的了解。随着人们生活观念及审美意识的改变，将植物景观引入室内已成必然。特别是近几年，城市中不仅公园、苗圃、温室开始兼营室内植物，还出现了专门从事室内植物生产经营、植物景观设计施工及养护管理的企业。室内植物不仅是居室的宠物，还风靡现代化的宾馆、饭店、商业办公空间，作为形象设计要素和衡量环境质量的重要指标。

（二）室内绿化植物的发展趋势

随着物质文化生活的日益丰富，我国室内绿化观赏植物的需求将逐年上升。在快节奏的现代都市生活中，人们呼唤公共环境和家居环境的绿色设计，期盼室内设计中的绿色植物与室内装饰情牵意连，营造诗情画意环境的优秀作品。

二、室内观叶植物的绿化装饰

（一）室内绿化装饰的意义和作用

室内绿化装饰是指按照室内环境的特点，利用以室内观叶植物为主的观赏材料，结合人们的生活需要，对使用的器物和场所进行美化装饰。这种美化装饰是根据人们的物质生活与精神生活的需要出发，配合整个室内环境进行设计、装饰和布置，使室内、室外融为一体，体现动和静的结合，它是传统的建筑装饰的重要突破。

1. 装饰美化

根据室内环境状况进行绿化布置，不仅仅针对单独的物品和空间的某一部分，而是对整个环境要素进行安排，将个别的、局部的装饰组织起来，以取得总体的美化效果。经过艺术处理，室内绿化装饰在形象、色彩等方面使被装饰的对象更为妩媚。如室内建筑结构出现的线条刻板、呆滞的形体，经过枝叶花朵的点缀而显得灵动。装饰中的色彩常常左右人们对环境的印象，倘若室内没有枝叶花卉的自然色彩，即使地面、墙壁和家具的颜色再漂亮，仍然缺乏生机。绿叶花枝也可做门窗的景框，使窗外色更好地映入室内，室内观叶植物对室内的绿化装饰作用不可低估。

2. 改善室内生活环境

人们的生活、工作、学习和休息等都离不开环境，环境的质量对人们心理、生理起着重要的作用。室内布置装饰除必要的生活用品及装饰品摆设装饰外，不可缺少具有生命的气息和情趣，使人享受到大自然的美感，感到舒适。此外，室内观叶植物枝叶有滞留尘埃、吸收生活废气、释放和补充对人体有益的氧气、减轻噪声等作用。同时，现代建筑装饰多采用各种对人们有害的涂料，而室内观叶植物具有较强的吸收和吸附这种有害物质的能力，可减轻人为造成的环境污染。可以这样说，现代家庭的建筑装修及物品器具布置只是解决了"硬装修"，而室内绿化装饰是现代家庭的"软装修"，这种"软装修"是普通装修布置的必要补充。

3. 改善室内空间的结构

在室内环境美化中，绿化装饰对空间的构造也可发挥一定作用。如根据人们生活需要运用成排的植物可将室内空间分为不同区域；攀缘类的藤本植物可以成为分隔空间的绿色屏风，同时又将不同的空间有机地联系起来。此外，室内房间如有难以利用的角隅（即"死角"），可以选择适宜的室内观叶植物来填充，以弥补房间的空虚感，还能起到装饰作用。运用植物本身的大小、高矮可以调整空间的比例感，充分提高室内有限空间的利用率。

（二）室内绿化装饰的基本原则

1. 美学原则

美是室内绿化装饰的重要原则。如果没有美感根本就谈不上装饰。因此，必须依照美学的原理，通过艺术设计，明确主题，合理布局，分清层次，协调形状和色彩，才能获得清新明朗的艺术效果，使绿化布置很自然地与装饰艺术联系在一起。为体现室内绿化装饰的艺术

美,必须通过一定的形式,使其体现构图合理、色彩协调、形式和谐。

1) 构图合理

构图是将不同形状、色泽的物体按照美学的观念组成一个和谐的景观。绿化装饰要求构图合理(即构图美)。构图是装饰工作的关键问题,在装饰布置时必须注意两个方面:一是布置均衡,以保持稳定感和安定感;二是比例合度,体现真实感和舒适感。

布置均衡有对称均衡和不对称均衡两种形成。人们在居室绿化装饰时习惯用对称均衡,如在走道两边、会场两侧等摆上同样品种和同一规格的花卉,显得规则整齐、庄重严肃。反之,室内绿化自然式装饰的不对称均衡,如在客厅沙发的一侧摆上一盆较大的植物,另一侧摆上一盆较矮的植物,同时在其近邻花架上摆上一悬垂花卉。这种布置虽然不对称,但却给人以协调感,视觉上仍可视为均衡。比例合度是指植物的形态、规格等要与所摆设的场所大小、位置相配套。室内绿化装饰犹如美术家创作一幅静物立体画,如果比例恰当就有真实感,否则就会弄巧成拙。比如空间大的位置可选用大型植株及大叶品种,以利于植物与空间的协调;小型居室或茶几案头只能摆设矮小植株或小盆花木,这样会显得优雅得体。

掌握布置均衡和比例合度这两个基本点,就可有目的地进行室内绿化装饰的构图组织,实现装饰艺术的创作,做到立意明确,构图新颖,组织合理,使室内观叶植物虽在斗室之中,却能"隐现无穷之态,招摇不尽之春"。

2) 色彩协调

色彩一般包括色相、明度和彩度三个基本要素。色相就是色别,即不同色彩的种类和名称;明度是指色彩的明暗程度;彩度也称饱和度,即标准色。色彩对人的视觉是一个十分醒目且敏感的因素,在室内绿化装饰艺术中起举足轻重的作用。

室内绿化装饰的形式要根据室内的色彩状况而定。如以叶色深沉的室内观叶植物或颜色艳丽的花卉进行布置时,背景底色宜用淡色调或亮色调,以突出布置的立体感;居室光线不足、底色较深时,宜选用色彩鲜艳或淡绿色、黄白色的浅色花卉,以便取得理想的衬托效果。陈设的花卉也应与家具色彩相互衬托。如清新淡雅的花卉摆在底色较深的柜台、案头上可以提高花卉色彩的明亮度,使人精神振奋。

此外,室内绿化装饰植物色彩的选配还要随季节变化及布置用途不同而进行必要的调整。

3) 形式和谐

植物姿色形态是室内绿化装饰的第一特性,它给人以深刻印象。在进行室内绿化装饰时,要依据各种植物的形态,选择合适的摆设形式和位置,同时注意与其他配套的花盆、器具和饰物间搭配协调,如悬垂花卉宜置于高台花架、柜橱或吊挂高处,让其自然悬垂;色彩斑斓的植物宜置于低矮的台架上,以便于欣赏其艳丽的色彩;直立、规则植物宜摆在视线集中的位置;空间较大的位置可以摆设丰满、匀称的植物,必要时还可采用群体布置,将高大植物与其他矮生品种摆设在一起,以突出布置效果。

2. 实用原则

室内绿化装饰必须符合实用原则,这是室内绿化装饰的另一重要原则。所以,要根据绿化布置场所的性质和功能要求,从实际出发,做到绿化装饰美学效果与实用效果的高度统一。如书房是读书和写作的场所,应摆设以清秀典雅的绿色植物为主,以创造一个安宁、优雅、静穆的环境,让绿色调节视力,缓和疲劳,起镇静悦目的功效。

3. 经济原则

室内绿化装饰除要注意美学原则和实用原则外,还要求绿化装饰的方式经济可行,而且能保持长久。设计布置时要根据室内结构、建筑装修和室内配套器物的水平,选配合乎经济水平的档次和格调,使室内"软装修"与"硬装修"相协调。同时,要根据室内环境特点及用途选择相应的室内观叶植物及装饰器物,使装饰效果能保持较长时间。

（三）室内绿化装饰植物的选择

在室内进行绿化装饰,首先需要考虑斗室的一些特殊生态条件。室内是一个相对较封闭的空间,其生态条件有特殊性,即室内环境光照较弱,多为散射光或人工照明光;室温较稳定,室内空气较干燥;室内二氧化碳浓度略高,通风透气性较差。

作为室内绿化装饰的植物材料,除部分采用观花、盆景植物外,大量采用的则是室内观叶植物。这是由环境的生态特点和室内观叶植物的特性所决定的。所以,了解这些植物材料的观赏性和生态习性显得非常重要。

植物材料的观赏性包括自然属性和社会属性,大部分情况下主要取决于自然属性,以及由此而构成的形式美、形状、色彩、姿态等。如室内观叶植物以其叶片翠绿奇特,或硕大、或斑驳多彩而别具一格;藤本及悬垂植物以其优美和潇洒的线条和绰约的风姿而使人赏心悦目;切花类花卉以其艳丽鲜明的色彩使室内灿烂生辉;盆景类则古朴典雅,富有韵味。如果从形式的审美角度对植物材料进行分类,它可以分成以下几种。

1. 具有自然性美的室内观叶植物

这类植物具有自然野趣的风韵,能表现出自然美。如春羽、海芋、花叶艳山姜、棕竹、蕨类、巴西铁、荷兰铁等。

2. 具有色彩美的室内观叶植物

这类植物可创造直接的感官认识,它可以影响人的情绪变化,使人宁静或使人振奋。大量的彩斑观叶植物和观花植物色彩丰富,均属于此类型。

3. 具有图案性美的室内观叶植物

这类植物的叶片能呈某种整齐规则的排列形式,从而显出图案性美。如伞树、马拉巴粟、软叶刺葵、鹅掌柴、观赏凤梨、龟背竹等。

4. 具有形状美的室内观叶植物

这类植物具有某种优美的形态或奇特的形状,表现为一种美的属性而受到人们的青睐。如琴叶喜林芋、散尾葵、龟背竹、麒麟尾、变叶木等。

5. 具有垂性美的室内观叶植物

这类植物以其茎叶垂悬,自然潇洒,而显出优美姿态和线条变化的美。如吊兰、吊竹梅、常春藤、白粉藤、文竹等。

6. 具有攀附性美的室内观叶植物

这类植物能依靠其气生根或卷须和吸盘等,缠绕吸附装饰物上,与被吸附物巧妙地结合,形成形态各异的整体。如黄金葛、心叶喜林芋、常春藤、鹿角蕨等。

三、室内主要场所的绿化装饰

人们赖以生存的空间在很大程度上影响着生活与工作质量,所以,居室的绿化装饰越来

越引起人们的重视。由于室内环境的功能不同,绿化装饰时选用的植物及装饰方法也不同。

1. 门厅

门厅的装饰要给人以先入为主的第一印象,或豪华、浪漫,或规整、庄重,或高雅、简洁,都能从门厅的装饰中有所感受。

居室的门厅空间往往较窄,有的只是一条走廊过道。它是通过客厅的必经通道,且大多光线较暗淡。此处的绿化装饰大多选择体态规整或攀附为柱状的植物,如巴西铁、一叶兰、黄金葛等;也常选用吊兰、蕨类植物等,采用吊挂的形式,这样既可节省空间,又能活泼空间气氛。总之,该处绿化装饰选配的植物以叶形纤细、枝茎柔软为宜,以缓和空间视线。

2. 客厅

客厅是日常起居的主要场所,是家庭活动的中心,也是接待宾客的主要场所,是整个居室绿化装饰的重点。客厅装饰的程度在某种意义上能显示主人的身份、地位和情趣爱好,客厅绿化装饰要体现盛情好客和美满欢快的气氛。植物配植要突出重点,切忌杂乱,应力求美观、大方、庄重,同时注意和家具的风格及墙壁的色彩相协调。要求气派豪华的,可选用叶片较大、株形较高大的马拉巴粟、巴西木、绿巨人等为主的植物或藤本植物,如散尾葵、垂枝榕、黄金葛等为主景;要求典雅古朴的,可选择树桩盆景为主景。无论以何种植物为主景,都应在茶几、花架、临近沙发的窗框几案等处配上一小盆色彩艳丽、小巧玲珑的观叶植物,如观赏凤梨、孔雀竹芋、观音莲等;必要时还可在几案上配上鲜花或应时花卉。这样既突出客厅布局主题,又可使室内四季常青,充满生机。

3. 书房

书房是读书、写作的场所。书房绿化装饰宜明净、清新、雅致,从而创造一个静穆、安宁、优雅的环境,使人入室后就能专心致志。一般可在写字台上摆设一盆轻盈秀雅的文竹或网纹草等绿色植物,以调节视力,缓解疲劳;可选择悬垂的植物,如黄金葛、心叶喜林芋、常春藤、吊竹梅等挂于墙角,或自书柜顶端飘然而下;也可选一适宜位置摆上一盆攀附植物,如琴叶喜林芋、黄金葛、杏叶喜林芋等,给人以积极向上、振作奋斗之激情。因此,书房的植物布置不宜过于醒目,应选择色彩不耀眼、体态一般的植物,体现含而不露的风格。

4. 卧室

卧室的主要功能是供人们睡眠休息。人的一生大约有 1/3 的时间是在睡眠中度过的,所以,卧室的布置装饰也就显得十分重要。

卧室的植物布置应围绕休息这一功能进行,通过植物装饰营造一个能够舒缓神经,解除疲劳,使人放松的气氛。同时,由于卧室家具较多,空间显得拥挤,所以,植物的选用以小型、淡绿色为佳。配套的盆景也不宜色彩鲜艳、造型奇特,可在案头、几架上摆放文竹、龟背竹、蕨类等。此外,也可根据居住者的年龄、性格等选配植物。

5. 餐厅

餐厅是家人或宾客用膳聚会的场所,装饰时应以甜美、洁净为主题,可以适当摆放色彩明快的室内观叶植物,同时充分考虑节约面积,以立体装饰为主,原则上植物株型要小,可在多层的花架上摆几个小巧玲珑、碧绿青翠的室内观叶植物,如观赏凤梨、龟背竹、百合草、孔雀竹芋、文竹、冷水花等,这样可使人精神振奋,增加食欲。

复习提高

（1）根据所学的知识，调查当地室内树木在室内应用状况，并收集相关的图片。

（2）室内树木在室内摆放应注意哪些问题？

（3）根据室内树木识别的方法，结合当地花卉市场、温室等实际树木，提出相应的养护管理及应用措施。

（4）结合室内环境因素和当地的室内树木在室内应用的实际，调查室内树木选择与应用的优、缺点。

项目六　园林树木应用调查与配植设计

园林树木应用调查内容包括调查区域园林绿地的自然条件、树木类型及分布,树种配植现状、应用特点分析,调查树种附录及图片等内容;园林树木配植设计包括园林绿地自然条件分析、树木创新配植设计、应用树种名录、树木配植设计说明等内容。

本项目以总结树木识别方法、巩固与提高树木识别能力和培养园林树木基本应用设计能力为目的,选择园林绿地中交通绿地、庭院绿地、公园绿地三种主要类型的代表形式,分为街道绿化树木应用调查与配植设计、居住区绿化树木应用调查与配植设计、小游园绿化树木应用调查与配植设计三个任务。

知识目标

(1)了解植物要素设计的基本内容和基础理论。

(2)掌握园林绿地类型特点和树木绿化设计的原则及要求。

技能目标

(1)能够对园林绿地自然条件进行分析。

(2)能够针对树种现状调查结果对园林绿地树种应用得失进行正确、全面的分析。

(3)能够根据园林绿地要求合理选择和应用园林树木进行基本的配植设计。

任务1　街道绿化树木应用调查与配植设计

能力目标

(1)通过合理计划、有效实施,能够对街道绿化树种进行全面深入调查分析。

(2)能够根据区域自然条件和街道的具体特点合理选择树种进行创新应用设计。

知识目标

(1)了解城市道路的分类、绿化形式、绿地设计的主要术语。

(2)掌握街道绿地的主要类型、树种种植设计原则和树种选择要求。

素质目标

(1)通过对街道绿化知识有关资料的查阅、收集和总结,培养学生自主学习的能力。

(2)通过任务的分析、实施、检查等步骤的实施,培养学生独立分析和解决实际问题的能力。

(3)在任务的进行过程中,以小组合作的形式,培养学生的团队意识与合作精神。

学习任务

城市街道绿化设计是城市街道设计的核心,道路绿化在景观、功能和生态三个方面有其无法替代的意义和作用。不同地域的城市,道路绿地的形式、树木的种类亦有不同,可以选择适应本地而突出树形、色彩、气味、季相特色的树种;还要根据不同道路的形式、级别,不同道路的景观和功能要求进行灵活选择,从而形成四季有花、四季常青的绿化效果。树种选择要重视适地性,注意冠幅大、枝叶密、寿命长、耐修剪、落叶晚、无飞絮、少落果树种的应用。通过街道绿化树木应用调查与配植设计任务,理解和掌握街道绿化特色和要求,巩固树种识别技能,合理选择树种并进行树种的配植设计。

任务分析

本任务涉及植物造景、园林设计、树种识别与应用知识等相关学科的内容。任务的进行要从了解城市街道特点、自然条件、绿化类型和树种选择要求开始,参考相关学科知识,深入调查和研究能够适合城市街道应用特色的树木种类,巩固树木识别方法,举一反三,并尝试树木应用创新设计。树种设计应突出树木特点与绿化环境的适应性。

任务实施

1. 实施步骤

第一,确定学习任务小组分工,明确任务,制订任务计划;第二,调查街道自然条件并整理相关的原始资料;第三,实地调查街道绿化树木应用类型、种类,认真研究和记录树种特点;第四,综合街道绿化树木应用特点和园林设计理论,深入分析街道绿化树种应用特色与得失;第五,根据实地条件和有关资料,选用街道绿化树种重新进行创新设计。街道绿化树木应用调查与配植设计报告如表 6-1 所示。

表 6-1　街道绿化树木应用调查与配植设计报告

小组		组长		学号	
调查设计地址					
调查设计范围					
调查地自然条件					
调查设计分工					
调查树种信息	落叶乔木种数: 落叶灌木种数: 藤本种数: 庭荫树种数: 绿篱树种数: 防护树种数:		常绿乔木种数: 常绿灌木种数: 行道树种数: 孤植树种数: 木本地被植物种数:		
现有树种分布草图及应用分析					
……					
附树种名录及树种识别要点(可再另附电子图片):					

续表

......
树种配植创新设计草图及设计说明
......
附树种名录及树种识别要点:
参考文献: ......
本组评语: 组间评语: 教师评语:

2. 任务考核

街道绿化树木应用调查与配植设计任务考核要求如表 6-2 所示。

表 6-2　街道绿化树木应用调查与配植设计任务评分标准

序号	评价项目	评价内容	分值	得分
1	工作态度	任务清楚,积极主动,态度认真,工作努力,不怕吃苦	10	
2	工作方法	收集资料全面、质量高,计划周密,实施准确、到位,行动过程完整	20	
3	团队精神	小组合作,认真讨论,和谐交流,思想碰撞,有团队意识	10	
4	工作水平	任务按时完成;提交材料内容全面、表述准确、分析深入合理;条理性、科学性、美观性均好;完成任务有创新之处	60	

城市道路绿化的相关介绍

一、城市道路绿地设计常用术语

1. 道路分级

根据道路的位置、作用和性质,我国城市道路按三级划分,即主干道、次干道、支路(居住区或街坊道路)。

2. 分车带

车行道上纵向分隔行驶车辆的设施,常高出路面 10 cm 以上。

3. 交通岛

为便于交通管理设于路面的岛状设施,一般用混凝土或砖石围砌而成,高于路面 10 cm以上,如中心岛(又称转盘)、方向岛、安全岛等。

4. 人行道绿化带

人行道绿化带又称步行道绿化带,是车行道与人行道之间的绿化带。

5. 分 车 绿 带

在分车带上的绿地,三块板道路有两条分车绿带;两块板道路上只有一条分车绿地,又称中央分车绿带。

6. 防 护 绿 带

防护绿带是将人行道与建筑分隔开的绿带,应有 5 m 以上的宽度。

7. 基 础 绿 带

基础绿带又称基础栽植,是紧靠建筑的一条较窄绿带,宽度在 2～5 m,可栽植绿篱和花灌木。

二、城市道路绿地类型

根据种植目的不同,道路绿地可分为景观种植与功能种植两大类。景观种植主要是从绿地的景观角度来考虑栽植形式,如密林式,以乔木、灌木、常绿树种和地被植物组成;自然式,模拟自然景色,根据地形与环境决定,布置自然树丛;还有花园式、简易式等。功能种植是通过绿化栽植达到某种功能的效果,如遮蔽、装饰、防噪音、防风等。

三、城市道路绿地树种设计原则

树种的高度、树形、种植方式、密度等要与道路的性质、功能相适应;要具有生态功能,特别是遮阴降温功能;道路绿化要与街景中的其他元素相互协调,与城市环境、特色整体考虑;树种应用要注意街景的四季变化,既要突出城市特色,又要避免树种单一,应力求种类多样、造型丰富;树种选用要充分考虑环境的自然条件和养护管理水平;树种选择还要考虑行人的行为规律和视觉特点等。

四、城市道路的绿化形式

城市道路绿化断面布置形式是绿化设计的主要模式,常用的有一板二带式、二板三带式、三板四带式、四板五带式等。一板二带式是一条车行道,两条绿化带,是道路绿化中最常见的一种形式;二板三带式是分成单向行驶的两条车行道和两条行道树,中间以一条分车绿带隔离,此形式适于宽阔道路,多用于高速公路和入城道路;三板四带式由两条分车绿带把车行道分成三块,中间为机动车道,两侧为非机动车道,与车行道两侧的行道树共四条绿化带,此种形式是城市道路绿化的理想形式。

五、城市道路绿地种植设计

1. 行 道 树 种 植 设 计

常用的行道树种植方式有树池式和树带式两种。树池式适合人行道狭窄或行人过多的街道上采用;树带式绿化树种可以应用乔木、灌木和防护绿篱,可以与草皮、花卉配植。行道树要求能够适应城市道路环境条件;树龄长,树姿端正,体形优美,冠大荫浓,花朵艳丽,花果无污染,无飞絮,耐修剪,愈合能力强;不宜选用根系浅、萌蘖力强及枝刺多的树种。

2. 绿 化 带 的 种 植 设 计

人行道绿化带的设计可分为规则式、自然式和混合式,有时可简化为只有行道树,树种要以乔、灌木搭配,层次处理,单株与丛植交替种植韵律变化为基本原则,行道树种选择应以

乡土树种为主,优先选择城市骨干树种;分车绿带设计以种植草皮与绿篱为宜,尽量少用乔木,绿篱树种普遍采用,如圆柏、小叶黄杨、大叶黄杨、小叶女贞、海桐、紫叶小檗等。

3. 交叉路口、交通岛的种植设计

交叉路口、交通岛的设计树种应选用低矮的常绿灌木、花坛为主,切忌应用常绿小乔木及灌木。

任务 2 居住区绿化树木应用调查与配植设计

能力目标

(1) 能够对居住区绿化树种进行调查、识别,并对应用特点合理分析。

(2) 能够根据自然条件和居住区的具体特点,合理选择树种进行创新应用设计。

知识目标

(1) 了解居住区绿地类型。

(2) 理解居住区绿地设计原则、要求。

(3) 掌握居住区绿地设计形式、树种配植原则和树种选择要求。

素质目标

(1) 通过对居住区绿化有关知识资料的查阅、收集和总结,培养学生自主学习的能力。

(2) 通过任务的分析、实施、检查等步骤的实施,培养学生独立分析和解决实际问题的能力。

(3) 在任务的进行过程中,以小组合作的形式,培养学生团队意识与合作精神。

学习任务

居住区是组成城市的基础,环境景观同居民的生活息息相关,表现居住区的面貌与特色。居住区绿化是城市园林绿地系统中的重要组成部分,居住区绿化树木不仅是美化环境的需要,它还可以起调节生态环境的作用。居住区绿化树种优先选择乡土树种,树种不宜过多,在统一基调的基础上,力求变化;为突出特色,依据小气候条件,可适当栽植引进树种,突出观花、观果树种和遮阴树种的选用,重视防风、防噪音、防污染、无毒和少病虫害等环境保护作用。通过居住区绿化树木应用调查与配植设计的学习,能更深入地理解居住区绿化对园林树木的选择要求,总结可以用于居住区绿化的常见树种,巩固树种识别技能,突出园林树木的应用目的。

图 6-1 承德市双桥区 小区绿化
(张百川 摄)

任务分析

居住区的绿化,与居民的室内外生活密切相关,主要功能是美化生活环境,阻挡外界视线,减少噪音和灰尘,满足居民夏季乘凉、四季休闲赏景的需要。树种的选择,要充分考虑住宅的类型、建筑的特点、空间的大小、居民的特点及爱好,还要保证安全、卫生、防火和道路通畅的要求(见图 6-1)。居住区绿化树木应用调查与配植设计学习任务应首先

对居住区的自然条件、特点进行充分调查与分析,在此基础上,综合植物造景、园林设计等学科基本理论,深入调查、分析树种应用的得失,最终以丰富多彩的树种资源,重新对调查区域进行树种应用创新设计,并提出理论依据。

1. 实施步骤

第一,确定学习任务小组分工,明确任务,制订任务计划;第二,调查、整理居住区自然条件的相关资料;第三,实地调查居住区绿化树木应用类型、种类,认真研究和记录树种特点;第四,综合居住区绿化树木应用和园林设计理论,深入分析居住区绿化树种应用特色与得失;第五,根据实地条件和有关资料,选用居住区绿化树种重新进行创新应用设计。居住区绿化树木应用调查与配植设计报告如表 6-3 所示。

表 6-3　居住区绿化树木应用调查与配植设计报告

小组		组长		学号	
调查设计地址					
调查设计范围					
调查地自然条件					
调查设计分工					
调查树种信息	落叶乔木种数: 落叶灌木种数: 藤本种数: 庭荫树种数: 绿篱树种数: 防护树种数:		常绿乔木种数: 常绿灌木种数: 行道树种数: 孤植树种数: 木本地被植物种数:		
现有树种分布草图及应用分析					
……					
附树种名录及树种识别要点(可再另附电子图片): ……					
树种配植创新设计草图及设计说明 ……					
附树种名录及树种识别要点:					
参考文献: ……					
本组评语:					
组间评语:					
教师评语:					

2. 任务考核

居住区绿化树木应用调查与配植设计任务评分标准如表 6-4 所示。

表 6-4 居住区绿化树木应用调查与配植设计任务评分标准

序号	评价项目	评价内容	分值	得分
1	工作态度	任务清楚,积极主动,态度认真,工作努力,不怕吃苦	10	
2	工作方法	收集资料全面、质量高,计划周密,实施准确、到位,行动过程完整	20	
3	团队精神	小组合作,认真讨论,和谐交流,思想碰撞,有团队意识	10	
4	工作水平	任务按时完成;提交材料内容全面、表述准确、分析深入合理;条理性、科学性、美观性均好;完成任务有创新之处	60	

 知识链接

居住区绿化的相关介绍

一、居住区绿地类型

居住区绿地泛指居住区中各级绿地、林荫路、绿化隔离带等。居住区绿地类型包括公共绿地、专用绿地、道路绿地、宅旁和庭园绿地。

二、居住区绿化树种配植原则

树种要乔、灌木结合,落叶与常绿树结合,速生与慢生树种结合,适当点缀花卉和草皮;植物种类既不要过于繁多,也不能单调,要多样统一;居住区环境和特点不同,要灵活配植,力求丰富多彩,富有特色;种植方式要富有变化。

任务 3 小游园绿化树木应用调查与配植设计

能力目标

(1)能够对小游园绿化树种调查、识别,并对应用状况进行合理分析。

(2)能够根据小游园的自然条件和主题要求,合理选择树种进行创新应用设计。

知识目标

(1)了解小游园的内涵、类型和表现形式。

(2)掌握小游园绿化设计特点、树种配植形式和树种选择要求。

素质目标

(1)通过对小游园绿化有关知识资料的查阅、收集和总结,培养学生自主学习的能力。

(2)通过任务的分析、实施、检查等步骤的实施,培养学生独立分析和解决实际问题的能力。

(3)在任务的进行过程中,以小组合作的形式,培养学生团队意识与合作精神。

学习任务

小游园是城市公园绿地的一个类型,在城市绿化中应用非常普遍,包括街道小游园、居住区小游园、学校或医院等单位附属绿地小游园等，多以植物种植为主（见图 6-2）。植物配植应严格选择主调树种，注意应用有强烈季相变化的植物，如雪松、玉兰、法桐、紫薇、元宝枫、大叶黄杨、小叶黄杨、柿树、黄栌等，使萌芽、抽叶、开花和结果的时间相互交错，呈现色彩、形态变化；还要乔、灌相结合，常绿与落叶相结合，速生与慢生相结合；植物设计避免杂乱；树种选择要适地适树，选择耐久、无毒性、少病虫害、有地方特色、迅速成景的植物，兼顾立体绿化，形成多层次、立体式的景观效果。通过小游园绿化树木应用调查与配植设计的学习，

图 6-2　承德市小游园绿化树种应用
（张百川 摄）

能更深入地理解小游园绿化对园林树木的选择要求，树种应用特色，总结可以用于小游园绿化的常见树种，巩固树种识别技能，突出园林树木的应用目的。

小游园根据城市绿地位置不同所面对的人群不同，但主要目的都是为游人提供游憩、休闲和美化环境作用，比街道绿化、居住区绿化的园林要素更为全面，绿化形式更为多样，树木种类更为丰富，对树木调查分析和应用设计能力要求更高。在任务进行过程中，以植物造景、园林设计相关内容的理论为指导，明确树种选择要求，深入分析小游园树种应用现状，最终提出树种应用创新设计方案，进一步巩固、提高树木的识别和应用技能。

1. 实施步骤

第一，确定学习任务小组分工，明确任务，制订任务计划；第二，调查、整理小游园自然条件的相关资料；第三，实地调查小游园绿化树木应用类型、种类，认真研究和记录树种特点；第四，综合小游园绿化树木应用和园林设计理论，深入分析小游园绿化树种应用特色与得失；第五，根据实地条件和有关资料，合理选用小游园绿化树种，对小游园进行树种创新应用设计。

小游园绿化树木应用调查与配植设计报告如表 6-5 所示。

表 6-5　小游园绿化树木应用调查与配植设计报告

小组		组长		学号	
调查设计地址					
调查设计范围					
调查地自然条件					
调查设计分工					
调查树种信息	落叶乔木种数： 落叶灌木种数： 藤本种数： 庭荫树种数： 绿篱树种数： 防护树种数：		常绿乔木种数： 常绿灌木种数： 行道树种数： 孤植树种数： 木本地被植物种数：			

園林樹木識別與應用

续表

现有树种分布草图及应用分析

……

附树种名录及树种识别要点(可再另附电子图片):

……

树种配植创新设计草图及设计说明

……

附树种名录及树种识别要点:

参考文献:

……

本组评语:

组间评语:

教师评语:

2. 任务考核

小游园绿化树木应用调查与配植设计任务评分标准如表6-6所示。

表6-6　小游园绿化树木应用调查与配植设计任务评分标准

序号	评价项目	评价内容	分值	得分
1	工作态度	任务清楚,积极主动,态度认真,工作努力,不怕吃苦	10	
2	工作方法	收集资料全面、质量高,计划周密,实施准确、到位,行动过程完整	20	
3	团队精神	小组合作,认真讨论,和谐交流,思想碰撞,有团队意识	10	
4	工作水平	任务按时完成;提交材料内容全面、表述准确、分析深入合理;条理性、科学性、美观性均好;完成任务有创新之处	60	

小游园绿化的相关介绍

一、小游园绿化类型

小游园包括街道小游园、居住区小游园及学校、工矿区等单位附属绿地小游园等,相对城市公园而言面积较小、植物种类较少,但和生活在周围的人群关系密切,在园林绿化中应充分认识它的生态作用和美化作用。

二、街道小游园的绿化设计

街道小游园是在城市干道旁供居民短时间休息的小块绿地,又称街道花园。街道小游园设计以植物为主,树种种植设计可以用树丛、树群、花坛、草坪等布置,树木要乔木与灌木、常绿与落叶树相互搭配,层次要有变化。树种设计可以是规则式、自然式相配合,突出树种特色和季相变化,与花卉、草坪合理配植,与环境相融合。

三、居住区小游园的绿化设计

居住区小游园是为居民提供工作之余、饭后活动休息的场所,方便居民前往游憩,有利健康。服务半径小于 500 m,设计以植物绿化为主。树种应用以乔木与观花树种为主,常绿与落叶树种结合,既可满足纳凉的需要,也可陶冶性情,放松精神。

四、学校、工矿区等单位附属绿地小游园的绿化设计

学校、工矿区等单位附属绿地小游园是为满足单位人群生活、工作之余游憩和休闲的需要,根据单位特点和绿化要求,充分利用自然条件,合理设计和选用树种,创造特色,力求美观。在树种配植上种类丰富,配植方式上形式多样。规则式造型与自然式造型相结合,乔木、灌木与藤本搭配,呈现季相特点。还要注意选择抗污染、病虫害少、易管理、防噪音等表现优良的树种。

项目七　园林树木的栽植与养护

园林树木是园林绿化的主体,其生长状况直接影响园林绿化的效果。园林绿地中的树木主要是通过人为选择进行栽植的,要保证园林树木健壮、持久的生长具有最佳的园林观赏效果,与科学合理的栽植及养护是分不开的。园林树木栽植和养护的质量,影响树木栽植的成活率和以后树木正常的生长发育,影响栽植后的艺术美感及养护管理成本,从事园林绿化事业的每位工作者,都必须掌握园林树木栽植成活的原理和养护的技术,科学合理地栽植养护树木,提高栽植的质量。根据园林绿化工作实践,以实用为目的,本项目分为园林树木的栽植和园林树木的养护两个任务。

知识目标

(1)理解并掌握树木栽植(包括大树移栽)的技术环节。

(2)理解并掌握园林树木的整形修剪时期及各时期主要的修剪方法。

(3)理解并掌握园林树木养护管理的主要内容。

技能目标

(1)能够正确实施树木裸根和带土球栽植方法和操作技术。

(2)能够根据园林树木应用特点选择适当的修剪方法进行合理的整形修剪。

(3)能够对园林绿地树种实施基本的养护管理和常见的灾害预防。

任务 1　园林树木的栽植

能力目标

(1)能够准确鉴别高质量的苗木。

(2)能够对常见园林树木进行科学合理的栽植。

(3)能够运用合理的技术措施来提高大树移栽的成活率。

知识目标

(1)了解园林树木栽植的操作技术和方法。

(2)了解反季节栽树的技术要点。

素质目标

(1)通过对不同类型、不同树龄树种栽培技术的学习实践,提高学生实践动手能力和职业应对能力。

(2)通过完成该学习任务,培养学生吃苦耐劳的精神,培养职业责任感,增强职业能力。

(3)以小组为单位,培养学生团队合作精神和认真负责的敬业态度,提升学生自我约束能力。

一、相关概念

1. 栽植

栽植常常被理解为种树,而园林树木的栽植与简单的种树截然不同。园林树木栽植是将树木从一个地点移植到另一个地点,并使其保持继续正常生长的操作过程,严格地讲,栽植包括起掘、搬运和种植三方面内容。

起掘是指将被移栽的树木自土壤中带根掘起,分为裸根掘起与带土坨掘起两种方式。

搬运是指将树木进行合理的包装,用人力或交通工具(车辆或机械等)运到指定的地点,分为人工运苗与机械运苗两种方式。

种植是指将被移栽的树木按要求重新栽种的操作,其中包括假植、移植和定植。

2. 假植

短时间或临时将苗木根系埋在湿润的土中,称为假植。因假植的原因不同,假植的时间和方法也不同。通常将假植分为在苗圃中的假植和出圃后的假植。在苗圃中假植,多因秋季苗木不能全部出售运走,而苗圃秋后又为了腾空土地,将苗木掘起集中假植起来,翌年春季再出售;或是因苗木冬季越冬而假植,这种假植的时间较长,在北方要经过数月(11月下旬转至第二年3月中旬)。出圃以后的假植,一般因为起苗后没有交通工具,临时假植3～5天;或是已将苗木运到计划栽植的地点,由于栽植地点没有腾空或地没有整好或种植穴没有挖好,而不能立即种植,只好将苗木的根系埋入湿润的土壤中,以防止失水,这种假植通常10～15天;有时因交叉施工的原因,假植苗木时间可能需要一个多月;有时因为反季节移植,为了囤苗,时间就会更长一些,可达数月之久。如果假植的时间很短(1～2天),可采用苫布、草席、草袋、稻草或铲少量的松土盖好;如果假植的时间较长,可在工地附近选背风地方集中挖深30～50 cm的沟假植;越冬假植时间长,多采用假植沟假植。目前,为了囤苗采用容器假植效果非常好。

3. 移植

如果苗木栽植在某一个地方,生长一段时间后,仍需移走,这次的栽植称为移植。移植的原因很多,通常苗圃中为了促进苗木的生长,将苗木从小苗区移到大苗区,这个过程也是移植。绿化施工时,为了近期的绿化效果,栽植较密,随着苗木的长大,植株开始拥挤,这时必须进行移植,否则将影响景观效果;有的单位为了应用方便,将苗木移到不影响绿化效果的地方长时间囤苗,也称移植。

4. 定植

按照设计要求树木栽种以后不再移动,永久性地生长在栽种地,则称为定植。

二、保证园林树木栽植成活的原理

树木在系统发育过程中,经过长期的自然选择,逐渐适应了现有的生存环境,并把这种适应性遗传给后代,形成了对环境条件有一定要求的特性即生态学特性。在栽植时,不能违背树木的生物学特性,必须维持树木地上与地下部分水分代谢的相对平衡,树木才能栽植成

活,否则,忽略哪一方面,均会出现栽植的树木生长不良或是死亡。所以,保证栽植成活的原理有生态学原理和生物学原理。

（一）生物学原理

原生地正常生长的树木,在一定的环境条件下,地上部分与地下部分保持着一定的养分和水分代谢的平衡关系。一方面根系与土壤的密切结合,使根系从土壤中不断地主动吸收树木需要的水分和养分,从根系上升到树木枝叶中去;另一方面由于树木枝叶的蒸腾作用产生的拉力及木质部汁液产生的张力,使水分大量流入树木体内,形成根系的被动吸水;树体地上部分的枝叶与地下部分的根系保持一定的比例,使枝叶中蒸腾的水分能够从根系的吸收中及时获得补充,一般不会出现缺水现象。因此,树木栽植成活的原理是保持和恢复树体以水分为主的代谢平衡。所以,在移栽树木时:一方面尽可能多带根系;另一方面,必须对树冠进行相应的、适量的修剪,减少地上部分的蒸发量来维持根冠水分代谢平衡。

（二）园林树木生态学特性

树木在长期的系统进化过程中,经过自然选择,在形态、结构和生理上逐渐形成了对现有生存环境条件的适应性,并把这种适应性遗传给后代,形成了对环境条件有一定要求的特性,称为树木的生态学特性。树木的生态学特性和栽植地点的生态条件相适应,这就是树木栽植的生态学原理,即适地适树原则,只有遵循此项基本原则,树木才能健康生长,在当前养护水平下发挥其最大的生长潜力、生态效益与观赏功能。

三、园林树木的栽植季节

园林树木的适宜栽植时期,应根据栽植树种的生长特性、栽植地区的气候条件和土壤条件的季节变化进行综合考虑,选择易于栽植成活的季节进行栽植,有利于根系迅速恢复,使树木尽快恢复地下部分与地上部分的水分平衡。为提高栽植成活率和降低栽植成本,一般多以春季和秋季栽植最为适宜。

1. 春季栽植

春季是我国大部分地区树木栽植的适宜时期。特别是在冬季严寒及春雨连绵的地区,春季栽植最为理想,这时气温回升,雨水较多,空气湿度大,土壤水分条件好,地温转暖,树木根系的生理复苏,符合树木先长根、后发枝叶的物候顺序,有利于水分代谢的平衡。

春季栽植应尽量提早,在土壤解冻以后至树木发芽前。只要没有冻害,应及早栽植,其中最好的时期是在新芽开始萌动之前两周或数周。

2. 秋季栽植

秋季许多地区都可以进行栽植,并且栽植的时间较长,从落叶盛期至土壤冻结之前都可进行。特别是春季严重干旱和风沙大或春季较短的地区,秋季栽植比较适宜,此时气温逐渐下降,土壤水分状况稳定。从树木生理来说,树体积累了丰富的营养,地上部分开始由生长转入休眠,水分蒸腾已达很低的程度,落叶树种开始落叶,营养物质逐渐由枝叶向主干和根系输送,地下部分根系由于得到充足的营养,在土壤中的生理活动仍继续进行,再次形成根系生长的高峰期,栽植后受伤的根系容易恢复和发新根,翌年春天发芽早,在干旱到来之前可完全恢复生长,增强对不良环境的抗性。

近年来,许多地方提倡秋季带叶栽植,栽后愈合发根快,第二年萌芽早,但带叶栽植不能太早,否则,会因枝叶过多失水而降低栽植成活率。

3. 夏季栽植

目前,由于城市建设的发展,按春、秋两季栽植远远不能满足需要,有时需要在夏季高温期间进行树木栽植。由于夏季气温高,光照充足,树木生长旺盛,枝叶蒸腾量大,此时土壤水分蒸发作用强,易造成缺水,若降雨量少,缺水情况更严重;同时受伤根系不易产生愈伤组织和发新根,所带土球内未受伤的根系吸收的水分远远不能满足地上部分的需要,所以,夏季栽植树木往往成活率不高。但在冬、春干旱,雨水不足的地区,由于雨季供水充足,空气湿度大,蒸发减少,雨季栽植可以提高成活率。在北方,夏季移栽常绿树种最好在7月份,因为此时常绿树种有一段短短的休眠时间,最理想是在下完一场透雨后栽植,栽完后再下几场透雨,非常有利于成活。

夏季栽植要采取适当的技术措施,提高栽植成活率。如带土球栽植,采用容器苗栽植,树体遮阴、树冠喷水等措施。由于夏季栽植成活率较低,养护成本高,所以,除特殊情况外,一般不要在夏季进行树木栽植。

4. 冬季栽植

在冬季比较温暖、土壤不冻结的南方可进行冬季栽植。一般冬季栽植主要适于落叶树种,它们的根系冬季休眠时期较短,栽后仍能愈合生根,有利于第二年的萌芽和生长。但是,在北方或高海拔地区,土壤封冻,天气寒冷,一般不宜冬季栽植。

四、大树移植

大树移植在园林绿化工程中是一项基本的作业,主要用于对成形树木进行的一种保护性移植。随着城市绿化建设的飞速发展,人们对城市景观绿地建设的质量要求也越来越高,大树移植是在特定时间、特定地点为满足特定要求所采用的种植方法,能在短时间内提高园林绿地的生态效益,优化绿地结构,改善环境景观,及时满足重点建设工程、大型市政建设绿化和美化的作用。

(一)大树移植概述

1. 大树移植的概念

大树一般是指胸径在20 cm以上的落叶乔木和胸径在15 cm以上的常绿乔木。移植这种规格的树木称为大树移植,有时也称为壮龄树木或成年树木移植。通过大树移植,可在短时间内优化城市园林绿地的植物配植和空间结构,及时满足重点和大型市政工程的绿化、美化要求,最大限度地发挥城市绿地的生态效益和景观效益,是现代化城市园林布置和绿化建设中经常采用的重要手段和技术措施。

2. 大树移植的特点

大树移植的特点如下。

(1)大树移植成活困难。

(2)大树移植技术要求较高,移栽周期长。

(3)工作量大,成本高。

(4)绿化见效快。

（二）大树移植前的准备工作及处理

1. 大树的选择

大树选择是大树移植能否成活和能否形成景观的前提。为此，大树移植之前应对可供移植大树的生物学特性和生态学特性进行调查，如树种、树龄、树高、胸径、树形、冠幅等及树木的生长立地类型，在调查的基础上，选择合适的树木进行移植。在选择移植大树时，应注意以下几点。

（1）选树时间　由于苗圃中大树较少，要到各地去选合适的树木；另外，有些大树需要先进行缩坨断根，才能保证一定的成活率，所以，一般在种植施工前2～3年进行，最短也应在栽植前一年做好。

（2）立地条件　选择大树时，首先应考虑树木原生地的立地条件应与定植地立地条件相似，为此，应对大树周围的立地条件进行详细调查，如原地形、土壤质地、土层厚薄、光照情况等；同时，还应注意地形，最好选地形平坦而周围适当开阔之处的大树，便于运输车辆和起重机械靠近。

（3）树形选择　一般选择大树要注意选择乡土树种、苗木健壮、根系发育好、选浅根性和萌根力强并易于移栽成活的树种。如行道树，应选择干直、冠大、分枝点高，有良好的庇荫效果的树种；而庭荫树中的孤植树，应考虑树姿造型；从地面开始分枝的常绿树种适合做观花灌木的背景。因此，要根据设计要求，选择符合绿化需要的大树。

2. 大树移植的时间

一般大树带有完整的土球，在移植过程中严格执行操作规程，移植后要精心养护，在任何时间都可以移植大树，但在最佳时间移植，不但栽植成活率高，又可节省栽植费用，降低大树移植成本，并方便日后的正常养护管理。大树移植的时间，是依据树木的生物学特性和当地的气候条件来决定的。

早春是大树移植的最佳时间，此时树液开始流动，土温回升，挖掘时损伤的根系容易愈合和再生，树体开始萌芽而枝叶尚未长成，树体蒸腾量小，栽植成活率高。

盛夏由于树木的蒸腾量较大，此时移植大树不利于成活，必要时可采取加大土球、加强修剪、树体遮阴、洒水等措施，尽量减少树木的蒸腾量。由于所需技术复杂，费用较高，移植后又需要更加精心的养护管理，应尽可能避免。但在北方的雨季和南方的梅雨时期，由于阴雨连绵，光照较弱，空气湿度较大，有利于移植成活，可带土球移植一些针叶树种。

深秋也可移植大树，此期间，树木虽处于休眠状态，但地下根系尚未完全停止活动，故移植时被切断的根系仍能愈合，给来年春季发芽生长创造良好的条件。

3. 缩坨断根

缩坨断根也称回根或切根，目的是为了使主要的吸收根回缩到主干根基附近，缩小土球体积，减轻土球重量，便于移植，提高栽植成活率（见图7-1）。缩坨断根一般在大树移栽前2～3年的春季或秋季进行，分期切断树体的部分根系。具体操作包括：以树干为中心，以胸径的4～5倍为半径画圆或成方形，在相对的两或三段方向外，挖宽40～60 cm，深60～80 cm的沟；沟内3 cm以下的根用锋利的修枝剪或手锯切断，3 cm以上的根，为防止大树倒伏，一般不切断，而与土球外壁处进行环状剥皮（宽约10 cm），并在切口涂抹0.1%的生长素，如ABT生根粉3号，以利于促发新根；然后，将挖出的土壤清除石块等杂物，拌入腐叶土、有机肥或化肥后分层回填踩实，定期灌水。翌年以同样的方法分批处理其余的沟段，经

2～3年,环沟中发出大量须根后,比原来的土坨外围大10～20 cm起挖移植。在特殊情况下,经一次断根处理,数月后移植,也可取得较好的效果。

缩坨断根并不是所有大树移植均实施,在苗圃中培育的或经多次移植的大树,定植前不需要断根处理。一般野生的大树、树龄大而树势较弱的大树、移植难成活的珍贵大树、树体过大的大树等均应实行缩坨断根。

图 7-1　缩坨断根示意图

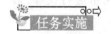 **学习任务**

对所在学校实训基地或学校所在市区绿化工地进行裸根树木的栽植,根据班级人数分小组,一般每组5～6人。工作完成后总结园林树木栽植操作过程及注意事项。

任务分析

园林树木的栽植水平直接影响树木的成活率及后期的植物景观效果。本任务学习的目标是能合理地操作树木栽植的各技术环节,对比较大的裸根树栽植要立支柱等合理地管理。此任务的学习要紧密结合实践,深入实际场景,亲自动手,才能顺利完成具体树种的栽植任务,并注意现场操作的安全性、科学性。

任务实施

一、材料与用具

本地区生长正常的各类树种、铁锹、镐、剪枝剪、钢尺、记录夹等工具。

二、任务步骤

(一)园林树木栽植前的准备工作

要使园林绿化植树工程达到绿化设计要求的效果,保证树木栽植成活,施工单位在树木栽植前必须在各个环节上做好准备工作。

1. 了解设计意图与工程概况

城市绿化工程必须按批准的绿化设计及有关文件施工。施工前,应了解设计意图,向设计人员了解设计思想,所达预想的目的,以及施工完成后近期所达到的目标,即由设计人员(设计单位)负责向施工人员(施工单位)进行详细介绍和说明;同时还应介绍工程范围、设计预算、工程投资、任务量、最佳的定点放线依据和土质情况。主管施工的工程师对上述情况要非常熟悉。

2. 现场调查

在了解设计意图和工程概况之后,负责施工的主要人员必须亲自到现场按设计图纸和说明书进行仔细的核对与踏勘,以便掌握施工过程中可能遇到的情况和需要解决的问题。其调查内容如下。

(1)查看施工现场各种地物,如施工现场房屋、原有树木、市政或农田设施等的去留及保护的地物(如古树名木等);要拆迁的房屋、树木伐移如何办理有关手续与处理方法;有古树名木移走或是变更设计的,还应提出具体的解决方案。

(2)核对施工栽植范围、定点放线的依据、栽植地的土质情况、地下水位及水源、地下管道等。若有不符之处和需要说明的问题,应在施工前向设计单位提出,以求解决或必要时要求设计方变更设计;确定栽植地是否换土、来源和客土量,同时弄清苗木假植存放地点。

(3)施工的水、电及交通、通信情况,水源、电源情况,现场内外能否通行机械车辆,若不能通行,确定应开辟的线路。

(4)施工期间生活设施的安排,如施工人员的食堂、宿舍及厕所等。

3. 制订施工方案

施工单位了解设计意图和对施工现场踏勘以后,应组织有关技术人员研究制订一个全面的施工安排计划(即施工组织方案或施工组织计划),并由一名或几名经验丰富的工程技术人员执笔,负责编写初稿,认真讨论、审核后修改定稿。其内容包括施工组织领导和机构;施工程序及进度表;制订施工预算;制订劳动定额;制订机械及运输车辆使用计划及进度表;制订工程所需的材料、工具及提供材料工具的进度表;制订栽植工程的施工阶段的技术措施和安全、质量要求;绘出平面图,在图上标出苗木假植、运输路线和灌溉设备等的位置。

4. 现场清理

绿化施工前,进驻施工现场,首先要安置职工住宿等生活条件,其次对需施工的现场进行清理,拆迁或清除有碍施工的障碍物,对现有的不符合设计要求的绿化树木进行伐移,最后按设计图纸要求进行地形整理。

5. 苗木准备

苗木质量的好坏、规格大小直接影响栽植的成活率和栽后的绿化效果,所以,施工前要准备好栽植的苗木。

1)苗木的选择

苗木的选择应根据设计要求,选定栽植的树种及规格。栽植施工之前,对苗木的来源、质量状况进行认真的调查,选定的苗木要符合产品出圃标准。

2)选苗注意事项

选苗注意事项如下。

（1）最好选用苗圃培育的经多次移植的苗木,因其主根已切断,侧须根多,起苗时能带完好的土球,栽植易成活,缓苗快。

（2）根据设计要求和不同用途选苗。如行道树苗木应选树干通直、枝下高 3 m 以上、树冠丰满、匀称的苗木,个体之间高度不大于 50 cm;庭荫树苗木,枝下高不低于 2 m,树冠要大而开阔;孤植树苗木要求树冠广阔、树势雄伟、树形美观;重要景点栽植的苗木按设计要求严格挑选;绿篱用苗分枝点要低、枝叶要丰满、密实、树冠大小和高度要基本一致;做林带用的苗木分枝高度基本一致,树干基本通直即可,林带内的苗木分枝可以少些,分枝角度小些,林带外缘的苗木,分枝要多,分枝角度应大些。

（3）注意苗源。绿化苗木一般有当地培育、外地购进、园林绿地及山野收集的苗木四种。

（4）苗（树）龄与规格。苗木的年龄对栽植成活率有很大的影响,并与成活后对新的环境适应性和抗逆性有关。

① 幼树（苗）　此类苗根系分布范围小,起苗时容易,多带须根,对根系损伤率低;幼树可塑性大,对新环境适应能力强,生长旺盛,成活率高。但是在城市中栽植太小的苗木,一方面影响近期的绿化效果,另一方面容易受人为活动的影响,所以,城市绿化不可应用太小的苗木。

② 壮龄树木　根系分布深广,吸收根远离树干,起树时伤根率高,故移栽成活率相对要低。为提高成活率,对起、运、栽及养护技术要求较高,通常需要带土球移栽,施工养护费用加大。壮龄苗木树体高大雄伟,树形优美,开花繁茂,栽植后很快发挥防护功能和美化作用。但壮龄树木树种固有的特性已经确定,可塑性低,对环境的适应能力远不如幼树,最好选用幼年、青年阶段的苗木。这个年龄时期的苗木,既有一定的适应能力,又具有快速生长能力,栽植容易成活,绿化效果发挥快。

园林绿化工程选用的苗木规格,落叶乔木最小胸径为 3 cm,行道树和人流活动频繁的地方要加大,常绿乔木选树高为 1.5 m 以上的苗木。目前,在园林绿化生产实际中应用的苗木比此标准要大得多。

3）苗木的订购

在经过详细的调查与分析,并亲自现场查看和选苗后,再经过与设计要求仔细核对,方可与卖苗方签订购苗合同。在合同中要详细写明苗木的种类、规格、数量、供苗的时间;起苗、包扎、运输和有关检疫的要求;预付款及付款的方式、时间、数额;双方的保证和制约条件等;及时地供应苗木是绿化工程顺利进行的保证;苗木的质量是绿化效果的基础。所以,苗木的准备工作是保证绿化工程质量很重要的技术环节,也是经费开支伸缩性较大的一个方面,一定要认真对待。

4）囤苗

囤苗可采用露地囤苗和容器囤苗两种方式。

（1）露地囤苗。

当遇到种类、形态、质量、规格、价格等较合适的苗木时,先买下运到苗圃地进行短时间的栽植,通常称为囤苗。这样做的好处:一是工程需要苗木时不用临时到处找（特别对应急的工程）,可以节约时间;二是可买较小规格的苗木,培育一段时间后,达到要求再用,可以节省资金。

（2）容器囤苗。

容器囤苗实际是容器假植,目前这种囤苗发展形势较好,因为其销售或栽植不受季节的限制。一般先在苗圃地进行育苗,待苗木长到一定大小,再将苗木移到竹筐、瓦缸、木箱、塑料盆或尼龙网中进一步培育而成。远距离应用时,可带容器运输,近距离运输,土质又较好,可以脱掉容器;栽植时脱掉容器将其放到种植穴中埋土即可,此法可获得较高的栽植成活率。

（二）园林树木栽植技术

园林树木栽植包括整地、定点放线、挖穴、起苗、包装运输、修剪、栽植及栽植后的养护管理等环节。

1. 整 地

园林树木栽植前的整地工作既要做到严格细致,又要因地制宜。同时整地应结合地形处理进行,除满足树木生长发育对土壤的要求外,还应注意地形地貌的美观。在疏林草地或栽植地被植物的树丛和树林中,整地工作应分两次进行,第一次在栽植乔、灌木以前,第二次则在栽植乔、灌木之后与栽植地被或铺草坪之前。

整地季节的早晚对整地的质量有直接关系。在一般情况下应提早整地,以便发挥蓄水保墒的作用,并可保证植树工作及时进行,这一点在干旱地区,其重要性尤为突出。一般整地应在栽树前 3 个月以上的时期内(最好经过一个雨季)进行,如果现整地现栽树其效果会受一定的影响。

如果此地段除种植树木外,还要铺草坪,则翻地、过筛和耙平等程序要反复进行 2～3次。施工精细的地段有的还同时进行施肥和土壤消毒等工作。

2. 定 点 放 线

根据种植设计图纸,按比例放线于地面,确定各种树木的种植点。定点的标记可用白灰点点或画线;精确的定点可用木桩做标记,其上写明树种、规格及穴的大小。由于树木配植方式不同,定点放线的方法有多种,常用的有以下几种方法。

1) 自然式种植的定点放线

自然配植是运用不同树种,模仿树木的自然形式,强调变化为主,具有活泼、生动、愉快、优雅的自然情调。在施工定点时,对于孤植树和带状栽植的树木,应逐一定出种植点,对于群状树丛只需将树丛的范围定出来,其内的树木按设计要求的株距自由定点,应将较大的树放于中间或北侧,较小的放在四周或南面。此类的定点放线常用方法有如下几种。

（1）纵横坐标定点 首先在设计图纸上找一个与要定点的树木相距最近的永久性固定物,如建筑的拐角处,在图纸上量出此树距建筑拐角处的纵横距离;然后按设计图纸的比例放大尺寸,在地面上从相应的点出发,用皮尺或测绳量出相应的纵横距离,此交点就是树木的种植点。这种定点的方法适用于小面积的种植施工,同时具有较多的永久性的固定标记物。

（2）网格法定点 首先在图纸上找出永久性的固定点,根据种植设计的比例,按规定的尺寸,在图纸上画出网格,同时在施工现场按相应的比例放出等距离的方格网;然后找出要定点的树木分别在图纸上和地上方格网的位置,再用比例尺分别量出此树在图纸上与地下某方格中的纵横坐标即可定出此点。此方法比较准确,适用于范围较大、地势平坦的地方,或是树木配植复杂的绿地,或是管线较多的街道绿化。

（3）两点交会法定点　在图上找出两个固定物或建筑边线上的两个点,再量出要定点的树木距此两点的距离;然后在施工的现场,从相应的两点出发,再相应的放大尺寸,量出两条线的长度,两线的交点,则为该树的种植点。此放线方法适用于范围小、现场建筑物或其他标记与设计图相符合的施工地段,最好由两个人合作进行。

（4）仪器定点　以上的定点放线是用皮尺和测绳进行,在范围较大、测量基点准确而树木种植较稀的地方,或园林绿化要求比较高的重点地方和重点树木,可以采用经纬仪或小平板,依据地上原有的基点或固定物,根据设计图上相应的位置和比例,定出每株树的种植点。

自然式栽植对于孤植树和带状栽植的树木,应逐一定出其种植点,对于自然式的树丛不需要将每一棵树的种植点都定出来,只需要将树丛的范围定出来,其内的树木按设计要求的株距自由点点,种植点不可为直线,也不能将树木都种在一个地方,应将较大的树放于中间或北侧,较小的放在四周或南侧。

2）规则式种植的定点放线

规则式种植的定点放线比较简单,可以用地面上固定设施(如路、桥、广场和建筑物等)为依据进行放线,要求每个点尺寸准确,做到横平竖直、整齐美观。为了保证种植行笔直,可每隔 10 株定一个木桩,作为行位控制标记。如遇与设计不符(有地下管线或地下障碍物)的情况时,应立即与设计人员和有关部门协商解决。

3）弧线栽植定点放线

由于存在弯曲的道路,绿化中常常会遇到弧线栽植,如街道曲线转弯的行道树,放线时可以路牙或路的中心线为准,从弧的开始到末尾每隔一定距离分别画出与路牙垂直的直线。在此直线上,按设计要求的树与路牙的距离定点,把这些点连起来成为近似道路弯度的弧线,在此线上再按比例放大的株距定出各种植点。种植点定出后,用白灰或木桩做标记,如用木桩做标记,在其上应写明树种、种植坑的规格。

4）树丛和片林的定点

对树丛和自然片林定点时,依图按比例定出其范围,并用白灰标画出范围的边线,一定要精确标明主景树的位置,其他树木可用目测定点,但要按照设计要求的株行距范围自然定点,切忌平直、呆板。树丛与片林内可以统一钉木桩,其上写明树种、株数、株距范围和种植坑的规格。

5）种植点与市政设施和建筑物的关系

在街道和居住区定点放线时,要注意树木与市政设施和建筑物之间的距离,一定要遵循有关规定(见表 7-1、表 7-2)。

表 7-1　树木与建筑物的适宜距离

建筑物名称	适宜距离/m	
	至乔木中心	至灌木中心
有窗建筑物外墙	3～5	1.5～2
无窗建筑物外墙	2～3	1.5～2
外墙	0.75～1	1～1.5
陡坡	1	0.5

园林树木识别与应用

建筑物名称	适宜距离/m	
	至乔木中心	至灌木中心
人行道边缘	0.5～1	1～1.5
灯柱电线杆	2～3	0.5～1
冷却池外缘	1.5～2	1～1.5
冷却塔	其高的 1.5 倍	—
体育场用地	3	3
排水明沟边缘	0.5～1	0.5～1
厂内铁路边缘	4	2
望亭	3	2～3
测量水准点	2～3	1.～2
人防地下出入口	2～5	2～3
架空管道	1～1.5	—
一般铁路中心线	3	4

表 7-2　树木与地下管线及地下建筑物的距离

建筑物名称	适宜距离/m	
	至乔木中心	至灌木中心
上水管闸井	1.5～2	1.5～2
污水、雨水管探井	1.5～2	1.5～2
电力、电缆探井	2～3	2～3
热力管	3	0.5
弱点电缆沟	0.5～1	1.5～2
消防龙头	3	3
煤气管及探井	3	1.5～2
乙炔氧气管	1.5～2	1～1.5
压缩空气管	1～1.5	0.5～1
石油管	1～1.5	0.5～1
天然瓦斯管	1～1.5	0.5～1
排水沟	1～1.5	0.5
人防地下室外缘	1.5～2	1～1.5
地下公路外缘	1.5～2	1～1.5
地下铁路外缘	1.5～2	1～1.5

3. 挖穴

1) 种植穴的规格

种植穴的大小依据苗木的规格确定,各种树木种植穴的大小根据中华人民共和国行业标准《城市绿化工程施工及验收规范》CJJ/T 82—1999 确定。常绿乔木、落叶乔木、花灌木、竹类、绿篱等的种植穴规格分别如表 7-3 至表 7-7 所示。

表 7-3　常绿乔木类种植穴规格　　单位:cm

树高	图球直径	种植穴深度	种植穴直径
150	40~50	50~60	80~90
150	70~80	80~90	100~110
150~200	80~100	90~110	120~130
400 以上	140 以上	120 以上	180 以上

表 7-4　落叶灌木类种植穴规格　　单位:cm

胸径	种植穴深度	种植穴直径	胸径	种植穴深度	种植穴直径
2~3	30~40	40~60	5~6	60~70	80~90
3~4	40~50	60~70	6~8	70~80	90~100
4~5	50~60	70~80	8~10	80~90	100~110

表 7-5　花灌木类种植穴规格　　单位:cm

冠径	种植穴深度	种植穴直径
200	70~90	90~110
100	60~70	70~90

表 7-6　竹类种植穴规格　　单位:cm

种植穴深度	种植穴直径
盘根或土球高(20~40)	盘根或土球高(20~40)

表 7-7　绿篱类种植槽规格

苗高/cm	适宜距离	
	单行	双行
50~80	40 m×40 m	40 m×60 m
100~120	50 m×50 m	50 m×70 m
120~150	60 m×60 m	60 m×80 m

2) 种植穴的要求

种植穴应有足够的大小,可容纳树木的全部根系并舒展开,避免栽植过深或过浅,有碍树木的生长。根据树木土球的大小确定种植穴的规格,一般树穴的直径与深度比根系的根幅与深度(或土球)大 20~30 cm,在土壤贫瘠与坚实的地段,种植穴还要加大。花坛、绿篱的

种植穴按设计要求确定放线范围或植穴的形状,一般绿篱以带状为主,花坛以几何形状为主,均应挖种植槽,在花坛、绿篱周边需留宽 3～5 cm 深的保水沟,翻挖、松土的深度为 15～30 cm。穴或槽应保证上下口径大小一致,不应成为锅底形或锥形(见图 7-2)。在挖穴或槽时,应将肥沃的表层土与贫瘠的底土分开放置,捡出有碍根系生长的杂物,同时进行土壤改良,通过掺沙、施肥等改良土壤结构和物理性状。

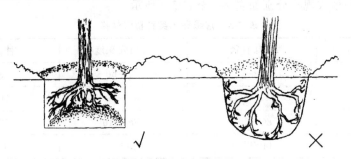

图 7-2 种植穴的要求

3)挖穴的方法

挖穴时,首先以定植点为圆心,以穴规格的 1/2 为半径画圆,然后沿圆的边线向外起挖成方形或圆形。挖穴时要注意位置准确,规则式种植穴要做到横平竖直,在山坡上挖穴,深度以坡的下沿为准,挖穴时表层土、底土及渣土分别放置,若土质差,可进行改良。行道树挖穴时把土放置在两侧,以免影响视线瞄直,同时随挖穴、随栽植,避免夜间行人发生危险。施工人员在挖穴时,如果发现电缆、管线、管道要及时找设计人员与有关部门协商解决;栽植穴完成后,由监理或专门负责的技术人员核对验收,不合格的要及时返工。

4. 起苗

起苗是保证树木栽植成活的重要环节。苗木的质量与苗木的生长状况、操作技术、土壤的湿度、工具的锋利程度及认真负责的态度等有直接关系。不按技术操作和不负责任的态度起苗都会降低苗木的成活率。因此,在起苗前应做好有关准备工作。

1)起苗前的准备工作

(1)号苗 按设计要求到苗木现场选择所需的苗木规格,并做标记,称为号苗。所选数量应略多些,以便补充栽植时淘汰的损坏苗。

(2)拢树冠或修剪 为了方便挖掘操作,保护树冠,便于运输,对枝条分布较低的常绿针叶树、冠丛较大的灌木及带刺或枝叶扎手的树木;用草绳将树冠适当包扎和捆拢,注意松紧度,不能折伤侧枝。

(3)浇水和排湿 为了有利挖掘和少伤根系、所带土球完好,土壤干旱时,起苗前 2～3 天灌水,使土壤松软,减少对根系的损坏。如果土壤过湿,应提前开沟排水或松土晾晒。

(4)试掘 为了保证苗木的成活率,对生长地不明的苗木,应选几株进行挖掘,查看根系范围,以便决定土球大小和采取相应措施。

(5)人力、工具及材料的准备 起苗前应组织好劳动力,并准备好锋利的起苗工具、包扎材料及运输工具。

2)起苗方法

园林树木起苗分为裸根起苗和带土球起苗两种方法。

（1）裸根起苗。

裸根起苗是将树木从土壤中挖掘出后，苗木根系裸露的起苗方法。此法需要的工具和材料少，方法简单，成本低，但根系损伤多，易失水，有的树种采用裸根起苗栽植后缓苗较慢或不成活。裸根起苗适用于干径不超过 10 cm 的多数落叶树种、灌木和藤木。裸根起苗应保证树木根系有一定的幅度和深度，乔木树种的根幅为树木胸径的 8～12 倍，尽量保留心土；灌木树种按灌木丛高度的 1/3 确定。起苗深度要在根系主要分布层以下，多数乔木树种的深度一般为 60～90 cm。裸根苗木掘取后，应防止日晒，进行保湿处理。

裸根起苗时，根据树种苗木大小，用锋利的掘苗工具在规格外绕苗四周垂直向下挖至一定的深度，并适当晃动树干，试寻在土壤深层的深根，随挖随切断侧根，如遇粗根，用锋利的铲或锯切断，对劈裂的根系应进行修剪；挖到需要的深度，将根系全部切断后，放倒苗木，轻轻拍打外围土块，此时要注意，有的种类裸根栽植成活率不高，最好多带宿土，此类树木不可拍打。

（2）带土球起苗。

带土球起苗是将苗木一定根系范围连土挖掘出来，削成球状，并用蒲包等物包装起来的起苗方法。此法土球内的根系未受损伤，吸收根多，根系失水少，有利于树木恢复生长，但需要的工具和材料多，技术性强，成本较高。所以，能用裸根起苗的树木不采用带土球起苗。一般常绿树种、珍贵树种、干径 8～10 cm 的落叶树种和非适宜季节栽植都要带土球起苗。带土球起苗的土球直径一般为树干胸径的 8～10 倍，高度为土球直径的 4/5 以上。灌木类土球直径为冠幅的 1/3～1/2，高度为土球直径 4/5。

带土球起苗的步骤分为土球挖掘和包装两种。

① 土球挖掘。起苗前，先将树冠捆扎好，防止施工时损坏树冠，同时也便于作业。挖掘开始时，首先去除表土，以不伤表面根系为准。然后以树干为中心，按规定半径绕干基画圆，在圆外垂直开沟向下挖，宽度以便于作业为度，深度比规定的土球高度稍深一些，挖到所需深度后向内掏底，边挖边修削土球，并切除露出的根系，使之紧贴土球，遇到粗根，应用锋利的枝剪剪断或用手锯锯断，不要震散土球，根系伤口要平滑，大切面要消毒防腐。

② 包装。挖好的土球是否需要包扎或用什么方法包扎则取决于树木的大小、根系盘结程度、土壤质地及运输距离等。直径小于 20 cm 的土球，可以直接将底土掏空，将土球抱到坑外包装；直径大于 50 cm 的土球，应留底部中心土柱，便于包扎。如果土壤紧实，直径小于 20 cm 土球，根系盘结较紧，运输距离较近，可以不进行包扎或仅进行简易的包扎；如果土球直径在 50 cm 以下，且土质不松散，可先将稻草、蒲包、草包、粗麻布或塑料布等软质材料在穴外铺平，然后将土球挖起修好后放在包装材料上，再将其向上翻起，绕干基扎牢（见图 7-3(a)），也可用草绳沿土球径向绕几道，再在土球中部横向扎一道，使径向草绳固定即可（见图 7-3(b)、(c)）。

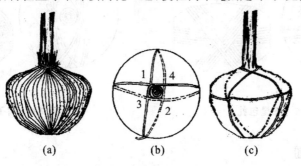

(a)　　　　　　(b)　　　　　　(c)

图 7-3　土球简易包扎

如果是 50 cm 以上的土球或 50 cm 以下的土球,土壤较疏松,应在坑内掏底前打腰箍和花箍包扎。包扎的方法是先将草绳的一头拴在树干上,在树干基部绕 30 cm 一段,以保护树干。打腰箍的方法是将草绳(1～5 cm)的一端压在横箍下,然后一圈一圈地横扎,包扎时要用力拉紧草绳,边拉边用木槌慢慢敲打草绳,使草绳嵌入土球卡紧不致松脱,每圈草绳应紧密相连,不留空隙,至最后一圈时,将绳头压在该圈的下面,收紧后切除多余部分。腰箍包扎的宽度依土球大小而定,一般从土球上部的 1/3 处开始,围扎土球全高的 1/3。腰箍打好后、向土球底部中心掏土,直至留下土球直径的 1/4～1/3 土柱为止,然后打花箍(也称紧箍),花箍打好后再切断主根,完成土球的挖掘与包扎。

花箍的形式分井字包(又称古钱包)、五角包和橘子包(又称网络包)三种。运输距离较近,土壤较黏重,则常采用井字包或五角包的形式;比较贵重的树木,运输距离较远而土壤的沙性又较强时,则常采用橘子包的形式。其具体做法如下。

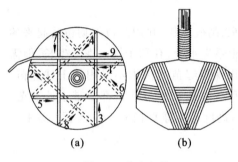

图 7-4　井字包扎

a. 井字包　先将章绳的一端结在腰箍或主干上,然后按照图 7-4(a)所示的顺序包扎。先由 1 拉到 2,绕过土球底部拉到 3,再拉到 4,又绕过土球的底部拉到 5,再经 6 绕过土球下面拉到 7,经 8 与 1 挨紧拉扎,如此顺序地打下去,包扎满 6～7 道井字形为止,最后成图 7-4(b)的式样。

b. 五角包　先将草绳一端结在腰箍或主干上,然后按照图 7-5(a)所示的顺序包扎。先由 1 拉到 2,绕过土球底部,由 3 拉至土球面到 4,再绕过土球底,由 5 拉到 6,绕过土球底,由 7 过土球面到

8,绕过土球底,由 9 过土球面到 10,绕过土球底回到 1,如此包扎拉紧,顺序紧挨平扎 6～7 道五角星形,最后包扎成图 7-5(b)的式样。

c. 橘子包　先将草绳一端结在主干上,呈稍倾斜经过土球底部边沿绕过对面,向上到球面经过树干折回,顺着同一方向间隔绕满土球。如此继续包扎拉紧,直至整个土球被草绳包裹为止,如图 7-6(a)所示。橘子包包扎通常只要扎上一层就可以了,最后包扎成图 7-6(b)的式样。有时对名贵的或规格特大的树木进行包扎,可以用同样方法包两层,甚至三层,中间层还可选用强度较大的麻绳,以防止吊车起吊时绳子松断,土球破碎。

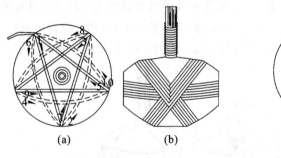

图 7-5　五星包扎

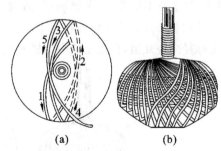

图 7-6　橘子包扎

5. 运苗与假植

树木掘起后,应遵循随起、随运、随植的原则,在最短的时间内将苗木运至栽植地栽植。

1)运苗

在购进苗木时,装车前,先核对购买的苗木种类与规格,检查起苗的质量,对已损伤不能用的苗木要挑出淘汰,并补足苗木数量。车厢上与底部应先垫好草袋或草席,以免车底板或车厢板磨损苗木。裸根苗装车根系向前,树梢向后,顺序码放,不可压得太紧,也不能超高(从地面车轮到最高处不得超过4 m),树梢不可拖地,根部要用苦布盖严,并用绳捆牢。带土球苗装车时,苗高不足2 m可立放;苗高在2 m以上时,应土球在前,树冠向后码放整齐,斜放或平放,并用木架或垫布将树冠架稳、固牢。土球直径小于20 cm的,可码放2～3层,并装紧,防止开车后滚动;土球直径大于20 cm的只装一层。运苗时土球上不许站人和堆放重物。

运苗应有专人跟车押运,随时注意苦布是否被风吹开,短途运苗,中途最好不停留;长途运苗,裸根苗的根系易被吹干,应注意随时洒水,中途休息时应将车停在荫凉处;开车要稳,特别注意路面高低不平的地段,不要开得太快。苗木运到后应及时卸车,对裸根苗不应从中间抽取,更不许整车推下,要求轻拿轻放。经过长途运输的裸根苗木,发现根系较干者,应浸水1～2天。土球较大,可用长而厚的木板斜搭于车厢上,将土球移到木板上,顺势慢慢滑下,太大的土球用吊车装卸。总之,苗木在装卸车时要轻吊轻放,不得损伤苗木和造成散球。

2)施工地假植

在苗木运到栽植地前,应做好各种准备工作,苗木运到后,应立即栽植。但由于各种原因致使苗木运到后不能立即栽植,必须将苗木假植起来,应视距栽植时间长短分别采取不同的假植措施。

裸根苗必须当天种植,当天不能种植的苗木应进行假植,如不超过一天临时性放置,可先在根部喷水后再用苦布或草席、草袋盖好。干旱多风地区,应在栽植地附近挖浅沟,将苗木斜放沟内,取土将根系埋好,依次一排排假植。

带土球苗木运到施工现场后应紧密排码整齐,当天不能栽植时应往土球上喷水或往土球上笼土或盖稻草,以保持土球湿润。一两天内还栽不完,应集中放好,周围培土;囤放时间较长,土球间隙中也应添加土。常绿树种在假植期间应随时注意喷水;珍贵树种和反季节所需苗木,应选合适的季节起苗外,一旦苗木不能立即栽植,应采用容器假植或寄植。

为了提高苗木栽植的成活率和囤苗,有些地方采取寄植的方法,寄植比苗木假植要求高。一般在早春树木发芽之前,按要求挖好土球苗或裸根苗,在施工现场附近进行相对集中的培育。对于裸根苗,应先造土球再行寄植。

6.栽植前的修剪

1)修剪的目的

起苗后,树体水分代谢平衡被打破,而且起苗、运苗过程中造成苗木损伤,栽植后需要有一定的景观效果,必须通过修剪进行调节。栽植时修剪的目的主要有以下两个方面:一是提高栽植成活率;二是培养树形。

2)修剪的要求与规定

对树木栽植前进行修剪,在保持树冠基本形态前提下遵循各种树木自然形态特点;还应根据类别、树种、年龄、生长地和栽植地点、园林用途等方面进行修剪。

(1)树种　树种不同,则生物学特性不同,其修剪的方法不一样。顶端优势强的种类,

如银杏、毛白杨、水杉、池杉、油松、雪松、南洋杉、棕榈科植物等,应保留顶尖,以使其形成高大挺拔的树形,特别是松类、棕榈科植物绝不能损伤顶端,顶端一旦被损伤,观赏性大大降低,甚至成为无用的苗木。

（2）树木类别　树木类别不同,其修剪方法也不同。

① 落叶乔木　具有明显中干的高大落叶乔木,应适当疏枝,但必须保持原有树木的形状,对保留的主侧枝应在健壮芽上方截断,可剪去枝条 1/5～1/3,剪口留外芽,剪口距芽的着生位置 1 cm;无明显中干或中干较弱、枝条茂密的落叶乔木,胸径 10 cm 以上的树木,可进行疏枝,并保持原树形;干径为 5～10 cm 的苗木,可选留几个主枝,在保持原有树形的基础上进行短截。

② 常绿乔木　常绿针叶树一般只进行常规修剪,即修剪枯死枝、衰弱枝及过密的轮生枝和下垂枝,调整枝下高;阔叶常绿树木通过适量疏枝和短剪来保持地上枝叶与地下根系水分代谢平衡,下部也通过疏枝调整主干枝下高,注意保持原树形。

③ 花灌木和藤木类　带土球、带宿土裸根苗木及已花芽分化的花灌木只做常规修剪;枝条茂密的大灌木,可适量疏枝;嫁接的灌木把砧木粟芽剪除;分枝明显并在当年生枝条着花的灌木,剪除生长势强的枝条,促发侧枝;做绿篱的灌木,种植后按设计要求整形修剪;藤木类树种把过长的枝条剪除,上架后可剪除交错和横向枝。

（3）树龄　树龄不同修剪的程度和重点不同。幼树轻剪,重点培养骨架枝;成年树修剪较重,进行更新修剪,重点是培养枝组和发挥功能。

（4）生长地　生长地不同,修剪程度和要求也不同。生长在山野贫瘠的沙土的树木,一般根系较长,须根少,应进行较重的修剪,以达根冠比平衡;若生长在生态条件较好的地段,根系发达,须根多,适当轻剪。

（5）园林用途　园林用途不同,修剪不同。行道树主干枝下高应在 3 m 以上,3 m 以下的枝条全部疏除,分枝点以上的枝条可酌情短剪和疏剪,同一行行道树木之间的高度不能相差 50 cm,过高的植株要短剪;庭荫树为方便行人,枝下高应 2 m 以上。

栽植过程中的修剪一般分两次进行,第一次在起苗前适当修剪,去除病枯枝、过密枝和扰乱树形的枝条,以使起苗、运苗方便。第二次修剪是在栽植后灌水前进行,其目的是为了保证根冠水分代谢的平衡,促进成活。

7. 栽植

1）栽植的要求

（1）栽植时应按设计要求核对苗木种类、规格及种植点位置。

（2）规则式种植应保持对称平衡,行道树或行列式种植的树木应在一条线上。行列式要保持横平竖直,左右对齐相差不超过树干的 1/2;相邻植株规格应合理搭配,高度（同一行的行道树高度要求相差不超过 50 cm）、干径（干径相差不超过 1 cm）、树形近似,种植的树木应保持直立,不得倾斜,同时注意树木的阴阳面和观赏面的合理朝向。

（3）绿篱栽植时株行距应均匀,树形丰满的一面应朝外,按苗木高度、树干粗细搭配均匀。在苗圃修剪成形的绿篱,种植时应按造型拼栽,深浅一致。

（4）带土球苗木栽植时,不易腐烂的包扎物必须拆除。

（5）珍贵树种栽植时应采取树冠喷水、树干用包扎物保湿和根系喷生根激素等措施。

（6）裸根栽植时,根系在种植穴中必须舒展,填的土应分层踏实,埋土深度不能超过根部 5~10 cm。

2）栽植的方法

（1）树木根系置入种植穴前，先要检查种植穴的大小和深度，不符合根系要求时，应进行修整。种植穴符合要求后，输入基肥，基肥种类可分为有机肥、复合肥和有机复合混肥。

（2）种植裸根苗时应在种植穴底部堆一个半圆形土堆，放入树木，填土约为穴高的 1/3 时，轻轻地向上提苗，使根系截留的土壤从根缝间自然下落，一方面使根系舒展，另一方面使根系与土壤密切接触，两者之间不留任何缝隙，然后踩实。

（3）带土球苗木栽植前，必须先踏实穴底土壤，将树木放入树穴中，把生长好的一面朝外，栽直看齐后，垫少量的土固定球根，填肥泥混合土到树穴的 1/2，用锹将土球四周的松土插实，至填满压实，但不能用脚踩踏土球。

（4）成片栽植或群植时，应由中心向外的顺序栽植；土坡上种植时应由上向下依次种植；大型片植或不同色彩丛植时，宜分区分块进行栽植。

（5）假山或岩石缝间栽植时，假山如为新堆的土山，则应大量洒水使其土壤自然下沉，其后再种植。在岩石缝间栽植树木时，首先要放入足够数量的土壤，并在种植土中掺入苔藓、泥炭等保湿、透气材料，随后才可种植。

（6）踏实表土后，修灌水堰，若是拢树冠的苗木，则要解开草绳。

3）反季节栽植的措施

反季节栽植时应根据不同情况分别采取以下措施。

（1）苗木应提前进行断根缩坨（较大的树）和疏枝，或在适宜季节起苗用容器假植等处理。合理安排程序，尽量做到随起、随运、随栽植，尽可能缩短施工时间。栽植后及时灌水，并经常进行叶面喷水。高温强光时要采取防日灼措施，提高苗木成活率。

（2）苗木应进行强修剪，剪除部分侧枝，保留的主、侧枝也需进行一定的疏剪或截短，一般保留原树冠的 1/3 左右，同时加大土球体积。能摘叶的树木应摘去部分叶片，但不能伤害腋芽。

（3）在种植时使用保水剂，它能够吸收大于自身体积十倍甚至数百倍的水分，将其储存起来，然后随着周围环境的变化而缓慢释放，满足植物生长过程中所需水分。栽后结合灌水，可混用一定浓度的生长素，促发新根。

（4）夏季可搭荫棚遮阴、树冠喷水、树干保湿，保持空气湿润；冬季应防风防寒。

（5）对排水不良的种植穴，可在穴底铺 10~15 cm 的粗沙砾，或在其周围铺设渗水管及盲沟等，以利排水。

8. 栽植后的养护管理

1）立支架

立支架是为了保护树木不受机具、车辆和人为的损伤，防止被风吹倒，固定根系，使树干保持直立状态，新栽树木应立支架。凡胸径在 5 cm 以上的乔木，特别是裸根栽植的落叶乔木、修剪量较小的常绿乔木和有台风的地区或风口处栽植的大苗，均应立支架支撑。立支架时捆绑不要太紧，应允许树木能适当地摆动，以利提高树木的机械强度，促进树木的直径生长、根系发育、增加树木的尖削度和抗风能力；如果支撑太紧，在去掉支架以后容易发生弯斜或翻倒。因此，树木的支撑点应在防止树体严重倾斜或翻倒的前提下尽可能降低。目前，园林中应用的支架有桩干式和牵索式。

（1）桩杆式支架　桩杆式支架通常分为直立式和斜撑式。

①直立式　高5～6 m的树木，可将一根2.2～2.5 m的桩材或支柱钉入离树干15～30 cm的地方，深约60 cm。然后用绑扎物将其与树干适当的位置用"8"字形绑缚在一起（见图7-7）。

直立支架又有单立式（见图7-8）、双立式和多立式之分。若采用双立式或多立式，相对立柱可用横杆呈水平状紧靠树干连接起来。

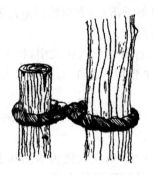

图7-7　树干与立柱的"8"字形连接　　　　图7-8　直立式支架

②斜撑式　用长度为1.5～2.0 m的三根支杆，以树干基部为中心，由外向内斜撑于树干约1/3高的地方（应视树的高低而定支撑点），组成一个正三棱锥形的三脚架进行支撑。三根支柱的下端钉入土30～40 cm，上面的交叉处同样用粗麻布、稻草等将树干垫好后再捆绑起来（见图7-9）。

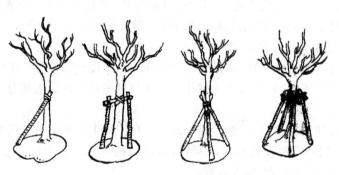

图7-9　斜撑式支架

（2）牵索式支架　对于较大而高的树需用1～4根（一般为3根）金属丝或缆绳拉住加固。这些支撑线（索）从树干高度约1/2的地方拉向地面，与地面约成45°角。线的上端用防护套或废胶皮管及其他软垫绕干一周，线的下端固定在铁（木）桩上，铁（木）桩上端向外倾斜，槽面向外，周围相邻桩之间的距离应相等。在大树上牵索，有时还要将金属线（索）连在紧线器上。

牵索支架一般在公园、风景区等宽阔的绿地应用，同时要加防护或设立明显的标志，由于这些金属线（索）将给行人或游人带来潜在的危险，特别是在夜间容易绊伤行人，一般不要在街道上使用。

2）灌水

树木栽植后应在直径略大于种植穴的周围，筑高约20 cm的灌水土堰，土堰应筑实不得漏水。坡地可采用鱼鳞穴式种植。栽植后的树木在24 h内灌第一遍水，必须浇透，其作用使根系与土壤密切接触,通称为定根水;第一遍水后 3~5 天灌第二遍水;第二遍水后 7~10 天灌第三遍水。南方连绵阴雨季节浇定根水即可。新植的树木在旱季还要灌水,年后待树木的根系扎深后才可停止。

栽植时灌水要适量,根据土壤的性质和树种进行。一般情况下,沙地一次水量不可太大,可适当增加灌水次数;黏性土壤应适量灌水,如不易浇透,应用塑料管插入树穴内进行漫灌;根系不发达的树种,灌水量宜多些;肉质根系树种,灌水量宜少些;秋季栽植的树木,灌足水后可封穴越冬。

灌水时应防止因水流过急冲刷土壤,使根系裸露或冲毁土堰,造成跑漏水。灌水后出现土壤下陷,致使树木倾斜时,应及时扶正、培土。待水渗下后及时用围堰土封树穴,在筑堰灌水时,绝不能损伤根系。对人流集散较多的广场、人行道,树木栽植后,种植池应铺设透气护栏。

3)修剪

树体高大的树木栽后难修剪,栽植前按根冠比和设计要求进行修剪。有些常绿树种在栽植过程中出现新损伤,应根据实际情况进行补充修剪,把受伤枝、下垂枝、弱枝、枯枝、交叉枝剪除。为了使栽植的树木整齐、美观,如行道树种,对枝低的植株需分枝疏除,调整其高度,达到整体一致。

4)树干包裹与树盘覆盖

(1)树干包裹 新栽的树木,特别是树皮薄、嫩、光滑的幼树,应用草绳、薄膜、粗麻布、特制的皱纸(中间涂有沥青的双层皱纸)及其他材料(如草席等)包裹树干,起到保湿作用,以防树干干燥或发生日灼,并减少蛀虫侵入的机会,冬天还可对树干有保温、减少低温对树干的危害,提高抗寒能力及防止动物的啃食。从树林中移出的树木,因其树皮极易遭受日灼,对树干进行保护性的包裹,效果十分明显。

(2)树盘覆盖 在秋季栽植的常绿树种,用稻草、腐叶土或充分腐熟的肥料覆盖树盘,可提高树木栽植的成活率,因为适当的覆盖可以减少地表蒸发,保持土壤湿润和防止土温变幅过大。街道上的树池也可以用卵石或沙子、碎木片、树皮等覆盖,覆盖物要全部遮蔽覆盖区,使其见不到土壤。覆盖的有机物一般保留一冬,到春天撤除或埋入土中。有的也用地被植物覆盖树盘,采用的植物材料要不影响树木生长为宜。

5)清理栽植现场

树木栽植工作完成后,需对现场进行清理。清理栽植现场包括:清理多余的土壤和土壤侵入体;清理树木包裹物;清理修剪的树枝;对道路被泥土弄脏的,需要用水冲洗干净;把多余的支架、金属丝或缆绳、种植工具等搬走,保持道路整洁。

(三)大树的移栽

1. 大树移栽前的修剪

由于大树移植时树木的根系损伤严重,需要对树冠进行修剪,减少枝叶蒸腾量,以获得树体水分的代谢平衡。修剪强度根据树种、栽植季节、树体大小及当地的立地条件和移植后采取的养护措施来决定。树龄老、规格大、萌芽力强、叶片薄而稠密的树木,修剪强度要大,而萌芽力弱的常绿树种宜轻剪,高温季节移植的落叶、阔叶树种要加重修剪。

2. 大树移植技术

1) 树体挖掘

(1) 起挖前的准备如下。

① 灌水 大树起挖前 1~2 天,根据土壤干湿情况适当灌水,以防挖掘时土壤过干导致土球松散。

② 编号 定向编号是当栽植成批的大树时,为使施工有计划地顺利进行,将栽植坑及要移栽的大树编上对应的号码,使其移植时可对号入座,以减少现场混乱及事故。

③ 定向 定向是在主观赏面或树木阴阳面做明显的标记,使其在移植时仍能保持原方位,以满足其对庇荫及阳光的要求。

④ 立支柱或拉浪风绳 为了防止在挖掘时由于树身不稳或大树倒伏引起事故及损坏树木,在挖掘前应对需移植的大树立支柱或拉浪风绳,进行临时固定。其中一根必须在主风向上位,其余均匀分布,均衡受力。

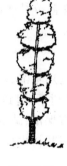

落叶树种　　常绿树种

图 7-10　树冠的绑扎

⑤ 树冠绑扎 对于分枝较低、枝条长而柔软的树木或冠径较大的灌木,应先用草绳将较粗的枝条向树干绑缚,再用草绳分几道横箍,分层捆住树冠的枝叶,然后用草绳自下而上将各横箍连接起来,使枝叶收拢,以便操作与运输,减少树枝的损伤与折裂(见图 7-10)。

⑥ 根部的包扎 采用哪种包扎方式比较合适,主要由运输距离、土质、树种和树体的大小决定。目前移栽大树规格都很大,所以多采用双轴橘子包。无论采用何种形式,包扎必须结实,以免影响成活率。

(2) 挖掘的过程如下。

① 带土球软材包装。适用于油松、雪松、香樟、龙柏及广玉兰等常绿树种和银杏等落叶树种。大树起挖前,先根据树木的胸径确定土球的直径,一般是树木胸径的 7~8 倍。经缩坨断根的大树,在断根沟外侧 20~30 cm 处起挖。挖掘时以树干为圆心,以大树胸径的 7~8 倍为直径画一圆圈,为减轻土球的重量,先铲除树木表层的浮土,以见侧根细根为度。再在圆外开沟,沟宽 60~80 cm,沟深 60~100 cm,挖掘时,小根用利铲截断或剪除,切口要平滑;直径 2 cm 以上的大根,用锯锯断,大伤口应涂防腐剂。当沟挖至规定深度(即土球高)时,进行修坨。

② 带土球木箱包装。适用于土球直径在 1.3 m 以上的大树,及沙性较强不易带土球的大树。挖掘,木箱包装土球为方形(土台)。一般按树木胸径的 7~10 倍确定土台大小,然后以树木为中心,按比土台大 5~10 cm 画正方形,于线外垂直下挖 60~80 cm 的沟直至规定的深度。将土台四壁修成中部微凸、比壁板稍大的倒梯形,遇到粗根,把根周围土削成内凹形,将根锯断,其切口留在土台内,以保证四壁板收紧后与土紧贴。上箱板,土台修好后,将四块壁板围在四面,然后在壁板上部和下部同时用钢丝绳和紧线器勒紧,使壁板紧紧压在土台上,再用铁皮条将相邻的两块壁板钉连一起(见图 7-11),并用方木将箱板与坑壁支牢,卸下钢丝,再钉好盖板。此时挖掘底土,先在盖板垂直的方向掏挖两侧土,钉好两侧的底板,在底部四角处支上木桩或千斤顶后,再挖掘中间部分,最后钉上中间的两块底板(见图 7-12)。

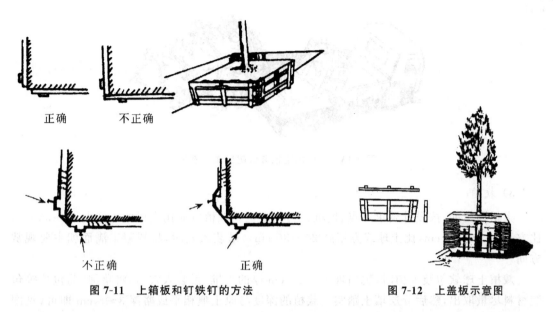

图 7-11　上箱板和钉铁钉的方法　　　　　图 7-12　上盖板示意图

2）装运

大树移植时，土球的吊装、运输应掌握正确的方法，以免土球松散或损伤树皮。同时，尽量缩短装卸运输时间，防止大树生理缺水，影响成活。

（1）土球软材包装　吊装吊绳用粗麻绳（或阔幅尼龙绳），对土球的勒伤较小。先将双股麻绳的一头留出约 1 m 长的结扣固定，再将双股麻绳分开，捆在土球由上向下 3/5 的位置上，绑紧，然后将麻绳的两头扣在吊钩上，在麻绳与土球接触的地方用木块垫起，以免麻绳勒入土球，伤害根系。将大树轻轻吊起后，再用脖绳（即拴在树干基部的麻绳）套在树干基部，另一端扣在吊钩上，即可起吊、装车。

装车时，将大树土球在前、树冠向后放在车辆上，避免运输途中因逆风而使枝梢翘起折断；为了放稳土球，用木块或砖头将土球的底部卡紧，同时用大绳或紧线器将土球固定在车厢内，使土球不易滚动，以免在运输过程中土球散开；树身与车板接触处垫软物，以防擦伤树皮。树冠较大的树种，用草绳或细麻绳将树冠围拢好，使树冠不至于接触地面，以免运输过程中碰断树枝，损伤树形。长途运输时，车上应配有跟车人员随时进行养护。同时，开车速度不宜太快，并要注意上空的电线、两旁的树木及房屋建筑，以免造成事故。

（2）土球木箱包装吊装　吊装时，用两根钢索把木箱两头围起，钢索放在距木板顶端 24～30 cm 的地方（约为木板长度的 1/5），把 4 个绳头结在一起，挂在起重机吊钩上；并在吊钩和树干之间系一根绳索，使树木不致被拉倒；还要在树干上系 1～2 根绳索，以便在起运时用人力来控制树木的位置，有利于起重机工作。在树干上束绳索处，必须垫上柔软材料，以免树皮受伤。

装车时，树冠向汽车尾部，土块靠近驾驶室（见图 7-13），树干包上柔软材料放在木架或竹架上，用软绳扎紧，土块下垫一块木衬垫，然后用木板将土块夹住或用绳紧于车厢两侧。

在运输前，应对行车道路的调查，以免中途遇故障无法通行。行车路线一般都是城市划定的运输路线，应了解其路面宽度、路面质量、横架空线、桥梁及其负荷情况、人流量等。行车过程中，押运员应站在车厢尾一面检查运输途中土球绑扎是否松动、树冠是否扫地、左右是否影响其他车辆及行人，同时，还要手持长竿，不时挑开横架空线，以免发生危险。

图 7-13　土球木箱包装大树装车示意图

3）栽植

大树移植前，按设计要求定点、挖坑、定树、定位。栽植坑应比大树的土球大 40～50 cm，比方箱大 50～60 cm，比土球或方箱高 20～30 cm。吊装入穴时，将树冠丰满面朝主要观赏方向。

栽植土球软包装大树时，坑内堆 15～25 cm 厚的土堆，吊装入穴后，将草绳、蒲包片等包装材料尽量取出，然后分层填土踏实。栽植的深度与原土痕相平或略深 3～5 cm 即可（见图 7-14）。

土球方箱包装大树栽植时，先在栽植坑内堆高 15～20 cm、宽 70～80 cm 的长方形土台，以便放置木箱。将树干包好麻包或草袋，然后用两根等长的钢丝绳兜住木箱底部，将钢丝绳的两头扣在吊钩上，即可将树直立吊入坑中。若土台不易松散，放下前应拆去中部两块底板，然后由四个人坐在树坑的四面，用脚蹬木箱的上沿，校正栽植位置（见图 7-15）。将木箱放稳后，即可拆除两边底板，并慢慢抽出钢丝绳，在树干上绑好支柱，将树干支稳，然后拆除木箱的上板，并向种植穴内回填一部分土壤，填至种植穴的 1/3 高度时，再拆除四周的箱板，接着向穴内填土，每填 20～30 cm 厚的土壤，踩实一次，直到填满为止。

图 7-14　软包装土球的栽植

图 7-15　箱板式土台的栽植

4）大树栽植后的管理

（1）立支柱　为防止大树灌水后歪斜，以及因大风吹刮造成树干摇摆松动，使根系不能很好生长，在大树栽植后浇水之前设立支柱（见图 7-16）。正三角支撑有利于树体固定，支撑点在树体高度的 1/2～2/3 处。支柱根部应入土 50 cm 以上，固着稳定。扁担状支撑具有较好的景观效果，生产实际中也常使用。支柱与树干相捆缚处，要用草绳隔开或用草绳包裹树干，以免摩擦损伤树皮。不管采用哪种形式，哪种材料都必须结实、安全、统一，同时其形状和颜色及采用支柱的粗细，应与周围环境协调，不可有损景观效果。

（2）树干包扎　为防止大树树体水分过度蒸发，用草绳等软材将树干全部包扎起来，并向草绳喷水，保持草绳湿润。树干包扎处理的效果：一是避免强光直射和干风吹袭，减少树体枝干的水分蒸腾；二是储存一定量的水分，使枝干保持湿润；三是调节枝干温度，减少高、低温对树干的损伤。

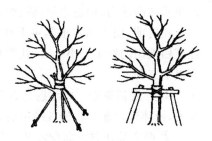

图 7-16　大树支柱示意图

（3）水肥管理　大树栽植后，于外围开堰及时浇三遍透水，以后视天气、土壤等情况进行浇水；高温干旱季节，每 10~15 天浇一次水。浇水必须次次浇透，不浇地表水。多雨季节要防止土壤积水。树盘的土面适当高于周围地面，地势低洼易积水处，要开沟排水。移植后的大树，适量补充养分，可促进新根生长，增强树木的抵抗能力。除在栽植前穴施基肥外，在大树萌芽及新梢生长 10 cm 左右，秋季长梢时，结合浇水各追施液肥 1 次，肥料以氮肥为主，生长后期以磷、钾肥为主，也可用 1‰~2‰ 的尿素或磷酸二氢钾进行根外追肥。

（4）树冠喷水　对枝叶修剪量小的名贵大树，在高温干旱季节，由于根系没有恢复，即使保证土壤的水分供应，也易发生水分亏损。因此，要通过树冠喷水，增加冠内空气湿度，从而降低温度，减少蒸腾，促进树体水分平衡，提高成活率。喷水宜采用喷雾或喷枪，直接向树冠或树冠上部喷射，让水滴落在枝叶上。

（5）遮阴　生长季栽植，阳光强，气温高，为防止树冠经受强烈日晒影响，减少树体蒸腾强度，应搭建荫棚对树体进行遮阴。在树冠外围搭建大棚，盖遮阳网。荫棚上方及四周与树冠间保持 50 cm 左右的间距，以利于棚内空气流通，防止树冠受日灼危害。遮阳度为 70% 左右，让树体接受一定的散射光，以保证树体进行光合作用。

（6）加土扶正　由于降雨后雨水下渗或其他原因，导致树体动摇倾斜，应将松土踩实；树盘土面下沉或局部下陷，应及时覆土填平，防止雨后积水引起烂根；树盘土壤堆积过高的要耙平，防止深埋根系，影响根系的发育；若支撑树木的扶木已松动，要绑扎加固。

（7）松土除草　由于降雨、浇水及人类活动的影响，导致树盘土壤板结，影响树木生长。同时，树木基部附近长出的杂草、藤蔓与树木争夺水分、养分和生存空间，也严重影响树木的生长。因此，应及时进行松土除草，疏松土壤，清除杂草，促进土壤气体交换，有利于树木新根的生长发育。但在成活期间，松土不能太深，以免伤及新根，一般松土深 6~7 cm。在树木生长季节，一般 15~20 天松土除草一次。

（8）抹芽除萌　大树移栽后，树干上可能萌发出许多嫩芽、嫩枝，在树干基部也会有萌芽产生，应定期进行抹芽除萌，以减少养分消耗，防止扰乱树形。

（9）喷洒蒸腾抑制剂　蒸腾抑制剂是一种能降低蒸腾速度，对光合作用强度和植株生长影响不太大的物质。这些物质，一类是乳胶、聚乙烯蜡等，喷于叶面能形成单分子膜，以降低蒸腾；另一类如高岭土等，喷于叶面能提高对光的反射，降低蒸腾。

（10）输液　大树移植后的根系吸收功能差，根系吸收的水分不能满足树体蒸腾和生长的需要，采用向树体内输液的方法，补充植株体内的水分及生长所需的养分，有利于维持大树栽植后的水分平衡及根系伤口愈合和再生，从而有效提高大树移植的成活率。输入的液体主要以水分为主，并配入微量的植物生长素和磷、钾元素。为了增强水的活性，使用磁化水或冷开水，每千克水中溶入 ABT5 号生根粉 0.1 g，磷酸二氢钾 0.5 g。生根粉可激发细胞

原生质体的活力,促进生根,磷、钾元素促进树体生活力的恢复。

注射前,用木钻在根茎主干和中心干上钻洞孔,孔口朝下与树干成 30°角,深达髓心,孔径与输液用的针头大小一致,孔数视植株大小而定,洞孔在树干上交错均匀分布。输液方法有以下三种。

① 注射器输液　将注射器针头拧入输液孔中,把储液瓶倒挂于高处,拉直输液管,大开开关,液体即可输入。输液结束后,拔出针头,用胶布封住孔口。

② 喷雾器压输　将配液装入喷雾器,喷管头安装锥形空心插头,把插头紧紧插于输液孔中,拉动手柄大气加压,打开开关即可输液,当手柄大气费力时即可停止输液,封好孔口。

③ 挂液瓶导输　把装好配液的储液瓶钉挂在孔洞上方,将棉芯线的两头分别伸入储液瓶和输液洞孔底,外露棉芯线套上塑管,防止污染,配液通过棉芯线输入树体。

使用树干注射器和喷雾器输液时,次数和时间根据树体需水情况而定;挂瓶输液时,根据需要增加储存液瓶内的配液。当树体抽梢后,即可停止输液,并封死孔口。

（四）完成树种栽植实验报告

1. 实验报告要求

通过对不同类型、不同树龄树种栽培技术的学习实践,要求学生能依据具体工作过程完成树种栽植实践报告。

2. 任务考核

考核内容及评分标准如表 7-8 所示。

表 7-8　考核内容及评分标准

序号	考核内容	考核标准	分值	得分
1	准备工作	准备工具和材料	10	
2	树木栽植的要求	各技术环节操作规范、现场清理	60	
3	工作态度	安全操作,积极主动,注重方法,团队合作好	10	
4	实验报告	内容全面完整,条理清晰,有总结分析	20	

提高夏季移栽树木的成活率的原则

1. 合理选择移栽树种

夏季气温高,蒸发量大,极易使移植树木脱水。因此,在品种上要尽可能挑选长势旺盛、根系发达、无病虫害的健壮苗木。另外,最好选用大苗,虽然成本高,但苗木须根多,土球不易松散破碎,移植后吸水能力强,能较快地恢复生长。

2. 平衡树势

夏季移植大规格苗木,挖掘时根系一般只有 10%～40% 被保留,其余大部分折断损伤,使水分和营养物质供应能力暂时中断或降低。如果仍保留上部原有的树冠,对水分和营养物质的需求,必然产生供需之间严重失衡而导致树木萎蔫甚至死亡。为缓解树木根系与树冠之间的矛盾,必须缩减树冠上部的枝叶,使植株根冠维持必要的平衡关系。对萌蘖力弱的,可以去掉冠幅的 60%。即使是难以生成新顶芽的树木,在保留主枝的同时,也要剪除大部分侧枝或摘掉大部分叶片,以减少蒸腾。萌蘖力强的树木植前可以截去全部树冠,只留主干,修剪的创面可用蜡封口或用塑料膜包扎,既可防止水分的散失,又可防止病菌的感染。移植树木有花或果实时,应全部摘除,使植株体内储存的有限养分转向营养生长,促进提高成活率。

3. 合理移植

最好选择阴天或降雨前后移植,晴天应选在清晨或下午进行,避开中午烈日暴晒,随挖随栽。土球大小应根据实际需要而定,植株大,保留枝叶多,移植后想尽快成景的,土球愈大愈好。夏季移栽种植土必须疏松、肥沃、透气性和排水性好,对排水不良的种植穴,可在穴底铺 10~15 cm 厚的沙砾石或铺设渗水管、盲沟以利排水。苗木运到工地后,应马上种植。穴内可放入生根粉及一定量的复合肥粉拌土,填至 70% 左右,再填土至与地面平。

4. 浇水与遮阴

干旱缺水地区,定植时可在封填土中添加 SAP(保水剂),有助于节水和提高成活率。种植后视天气情况,若连续下雨,可减少浇水量和浇水次数;若连续高温少雨,则需加大灌溉量,但每次灌溉量不能过多或过少,否则会泡根或使根受旱,都会影响成活率。凡是对树干进行裹草绑膜、缠绳绑膜等保湿措施的,在三伏天切不可拆卸薄膜,一定要经过 1~2 年的生长周期,树木生长稳定后,方可拆下薄膜。树木夏季移植后,可在上方搭棚或设阴障,形成阴凉、湿润的环境,避免风吹日晒。棚的大小和树的冠幅相当,定期对树冠喷雾,以保持湿度,提高苗木成活率。夏季移植树木,比较有利的是树木形成层分裂活动旺盛,能很快产生愈伤组织保护和恢复创伤,因此,对多余的萌生枝条应及时剪除,以防止因失水过多而引发萎蔫。

🌸 复习提高

(1) 树木移栽工作包括哪些技术环节?
(2) 反季节栽植树木应注意哪些问题?
(3) 草绳包扎土球的方式有哪几种?
(4) 如何正确看待现在城市绿化中大量使用大树移植的现象?
(5) 大树移栽成活比较困难的原因是什么?

任务 2　园林树木的养护

🌸 能力目标

(1) 能够根据各种不同用途的园林树木进行合理的整形修剪。
(2) 能够对园林绿地进行科学养护和管理,并根据具体情况进行规范操作。
(3) 能够针对具体环境的园林树木灾害进行合理的防治。

🌸 知识目标

(1) 了解园林树木养护管理的内容。
(2) 了解并掌握园林树木常见灾害类型及主要预防措施。

（1）通过针对不同种类、不同树龄的树种进行管理养护，提高学生发现问题和解决实际问题的专业能力。

（2）通过完成该学习任务，培养学生吃苦耐劳、勤于观察、善于思考的学习精神，使学生养成自主学习的习惯和良好的现场实际动手能力。

（3）以小组为单位，培养学生团队合作精神和认真负责的敬业态度，提升学生自我约束能力和解决实际问题的能力。

基本知识

人们常说，园林树木是三分栽培七分管理。一旦园林景观建成后，如果不进行科学合理的养护管理，很快就会影响景观效果，因此，对园林绿地养护管理水平的提高显得尤为重要。目前，上海、北京、深圳等大城市对城市绿地的养护管理已经台历化、制度化。

园林树木养护管理的内容包括整形修剪、浇水、施肥、土壤改良、除草、灾害防治和树体保护等。

一、整形修剪

（一）整形修剪概念

修剪是指对树木的某些器官，如芽、干、枝、叶、花、果、根等进行剪截、疏除或其他处理的具体操作。整形是指为提高园林树木观赏价值，按其习性或人为意愿而修整成为各种优美的形状与树姿。整形是目的，修剪是手段，两者紧密相关，在土、肥、水管理的基础上进行科学的整形修剪，是提高园林绿化水平的一项重要技术环节。

（二）整形修剪的目的

根据园林树木的生长发育特性、栽培环境和栽培目的不同，需要进行适当的整形修剪。

1. 提高园林树木栽植的成活率

通常情况下，在起苗前或起苗后，适当剪去劈裂根、病虫根、过长根，疏除病弱枝、徒长枝、过密枝，有时还需适当摘除部分叶片，以确保栽植后顺利成活。

2. 控制园林树木长势

园林绿地中种植的树木其生存空间有限，为与环境相协调，必须控制植株的高度和体量。屋顶和平台种植的树木。由于土层浅，空间小，更应将植株长期控制在一定的体量范围内，不能太长、太大，这些必须通过整形修剪才能实现。

3. 促使园林树木多开花结果

通过修剪可调节树体内的营养合理分配，防止徒长，使养分集中供给顶芽、叶芽，促进其花芽分化形成更多花枝、果枝，提高花果数量和质量，一些花灌木还可通过修剪达到控制花期的目的。

4. 保证园林树木健康生长

整形修剪可使树冠内各层枝叶获得充分的阳光和新鲜的空气。通过适当疏枝，增强树体的通风透光能力，提高了园林树木的抗逆能力和减少病虫害的发生几率。冬季集中修剪

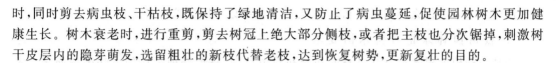

时,同时剪去病虫枝、干枯枝,既保持了绿地清洁,又防止了病虫蔓延,促使园林树木更加健康生长。树木衰老时,进行重剪,剪去树冠上绝大部分侧枝,或者把主枝也分次锯掉,刺激树干皮层内的隐芽萌发,选留粗壮的新枝代替老枝,达到恢复树势,更新复壮的目的。

5. 创造各种艺术造型

通过整形修剪,还可以把树冠培育成符合特定要求的形态,使之成为一定冠形、姿态的观赏树形。在自然式的庭园中,讲究树木的自然姿态,崇高自然的意境,常用修剪的方法来保持"苍劲如画"的天然效果;在规则式的庭园中,常将一些树木修剪成尖塔形、圆球形、几何形,以便和园林形式协调一致。

6. 创造最佳环境美化效果

人们常将观赏树木的个体或群体互相搭配造景,配植在一定的园林空间中,或者与建筑、山水、桥等园林小品相配,创造相得益彰的艺术效果。为了达到以上目的,一定要控制好树的形体大小比例。例如,在假山或狭小的庭院中配植树木,可用整形修剪的办法来控制其形体大小,以达到小中见大的效果。树木相互搭配时,可用修剪的手法来创造有主有从、高低错落的景观。优美的庭园花木,多年以后就会长得拥挤,有的会阻碍小径,影响散步行走或失去其美丽的观赏价值,因此,必须经常整形修剪,保持其美观与实用。

(三)整形修剪的作用

1. 整形修剪对树木生长发育的双重作用

修剪的对象,主要是各种枝条,其影响范围并不限于被修剪的枝条本身,还对树木的整体生长有一定的作用。从整株树木来看,既有促进也有抑制作用。

(1)局部促进,整体抑制作用。一个枝条被剪去一部分,减少了枝芽数量,使养料集中供给留下的枝芽生长。同时,修剪改善了树冠的光照和通风条件,提高了叶片的光合效能,使局部枝芽的营养水平有所提高,从而加强了局部的长势。

(2)局部抑制,整体促进作用。对花木的枝条进行轻、短截,增加了枝叶量,提高了光合作用,因而供给根生长活动的有机营养增加,促进整个植株生长。如果对背下枝或背斜下枝在弱芽处剪截,就会削弱枝条的长势。

2. 整形修剪对开花结果的影响

合理的整形修剪,能调节营养生长与生殖生长的平衡关系。修剪后枝芽数量减少,树体营养集中供给留下的枝条,使新梢生长充实,并萌发较多的侧枝开花结果。修剪的程度对花芽分化影响很大。不同生长强度的枝条,应采用不同的修剪方法。

3. 整形修剪对树体内营养物质含量的影响

整形修剪后,枝条生长强度改变,是树体内营养物质含量变化的一种形态表现。短截后的枝条及其抽生的新梢,含氮量和含水量增加,碳水化合物含量相对减少。为了减少整形修剪造成养分的损失,应尽量在树体内含养分最少的时期进行修剪。一般冬季修剪应在秋季落叶后,养分回流到根部和枝干上储藏时和春季萌芽前树液尚未流动时进行为宜。生长季修剪,如抹芽、除萌、曲枝等应越早越好。

(四)整形修剪的原则

园林树木的整形修剪,既要考虑观赏的需要,又应根据树木本身的生长习性;既要考虑当前效应,又要顾及长远意义。园林树木种类繁多,各自的生长习性不同;冠形各异,具体到

每一株树木应采取什么样的树形和修剪方式,应依据以下因素综合考虑。

1. 根据园林绿化对树木的要求

园林中种植的树木都有其自身的功能和栽植目的,整形修剪采用的方法因树而异。不同的整形方法将形成不同的景观效果,不同的园林用途各有其特殊的整形修剪要求。例如,槐树和悬铃木用来做庭荫树则需要采用自然树形;做绿篱或规则式栽植时一般根据使用的要求决定造型,以展示树木群体组成的几何图形美。所以,园林树木的整形修剪,必须遵从园林绿化的用途与要求决定。

2. 根据树木的生长发育习性

不同的树龄时期,树木的修剪程度不同。幼树生长旺盛,枝条生长强健,应以整形为主,为了尽快形成良好的树形,对各级骨干枝的延长枝应以短截为主,促进营养生长。幼树不能重剪,否则直立枝和徒长枝大量发生,造成树冠很早就郁闭,影响通风采光及花芽的形成。成年树,因正处于旺盛的开花结实阶段,应该注意调节生长与开花结果的矛盾,防止因开花结果过多而造成树体衰老。树木在成年阶段,可在秋梢以下适当部位进行短截,以充分利用立体空间,促使多开花,花朵大,花色艳,花期相对延长。

3. 根据树木生长地的环境条件

树木生长地的环境条件包括生态条件和配植环境。下面从两个方面进行说明。

(1)树木生长地的生态条件。在不同的生态条件下,树木的整形修剪方式不同,生长在土壤瘠薄、地下水位较高处的树木,不应该与生长在一般土壤上的树木以同样的方式进行整形修剪,通常主干应留低些,树冠也相应小些。盐碱地因地下水位高,土层薄,加之大部分盐碱地在种植树木时都经过换土,更应采用低干矮冠的方式进行整剪。

(2)树木生长地的周围环境。园林树木的整形修剪,还应考虑树木与周围环境的协调、和谐,要与附近的其他园林树木,建筑物的高低、外形、格调相一致,组成一个相互衬托、和谐完整的整体。同一树种栽植在不同的环境中,为了使其与周围景观协调,则整形修剪方式也应不同。街道上的行道树受街道的走向、两旁建筑、架空电线等的影响,整形修剪时必须考虑这些影响因素,特别是行道树上面的架空电线,要与树枝有一定的距离,以免发生危险。如果架空天线较低,可对行道树采用杯状形整枝,令架空线从树冠内通过,通常称为开弄堂。

整形修剪对生长发育有很大的影响,采用与树种、品种特性、树龄相适应的修剪制度,建立与栽植方式、植株所在地的自然条件和环境类型相适应的树体结构,对改善树冠内的光照,提高光能利用率,调节营养物质的分配,协调生长与开花结果的关系起着重要的作用。同时与周围环境协调,又能增强观赏的艺术感。

修剪不是孤立的技术措施,它与很多因素,如施肥、灌水、土壤管理、病虫害及自然灾害的防治等密切相关,只有在综合管理的基础上才能充分发挥修剪的作用。

二、园林树木整形修剪的时期

园林树木整形修剪的时期一般分为休眠季修剪(又称冬季修剪)和生长季修剪(又称夏季修剪)两个时期。由于修剪目的与性质不同,虽然各有其相适宜的修剪季节,但从总体上看,一年中的任何时候都可对树木进行修剪,但最佳时期应满足以下两个条件:一是不影响园林树木的正常生长,减少营养消耗,避免伤口感染;二是不影响开花结果,不破坏原有冠形,不降低其观赏价值。总之,整形修剪一般都在树木的休眠期或缓慢生长期进行,以冬季和夏季整形修剪为主。

1. 休眠期修剪（冬季修剪）

落叶树种从落叶开始至春季萌发前,树木生长停滞,树体内营养物质大都回归根部储存,修剪后养分损失最少,且修剪的伤口不易被细菌感染、腐烂,对树木生长影响较小,大部分树木的修剪在此时进行。热带、亚热带地区原产的乔、灌木和观花树木,没有明显的休眠期,但是从 11 月下旬到第二年 3 月初的这段时间内,它们的生长速度也明显缓慢,有些树木也处于半休眠状态,所以,此时也是修剪的适宜期。

冬季修剪的具体时间应根据当地的寒冷程度和最低气温来决定,有早、晚之分。如冬季严寒的地方,修剪后伤口易受冻害,早春修剪为宜;对一些需保护越冬的花灌木,在秋季落叶后立即重剪,然后埋土或卷干。在温暖的南方地区,冬季修剪时期,自落叶后到翌年春季萌芽前都可进行,因为伤口虽不能很快愈合,但也不至于遭受冻害。有伤流现象的树种,一定要在春季伤流期前修剪。冬季修剪对树冠形成、枝梢生长、花、果枝的形成等有重要作用,一般采用截、疏、放等修剪方法。

2. 生长期修剪（夏季修剪）

在树木的生长期,花木枝叶茂盛,为调节树体内部通风透光条件,需要进行修剪。一般采用抹芽、摘心、环剥、扭梢、曲枝、疏剪等修剪方法。

常绿树种没有明显的休眠期,春、夏两季可随时修剪生长过长、过旺的枝条,使剪口下的叶芽萌发。一年内多次抽梢开花的树木,花后应及时剪去花梗,使其抽发新枝,不断开花,延长观花期,如紫薇、月季等;观叶、观形类树木,一旦发现扰乱树形的枝条就要立即剪除;绿篱一般在夏季修剪,既要使其整齐美观,同时又要兼顾新枝萌发。

三、园林树木的土壤管理

园林树木土壤管理的任务是通过各种综合措施,改善土壤结构,提高土壤肥力,不断提供树木正常生长所需的水分、养分和空气等条件。同时,还可结合其他措施,减少水土流失和尘土飞扬,增加园林景观效果。

（一）土壤改良

园林绿地的土壤改良大体包括深翻、客土、土壤质地改良和土壤酸碱度等。

1. 深翻

深翻就是对园林树木根区范围内的土壤进行深度翻垦,主要目的是加速土壤熟化。树木在栽植前虽然挖穴达到了一定深度,但随着树木的生长,穴壁以外坚实的土壤就会妨碍根系的生长和吸收,故深翻实际上也是扩大了原来挖穴的范围。深翻应结合施用有机肥进行。

（1）深翻的时间　深翻一般在秋末冬初进行,因为此时地上部分生长已渐趋缓慢或基本停止,养分开始回流积累,而根系生长仍在进行,甚至还有一次小的生长高峰,深翻后,不但根系伤口能够迅速愈合,而且还在越冬前从伤口附近发出部分新根,有利于树木翌年的生长。同时,秋翻还有利于土壤风化和积雪保墒。

（2）深翻的深度　深翻的深度与土壤、树种等有关。一般土壤黏重、地下水位低、土层厚、栽植深根性树种时宜翻深些,反之可适当浅些。在一定范围内,翻得越深,效果越好,一般为 60～100 cm,最好距根系主要分布层稍深、稍远些,以促进根系向纵深及周边生长,扩大吸收范围,提高根系的抗逆性。

（3）深翻保持的年限　深翻的作用可保持多年，没有必要每年都进行深翻。深翻效果保持时间长短与土壤特性有关，一般黏土、涝洼地翻后易恢复紧实，保持年限较短；沙壤土和地下水位低、排水良好的土壤，深翻效果保持年限较长。

（4）深翻方式　深翻方式主要有树盘深翻与行间深翻两种，前者是在树木树冠边缘，即树冠的地面垂直投影线附近挖取环状深翻沟，有利于根系向外扩展，适于孤植树种和株间距较大的树种；行间深翻则是在两排树木间挖取长条形深翻沟，多适于呈行列布置的树木。此外，还有辐射状深翻等方式。

深翻应结合施肥（主要是有机肥）和灌溉进行。深翻回填土时，通常维持原来的层次不变。有时为了使心土迅速熟化，也可将较肥沃的表土放置沟底，将心土放在上面，应根据具体情况灵活掌握。

2. 客土

栽植园林树木时，为了提高成活率必要时进行客土，通常树种要求有一定酸碱度的土壤，而栽植地的土壤不符合要求时需要客土。最突出的例子是北方种植喜酸性土壤的树种，如栀子、杜鹃花、八仙花等，应将局部地段的土壤全部换成酸性土，至少也要加大种植坑，放入山泥、泥炭土、腐叶土等，并混拌一定数量的有机肥料，以符合酸性树种的要求。

3. 土壤质地的改良

理想的土壤应由50％的气体空间和50％的固体颗粒组成。固体颗粒由有机质和矿物质组成。很多土壤测定数据表明，理想的土壤内应含有45％矿物质和5％的有机质，土壤质地过沙或过黏都不利于树木根系的生长。黏重土壤通气性差，易引起根腐病；土壤沙性过强，不利于保水、保肥。以上两种土质情况均可通过增施有机肥的方法进行改良。此外，对于过黏的土壤，在深翻或挖穴过程中，在施用有机肥的同时，应掺入适量的粗沙。加沙量应达到原有土壤体积的1/3，才会有改良黏土的良好效果。对于沙性过强的土壤，可在施用有机肥的同时掺入适量的黏土或淤泥，使土壤向中壤质的方向发展。

4. 土壤酸碱度的调节

不同树种对土壤酸碱度的适应程度不同，过酸过碱均会对树木造成不良的影响。因此，除增施有机质外，必须对土壤的酸碱度进行必要的调节。对于 pH 值过低的土壤，提高 pH 值的常用方法是向土壤中加石灰、草木灰等碱性物质，并以石灰应用较为普遍；对于 pH 值过高的土壤，降低 pH 值主要通过施用释酸物质如有机肥料、生理酸性肥料、硫黄、硫酸亚铁等，如对盆栽树木可用1∶180的硫酸亚铁水溶液浇灌植株来降低盆土的 pH 值。

（二）土壤管理

土壤管理包括中耕除草和地面覆盖等工作。

1. 中耕除草

中耕的主要作用是切断土壤表层的毛细管，减少土壤水分蒸发，防止土壤返碱，疏松表土，改善土壤的通气和水分状况，加速有机质的分解和转化，提高土壤肥力；早春中耕可提高土壤温度，有利于根系的生长和吸收；此外，中耕也是清除杂草的有效方法，减少杂草对水分、养分的竞争，使树木生长的地面环境清洁美观，减少病虫害。

中耕与除草常同时结合进行。中耕除草宜在土壤不过干或不过湿时进行，并注意不要碰伤树皮，可适当切掉生长在地表的浅根。中耕除草的次数可根据当地具体条件及树木生育特性等综合考虑确定。中耕的深度视树木根系的深浅而定，一般在 6～10 cm，并掌握靠近干基宜浅,远离干基宜深的原则。

清除杂草应重视除草剂的使用,以提高除草效率,可根据具体杂草种类选择适宜的除草剂种类。

2. 地面覆盖与地被植物

利用有机物或植物活体覆盖土壤表面,可以防止或减少水分蒸发,减少地面径流,增加土壤的有机质;调节土壤温度,减少杂草生长,为树木生长创造良好的环境条件。

(1)地面覆盖 覆盖材料以就地取材、经济适用为原则,如树皮、谷草、树叶、泥炭等。幼树或疏林草地的树木,多在树盘下覆盖,覆盖不宜过厚,一般以 3～6 cm 为宜,覆盖时间一般在生长季节土温较高或较干旱时进行。

(2)地被植物 地被植物主要用紧贴地面的多年生植物,也可以是 1～2 年生的较高大的绿肥作物,如苜蓿、草木樨、紫云英等。种植地被植物,除具有地面覆盖作用外,还可避免尘土飞扬、增加园林美观,减少杂草,降低园林树木养护成本。绿肥作物在开花期翻入土中,还可起到施肥改土的作用。作为树下应用的地被植物或绿肥作物,应适应性强,有一定的耐阴能力,覆盖作用好,繁殖容易,与杂草竞争的能力强,对树木生长影响小。对于游人可以活动的地方,则应选用耐践踏、汁液少、无针刺的种类,最好具有较高的观赏价值。

学习任务

选择所在学校的实训基地或学校所在市区绿地进行园林树木(可包括行道树、花灌木、绿篱等)进行整形修剪,并针对其中的病害树种进行养护。根据班级人数分组工作,一般每组 5～6 人,工作完成后总结操作过程及注意事项。

任务分析

园林树木的养护管理水平直接影响到城市植物景观效果的发挥。任务的目标是能够根据不同的树种和树种的不同生长时期、树龄进行科学合理的管理养护。此内容必须紧密结合实践,仔细观察树木冠形特点和生长状况,根据树种特性,合理确定修剪方式,这样才能顺利完成具体树种的修剪养护管理任务。

任务实施

一、材料与用具

需要修剪的园林树木、修枝剪、锯、剪枝剪、梯子、皮尺、扫帚、绳子等工具。

二、任务步骤

(一)园林树木整形修剪技术

1. 园林树木的修剪方法

园林树木修剪的基本方法有截、疏、伤、变、放五种,实践中应根据修剪对象的实际情况灵活运用。

1)休眠期修剪的方法

(1)截 截又称短截,是将树木的一年生或多年生枝条的一部分剪去,以刺激剪口下的侧芽萌发,增加枝量,促进营养生长或开花结果。

（2）疏　疏又称疏剪或疏删，即把枝条从分枝点基部全部剪去。疏剪主要是疏去过密枝，使枝条均匀分布，为树冠创造良好的通风、透光条件，减少病虫害，增加同化作用产物，使枝叶生长健壮，有利于花芽分化和开花结果。

疏剪的对象主要是病虫枝、伤残枝、枯枝、衰老下垂枝、重叠枝、交叉枝及干扰树形的徒长枝等。

（3）伤　用各种方法损伤枝条，以缓和树势、削弱受伤枝条的长势，如环剥、刻伤、扭梢、折梢等。伤主要是在树木的生长季进行，对植株整体的生长影响不大。刻伤常在休眠期结合其他修剪方法运用。刻伤因位置不同，所起作用不同。刻伤的方法有以下三种。

图7-17　目伤

①目伤　在芽或枝的上方或下方进行刻伤，伤口形状似眼睛，所以称为目伤（见图7-17）。伤的深度达木质部。若在芽或枝的上方切刻，由于养分和水分受切口的阻隔而集中在该芽或枝上，可使长势加强；若在芽或枝的下方切刻，则长势减弱，由于有机营养物质的积累，有利于花芽分化。

②横伤　对树干或粗大主枝横砍数刀，深达木质部，阻止有机养分下运，促进花芽分化，开花结实，达到丰产的目的。

③纵伤　在枝干上用刀纵切，深达木质部。其主要目的是减少树皮的束缚力，有利于枝条的加粗生长。小枝可行一条纵伤，粗枝可纵伤数条。

（4）变　变是改变枝条生长方向和角度，控制枝条生长势的方法。如用屈枝、弯枝、拉枝、抬枝等形式，将直立或空间位置不理想的枝条，引向水平或其他方向，可以加大枝条开张角度，使顶端优势转位、加强或削弱。骨干枝、弯枝有扩大树冠，改善光照条件，充分利用空间，缓和生长，促进生殖的作用。将直立生长的背上枝向下曲成拱形时，顶端优势减弱，生长转缓，下垂枝因向地生长，顶端优势弱，生长不良，为了使枝势转旺，可抬高枝条，使枝顶向上生长。变的修剪措施大部分在生长季应用（见图7-18、图7-19）。

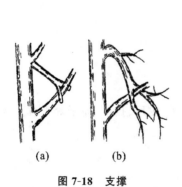

(a)　　　(b)

图7-18　支撑

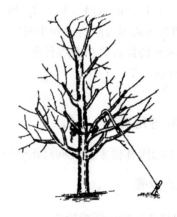

图7-19　拉枝

（5）放　放又称缓放、甩放或长放，即对一年生枝条不做任何短截，任其自然生长。利用单枝生长势逐年减弱的特点，对部分长势中等的枝条长放不剪，下部易发生中、短枝，停止生长早，同化面积大，光合产物多，有利于花芽的形成。幼树、旺树，常以长放缓和树势，促进提早开花、结果。长放用于中庸树，平生枝、斜生枝效果更好，对幼树骨干枝的延长枝或背生枝、徒长枝不能长放，弱树也不宜多用长放。

上述各种修剪方法应结合植物生长发育的情况灵活运用，再加上严格的管理，才能取得较好的效果。

2）生长期修剪

（1）摘心和剪梢 在园林树木生长期内，当新梢抽生后，为了限制新梢继续生长，将生长点（顶芽）摘去或将新梢的一段剪去（见图7-20），解除新梢顶端优势，使其抽出侧枝以扩大树冠或增加花芽。为了提高葡萄的坐果率，在开花前摘心，可促进二次开花；绿篱植物通过剪梢，可使绿篱枝叶密生，增加观赏效果和防护功能。

摘心与剪梢的时间不同，产生的影响也不同。为了多发侧枝，扩大树冠，宜在新梢旺长时摘心，为促进观花树种多开花，宜在新梢生长缓慢时进行，观叶树种不受限制。

图 7-20 摘心

（2）抹芽和除蘖 抹芽和除蘖是疏的一种形式。在树木主干、主枝基部或大枝伤口附近常会萌发一些嫩芽而抽生新梢，妨碍树形，影响树木主体的生长。将芽及早除去，称为抹芽。将已发育的新梢剪去，称为除蘖。抹芽与除蘖可减少树木的生长点数量，减少养分的消耗，改善光照与肥水条件。如嫁接后砧木的抹芽与除蘖对接穗的生长尤为重要。抹芽与除蘖还可减少冬季修剪的工作量和避免伤口过多，宜在早春及时进行，越早越好。

图 7-21 环剥

（3）环剥 在发育期，用刀在开花结果少的枝干或枝条基部适当部位剥去一定宽度的环状树皮，称为环剥（见图7-21）。环剥深达木质部，剥皮宽度以1个月内剥皮伤口能愈合为限，一般为2～10 mm。由于环剥中断了韧皮部的输导系统，可在一段时间内阻止枝梢碳水化合物向下输送，有利于环剥上方枝条营养物质的积累和花芽的形成，同时还可以促进剥口下部发枝。根系因营养物质减少，生长受一定影响。由于环剥技术是在生长季应用的临时修剪措施，一般在主干、中干、主枝上不采用。

（4）扭梢与折梢 在生长季内，将生长过旺的枝条，特别是着生在枝背上的旺枝，在中上部将其扭曲下垂，称为扭梢（见图7-22）；或只将其折伤但不折断（只折断木质部），称为折梢（见图7-23）。扭梢与折梢是伤骨不伤皮，都是阻止了水分、养分向生长点输送，削弱枝条生长势，有利于短花枝的形成。

（5）折裂 为了曲折枝条，形成各种艺术造型，常在早春芽略萌动时，对枝条实行折裂处理（见图7-24），用刀斜向切入，深达枝条直径的1/2～2/3处，然后小心地将枝弯折，并利

图 7-22 扭梢

图 7-23 折梢

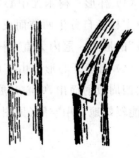

图 7-24 折裂

用木质部折裂处的斜面互相顶住。为了防止伤口水分过多损失,应在伤口处进行包裹。

(6)圈枝　在幼树整形时,为了使主干弯曲或呈疙瘩状时,常采用圈枝的技术措施,可使幼树长势缓和,幼树长不高,并能提早开花。

(7)摘蕾　如有些月季,主蕾旁还有小花蕾,需将其摘除,使营养集中于主蕾;又如茶花,常需摘去部分花蕾,使营养集中有利于剩下的花蕾开放。

(8)摘花与摘果　摘花,一是摘除残花,如杜鹃花的残花久存不落,影响美观及嫩芽的生长,需摘除;二是不需结果时,将凋谢的花及时摘去,以免其结果而消耗营养;三是残缺、僵化、有病虫损害而影响美观的花朵需摘除。摘果是摘除不需要的小果或病虫果。

(9)摘叶　摘除基部黄叶和已老化、消耗养分的叶片,以及影响光照的叶片和病虫叶,对一些先花后叶的植物,适当的摘叶可促使其二次开花。

2. 园林树木的整形方式

由于园林树木自身的特点和园林绿化目的不同,整形的方式也不同。常见的整形方式有自然式整形、整形式整形及混合式整形三种。

1)自然式整形

在保持原有的自然冠形的基础上适当修剪,称为自然式整形。该方式能充分体现园林的自然美。在自然树形优美,树种的萌芽力、成枝力弱,或因造景需要等都应采取自然式整形修剪。常见园林树木的自然冠形有尖塔形、垂枝形、圆锥形、圆柱形、椭圆形、伞形、匍匐形、圆球形等。

2)整形式整形

根据园林观赏的需要,将树冠修剪成各种特定形式。此方式不是按树木的生长规律进行,经过一定时期自然生长后会破坏造型,需要经常不断地整形。一般适用于耐修剪、萌芽力和成枝力都很强的树种。常见的整形式树形有几何形体,如正方体、长方体、球体、半球体或不规则几何体等;建筑物形式,如亭、楼、台等;动物形式,如鸡、马、鹿、兔、大熊猫等;古树盆景式是运用树桩盆景的造型技艺,将树木的冠形修剪成单干式、多干式、丛生式、悬崖式、攀缘式等各种形式。

3)混合式整形

在自然树形的基础上,结合观赏和树木生长发育的要求进行人工改造而进行的整形方式。

(1)杯形　树木无中心主干,仅留很短的主干,主干上部分生三个主枝,夹角约为45°,三个主枝各自分生两枝而成六个侧枝,每个侧枝各分生两枝共成十二枝,即"三股、六杈、十二枝"的形式。冠内无直立枝、内向枝(见图7-25)。

(2)自然开心形　由杯形改进而来,没有中心主干,分枝较低,三个主枝错落分布,自主干向四周放射而出,中心开展,故称自然开心形。主枝分枝不是二杈分枝,树冠不完全平面化,能较好地利用空间(见图7-26)。

图 7-25 杯形

图 7-26 自然开心形

（3）中央领导干形 留一强中央领导干,其上配列疏散的主枝。若主枝分层着生,则称为疏散分层形。这种树形,中央领导枝的生长优势较强,能向外和向上扩大树冠,主枝分布均匀,通风透光良好。适用于干性较强的树种,能形成高大的树冠,宜做庭荫树、行道树(见图 7-27)。

（4）多主干形 2~4 个领导干上分层配列侧生主枝,形成规则优美的树冠。适用于观花乔木和庭荫树,如紫薇、紫荆、蜡梅、桂花等(见图 7-28)。

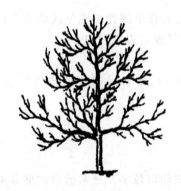

图 7-27 中央领导干形

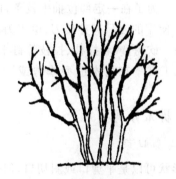

图 7-28 多主干形

（5）丛球形 类似多主干形,只是主干较短,干上留数主枝成丛状。叶层厚,美化效果好。

（6）棚架形 先建各种形式的棚架、廊、亭,种植藤本树木后,按生长习性加以修剪、整形和诱引。

园林树木整形,应以自然式整形为主,可以充分利用树木自然的树形,又可节省人力、物力;其次是混合式整形,在自然树形的基础上加以人工改造,即可达到最佳的绿化、美化效果;人工式整形,既改变了植物自然生长习性,又需要较高的整形修剪技艺,只在园林局部或有特殊要求时使用。

3. 园林树木的修剪工具

园林树木常用的修剪工具有修枝剪、修枝锯、斧头、刀具、梯子等(见图 7-29)。

（1）修枝剪 修枝剪包括普通修枝剪、绿篱剪、高枝剪等。普通修枝剪由一主动剪片和一被动剪片组成,主动剪片的一侧为刀口,需要提前重点打磨,一般用于剪截 3 cm 以下的枝条;绿篱剪适用于绿篱;高枝剪适用于庭荫树、行道树等高干树的修剪,因枝条所处位置较高,用高枝剪,可免登高作业。

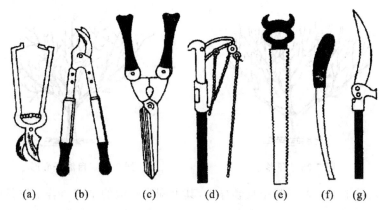

图 7-29　常用的修剪工具

(a)普通修枝剪；(b)长把修枝剪；(c)绿篱剪；(d)高枝剪；(e)双面修枝锯；(f)单面修枝锯；(g)高枝锯

（2）修枝锯　修枝锯有单面修枝锯和高枝锯,用于锯除较粗的枝条。

（3）梯子　在修剪高大树木的高位干、枝时登高而用。使用前首先要观察地面凹凸及软硬情况,以保证安全。

（4）刀具　为了在一定部位抽生枝条,以解决大枝下部光秃现象或培养主枝等,可用刀具进行刻伤。使用的刀具有芽接刀、电工刀,或者其他刀刃锋利的刀具。

（5）斧头　砍树,或者撑枝、拉枝等钉木桩用。

（6）其他工具　在树木造型修剪或矫正树形时,常常采用各种型号的铅丝和绳索及木桩。

4. 园林树木修剪技术

1）剪口与剪口芽

剪口的形状可以是平剪口或斜切口,但采用斜切口较多。通常剪口向侧芽对面微倾斜,使斜面上端与芽尖基本平齐或略高于芽尖 $0.5 \sim 1$ cm,下端与芽的基部大致相平或稍高。

2）大枝的剪除

将枯枝或无用的老枝、病虫枝等全部剪除时,为了尽量缩小伤口,应自分枝点的上部斜向下部剪下,保留分枝点下部凸起的部分（见图 7-30(a)）,伤口面积小,易愈合。若留桩过长,将来会形成残桩枯枝（见图 7-30(b)）,影响伤口愈合。

回缩多年生大枝往往会萌生徒长枝,为了防止徒长枝大量抽生,可先行疏枝和重短截,削弱长势后再回缩。如果疏除多年生大枝,为避免撕裂树皮和造成其他损伤,一般采用两锯法或三锯法。直径在 10 cm 以上的大枝用三锯法,即先在待锯枝条上距切口约 25 cm 处,从下向上锯一切口,深达枝条直径的 1/3 或开始夹锯为止（见图 7-31(a)）;然后在离第一切口前方约 5 cm 处,从上向下锯下枝条（见图 7-31(b)）;最后在留下枝桩上方的分杈处向下截断（见图 7-31(c)）。直径在 10 cm 以下的大枝用两锯法,第一锯从下向上锯,深达枝条直径的 1/3,第二锯从上向下锯下枝条。

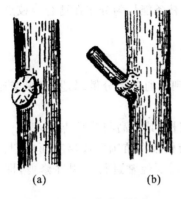

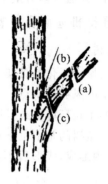

图 7-30　大枝剪除后的伤口　　　　　图 7-31　大枝的剪除

(a)切口留分枝点下部凹起部分;(b)残桩枯枝

3)剪口的保护

若剪枝或截干造成剪口创面大,应用锋利的刀削平伤口,先用硫酸铜溶液消毒,再涂保护剂,以防止伤口由于日晒雨淋、病菌入侵而腐烂。

5.园林树木整形修剪的程序及注意事项

1)修剪程序

修剪的程序概括地说就是"一知、二看、三剪、四检查、五处理"。

(1)一知　修剪人员必须掌握操作规程、技术及其他特别要求。

(2)二看　实施修剪前应对树木进行仔细观察,因树制宜,合理修剪,具体包括了解树木的生长习性、枝芽的发育特点、植株的生长情况、冠形特点及周围环境与园林功能,结合实际进行修剪。

(3)三剪　对树木按要求或规定进行修剪,修剪前要观察分析树势是否平衡,如果不平衡,分析造成的原因,如果是因为枝条多,特别是大枝多造成长势强,则要进行疏枝。在疏枝前,先要决定选留的大枝数及其在骨干枝上的位置,将无用的大枝先剪掉,待大枝条整好后再修剪小枝。

(4)四检查　检查修剪是否合理,有无漏剪与错剪,以便修正或重剪。

(5)五处理　处理包括对剪口的处理和对剪下的枝叶、花、果的清理等。

2)修剪的注意事项

上树修剪时,所有用具、机械必须灵活、牢固,防止发生事故。修剪行道树时注意高压线路,并防止锯落的大枝砸伤行人与车辆。

另外,修剪工具应锋利,修剪时不能造成树皮撕裂、折枝、断枝。修剪病枝的工具,要用硫酸铜消毒后再修剪其他枝条,以防交叉感染。修剪下的枝条应及时收集,有的可做插穗、接穗备用,病虫枝则需堆积烧毁。

(二)各类园林树木的整形修剪

1.成片树木的整形修剪

成片树木的整形修剪,主要是维持树木良好的干性和冠形,改善通风透光条件。有领导干的树种要尽量保持中央领导干,如果中央领导干已枯死,应于中央选一强的侧生枝,培养

成新的领导干,并适时修剪主干下部侧生枝,使枝条能均匀分布在适合分枝点上。

2. 行道树和庭荫树的整形修剪

1) 行道树

行道树是城市绿化的骨架,它在城市中起到沟通各类分散绿地、组织交通的作用,还能反映一个城市的风貌和特点。

行道树的生长环境复杂。同一街道的行道树,其干高与分枝点应基本一致,树冠端正,生长健壮。行道树的基本主干和供选择主枝的枝条在苗圃阶段培养而成,其树形在定植以后的5~6年内形成,成形后不需大量修剪,只需要经常进行常规性修剪,即可保持理想的树形。

路面比较窄或上方有架空线的街道,应选择中干不强或不明显(无主轴)的树种做行道树,栽植点选在电线下方,定值后剪除中干(俗称"抹头"),令其主枝向侧方生长,在幼年期使其形成圆头形或扁圆形,待树木长大、枝条有接近电线的危险时,多采用杯形整枝,并随时剪去向电线方向生长的枝条,枝条与电线应保持1 m左右,最后树形呈杯状,骨干枝从两边抱着电线生长,形成较大的对称树冠。对于斜侧树冠,遇大风有倒伏危险,应尽早重剪侧斜方向的枝条,另一方应轻剪,能使偏冠得以纠正。

对于路面比较宽、上方没有架空线的道路,行道树可选择有中央领导干的树种,如银杏、广玉兰等,此种行道树除要求有一定分枝高度外,一般采用自然式树形。每年或隔年将病、枯枝及扰乱树形的枝条剪除。整形后呈自然圆球形、半圆球形等。

由于行道树一般都比较高大,又地处车辆、行人较多的地方,修剪时一定要注意安全,严格遵守作业规程。

除此以外,行道树要考虑装饰性的需要,要求高度和分枝点基本一致,树冠整齐,装饰性才强。有的采用高大的自然树形,以呈现出庄严的气氛。

2) 庭荫树

庭荫树一般栽植在公园中草地中心、建筑物周围或南侧、园路两侧,具有庞大的树冠、挺秀的树形、健壮的树干,能形成浓阴如盖、凉爽的环境,供游人纳凉避暑、休闲聚会之用。

庭荫树整形修剪,首先是培养一段高矮适中、挺拔粗壮的树干。树干的高度不仅取决于树种的生长习性和生物学特性,主要应与周围的环境相适应,树干定植后,尽早将树干上1.0~1.5 m以下的枝条全部剪除,以后随着树干的长大,逐年疏除树冠下部的侧枝。作为遮阳树种,树干的高度相应要高些(1.8~2.0 m),为游人提供在树下自由活动的空间,栽植在山坡或花坛中央的观赏树主干可矮些(一般不超过1.0 m)。

庭荫树一般以自然式树形为宜,也可根据配植需要进行特殊的造型和修剪。庭荫树的树冠应尽可能大些,以最大可能发挥其遮阳等保护作用。

3) 灌木类(或小乔木)的整形修剪

(1) 观花类　以观花为主要目的的整形修剪,必须考虑树木的开花习性、着花部位及花芽的性质。

① 早春开花种类　绝大多数种类修剪时期以休眠期为主,结合夏季修剪。修剪的方法以截、疏为主,综合运用其他的修剪方法。

在实际操作中,多数树种仅进行常规修剪,即疏去病虫枝、干枯枝、过密枝、交叉枝、徒长枝等。少数树种需要进行造型修剪和花枝组的培养,以提高观赏效果。

对于先花后叶的种类,在春季花后修剪老枝,保持理想树形。对具有拱形枝条的种类如连翘、迎春等,采用疏剪和回缩的方法,一方面疏去过密枝、枯死枝、徒长枝、干扰枝;另一方面要回缩老枝,促发强壮的新枝,使树冠饱满,充分发挥其树姿特点。

② 夏秋开花种类 此类树木的修剪时间通常在早春树液流动前进行,一般不在秋季修剪,以免枝条受到刺激后发生新梢,遭受冻害。修剪方法因树种而异,主要采用短剪和疏剪。有的在花后还应去除残花(如珍珠梅、锦带花、紫薇、月季等),以集中营养、延长花期,并且还可使一些花木二次开花。此类花木修剪时应特别注意,不要在开花前进行重短截,因为花芽大部分着生在枝条的上部或顶端。

另外,对萌芽力极强的种类或冬季易枯梢的种类,可在冬季自地面截去,如胡枝子、荆条、醉鱼草等,使其第二年春季重新萌发新枝。蔷薇、迎春、丁香、榆叶梅等灌木,在定植后的前几年任其自然生长,待株丛过密时再进行疏剪与回缩,否则通风透光不良影响正常开花。

(2)观果类 如金银木、枸杞、铺地蜈蚣、火棘等是一类观花、观果的花灌木。它们的修剪时期和方法与早春开花的种类大体相同,但需特别注意及时疏除过密枝,确保通风、透光,减少病虫害,促进果实着色,提高观赏效果。为提高其坐果率和促进果实生长发育,往往在夏季还采用环剥、疏花、疏果等修剪措施。

(3)观枝类 对于观枝类的花木,如红瑞木、棣棠、黄金槐、红冠柳等,为了延长其观赏期,一般冬季不剪,到早春萌芽前重剪,以后轻剪,使萌发多数枝叶,充分发挥其观赏作用。这类花木的嫩枝最鲜艳,老干的颜色往往较暗淡,除每年早春重剪外,应逐步疏除老枝,不断进行更新。

(4)观形类 这类花木有垂枝桃、垂枝梅、龙爪槐、合欢、鸡爪槭等,不但可观其花,更多的时间是观其潇洒飘逸的树形。修剪方法因树种而异,如垂枝桃、垂枝梅、龙爪槐短截时不能留下芽,要留上芽;合欢、鸡爪槭等成形后只进行常规修剪,一般不进行短截修剪。

(5)观叶类 观叶类的树木有观早春叶的,如山麻杆等;有观秋叶的,如银杏、元宝枫等;还有全年叶色为紫色或红色的,如紫叶李。其中有些种类不但叶色奇特,花也具有观赏价值。对既观花又观叶的种类,往往按早春开花的种类修剪;其他观叶类一般只做常规修剪。对观叶类要特别注意做好保护叶片工作,防止温度骤变、肥水过大或病虫害而影响叶片的寿命及观赏价值。

4)藤木类的整形修剪

藤本类的整形修剪,首先是尽快让其布架占棚,应使蔓条均匀分布,不重叠,不空缺;生长期内摘心、抹芽,促使侧枝大量萌发,迅速达到绿化效果;花后及时剪去残花,减少营养物质消耗;冬季剪去病虫枝、干枯枝及过密枝。衰老藤本类,应适当回缩,更新复壮。

(1)棚架式 在近地面处先重剪,促使发生数条强壮主蔓,然后垂直引缚主蔓于棚架之顶,均匀分布侧蔓,即可很快地成为阴棚。

(2)凉廊式 凉廊式常用于卷须类、缠绕类树木,不宜过早引于廊顶,否则易形成侧面空虚。

(3)篱垣式 将侧蔓水平诱引,每年对侧枝进行短剪,形成整齐的篱垣形式。

(4)附壁式 附壁式多用于吸附类植物,一般将藤蔓引于墙面,如爬山虎、凌霄、扶芳藤、常春藤等,自行依靠吸盘或吸附根逐渐布满墙面,或者用支架、铁丝网格牵引附壁。蔓一般不剪,除影响门、窗采光外。

园林树木识别与应用

5）绿篱的整形修剪

绿篱又称植篱、生篱。常见的绿篱修剪形式有整形式修剪和自然式修剪两种。构成绿篱的植物种类不同，则名称也随之改变，用带刺的植物，如小檗、火棘、黄刺玫等做植篱，称为刺篱；用开花的花灌木，如栀子花、米兰、蔷薇等做植篱，称为花篱。绿篱按其纵切面形状又可分为矩形、梯形、圆柱形、圆顶形、球形、杯形、波浪形等。培养绿篱的主要手段是经常合理地修剪，修剪应根据不同树种的生长习性和实际需要区别对待。

栽植绿篱时，应该给植株日后生长发展留下一定的空间，通常的绿篱株距为20～30 cm，双行成品字形栽植。用开花灌木做绿篱，大多数按50 cm左右的株距；用丛生性很强的蔷薇做花篱，株距在1 m左右。

培养绿篱的主要手段是进行合理地修剪，修剪时应根据不同树种的生长习性和实际需要区别对待。

（1）整形式绿篱的整剪　整形式绿篱是通过修剪，将篱体整剪成各种形状，最普通、最常见的是梯形。

为了保持绿篱应有的高度和平整、匀称的外形，应经常将突出轮廓线的新梢剪平、剪齐。

对于整形式的高篱，除了种植密度适当外，修剪也不可忽视，特别要注意长势均衡的问题，尽量不要出现上部生长势强，下部生长势弱的现象，美化效果会大大降低。高篱栽植完后，必须将顶部剪平，同时再将侧枝一律剪短。待来年春天，存于根部的营养向上运输时，大大缩短了运输距离，也就增强各枝顶端对上行营养液的拉力，有利于养分向全树各部分均匀分配，从而增强芽的萌发力，可以克服枝条下部"光腿"现象。每年在生长季还应进行一次修剪。

在进行整体修剪时，为了使整个植篱的高度和宽度均匀一致，最好像建筑工人一样，打桩拉线进行操作，以准确控制篱体的高度和宽度。

（2）自然式绿篱的整剪　这种类型的绿篱一般不进行专门的整形修剪，在栽培过程中仅做常规修剪。自然式绿篱多用于高篱或绿墙，对于萌芽力强，枝叶生长紧凑的灌木或小乔木，在适当地进行密植时，侧枝相互拥挤、相互控制其长势，会很快形成一条很好的高篱或绿墙。

（3）绿篱的修剪时期　定植后的绿篱，最好任其自然生长一年，以免修剪过早，影响地下根系的生长。

一般常绿针叶树的绿篱，于春末夏初进行第一次修剪。盛夏到来时，多数常绿针叶树的生长已基本停止，这时绿篱形状可以保持很长一段时间。立秋以后，如果水肥充足，会抽生秋梢并开始旺盛生长，此时应进行第二次全面修剪，以使绿篱在秋、冬两季保持规整的形态，还可使伤口在严冬到来之前完全愈合。一般每年要修剪两次绿篱，通常在五一和十一前进行。

（4）绿篱的更新　衰老的绿篱，更新过程一般需要三年。选择适宜的绿篱更新时期也很重要，常绿树种可选在5月下旬至6月底进行；落叶树种以秋末冬初进行为宜，同时要加强肥水管理和病虫害的防治工作。作为绿篱用的花灌木大部分愈伤和萌芽力很强，当它们衰老变形以后，可以采用平茬的方法进行更新，仅保留一段很矮的主干，而将地上部分全部锯除，平茬后的植株因有强大的根系，而芽的萌发力特别强，在1～2年内又可长成绿篱的雏形，3年以后就能恢复原有的绿篱形状。

6）特殊树形的整形修剪

特殊树形的整形也是树木整形修剪的一种形式,常见的形式有动物形状和其他物体形状两大类。适于进行特殊造型的树木,必须选择枝叶茂盛,叶片细小,萌芽力和成枝力强,枝干易弯曲造型的树木。

（三）园林树木的养护管理

1. 园林树木的施肥

1）园林树木施肥的意义

园林树木生长地的土壤条件非常复杂,很多情况表现为土壤结构不良、肥力不足,而树木生长需从土壤中吸收大量的营养物质。因此,欲使树木生长健壮,枝叶繁茂,花繁果盛,必须合理施肥,提高土壤肥力,增加树木营养。

园林树木的施肥比农作物、林木更为重要。因为园林树木定植后,人们希望其能生长数十年、数百年,甚至上千年,而在这漫长的岁月里,营养物质的循环经常失调,枯枝落叶归还给土壤的数量很少;由于地面铺装及人踩车压,土壤十分紧实,地表营养不易下渗,根系难以利用;加之地下管道、建筑地基的构建,减少了土壤的有效容量,限制了根系吸收面积。随着园林绿化水平的提高,乔、灌、草多层次的配植,更增加了养分的消耗和与树木对养分的竞争。总之,给园林树木适时适量补充营养元素是十分重要的。

2）施肥的原则

第一,根据树木种类及需肥特性施肥。

树木的需肥量因树种不同而有很大差异,如泡桐、杨树、香樟、月季等生长速度快,比柏木、油松、小叶黄杨等慢生树种需肥量大,因此,要根据不同树种确定施肥量。

树木施肥要根据需肥特性掌握。树木在不同的生育阶段对营养元素的需求不同,在水分充足的条件下,新梢的生长很大程度上取决于氮的供应量,其需氮量是从生长初期到生长盛期逐渐提高的,随着新梢生长的结束,树木的需氮量虽有很大程度的降低,但仍有少量吸收。所以,树木的整个生长期都需要氮肥,但需要量的多少是不同的。

树木在春季和夏初需肥多,此期由于土壤微生物的活动能力较弱,土壤内可供吸收的养分较少,因此,需要施肥解决养分供求矛盾。树木生长后期,对氮和水分的需要一般很少,此时土壤可供吸收的氮及水分却很高,故应控制施肥和灌水。此外,不同树种的生长发育时期对三要素的吸收情况亦有不同,施用三要素肥的时期也要因树种而异。

第二,根据气候条件施肥。

气候条件与施肥措施有关。确定施肥措施时,主要考虑温度和降水量两个因素。如不考虑树木的越冬情况,盲目增加施肥量和追肥次数,会因后期树木贪青徒长而造成冻害。温度高,树木吸收养分多,反之则少。此外,夏季大雨后,土壤中硝态氮大量流失,这时追施速效氮肥效果较雨前好。

第三,根据土壤条件施肥。

土壤的物理性质、酸碱度等均对树木的施肥有很大影响。如沙土施肥宜少量多次,黏土施肥可减少次数而加大每次施肥量。土壤在酸性反应的条件下,有利于硝态氮的吸收;而在中性或微碱性反应下,则有利于氨态氮的吸收。因此,在施肥时应考虑以上问题。

第四,根据肥料性质施肥。

一些易流失挥发的速效肥料,如碳酸氢铵,宜在树木需肥期稍前施入;而迟效性的有机肥,需腐熟分解后才可被树木吸收利用,故应提前施入。氮肥在土壤中移动性强,可浅施;磷肥移动性差,宜深施。肥料的施用量应本着宜淡不宜浓的原则,否则易烧伤根系。实际工作中,树木应提倡复合配方施肥,以全面、合理地供应树木正常生长所需的各种养分。

3)园林树木施肥时期

确定在什么时候施肥最好,首先要了解植物在什么时候需要何种肥料,肥料的具体施用时间,应视树木生长情况和季节而定,生产上一般分基肥和追肥。

(1)基肥的施用时期 基肥分秋施和春施。秋施以秋分前后施入效果最好,此时正值根系又一次生长高峰,伤根后容易愈合,并可发新根;有机质腐烂分解的时间也较长,可及时为次年树木生长提供养分。春施基肥,如果有机质没有充分分解,肥效发挥较慢,早春不能供给根系吸收,到生长后期肥效才发挥作用,往往造成新梢的二次生长,对树木生长发育尤其是对花芽分化和果实发育不利。

(2)追肥的施用时期 当树木需肥急迫时就必须及时补充肥料,以满足树木生长发育需要。具体追肥时间与树种、品种习性及气候、树龄、用途等有关,要紧紧依据各生育时期的特点进行追肥,如对观花、观果树木,花芽分化期和花后的追肥比较重要,而对大多数园林树木来说,一年中生长旺期的抽梢追肥常常是必不两少的。追肥次数,对于一般初栽2~3年内的花木、庭荫树、行道树及重点观赏树种,每年可在生长期进行1~2次追肥,至于具体时期则需视情况合理。

4)肥量的种类与施

(1)肥料的种类 肥料分有机肥料、无机肥料和微生物肥料。肥料种类不同,其营养成分、性质、施用对象与条件都不相同。

(2)施肥量 施肥量过多或不足,对园林树木均有不利影响。施肥过多,不仅造成肥料的浪费,还易使树木遭受肥害,施肥量不足,则达不到施肥的目的。施肥量受树种习性、树体大小、树龄、土壤及气候条件、肥料种类、施肥方法、管理技术等诸多因素影响。在实际应用中,多是凭借经验确定施肥量。对于常绿针叶树种,幼树有时易受化肥的伤害,一般施用有机肥,比较安全;成年的常绿针叶树种施用化肥比较安全。

5)施肥方法

(1)土壤施肥 施肥效果与施肥方法有密切关系,土壤施肥是将肥料输入土中,通过根系吸收的施肥方法。土壤施肥方法要与树木的根系分布特点相适应。土壤施肥是园林树木主要的施肥方法。

施肥的位置应最有利于根系的吸收,一般情况下,吸收根水平分布的密集范围约在树冠垂直投影轮廓(滴水线)附近,大多数树木在其树冠投影中心约1/3半径范围内几乎无吸收根。因此,根据树木根系的分布状况与吸收功能,一般施肥的水平位置应在树冠投影半径的1/3处至滴水线附近,不要靠近树木基部;垂直深度一般不超过60 cm。如果把肥料直接施在树干周围,不仅不利于树木根系吸收,还会产生肥害,特别是容易对幼树根茎造成烧伤。

具体施肥的深度和范围还与树种、树龄、土壤和肥料种类等有关,如深根性树种、沙地、移动性差的肥料等,宜深不宜浅;反之,可适当浅施。随着树龄的增长,施肥时要逐年加深并扩大施肥范围,以满足树木根系不断扩大的需要。

常见的土壤施肥的方法有以下几种。

① 撒施 对于生长在裸露土壤上的小树,可以撒施,同时松土或浇水,以使肥料进入土层。需特别注意的是不要在树干 30 cm 以内干施化肥,以免造成根茎和干基的损伤。

② 沟状施肥 沟状施肥包括环状沟施、放射状沟施和条状沟施三种,其中以环状沟施较为普遍。环状沟施是幼树最常用的施肥方法,是沿树冠滴水线挖宽 40 cm,深达密集根层附近的沟,将肥料与适量的土壤充分混合后填入沟内,表层盖表土,此法具有操作简便、用肥经济的优点,但挖沟时易切断水平根,施肥面积较小,多适于园林孤植树。环状沟施有时将树冠滴水线分成几等份,间隔开沟施肥,如此可少断根。放射状沟施是从离干基约为树冠投影半径 1/3 的地方开始至滴水线附近,等距离间隔挖 4～8 条宽 30～60 cm、深达根系密集层内浅外深、内窄外宽的辐射沟,与环状沟施一样施肥后覆土,此法常用于成年树,对于生长于草坪上的树木会造成草皮的局部破坏。条状沟施是在树木行间或株间开沟施肥,适合苗圃里的树木或呈行列式布置的树木。

③ 穴状施肥 穴状施肥与沟状施肥相似,是将施肥沟变成施肥穴。树木定植时在种植穴里输入基肥,实际上也是穴状施肥。在树木生长期间,在树冠投影外缘附近挖若干个直径为 30 cm 的穴,穴的多少与深度视树木的种类、大小而定。施肥穴可 2～4 圈,呈同心圆环状分布;内外圈的施肥穴应交错排列,以少伤根,肥效分布均匀。目前,国外穴状施肥已实现了机械化操作。

④ 树木营养钉和超级营养棒法 现在国际上还推广一种称之为 Jobe's 树木营养钉的施肥方法。这种营养钉是将 16-8-8 配方的肥料,用一种专利树脂黏合剂黏合在一起,用普通木工锤打入土壤,打入根区深约 45 cm 的营养钉,溶解释放的氮和钾进入根系十分迅速,立即可被树木吸收,用营养钉给大树施肥的速度比钻孔施肥快 2.5 倍。此外,还有一种 Ross 超级营养棒,其肥料配方为 16-10-9,并加入铁和锌。施肥时将这种营养棒压入树冠滴水线附近的土壤,即完成施肥工作。

(2) 根外施肥 根外施肥即叶面施肥,是将配制好的一定浓度的肥料溶液直接喷到树木叶面上的一种施肥方法。叶面施肥用量小,作用快,可避免某些营养元素在土壤中的化学和生物固定。该方法对于缺水季节或缺水地区及不便土壤施肥的地方较适用,尤其适合微量元素的施用及树体高大、根系吸收能力衰竭的古树、大树的施肥,但叶面喷肥不能代替土壤施肥,可互补不足。

叶面喷肥的浓度,随树木配植而变化。单一化肥的喷洒浓度可为 0.3%～0.5%,尿素甚至可达 2%。叶面喷肥的效果与树龄、叶面结构、肥料性质、气温、湿度、风速等密切相关。喷洒时,特别是在空气干燥、温度较高的情况下,最好在上午十时以前和下午四时以后喷雾,以免影响叶片吸收或造成肥害。此外,还应对树叶正反两面喷雾。叶面喷肥在生产上常与病虫害的防治结合进行。因此,要通过小型试验,准确把握好适宜浓度,以免产生药害。

2. 园林树木的灌水与排水

树木的一切生命活动都与水有着极其密切的关系,土壤水分过多或过少,均对树木的生长不利。只有通过合理的灌水与排水管理,维持树体水分代谢平衡的适当水平,才能保证树木的正常生长和发育。

1) 园林树木的灌水

(1) 灌水时期 灌水时期由树木在一年中各个物候期对水分的要求、气候特点和土壤水分的变化规律等决定。在一般情况下,当土壤含水量降至最大持水量的 50% 时就需要补

充水分。随着科技的进步,可用仪器(如土壤水分张力计)直接指示灌水时间和灌水量,还可以通过测定树木地上部分生长状况,如叶片色泽和萎蔫度、气孔开张度等生物学指标,或者测定叶片的细胞液浓度、水势等生理指标,以确定灌水时期。又如对沙壤土和黏壤土,手握成团,挤压时土团不易碎裂,说明土壤水分约为最大持水量的50%以上,一般可不必灌溉;若手指松开,轻轻挤压容易碎裂,则说明水分含量少,需要进行灌溉。

目前,在生产上,除定植时要浇定根水外,大体上还是按照物候期进行浇水,基本上分休眠期灌水和生长期灌水。

休眠期灌水是在秋冬和早春进行的。我国华北、西北、东北等地降水量较少,冬春严寒干旱,休眠期灌水非常重要。秋末冬初的灌水(华北为11月上中旬)一般称为灌冻水或封冻水,具有利于树木安全越冬和防止早春干旱的作用,故北方地区的这次灌水不可缺少,特别是边缘或越冬困难的树种,以及幼年树等,灌冻水更为重要。

我国北方早春干旱多风,早春灌水也很重要,有利于树木顺利通过被迫休眠期,有利于新梢和叶片的生长,还有利于开花和坐果,同时促进树木健壮生长,是实现花繁果茂的关键措施之一。

生长期灌水一般分花前灌水、花后灌水和花芽分化期灌水。

(2)灌水量　灌水量受气候、树种、树龄、土质、树木生长状况等多方面因素的影响。最适宜的灌水量,应在一次灌水中,使树木根系分布范围的土壤湿度达到最有利于树木生长发育的程度,灌水要一次灌透、不可只浸润表层或上层根系分布的土壤。一般对于深厚的土壤需要一次浸湿1 m以上,浅薄土壤经过改良也应浸湿0.8～1.0 m。灌水量一般以达到土壤最大持水量的60%～80%为标准。

(3)灌水方法　灌水方法分为人工浇水、机械喷灌、移动式喷灌和地面灌水四种。

① 人工浇水　在山区或离水源过远处,不能应用机械灌水,而树种又极为珍贵的,只好采用人工挑水浇灌,虽然费时效率低,但仍很必要。浇水前应松土,并做好水穴(堰),高15～30 cm,大小视树龄而定,以便灌水。有大量树木要灌溉时,应根据需水程度的多少依次进行,不可遗漏。

② 机械喷灌　机械喷灌是固定或拆卸式的管道输送和喷灌系统,一般由水源、动力、水泵、输水管道和喷头等部分组成,是一种比较先进的灌水技术,目前已广泛用于园林草坪及重要的绿地系统。其主要优点是工作效率高,节约用水,对土壤结构破坏程度小,还可提高树木周围的空气湿度而缓解局部环境温度的剧变,为树木生长创造良好的条件,但喷灌可能会加重某些园林树木感染真菌病害,费用较高。

③ 移动式喷灌　移动式喷灌主要用于城市街道行道树的灌水,移动灵活。

④ 地面灌水　地面灌水又分为畦灌、盘灌、沟灌等。畦灌是指几株树连片开大堰灌水的方法,适用于地势平坦、株行距较小、人流较少的地方。盘灌是以干茎为圆心,在树冠投影以内的地面筑埂围堰,形似圆盘,在盘内灌水,盘深15～30 cm,以树冠滴水线为准。灌水前先将盘内土壤疏松,灌水后铲平围埂,松土保墒。盘灌适用于株行距较大、地势不平的行道树、绿地等处。沟灌又称侧方灌溉,对成片栽植的树木每隔1～1.5 m开一条深20～25 cm的长沟,在沟内灌水,灌后将沟填平。滴灌是以水滴或小水流缓慢施于树木根区的灌溉方法。其优点是节约用水,效率高,适用于各种地形,对土壤结构破坏较小,土壤水气状况良好,并可结合施肥。缺点是投资较大,管道及喷头易堵塞,要求严格的过滤设备;自然含盐量高的土壤中不宜使用,否则易引起滴头附近土壤盐渍化,使根系受伤害。

2）园林树木的排水

排水是防涝保树的主要措施。地面积水,特别是长时间的积水,会使土壤因水分处于饱和状态而发生缺氧,树木根系的呼吸作用随之减弱,影响根系对水分、养分的正常吸收,造成树木生长不良,时间长了就会使树木死亡。排水的方法主要有以下几种。

（1）地面排水 这是目前应用普遍、经济的一种排水方法,将地面整成一定坡度,保证雨水能从地面顺畅地流入排水沟、下水道、河湖等处。此方法需要设计者精心设计安排,才能达到预期效果。

（2）明沟排水 在地表挖明沟将低洼处的积水引到出水处,此法适用于大雨后抢排积水,或地势不平而不易实现地表径流的绿地。此法在园林中常用,关键在于做好全园排水系统,使多余的水有个总出口。

（3）暗沟排水 暗沟排水是在地下埋设管道形成地下排水系统,借以排出积水,因造价较高而较少应用。

3. 园林树木常见自然灾害及其防治

园林树木在生长发育过程中常常会遭到各种自然灾害,因此,必须摸清各种自然灾害的规律,积极防治,确保树木正常生长。实际上,自然灾害的防治应从树种的规划设计开始入手,在栽培过程中加强管理和保护,促进树木的健康生长,增强其抗灾能力。

1）日灼

日灼又称日烧,是由太阳辐射热引起的生理病害,在我国各地均有发生。

日灼因发生时期不同,又分为冬春日灼和夏秋日灼两种。冬春日灼实际上是冻害的一种,多发生在寒冷地区的树木主干和大枝上,而且常发生在日夜温差较大的树木向阳面,在冬春白天太阳照射树干的向阳面,使其温度升高,冻结的细胞解冻,并处于活跃状态,而夜间的温度又急剧下降,细胞又冻结,使皮层细胞受到破坏而造成日灼。开始受害时,多是枝条的阳面,树皮变色、横裂成块斑状;危害严重时,韧皮部与木质部脱离;急剧受害时,树皮凹陷,日灼部位逐渐干枯、裂开或脱落,枝条死亡。毛白杨、雪松、苹果、梨、桃等树种都易发生日灼。老树或树皮厚的树木几乎不发生冬季日灼,树干遮阴或涂白可减少伤害。

夏秋日灼与干旱和高温有关。由于温度高,水分不足,蒸腾作用减弱,致使树体温度难以调节,造成枝干的皮层或果实的表面局部温度过高而灼伤,严重者引起局部组织死亡。夏秋日灼常发生在桃、苹果、梨及葡萄等枝条和果实上,病弱树日灼更为严重。桃的枝干日灼常发生横裂,破坏了皮层,减低了枝条的负载量,易出现裂枝;苹果、葡萄等果实的日灼,先发生黑斑,而后逐渐扩大,甚至裂果,在树冠外围及西南面的果实常常发生日灼。

树木发生日灼与树种、树龄、环境条件及栽培措施有关,对高温敏感的树种、幼树易受日灼伤害。防止或减少日灼对树木的伤害,首先选择耐高温、抗性好的树种栽植,防止干旱,在此基础上,针对实际情况采取树干涂白、树干缚草等措施;对易受高温伤害的幼树,应注意向阳面保留枝条,有叶遮阴,降低日晒温度,避免日灼发生。

2）冻害

冻害是指树木在休眠期因受 0 ℃以下的低温,使树木组织内部结冰所引起的伤害。一方面,植物组织内形成冰晶以后,随着温度的继续降低,冰晶不断地扩大,致使细胞进一步失水,细胞液浓缩,细胞发生质壁分离现象;另一方面,随着压力的增加,促使细胞膜变性和细胞壁破裂,植物组织损伤,导致树木明显受害,其受害程度与组织内水的冻结和冰晶溶解速

园林树木识别与应用

度紧密相关,速度越快,受害越重。

(1)冻害的表现　冻害主要表现在花芽、枝条、枝杈和基角、主干、根颈及根系等组织。

花芽　花芽是抗冻能力较弱的器官,花芽分化得越完善,抗冻能力越弱。

花芽受冻后内部变成褐色,初期从表面上只看到芽鳞松散现象,不易鉴定,到后期芽不萌发,干缩枯死。花芽冻害多发生在春季气候回暖时期,花芽比叶芽抗冻力差,顶花芽比腋花芽易受冻。

枝条　在休眠期,成熟枝条的形成层最抗寒,皮层次之,相比之下木质部、髓部最不抗寒。所以,枝条的冻害与其成熟度有关。轻微冻害只表现髓部变色,中等冻害,木质部变色,严重时才发生韧皮部冻伤。若形成层变色,枝条就失去了恢复能力,但在生长期,形成层对低温最敏感。

多年生枝发生冻害,常表现为皮层局部冻伤,受冻部分最初稍变色下陷,不易发现,如用刀撬开,发现皮部已变褐色,则以后逐渐干枯死亡,树皮裂开和脱落。如果形成层未受冻,则可逐渐恢复。多年生的小短枝,常在低温时间长的年份受冻,枯死后其着生处周围形成一个凹陷圆圈,这里往往是腐烂病侵入的门户。

幼树在秋季因雨水过多贪青徒长,枝条生长不充实,易加重冻害,特别是枝条先端对严寒敏感,常先发生冻害,轻者髓部变色,较重时枝条脱水干缩,严重时枝条可能冻死。

枝杈和基角　遇到低温或昼夜温度变化较大时,枝杈和基角易引起冻害。其原因是,此处进入休眠较晚,位置比较隐蔽,输导组织发育不好,通过抗寒锻炼较迟。

枝杈和基角冻害有各种表现,有的受冻后枝杈基角的皮层和形成层变褐色,而后干枯凹陷;有的树皮成块状冻坏;有的顺主干垂直冻裂形成劈枝。主枝与树干的基角愈小,冻害愈严重,但冻害的程度与树种有关。

主干　在气温低且变化剧烈的冬季,树干受冻后有的形成纵裂,称为冻裂现象,树皮常沿裂缝与木质部脱离,严重时还向外翻,裂缝可沿半径方向扩展到树木中心。一般生长过旺的幼树,主干易受冻害,而伤口极易导致腐烂病的发生。

形成冻裂的原因是由于气温急剧降到0℃以下,树皮迅速冷却收缩,致使主干组织内外张力不均,因而由外向内开裂或树皮脱离木质部。树干的纵裂多发生在夜间,随着温度的下降,裂缝可能增大,但随着白天温度的升高,树干吸收较多的水分后又能闭合。开裂的心材不会完全闭合,是因为形成的愈伤组织被封在树体内部。若此时不进行处理,则可能随着冬季低温的到来又会重新开裂。对于冻裂的树木,可按要求对裂缝进行消毒和涂漆,在裂缝闭合时,每隔30 cm用螺丝或螺栓固定,以防再次开裂。

冻裂一般不会直接引起树木的死亡,由于树皮开裂,木质部失去保护,容易导致病虫害,不仅会严重削弱树木的长势,还会造成木材腐朽成洞。

一般落叶树木的冻裂比常绿树木严重,如椴属、悬铃木属、鹅掌楸属、核桃属、柳属、杨属及七叶树属等受害较重;孤植树木的冻裂比群植树木严重;生长旺盛年龄阶段的树木比幼树和老树敏感;生长在排水不良的土壤上的树木也易受害。

根颈　在一年中根颈生长停止最迟,进入休眠期最晚,而在第二年的春天开始活动和解除休眠又较早,因而抗寒力较低。在温度骤降时,根颈未能很好地通过抗寒锻炼,同时近地表处温度变化剧烈,因而容易引起根颈的冻害。根颈受冻后,树皮先变色,以后干枯,可发生在局部,也可能呈环状,根颈冻害对植株危害很大,常引起树势衰弱或整株死亡。

根系　根系无休眠期,所以树木的根系比其地上部分耐寒力差。在冬季活动能力明显减弱,加之受到土壤的保护,故冬季的耐寒力较生长期略强,受害较少。根系受冻后变成褐色,皮部易与木质部分离。一般粗根比细根耐寒力强;近地面的根系由于地温低,而且变幅大,较下层的根系易受冻。新栽的树木及幼树由于根系还未很好地发育,根幅小而浅,易受冻害,而大树则相当抗寒。此外,土壤疏松、干燥时易受冻。

根系受冻后,因只靠树体储藏的营养和水分发芽和生长,故常表现为发芽晚,生长不良,只有等新根发出后才能恢复正常生长。

(2) 冻害的防治 冻害在我国发生较普遍。冻害对树木威胁很大,严重时常导致数十年生大枝或大树冻伤或冻死;如1976年3月初,昆明市发生的低温,导致30~40年生的桉树冻死。树木局部受冻以后常常引起溃疡性寄生菌病害,使树势大大减弱,从而造成这类病害与冻害恶性循环。据调查,苹果的腐烂病、柿的柿斑病和角斑病等均与冻害有关。有些树种虽然抗寒力较强,但花期如遇低温则容易受冻害,影响观赏效果。因此,防治冻害对充分发挥园林树木的功能效益、引种及树木延年益寿具有重要意义。

预防冻害的主要措施有如下几点。

一是选择抗寒的树种或品种。这是预防和减少冻害的根本措施。在种植设计时一定要贯彻适地适树的原则,尽可能栽植在当地抗寒力强与较强的树种。处于边缘分布区的树种,选择小气候条件较好、无明显冷空气聚积的地方栽植。新引进的树种,一定要经过试种,确实证明其有较强的适应能力和抗寒性后才能推广应用。

二是加强养护管理,提高抗寒性。加强养护管理有助于树体内营养物质的储备。经验证明,前期加强肥水管理,特别是春季肥水供应及时,合理运用施肥与灌、排措施,可以促使新梢生长和叶片增大,提高光合效能,增加有机物质的积累,保证树体健壮;后期控制灌水,及时排涝,适量施用磷、钾肥,勤锄深耕,可以促使枝条及早成熟,使组织充实,适时停止生长,并按时通过抗寒锻炼,非常有助于树木的抗寒越冬。正确的松土施肥,不但可以增加根量,而且可以促进根系深扎,有助于减少根部冻害。

此外,夏季适时摘心,可促使枝条成熟,冬季修剪,可减少蒸腾面积,采用人工提前落叶,可使树木提早进入休眠期,避免早期低温的危害。另外,在整个生长季还要注意病虫害的防治工作。

三是加强树体保护,减少冻害。对树体的保护方法很多,传统有效的做法是浇冻水和春水防寒,特别是给常绿树浇冻水,保证冬季有足够的水分供应,对防止冻害十分有效。

为了保护容易受冻的树种,还可采取全株埋土(如月季、葡萄、牡丹等掀根颈培土(高约30 cm)、树干包草、树干涂白、架风障、塑料拱棚覆盖等防寒措施。如在北京栽植玉兰、雪松、竹子等,栽后的前几年冬天要架风障;大叶黄杨栽后前几年宜搭塑料拱棚保温防寒。这些防冻措施应在冬季低温到来之前实施,以免造成冻害。

(3) 受冻树木的养护 受冻树木的养护包括合理施肥、合理修剪和加强病虫害防治。

① 合理施肥 受冻后恢复生长的树木一般表现为长势弱,因而要保证前期水肥供应,以恢复树势。

② 合理修剪 对树木受害部位采取晚剪或轻剪,给予枝条一定的恢复时间,对于明显受冻而枯死部分可及时剪除,以利于伤口愈合。对于一时看不准受冻部位的树木,不要急于修剪,待春天发芽后受冻部位看清楚了再剪。

③ 加强病虫害防治 树木受冻后,树势较弱,极易受病虫害的侵袭,应及时做好防治工作。此外,对于根颈受冻的树木要及时用桥接或根寄接恢复树势,树皮受冻后成块脱离木质

部,要用钉子钉住或桥接补救。

3)涝害和雨害

到了雨季,低洼地或地下水位高的地段排水不良,遇大雨极易积水成灾,对树木生长极为不利。

(1)危害的症状及有关的因素　树木被水淹后的表现,轻者早期出现黄叶、落叶、落果、裂果,有的发生二次枝、二次开花,细根因窒息而死亡,并逐渐涉及大根,出现朽根现象。如果水淹时间过长,则皮层易脱落,木质变色,树冠出现枯枝或叶片失绿等现象,严重时树势下降,甚至全株枯死。

不同的树种对水淹的反应不同,树木发生涝害的轻重程度与树木自身的遗传适应性有关,耐涝的树种受危害的程度较轻,而喜干旱的树种对水反应敏感,危害症状明显,如果不及时采取措施会使树木很快死亡。

同一树种中各品种间的抗水淹能力也不同,树木的抗涝性与水浸时间的长短有密切关系,水浸时间越长,表示抗涝性越强。

根系的呼吸强度与抗涝性有密切关系,根的呼吸强度越弱的树种则抗涝性越强,根系呼吸强度高的树种则抗涝性弱。树木在高温缺氧的死水中,其涝害现象更严重。

抗涝性与树龄也有关系,成年树较幼树抗涝性强。

另外,树木的栽植深度和土壤类型对涝害程度也有影响,一般嫁接繁殖的树木,将接口埋于地下易发生涝害,在沙质土壤上栽植的树木受涝害较轻,在黏质土壤和未风化的底土上的树木受害较重。此外,养护管理的好坏,树势强弱,病虫害的发生与否对树木的抗涝性都有影响。

雨害除了发生水涝危害外,长期下雨还会引起光照不足,光合作用减弱,树体有机养分减少,影响树木开花坐果及果实的发育,并易使病害严重,防治困难。对铜抗性弱的树种,如葡萄等喷波尔多液时,多雨天气易引起铜离子的游离而受害,应尽量不喷。

(2)防治措施　在规划设计时,尽量利用地形,地势低的地方挖湖或建水池,或者填土、耙平,或者做微地形,从根本上减少地面积水现象。如果不能应用土方工程解决,应该选用抗涝性强的和耐水湿的树种和砧木。

在低洼易积水和地下水位高的地段,栽植树木前必须修好排水设施,同时注意选择排水好的沙质土壤(不具备时应进行换土),树穴下面有不透水层时,栽植前一定要打破。

(3)涝害发生后的养护管理如下。

涝害产生的机理　树木被淹是因为土壤中水分处于饱和状态而发生缺氧,树木根系的呼吸作用随之减弱,时间长了根系就会停止呼吸,导致树木死亡。积水使土壤氧气剧减的同时,由于二氧化碳的积累抑制好气细菌的活动,并使嫌气细菌活跃起来,因而产生多种有机酸和还原物等有毒物质,使树木根系中毒。中毒和缺氧都会引起树木根系腐烂,导致树木死亡。为了更好地进行涝害发生后的养护管理工作,必须了解树木产生涝害的机理,才能有效地进行挽救工作。

一般情况下,土壤中的积水不会使植物立即致命,但会不同程度地影响树木根系的呼吸和使水分输导受阻,而地上部分的蒸腾作用仍在进行,导致树木逐渐缺水,光合作用不能正常进行,从而使树木的生长发育受到影响,时间一长树木会逐渐死亡。

防治涝害的技术措施　树木受涝后虽然表现出黄叶、落叶、落果、部分枝芽干枯,如果受涝时间较短,除耐淹力最弱的少数树种外,大多数树木能逐渐恢复。因此,不要急于刨掉,应积极采取保护措施,促进树势恢复。

及时地排除积水,同时应疏通水道,人工清扫排水,扶正冲倒树木,设立支柱防止摇动,铲除根际周围的压沙淤泥,对于裸露根系要培土,及早使树木恢复原状,将涝害损失减少到最低程度。

翻土晾晒,以利于土壤中的水分很快散发,加强通气促进新根生长,同时施用有机肥,为翌年生长打好基础。

遮阴 因积水危害严重的树木,特别是新栽的树木,有条件采取遮阴处理措施的小乔木和灌木,应当立即进行遮阴处理,目的是在树木根系受积水危害的情况下,减少地上部分水分蒸腾作用,防止树木地上部分因缺水枝叶黄化枯萎,使之安全地度过积水危害期。

修剪 树木受涝后,大量须根受损伤,使吸收水分的能力降低,会发生根系供水不足的现象,这时对其地上部分可以根据受害程度和树木本身生长状况进行修剪,可用短截或疏剪的方法,目的是为了减少地上部分水分和养分的消耗,以维持地上部分和地下部分水分代谢的平衡。对抗涝能力弱的树种,可以进行重回缩;对发生的干枯枝,可以随时剔除,并保护好剪口和锯口,促进根系的恢复,以尽快促进树木的复壮生长。

加强树体保护,按时喷药,防治病虫害的滋生和蔓延,对病疤伤口要刮治消毒,做好越冬防寒工作,在入冬前将树干涂白,保护皮层,防止冻裂,幼树可采用埋土防寒,以利安全越冬。

在采用上述措施的同时,还应加强对受过水淹的树木进行综合管理和养护,如根部培土、施肥,除草松土,早春灌足春水,秋冬一定要灌冻水,发现干旱时应及时浇水,还应注意防止人为的损坏树木等。

实施的措施应该连续进行多年,综合防治,才能使树木因积水造成的危害逐渐排除,促进树木的生长发育而复壮。否则,对积水处理的效果将不明显或半途而废。树木萌芽后要注意水分的供应,不可缺水。同时,对结果多的树木应进行疏花、疏果,以防营养消耗过多使树势衰弱。

4) 旱害

干旱少雨地区,常出现生长季节缺水,干旱成灾。干旱对树木生长发育影响很大,会造成树木生长不正常,加速树木的衰老,缩短树木的寿命。春旱不雨,会延迟树木的萌芽与开花的时间,严重时发生抽条、日灼、落花、落果和新梢过早停止生长及落叶等现象,严重地影响了园林树木的观赏效果。

防止树木发生旱害的根本途径:选择当地耐旱树种;开发水源,修建灌溉系统,及时满足树木对水分的要求;选栽抗旱性强的树种和砧木;营造防护林;在养护管理中及时采取中耕、除草、培土、覆盖等既有利于保持土壤水分,又有利于树木生长的技术措施。

5) 霜害

由于温度急剧下降到 0 ℃甚至更低,空气中的饱和水汽与树体表面接触,凝结成冰晶(霜),使幼嫩组织或器官受冻的现象称为霜害,多发生在生长期内。

(1) 霜冻的类型 根据霜冻发生的时间与特点不同,可分为辐射霜冻、平流霜冻和混合霜冻三种类型。

(2) 霜冻发生的规律 根据霜冻发生的时间及其对树木生长的危害,可分为早霜危害与晚霜危害。早霜又称秋霜,由于某种原因使树木枝条在秋季不能及时成熟而停止生长,其木质化程度低,往往会遭到秋季异常寒潮的袭击而导致早霜危害。晚霜又称春霜,在春季树

木萌动以后,气温突然下降至 0 ℃ 或更低,对树木造成危害。我国幅员辽阔,各地发生晚霜的时间不同,有的地区晚霜可在 6—7 月发生。

南方树种引种到北方,由于在南方生长季长,引到北方后,树木在秋季不能适时停止生长,易受到早霜的威胁;北方树木引种到南方,由于南方气候转暖早,树木开始萌动也早,在气温多变的地区,易遭晚霜危害。秋季枝条停止生长晚的树木,其组织生长也不充实,容易遭受早霜危害,所以,生产中应特别注意后期的施肥与灌水养护,避免树木枝条贪青徒长,使其适时停长,进入休眠。特别是对从南方地区引进的树种,应及早进行越冬防寒。此外,霜冻与地形、地势有关,一般坡地较洼地、南坡较北坡受霜冻轻。

(3)防霜的措施 防霜的措施应从以下几个方面考虑。

一是推迟萌动期,避免霜害。如果树木芽萌动和开花期较晚,可以躲避早春回寒的霜冻,所以,可利用药剂和激素或其他的方法使树木萌动推迟,延长植株的休眠期,抑制树木萌动。树干涂白,可使早春减少对太阳辐射热的吸收,温度升高较慢,延迟芽的萌动期,据实验,一般树木可延迟萌芽开花 2~3 天,桃树可推迟 5 天。

二是改变小气候条件以防霜护树。根据气象台的霜冻预报及时采取防霜冻措施,对保护树木具有重要作用。如喷水法,是利用人工降雨和喷雾设备,在将发生霜冻的黎明,向树冠喷洒比树周围气温高的水,水遇冷凝结时放出潜热,防止急剧降温。同时,喷水还能提高近地表层的空气湿度,减少地面辐射热的散失,从而起到缓解降温防止霜冻的效果。

此外,利用塑料薄膜、苦布等遮盖树木,可防止霜害,但成本高、费时,一般只用于珍贵树种。

6)风害

在多风地区,树木会出现偏冠和偏心现象。偏冠会给树木整形修剪带来困难,影响树木功能作用的发挥。偏心的树木易遭受冻害和日灼,影响树木的正常生长发育。北方冬季和早春的大风,易使树木枝梢抽干枯死。春季的旱风,常将新梢嫩叶吹焦,不利于授粉受精,并缩短花期。树木遇大风时,常使枝叶折损、大枝折断或树权劈裂,严重时整树吹倒,这在夏秋季沿海地区常见。

(1)影响风害的因素有如下几点。

① 树种的生物学特性。不同树种抗风力不同,一般树高、冠大、叶密、根浅的树种,如刺槐、加杨等抗风力弱;相反,树矮、冠小、根深、枝叶稀疏而坚韧的树种,如垂柳、乌桕等抗风力较强。树木的抗风力与枝条结构也有关,一般髓心大,机械组织不发达,生长又很迅速,枝叶茂密的树种,受风害较重。一些易受虫害的树种最易发生风折,健壮的树木一般不会遭受风折。

② 环境条件。行道树所处的街道如果与风向平行,风力汇集成风口,风压加大,风害会随之加大。地势低洼、排水不畅的绿地,雨后积水使土壤松软,如遇大风则加重风害。生长在土层薄、结构差、质地疏松的土壤上的树木抗风性较差。当市政施工破坏树木根系时,易使树木发生风倒。

③ 栽培养护措施。苗木栽植时,特别是移植大树,如果根盘起得小,则因树身大且重而易遭风害,所以,大树移栽时必须按规定要求挖掘,不能使根盘小于规定的尺寸,还要立支柱,在多大风的地区栽植较大的苗木也应立支柱,以免被风吹歪。

④ 树木栽植过密、栽植穴过小,都会造成根系生长不良,抗风能力则差。此外,不合理的修剪也会加重风害,如仅在树体的下半部修剪,而对树冠中上部的枝叶不进行修剪,结果增强了树木的顶端优势,使树木的高度、冠幅与根系分布不相适应,头重脚轻,很容易遭受风害。

（2）防止或减轻风害的措施如下。

① 选择抗风树种。遭风害的地方如风口、风道，应选择深根性、耐湿、抗风力强的树种，如枫杨、香樟、悬铃木、柳、乌桕等。

② 培育强大的根系。采取深耕改土、适当加大种植穴、合理密植及科学的肥水管理等正确的栽培措施，培育强大的根系，可防止或减轻风害。

③ 树体的支撑加固。大树定植后要立即立支柱，对结果多的树及早吊枝或顶枝，减少落果。在易受风害的地方，特别是台风和强热带风暴来临前，在树木的背风面用竹竿、钢管、水泥柱等支撑物进行支撑，用铁丝、绳索扎绑固定。

④ 合理的整形修剪。合理疏枝，控制树形，做到树形、树冠不偏斜，冠幅体量不过大。

对于遭受大风危害，折枝、损坏树冠或被风刮倒的树木，应根据受害情况，及时维护。对被风刮倒的树木及时顺势扶正，折断的根加以修剪填土压实，通常培土为馒头形，修去部分或大部分枝条，并立支柱；对裂枝要顶起或吊起，捆紧基部创面，涂药膏促其愈合，并加强肥水管理，促进树势的恢复；对难以补救者应加以淘汰，重新栽植新株。

7）抽条

幼树因越冬性不强，受低温、干旱的影响而发生枝条脱水、干缩、干枯等现象称为抽条。抽条实际上是冻及脱水造成的现象，严重时整个枝条枯死，轻者虽然能够发枝，但易造成树形紊乱，不能很好地扩大树冠，观赏和防护功能降低。

（1）抽条的原因　各地试验证明，幼树越冬后抽条是冻、旱造成的，即冬季气温低，尤其是土温低，持续时间又长，直到翌年早春，因土温低致使根系吸水困难，而地上部分因气温较高且干燥多风，蒸腾作用加大，消耗水分多，树体内水分供应失调，造成较长时间的生理干旱，会使枝条逐渐失水，表皮皱缩，严重时干枯。所以，抽条实际上是冬季的生理干旱，是冻害的结果。据报道，苹果一年生枝条含水量为 $34\% \sim 40\%$、梨为 40% 时，就会引起抽条。抽条与树种分布区有关。南方树种或边缘树种移至北方，由于不适应北方冬季干冷的气候，往往会发生抽条。

（2）防止抽条的措施　防止抽条的措施如下。

一是，综合应用养护措施，使枝条组织充实，主要是通过合理的肥水管理，促进枝条前期生长，防止后期徒长，促使枝条成熟，增强其抗性，就是常说的促前控后的措施，同时要注意防治病虫害。

二是，加强秋冬养护管理。采取埋土防寒、架设风障、培土埂、塑料薄膜覆盖、早春灌水等措施，可利于防止或减轻抽条。

4. 其他危害及其防治

其他危害主要是某些市政工程、建筑、人为的践踏和车辆的碾压、污水及不正确的养护措施对树木的伤害。市政工程和建筑对树木的伤害主要表现在土壤的填挖、地面铺装、夯实、地下与空中管线的设置与维护等方面。

树木长期生长在一定的立地条件下，已经适应了所处的生态环境，特别是根系与土壤已经形成稳定而协调的关系；根系的分布也相对集中在一定深度的土层内，从中获得氧气、水分和营养，并能得到微生物活动的有利帮助，使树木能正常的生长和发育。一旦其生长的环境变得恶劣，就会给树木造成伤害。

1）填方对树木生长的影响

（1）填方的危害及其原因如下。

由于市政工程的需要，在树木的生长地培土，致使土层加厚，会对原来生长在此处的树木造成危害。填方过深，树木表现为树势衰弱，生长量减少，沿主干和主枝发出许多萌条，许多小枝死亡，树冠变稀，病虫害发生严重等现象。

根区填方过深对树木造成危害，其原因主要是填充物阻滞了空气与土壤中气体的交换及水的正常运动，根系与根际微生物的功能因窒息而受到干扰，厌氧细菌的繁衍产生的有毒物质，可能比缺氧窒息所造成的危害更大。此外，填方将树木根茎部分埋土过深，对树木生长也不利。由于填方，根系与土壤基本物质的平衡受到明显的干扰，造成根系死亡，地上部分的症状也变得明显。这些症状可能在一个月内出现，也可能几年之后还不明显。

填方对树木危害的程度与树种、树龄、生长状况、填土质地、深度等因素有关。鹅掌楸、松树和云杉、毛白杨、河北杨等树种填土 10 cm，生长量就会降低，并永远不能恢复；桦木、山核桃和铁杉等受害较轻；榆树、柳树、二球悬铃木和刺槐等能发出不定根，受填方影响较小。幼树比老树，强树比弱树受害较轻。填充物为疏松多孔的土壤树木受害小，若为通透性差的黏土则危害更严重，甚至只铺填 3～5 cm 就可以造成树木的严重损害甚至死亡，如果填方土壤中混有石砾会减小对树木的伤害。此外，填方越深越紧，对树木的根系干扰越明显，危害越大。在树木周围长时间堆放大量的建筑用沙或土对树木也有不利影响。

（2）填方危害的防治如下。

在设计时要权衡利弊，区分情况，采取不同的处理方法。如果必须在树木栽植地进行填方，而填土较薄，可在铺填之前，在不伤根或少伤根的情况下疏松土壤、施肥、浇水，使用沙砾或沙壤土进行填充或安装通气设施，如填土很厚，只有将树移走。如填方地栽植的是珍贵的、有研究价值或观赏价值极高的古树或大树，则不能进行移栽，也不能填方，只能更改设计。

关于低洼地填平后种树的问题，也应注意，不可随便进行。首先要分析填土的质地，质地不同对树木的影响也不同。一般用挖方的土或生活垃圾及建筑垃圾进行填平，因为挖方的土壤大部分为未风化的心土，通气孔隙度很低，通气不良，基本上没有微生物的活动，致使肥力也很低。如果不经过一段时间的风化而立即种树，其结果不是树木生长不良，就是树木很快死亡。对这类土质，应放置 1～2 年的时间，在其上最好种植紫花苜蓿等绿肥作物，令其尽快进行风化，增加通气孔隙度和肥力。如果工期紧，不容时间耽搁，也可采用在其土中掺入一定量的腐殖土、沙及有机肥或在种植穴内换土等措施。

2）挖方对树木生长的影响

挖方不会像填方那样给树木造成灾难性的影响，但也因挖掉含有大量营养物质和微生物的表土层，使大量吸收根群裸露而干枯，表层根系也易受夏季高温和冬季低温的伤害。根系被切伤、折断及地下水位提高等都会破坏根系与土壤之间的平衡，降低树木的稳定性。这种影响对浅根性树种更大，有时甚至会造成树木死亡。如果挖掉的土层较薄，如几厘米或十几厘米，大多数树木会发生适应新条件的变化而受害不明显。如挖掉的土层较厚，就必须采取相应的措施，最大限度地减少挖方对树木根系的伤害。通常采取移植、根系保湿、施肥、修剪、留土台等措施。

（1）移栽　如果树体较小，条件又许可，最好移植到合适的地方栽植。

（2）根系保湿　挖方暴露出来和切断的根系应经过消毒涂漆和用泥炭藓或其他保湿材料覆盖，以防根系干枯。

（3）施肥　在保留的土壤中施入腐叶土、泥炭藓或腐熟的农家肥料等，以改良土壤的结构，提高其保水能力。

（4）修剪　在大根被切断或损伤较严重的情况下，应对地上部分进行合理的、适度的修剪，以保持根系吸收与枝叶蒸腾水分相对的平衡。

（5）做土台　对于古树和较珍贵的树木，在挖方时应在其干基周围留有一定大小的土台，土台不能太小，如果太小，特别是在取土较深时，不但伤根太多，而且会限制根系生长发育。由于根系分布近树者浅，远离树者深，因此，留的土台最好是内高外低，还可以修筑成台阶式。土台的周围应砌石头挡墙，以增加其观赏性。

3）土壤紧实度对树木的影响

人为的践踏、车辆的碾压、市政工程和建筑施工时地基的夯实等均会增加土壤的紧实度。在城市绿地中，由于人流的践踏和车辆的碾压，使土壤紧实度增加的现象是经常发生的，但质地不同的土壤压缩性也各异。一般砾石受压时几乎无变化，沙性强的土壤变化很小，壤土变化较大，变化最大的是黏土。土壤受压后，通气孔隙度减小，容重增加，当土壤容重达到 $1.5 \sim 1.8 \ g/cm^3$ 时，土壤密实板结，树木的根系常生长畸形，并因得不到足够的氧气而根系霉烂，树势衰弱，以致死亡。一般情况下，树木的根系必须在土壤容重低于 $1.5 \ g/cm^3$ 时，生长才能正常。

市政工程和建筑施工中将心土翻到上面，心土的通气孔隙度很低，微生物的活动很差或根本没有。所以，在这样的土壤中，树木生长不良或不能生长。加之施工中用压路机不断地压实土壤，会使土壤更紧实，孔隙度更低。

在夯实的地段上栽植树木时，大多数只将栽植穴内的土壤刨松，树木可以暂时成活生长，但因栽植时穴外的土壤没有刨松，这样，种植穴内外的土壤紧实度不同，加之坑外经常有人踩，更使紧实度增加。由于穴外的紧实度明显大于穴内，树木长大以后，穴内已经不能容纳如此多的根系，可是根系又不能向外扩展，最后树木因穴内的营养不足而死亡。因为按其栽植密度，根系本来可以在 $20 \ m^2$ 左右的面积内自由分布，由于穴外的土壤没有刨松，容重大，树木根系不能伸展，结果只能在 $18 \ m^2$ 左右的穴内生长，穴内营养不足，致使树木因"饥饿"死亡。油松种植穴内、外土壤物理指标比较表，如表7-9所示。

表 7-9　油松种植穴内、外土壤物理指标比较

株号		容重（g/cm³）	总孔隙度（%）	通气孔隙度（%）
285	内	1.48	44.1	11.5
	外	1.55	41.5	9.2
77	内	1.37	48.3	14.4
	外	1.59	40.0	2.7
111	内	1.37	48.3	18.7
	外	1.80	32.1	3.1
75	内	1.48	44.1	13.0
	外	1.67	37.0	7.0

土壤紧实度对树木危害的防治如下。

① 做好绿地规划,合理开辟道路,使游人不乱穿行,以免践踏绿地。

② 做好维护工作,在人们易穿行的地段,贴出告示或示意图,引导行人的走向;也可以做栅栏将树木维护起来,以免人流踩压。

③ 耕翻扩穴,将压实地段的土壤用机械或人工进行耕翻,将土壤疏松。耕翻的深度,根据压实的原因和程度决定,通常因人为的践踏使土壤压得不太坚实,耕翻的深度可较浅;夯实和车辆碾压使土壤非常坚实,耕翻要深。在翻耕时应适当加入有机肥,既可增加土壤松软度,还能为土壤微生物提供食物,提高土壤肥力。

④ 在夯实的地段种植树木时,最好先进行深翻,如不能做到全面的深翻土壤,应扩大种植穴,以减少中期扩穴的麻烦。在种植穴内外通气孔隙差异较大的情况下,根据树木生长的情况适时进行扩穴非常必要。

4)地面铺装对树木的影响

用水泥、沥青和砖石等材料铺装地面是市政经常进行的工程,但有的铺装不正确,如在树干周围的地面浇注水泥、沥青和铺装砖石,不给树木留树池或所留树池很小等。不正确的地面铺装不仅会给树木生长发育造成严重的影响,还会造成铺砌物的破坏,增加养护和维修的费用。

(1)铺装危害树木的机理 地面铺装对树木危害的主要表现不是突然死亡,而是在数年间树木的生长势缓慢,最后死亡。

一是铺装有碍水、气交换。铺装可阻碍土壤与空气中的水、气交换,并使雨水流失,减少了对根系的水分、养分供应,不但使根系代谢失常,功能减弱,而且还会改变土壤微生物系,影响土壤微生物的活动,破坏了树木地上与地下的代谢平衡,降低了树木的长势,严重时根系会因缺氧窒息而死亡。

二是地面铺装改变了下垫面的性质。铺装显著地加大了地表及近地层的温度变幅,在夏季,铺装地面的温度相当高,有时可达 50～60 ℃。树木的表层根系,特别是根颈附近的形成层更易遭受极端高温与低温的伤害。根据调查,在空旷铺装地段栽植的去头树木,主干西面和南面的日灼现象明显高于一般未铺装的裸露地的。铺装材料越密实、比热越小、颜色越浅、导热率越高,危害越严重,甚至导致树木死亡。

三是干基损伤。如果铺装材料有一定的透气性和透水性,在铺装时没有留出树池,其结果是,随着树木的长大,根颈的增粗,干基越来越接近铺装面。如果铺装材料薄而脆弱,则随着干基与浅层骨干根的加粗而导致铺装圈的破碎、错位或隆起;如果铺装材料厚而结实,随着树木的长大,干基或根颈的韧皮部和形成层受到铺装物的挤压或环割,造成长势下降,最后因韧皮部输导组织及形成层的彻底破坏而死亡。

(2)铺装危害的防治 为了减少因铺装造成对树木的伤害,一方面,要进行合理设计,不该铺装的地面绝不铺装,如果铺装,一定要给树木留下一定大小的树池,另一方面,要选用各种透气性能好的优质铺装材料,并改进铺装技术。

一是组合式透气铺装。不进行水泥浇注,采用混合石料或块料,如各类型灰砖、倒梯形砖、彩色异型砖、图案式铸铁或带孔的水泥预制砖等,拼接组合成半开放式的面层,其下用 1∶1∶0.5 的锯末、白灰和细沙混合物做垫层,面层上的各种空隙可用粗砾石填充。

二是架空式透气铺装。根据铸铁或水泥预制格栅的大小,在树木根区建立高 5～20 cm

占地面积小而平稳的墙体或基桩,将格栅放在其上而架空,使面层下面形成 $5\sim20$ cm 的通气空间。

三是尽量减少整体浇注对树木的伤害。在不得不进行整体浇注的地方,必须设置通气系统,尽量减少对树木的伤害。

5)污水与化雪盐对树木的影响

(1)污水对树木的影响如下。

人们生活中排出的污水如洗脸水、洗衣水、刷盘洗碗水及大小便等,对树木的生长很有害。这些污水中含有盐碱,入土后会提高土壤含盐量,可使土壤含盐量提高 $0.3\%\sim0.8\%$,根系因而吸水困难,致使树木缺水而生长不良。工厂排出的废水,不但有碍环境卫生,而且对树木生长也有害。所以,必须对污水、废水进行处理,经过检测确证对树木无害时方可使用。

(2)化雪盐对树木的影响如下。

在北方,冬季下雪后常常用盐促进冰雪融化。在美国,1976 年就有 900 万吨盐用于道路和沿街融化冰雪。使用最多的化雪盐是氯化钠($NaCl$),约占 95%,少量使用的是氯化钙($CaCl_2$),约占 5%,冰雪融化后的盐水无论是溅到树木干、枝、叶上,还是渗入土壤侵入根区,都会对树木造成伤害。

化雪盐的盐水渗入土壤中,造成土壤溶液浓度升高,树木根系从土壤中吸收的水分就会减少。因为 0.5%氯化钠溶液对水的牵引力为 4.2 Pa;1%的浓度则可达 20 Pa。树木根系要从这样的溶液中吸收水分就必须有更高的渗透压,否则就会发生反渗透,使树木缺水、萎蔫,甚至死亡。氯化钠中的氯离子(Cl^-)和钠离子(Na^+)对树木生长均有不良影响。

化雪盐对树木的影响可达离喷洒处 9 m 多的地方。在自然状况下,由于这种影响,受害树木需经 $8\sim15$ 年才能完全恢复生长势。

防治化雪盐对树木危害的方法主要有三条途径:一是隔离;二是使用无害化雪材料;三是选择耐盐树种。具体措施如下:

① 将带盐的冰雪运走,远离树木,使树木免受其害;

② 树池周围筑高出地面的围堰,以免化雪盐溶液流入;

③ 严格控制盐的喷洒量,一般 $15\sim25$ g/m² 就足够了,喷洒也不能超越行车道的范围;

④ 开发无毒的氯化钠和氯化钙替代物,既能融化冰雪,又不危害树木。

选择耐盐树种如铅笔柏、白桦、刺槐、黑桦、杨叶桦、黄桦、大齿杨、美国白蜡等,一般认为常绿针叶树种对盐的敏感性大于落叶树种;浅根性树种对盐的敏感性大于深根性树种。对盐最敏感的树种有苹果、杏、桃、李、柠檬和桑树等。行道树中几乎所有的槭树属和七叶树属的树种对盐害都非常敏感。

5. 树体的保护和修补

1)树体的保护和修补原则

树体保护是指对树体、枝、干等部位的损伤进行防护和修补的技术措施,又称树木外科手术。目的在于治愈树体创伤,恢复树势,防止早衰和保护古树、名木。树木往往因病虫害、冻害、霜害、日灼等自然灾害和修剪及其他机械损伤造成伤口。伤口有两类:一类是皮部伤口,包括内皮和外皮;另一类是木质部伤口,包括边材、心材或两者兼有。木质部伤口必须在皮部伤口形成之后,在此基础上继续恶化造成。这些伤口如不及时保护、治疗、修补,经过长期雨水侵蚀和病原菌、细菌及其他寄生物的侵袭,导致树体局部溃烂、腐朽,很易形成空洞。

因此,树皮一旦被破坏,就应尽快对伤口进行保护处理,进行得越早、越快,病虫及雨水等破坏的机会就越少,对树木越有利。

2)树干伤口的修补

树木皮部受伤的伤口面积不太大,树木通过本身自然修补恢复;如果伤口面积较大,自然修补恢复时间长,可人为地进行修补。

树木受伤以后,在其周围形成愈伤组织,愈伤组织形成以后,增生的组织又开始重新分化,使受伤丧失生活能力的组织逐步“恢复”正常,向外与韧皮部愈合生长,向内产生形成层,并与原来的形成层连接,伤口被新的韧皮部和木质部覆盖。随着愈伤组织进一步增生扩大,形成层与分生组织进一步结合,覆盖整个创面,使树皮得以修补,恢复其保护能力。树木的愈伤能力与树种、生活力及创伤面的大小有密切的关系。一般来说,树种越速生,生活能力越强;伤口越小,愈合速度越快。

(1)皮部伤口的治疗　树木皮部受伤后,为了使其尽快愈合,应及时对伤口进行治疗。

一是伤口的治疗。对于旧的伤口可先刮净腐朽部分,再用利刃将健全皮层边缘削平呈弧形,然后用药剂(2％～5％硫酸铜溶液、0.1％升汞溶液、石硫合剂原液)消毒,然后涂保护剂。选用的保护剂要求容易涂抹,黏着性好,受热不融化,不透雨水,不腐蚀树木组织,同时又有防腐消毒的作用,如铅油、紫胶、沥青、树木涂料、液体接蜡、熟桐油或沥青漆等。如果大量应用也可以用黏土和新鲜牛粪加少量的石灰硫黄合剂的混合物作为保护剂。对于新的伤口,用含有0.01％～0.1％的萘乙酸膏涂抹在伤口表面,促其加速愈合。伤口处理一次往往是不够的,要进行定期检查,一年内重复处理两次,才能获得满意的效果。

二是刮树皮和植皮。刮树皮的目的是为了减少老皮对树干加粗生长的约束,并可清除在树皮缝中越冬的病虫,但对刮皮后出现流胶的树木,不可采用。刮树皮多于休眠季进行,冬季严寒地区可延至萌芽前,刮树皮时要掌握好深度,将粗裂老皮刮掉即可,切勿伤及绿皮或以下部位,刮后应立即涂以保护剂。

对创面较小的枝干,可于生长季移植同种树的新鲜树皮。具体步骤如下:首先对伤口进行清理;然后从同种树上切取与创面相等的树皮(移植面积大小一定要吻合),创面与切好的树皮对好压平后,涂以10％萘乙酸;最后用塑料薄膜捆紧即可。这种方法以形成层活跃时期(6—8月)最易成功,操作应越快越好。

(2)木质部伤口的修补　木质部伤口形成后如果不及时修补,长期经受风吹雨淋,木质部腐朽,最后形成空洞。树洞形成后,由于影响树木水分和养分的运输及储存,严重削弱树木的长势,同时降低树木枝干的坚固性和负荷能力,在大风时会发生枝干折断或树木倒伏,不仅树木受到了损害,还会造成一些其他伤害。若洞口朝上,下雨时雨水直接灌入洞中,致使木质部腐烂,还会造成树木死亡。如有的公园,树体下部的树洞没有及时发现、修补,由于游人不慎丢弃烟头而引起火灾,有的还会发生人身伤亡事故,所以,补树洞是非常重要的,不可忽视。

补树洞的主要方法如下。

一是开放法。如伤洞不深无填补的必要时可按前面伤口治疗方法处理。如果树洞很大,为了给人以奇特之感,欲留作观赏时,可采用开放法处理。将洞内腐烂木质彻底清除,刮去洞口边缘的死组织,直至露出新的组织为止,用药剂消毒后并涂上防腐剂,同时,改变洞形,以利排水。也可以在树洞最下端插入导水铜管,经常检查防水层和排水情况,每半年左右重涂防腐剂一次。

二是封闭法。封闭法也是先要将洞内的腐烂木质部清除干净,刮去洞口边缘的死组织,用药剂消毒后,在洞口表面覆以金属薄片,待其愈合后嵌入树体,也可以钉上板条并用油灰(油灰是用生石灰和熟桐油以1:0.35制成)和麻刀灰封闭(也可以直接用安装玻璃的油灰,俗称泥子封闭),再用白灰、乳胶、颜料粉面混合好后,涂抹于表面,还可以在其上压树皮状花纹或钉上一层真树皮,以增加美观。

三是填充法。聚氨酯塑料是一种最新的填充材料,这种材料坚韧、结实、稍有弹性,易与心材和边材黏合,操作简便,因其质量轻,容易灌注,并可与许多杀菌剂共存,膨化与固化迅速,易于形成愈伤组织。具体填充时,先将经清理整形和消毒涂漆的树洞出口周围切除0.2~0.3 cm的树皮带,露出木质部后注入填料,使外表面与露出的木质部相平。

对于受伤面积很大的枝干,在用上面的方法处理后,为恢复树势,延长树木的寿命,可以采用桥接。于春季树木萌芽前,取同种树的一年生枝条,两头嵌入伤口上、下树皮好的部位,然后用小钉固定,再涂抹接蜡,用塑料薄膜捆紧即可。如果伤口发生在树干的下部,其干基周围又有根蘖发生,则选取位置适宜的萌蘖枝,并在适当位置剪断,将其接入伤口的上端,然后固定绑紧,这种称为根寄接。也可栽一株幼树,成活后将上端斜削,插嵌于伤口上端的活树皮下,绑紧即可。

(3)吊枝和顶枝 吊枝在果园中多采用,顶枝在园林中应用较多。大树或古树当树身倾斜不稳定时,应支撑加固,大枝下垂的需设立支柱支撑好。支柱可采用钢管、木材、钢筋混凝土等材料。支柱应有坚固的基础,上端与树木连接处应有适当形状的托杆和托碗,并加软垫,以免磨损树皮。设立支柱时一定要考虑美观,要与周围环境协调。

(4)打箍 树木粗大的枝干发生劈裂后,要先清除裂口杂物,然后用铁箍箍上,铁箍是用两个半圆形的弧形铁,两端向外垂直折弯,其上打孔,用大的螺丝连接,在铁箍内最好垫一层橡皮垫,以免重力或枝干生长时伤及树皮,还应隔一段时间拧松螺丝,以免随着树木的增粗生长,铁箍嵌入树体内。

树体保护(树木外科手术)是一种科学,也是一种艺术,保护的基础是在树木生长发育规律的基础上进行,在顺应自然的前提下寻找经济适用、副作用小或几乎无副作用的措施,力争外表美观,不影响园林树木发挥应有的景观效果。

(四)完成树种整形修剪实训报告

1. 实训报告要求

通过针对不同种类、不同树龄的树种进行管理养护,要求学生依据具体工作情况完成树种整形修剪实训报告。

2. 任务考核

考核内容及评分标准如表7-10所示。

表7-10 考核内容及评分标准

序号	考核内容	考核标准	分值	得分
1	准备工作	确定修剪方案,施肥措施,工具,材料等	20	
2	树木修剪	各技术环节操作规范,现场清理枝叶等	60	
3	工作态度	安全操作,积极主动,注重方法,团队合作好	10	
4	实验报告	内容全面完整,条理清晰,有总结分析	10	

园林树木绿化的相关介绍

一、园林树木绿化养护全年工作计划参考（以北京某地区为例）

（一）一月份（全年中气温最低的月份，露地树木处于休眠状态）

（1）冬季修剪　全面展开对落叶树木的整形修剪作业；大、小乔木上的枯枝、伤残枝、病虫枝及妨碍架空线和建筑物的枝杈进行修剪。

（2）行道树检查　及时检查行道树绑扎、立桩情况，发现松绑、铅丝嵌皮、摇桩等情况时立即整改。

（3）防治害虫　冬季是消灭园林害虫的有利季节，可在树下疏松的土中挖集刺蛾的虫蛹、虫茧，集中烧死。有些地区1月中旬的时候，蚧壳虫类开始活动，但这时候行动迟缓，我们可以采取刮除树干上的幼虫的方法。在冬季防治害虫，往往有事半功倍的效果。

（4）绿地养护　街道绿地、花坛等地要注意挑除大型野草；草坪要及时挑草、切边；绿地内要注意浇防冻水。

（二）二月份（气温较上月有所回升，树木仍处于休眠状态）

（1）养护　养护基本与一月份相同。

（2）修剪　继续对大、小乔木的枯枝、病枝进行修剪。月底以前或晚些时候，把各种树木修剪完。

（3）防治害虫　继续以防刺蛾和蚧壳虫为主。

（三）三月份（气温继续上升，中旬以后，树木开始萌芽，下旬有些树木开花）

（1）植树　春季是植树的有利时机。土壤解冻后，应立即抓紧时机植树。栽植大、小乔木前做好规划设计，事先挖好树坑，要做到随挖、随运、随种、随浇水。种植灌木时也应做到随挖、随运、随种，并充分浇水，以提高苗木存活率。

（2）春灌　因春季干旱多风，蒸发量大，为防止春旱，对绿地等应及时浇水。

（3）施肥　土壤解冻后，对植物施用基肥并灌水。

（4）防治病虫害　本月是防治病虫害的关键时刻。

（四）四月份（气温继续上升，树木均萌芽开花或展叶开始进入生长旺盛期）

（1）继续植树　四月上旬应抓紧时间种植萌芽晚的树木，对冬季死亡的灌木应及时拔除补种，对新种树木要充分浇水。

（2）灌水　继续对养护绿地进行及时的浇水。

（3）施肥　对草坪、灌木结合灌水，追施速效氮肥，或者根据需要进行叶面喷施。

（4）修剪　剪除冬、春季干枯的枝条，可以修剪常绿绿篱。

（五）五月份（气温上升，树木生长迅速）

（1）浇水　树木展叶盛期，需水量很大，应适时浇水。

（2）修剪　修剪残花。行道树进行第一次的剥芽修剪。

（六）六月份（气温高）

（1）浇水　植物需水量大，要及时浇水，不能"看天吃饭"。

（2）施肥　结合松土除草、施肥、浇水以达到最好的效果。

（3）修剪　继续对行道树进行剥芽除蘖工作。对绿篱、球类及部分花灌木实施修剪。

（4）排水工作　有大雨天气时要注意低洼处的排水工作。

（5）检查工作　做好树木防汛防台前的检查工作，对松动、倾斜的树木进行扶正、加固及重新绑扎。

（七）七月份（气温最高，中旬以后会出现大风大雨情况）

（1）移植常绿树　雨季期间，水分充足，可以移植针叶树和竹类，要注意天气变化，一旦碰到高温要及时浇水。

（2）排涝　大雨过后要及时排涝。

（3）施追肥　在下雨前干施氮肥等速效肥。

（4）行道树　进行防台剥芽修剪，对与电线有矛盾的树枝一律修剪，并对树桩逐个检查，发现松垮、不稳立即扶正绑紧。事先做好劳力组织、物资材料、工具设备等方面的准备，并随时派人检查，发现险情及时处理。

（八）八月份（仍为雨季）

（1）排涝　大雨过后，对低洼积水处要及时排涝。

（2）行道树防台工作　继续做好行道树的防台工作。

（3）修剪　除一般树木夏修外，要对绿篱进行造型修剪。

（4）中耕除草　杂草生长也旺盛，要及时的除草，并可结合除草进行施肥。

（九）九月份（气温有所下降）

（1）修剪　迎接市容检查工作，行道树三级分叉以下剥芽。绿篱造型修剪。绿地内除草，草坪切边，及时清理死树，做到树木青枝绿叶，绿地干净整齐。

（2）施肥　对一些生长较弱，枝条不够充实的树木，应追施一些磷、钾肥。

（3）草花　迎国庆，草花更换，选择颜色鲜艳的草花品种，注意浇水要充足。

（十）十月份（气温下降，十月下旬进入初冬，树木开始落叶，陆续进入休眠期）

（1）做好秋季植树的准备　下旬耐寒树木一落叶，就可以开始栽植。

（2）绿地养护　及时去除死树，及时浇水。绿地、草坪挑草切边工作要做好。草花生长不良的要施肥。

（十一）十一月份（土壤开始夜冻日化，进入隆冬季节）

（1）植树　继续栽植耐寒植物，土壤冻结前完成。

（2）翻土　对绿地土壤翻土，暴露准备越冬的害虫。

（3）浇水　对干、板结的土壤浇水，要在封冻前完成。

（4）病虫害防治　各种害虫在下旬准备过冬，防治任务相对较轻。

（十二）十二月份（低气温，开始冬季养护工作）

（1）冬季修剪　对一些常绿乔木、灌木进行修剪。

（2）病虫害防治　消灭越冬病虫害。

（3）做好明年调整工作准备　待落叶植物落叶以后，对养护区进行观察，绘制要调整的方位。

二、常见园林树木病虫害发生情况与防治措施

（一）叶部病害

1. 白粉病

1）识别特征

白粉病是园林植物中发生极为普遍的一类病害。一般多发生在寄主生长的中后期，可侵害叶片、嫩枝、花、花柄和新梢。在叶上初为褪绿斑，继而长出白色菌丝层，并产生白粉状分生孢子，在生长季节进行再侵染。现已报道的白粉病种类有 155 种。白粉病可降低园林植物的观赏价值，严重者可导致枝叶干枯，甚至全株死亡。

2）白粉病的防治措施

（1）消灭越冬病菌，秋冬季节结合修剪，剪除病弱枝，并清除枯枝、落叶等集中烧毁，减少侵染来源。

（2）休眠期喷洒波美 2～3 度的石硫合剂，消灭病芽中的越冬菌丝或病部的闭囊壳。

（3）加强栽培管理，改善环境条件。

（4）发病初期喷施 15％粉锈宁可湿性粉剂 1 500～2 000 倍液、40％福星乳油 8 000～10 000 倍液、45％特克多悬浮液 300～800 倍液，温室内可用 10％粉锈宁烟雾剂熏蒸。

（5）近年来生物农药发展较快，抗霉菌素 120 对白粉病也有良好的防效。

（6）选用抗病品种是防治白粉病的重要措施之一。

2. 锈病

1）识别特征

锈病是由担子菌亚门冬孢子菌纲锈菌目的真菌引起的，主要危害园林植物的叶片，引起叶枯及叶片早落，严重影响植物的生长，该类病害由于在病部产生大量锈状物而得名。锈病多发生于温暖湿润的春秋季，在不适宜的灌溉、叶面凝结雾露及多风雨的天气条件下容易发生。

2）锈病的防治措施

（1）在园林设计及定植时，避免海棠、苹果、梨等与桧柏、龙柏混栽。

（2）结合园圃清理及修剪，及时将病枝芽、病叶等集中烧毁，以减少病原。加强管理，降低湿度，注意通风透光或增施钾肥和镁肥，提高植株的抗病力。

（3）发病初期可喷洒 15％粉锈宁可湿性粉剂 1 000～1 500 倍液，每 10 天一次，连喷 3～4 次；或用 12.5％烯唑醇可湿性粉剂 3 000～6 000 倍液、10％世高水分散粒剂稀释 6 000～8 000 倍液、40％福星乳油 8 000～10 000 倍液喷雾防治。

（二）枝干病害

1. 枯萎病

1）识别症状

发病植株叶片首先变黄，萎蔫，最后叶片脱落。发病植株可一侧枯死或全株枯萎死亡。纵切病株木质部，其内变成褐色。夏季树干粗糙，病部皮孔肿胀，可产生黑色液体，并产生大量分生孢子座和分生孢子。

2）枯黄萎病防治措施

（1）拔除病株销毁。

（2）在苗圃实行轮作 3 年以上。

（3）土壤处理，用 40％福尔马林 100 倍液浇灌，每平方米 36 kg，然后用薄膜覆盖 1～2 周，揭开 3 天以后再用。

（4）月季枝枯病应及时剪除病枝并销毁。发病初期可选用 50％退菌特可湿性粉剂 500 倍液、50％多菌灵可湿性粉剂 800～1 000 倍液、70％甲基硫菌灵可湿性粉剂 1 000 倍液或 0.1％代森锌可湿性粉剂与 0.1％苯来特可湿性粉剂混合液喷洒。

（三）根部病害

1. 根癌病类

1）识别症状

主要发生在根颈处，也可发生在主根、侧根及地上部的主干和侧枝上。发病初期病部膨大呈球形或半球形的瘤状物。幼瘤为白色，质地柔软，表面光滑。以后，瘤渐增大，质地变硬，褐色或黑褐色，表面粗糙、龟裂。

2）根癌病类防治方法

（1）花木苗栽种前最好用 1％硫酸铜液浸 5～10 min，再用水洗净，然后栽植，或者利用生物制剂 K84 和生物农药 30 倍浸根 5 min 后定植，或者 4 月中旬切瘤灌根。

（2）对已发病的轻病株，也可切除瘤体后用 500～2 000 倍液链霉素或 500～1 000 倍液土霉素或 5％的硫酸亚铁涂抹伤口。对重病株要拔除，在株间向土面每亩（1 亩＝666.7 平方米）撒生石灰 100 kg，并翻入表土，或者浇灌 15％石灰水，发现病株集中销毁。

（3）实行床土、种子消毒。

（4）花木定植前 7～10 天，每亩底肥增施消石灰 100 kg 或在栽植穴中施入消石灰与土拌匀，使土壤呈微碱性，有利于防病。

（5）病区须经热力或药剂处理后方可使用，最好不在低洼地、渍水地、稻田种植花木。病区可实施 2 年以上的轮作。

（6）细心栽培，避免各种伤口，注意防治地下害虫。因为地下害虫造成的伤口容易增加根瘤病菌侵入的机会。

（7）改劈接为芽接，嫁接用具可用 0.5％高锰酸钾消毒。

（8）加强检疫，对怀疑有病的苗木可用 500～2 000 倍液的链霉素液浸泡 30 min 或 1％的硫酸铜液浸泡 5 min，清水冲洗后栽植。

复习提高

（1）园林树木养护管理主要包括哪些内容？

（2）讨论园林树木整形修剪的时期及各时期主要的修剪方法。

（3）对园林树木怎样做到合理施肥？

（4）说明树木常见的灾害有哪些？

参 考 文 献

[1]　郑万钧.中国树木志[M].北京:中国林业出版社,1983.
[2]　华北树木志编写组.华北树木志[M].北京:中国林业出版社,1984.
[3]　陈有民.园林树木学[M].北京:中国农业出版社,1990.
[4]　熊济华.观赏树木学[M].北京:中国农业出版社,1998.
[5]　张天麟.园林树木1600种[M].北京:中国建筑工业出版社,2010.
[6]　潘文明.观赏树木[M].北京:中国农业出版社,2001.
[7]　卓丽环.园林树木[M].北京:高等教育出版社,2006.
[8]　邱国金.园林树木[M].北京:中国林业出版社,2005.
[9]　吴玉华.园林树木[M].北京:中国农业大学出版社,2008.
[10]　尤伟忠.园林树木栽植与养护[M].北京:中国劳动社会保障出版社,2009.
[11]　何国生.园林树木学[M].北京:机械工业出版社,2008.
[12]　孟兆祯.园林工程[M].北京:中国林业出版社,2003.
[13]　赵世伟,张佐双.园林植物景观设计与营造[M].北京:中国城市出版社,2001.
[14]　章承林,胡孔峰.药用植物栽培技术[M].北京:中国农业大学出版社,2009.
[15]　方彦,何国生.园林植物[M].北京:高等教育出版社,2005.
[16]　吴丁丁.园林植物栽培与养护[M].北京:中国农业大学出版社,2007.
[17]　白顺江.树木识别与应用[M].北京:农村读物出版社,2004.
[18]　李景侠,康永祥.观赏植物学[M].北京:中国林业出版社,2005.
[19]　中国科学院植物研究所.中国高等植物图鉴[M].北京:科学出版社,1972.
[20]　北京林学院.树木学[M].北京:中国林业出版社,1980.
[21]　李承水.园林树木栽培与养护[M].北京:中国农业出版社,2007.
[22]　张天麟.园林树木1200种[M].北京:中国建筑工业出版社,2005.
[23]　高润清.园林树木学[M].北京:中国建筑工业出版社,1995.
[24]　陈其兵.观赏竹配植与造景[M].北京:中国林业出版社,2007.
[25]　郭学望,包满珠.园林树木栽植养护学[M].北京:中国林业出版社,2002.
[26]　张秀英.园林树木栽培养护学[M].北京:高等教育出版社,2005.
[27]　吴泽民.园林树木栽培学[M].北京:中国农业出版社,2003.
[28]　吴亚芹.园林植物栽培养护[M].北京:化学工业出版社,2005.
[29]　周兴元.园林植物栽培[M].北京:高等教育出版社,2006.
[30]　赵和文.园林植物栽植养护学[M].北京:气象出版社,2004.
[31]　魏岩.园林植物栽培与养护[M].北京:中国科学技术出版社,2004.
[32]　张涛.园林树木栽培与修剪[M].北京:中国农业出版社,2003.
[33]　万叶,叶永元,等.园林美学[M].北京:中国林业出版社,2001.
[34]　李小龙.园林绿地施工与养护[M].北京:中国劳动社会保障出版社,2004.
[35]　王玲,张凤娥,高东菊.园林树木学实验指导[M].哈尔滨:东北林业大学出版社,2007.
[36]　彭镇华.中国城乡乔木[M].北京:中国林业出版社,2003.
[37]　张宝鑫.城市立体绿化[M].北京:中国林业出版社,2004.
[38]　陈岭伟.园林植物病虫害防治[M].北京:高等教育出版社,2002.

彩　图

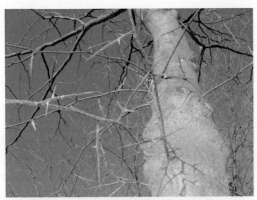

图1　日本皂荚　枝刺（张百川 摄）

图2　白皮松　树干（张百川 摄）

图3　黄波罗　树干（张百川 摄）

图4　榔榆　树干（张百川 摄）

图5　曲枝刺槐　枝形（张百川 摄）

图6　北美乔松　针叶（张百川 摄）

图7　行道树　悬铃木（张百川 摄）

图8　行道树　绦柳（张百川 摄）

图9　庭荫树　白榆（张百川 摄）

图10　玉兰　花（张百川 摄）

图11　日本晚樱（张百川 摄）

图12　红王子锦带花（张百川 摄）

图13　多花蔷薇（张百川 摄）

图14　天目琼花　边花不孕花序（张百川 摄）

图15 栾树 花（张百川 摄）

图16 贴梗海棠 花（张百川 摄）

图17 碧桃 花（张百川 摄）

图18 桂花（张百川 摄）

图19 棣棠 花（张百川 摄）

图20 紫薇 花（张百川 摄）

图21 短梗五加果实（张百川 摄）

图22 桃叶卫矛果实（张百川 摄）

图 23　火炬树果序（张百川 摄）

图 24　红瑞木果实（张百川 摄）

图 25　金银木果实（张百川 摄）

图 26　枫杨　果序（张百川 摄）

图 27　梓树果实（冬态）（张百川 摄）

图 28　黄栌　秋叶（张百川 摄）

图 29　火炬树　秋叶（张百川 摄）

图 30　五叶地锦　秋叶（张百川 摄）

图 31　紫藤（张百川 摄）

图 32　金叶女贞、紫叶小檗　绿篱（张百川 摄）

图 33　水蜡　绿篱（张百川 摄）

图 34　地被树种　平枝枸子（张百川 摄）

图 35　地被树种　金山绣线菊（张百川 摄）

图 36　地被树种　沙地柏（张百川 摄）

图 37　室内树种　小叶榕（张百川 摄）

图 38　室内树种　印度橡皮树（张百川 摄）

图 39　龙爪槐　冬态树形（张百川　摄）

图 40　香椿冬态　叶痕叶迹（张百川　摄）

图 41　佛肚竹（张百川　摄）

图 42　早园竹（张百川　摄）

图 43　室内树种　龙柏（张百川　摄）

图 44　室内树种　鹅掌柴（张百川　摄）

图45 钻天杨 树形（张百川 摄）

图46 青杆 树形（张百川 摄）

图47 圆柏整形修剪（张百川 摄）

图48 棕榈（张百川 摄）

图49 树木遮阴（陈秀波 摄）

图50 树木打吊瓶（张百川 摄）

图51 树洞填补（陈秀波 摄）

图52 树木支撑裹干（陈秀波 摄）